APM – Agiles Projektmanagement

Dipl.-Ing. **Bernd Oestereich** ist geschäftsführender Gesellschafter der oose Innovative Informatik GmbH und Autor zahlreicher international publizierter Bücher zu den Themen Software-Engineering, Geschäftsprozesse, UML und Projektmanagement. Seit Mitte der 1990er-Jahre hat er die Einführung der hier beschriebenen Techniken in großen und kleinen Organisationen begleitet oder unterstützt.

Dipl.-Wirtschaftsinf. **Christian Weiss** ist Geschäftsführer, Berater und Trainer der oose Innovative Informatik GmbH und hat die hier beschriebene Methodik ebenfalls über viele Jahre in verschiedenen vorwiegend sehr großen Projekten vermittelt und eingeführt.

Oliver F. Lehmann ist ein international tätiger freiberuflicher Trainer unter anderem für Projektmanagement auf Basis des PMBoK des PMI (Project Management Institute). In dieser Rolle führt er auch seit Jahren die von oose angebotenen PMI/PMPZertifizierungsvorbereitungen durch und hat Hunderte von Teilnehmern beim Erwerb und Erhalt ihres PMP-Status unterstützt.

Uwe Vigenschow ist Trainer, Coach und Berater bei der oose Innovative Informatik GmbH und Autor von teilweise international verlegten Büchern zu den Themen Testen und Soft Skills. Er hat die hier beschriebene Methodik über viele Jahre vermittelt und in verschiedenen Projekten eingeführt.

Bernd Oestereich · Christian Weiss

APM – Agiles Projektmanagement

Erfolgreiches Timeboxing für IT-Projekte

Unter Mitarbeit von Oliver F. Lehmann und Uwe Vigenschow

dpunkt.verlag

Bernd Oestereich
Bernd.Oestereich@oose.de

Christian Weiss
Christian.Weiss@oose.de

Oliver Lehmann
oliver@oliverlehmann.com

Uwe Vigenschow
Uwe.Vigenschow@oose.de

Lektorat: Christa Preisendanz
Copy-Editing: Ursula Zimpfer, Herrenberg
Satz: Bernd Oestereich, Hamburg
Herstellung: Birgit Bäuerlein
Umschlaggestaltung: Helmut Kraus, www.exclam.de
Druck und Bindung: Media-Print Informationstechnologie, Paderborn

Fachliche Beratung und Herausgabe von dpunkt.büchern im Bereich Wirtschaftsinformatik:
Prof. Dr. Heidi Heilmann · Heidi.Heilmann@t-online.de

Bibliografische Information der Deutschen Nationalbibliothek
Die Deutsche Nationalbibliothek verzeichnet diese Publikation in der Deutschen Nationalbibliografie; detaillierte bibliografische Daten sind im Internet über http://dnb.d-nb.de abrufbar.

ISBN 978-3-89864-386-3

1. Auflage 2008

Ringstraße 19
69115 Heidelberg

5 4 3

Vorwort

Projektmanagement ist der branchen- und technologieübergreifende Erfolgsfaktor für die Entwicklung von Systemen und Produkten. Von kleinen Projektarbeiten in allgemeinbildenden Schulen bis zu den größten Vorhaben der Menschheit – es wimmelt in unserer Welt von Projekten. Projektmanagementfähigkeiten haben also beinahe grundlegende gesellschaftliche Bedeutung.

Die vordergründige Aufmerksamkeit bei Projekten richtet sich fast immer auf den inhaltlichen, wirtschaftlichen und terminlichen Erfolg. Die Projektleitung ist dafür verantwortlich und steht somit unter besonderem Druck.

Verantwortungsbewusste junge oder neue Projektleiter und -leiterinnen blicken häufig mit Ehrfurcht auf KollegInnen mit viel Erfahrung aus großen Projekten. Die Expertise und Erfahrung erfolgreicher ProjektleiterInnen lassen sich ganz sicher auch nicht in einem oder vielen Büchern vermitteln. Dafür ist die Aufgabe zu komplex. Andererseits kochen auch die Topleute nur mit Wasser. An Ratschlägen, Methoden, Anleitungen, Büchern und Seminaren mangelt es auch nicht, die meisten sind durchaus hilfreich. Dennoch: Bestimmte Fähigkeiten müssen eingeübt werden. Die persönliche Befähigung, all die klugen Ideen praktisch sinnvoll anzuwenden, entwickelt sich schrittweise.

Mit diesem Buch stellen wir eine bewährte und auf verschiedene Projektgrößen skalierbare Projektmanagementmethodik vor, das sogenannte APM-Verfahren. Wir möchten einerseits soweit möglich im Mainstream bleiben, uns also an gegebene Standards anlehnen. Andererseits möchten wir aber auch innovative Ideen agiler Projektführung einbringen. Dazu gehört das von oose seit Mitte/Ende der 1990er-Jahre (weiter-)entwickelte Timeboxing-Verfahren mit vielen kleinen nützlichen Techniken drum herum. Dies beinhaltet auch Ideen aus anderen mittlerweile gut verbreiteten agilen Ansätzen.

Was uns aber besonders wichtig ist: Wir beschreiben einen methodischen Kern (Timeboxing + Features), der mit vielen anderen bewährten Praktiken kombinierbar ist – diese Praktiken haben wir aus ihrem jeweiligen Kontext herausgelöst und in den letzten Jahren in einem „PM-Werkzeugkasten" gesammelt. Hier finden sich viele Ideen und Erfahrungen erfolgreicher ProjektleiterInnen wieder. Die rund hundert wichtigsten Praktiken bzw. Werkzeuge haben wir für dieses Buch aufbereitet. Viele davon sind ebenso essenziell wie unspektakulär. Erfahrene ProjektmanagerInnen kennen wahrscheinlich viele dieser oder ähnliche Techniken. Allen anderen möchten wir damit Anregungen geben, schneller und erfolgreicher ihre eigenen Erfahrungen zu sammeln.

Unser besonderer Dank gilt zuallererst den vielen Hundert Teilnehmern unserer Projektmanagementschulungen der letzten Jahre und den ungezählten Menschen, denen wir im Rahmen von Coachings in konkreten Projekten begegnet sind, die uns mit ihren Fragen immer wieder herausgefordert haben und die auch immer wieder durch eigene Ideen mit dazu beigetragen haben, das APM-Verfahren weiterzuentwickeln. Des Weiteren bedanken wir uns bei allen oose-Kollegen, vor allem bei denen im Bereich Projektmanagement tätigen, für ihre hervorragende Unterstützung. Namentlich unbedingt zu erwähnen, weil sie die Buchmanuskripte teilweise immer wieder durchgegangen sind, sind hier Uwe Vigenschow und Michael Schulze-Ruhfus. Von Uwe Vigenschow stammen einige Textpassagen zum Thema Aufwandschätzungen und zu psychosozialen Themen. Von Oliver Lehmann stammen alle PMBoK-nahen Texte vor allem aus Kapitel 9.

Frau Dr. Heidi Heilmann, Dr. Hartmut Krasemann und Jutta Eckstein haben neben weiteren anonymen Gutachtern durch sehr konkrete Rückmeldungen zum Manuskript einen großen Verdienst daran, dass wir kurz vor Fertigstellung des Buches die Gliederung noch einmal komplett überarbeitet haben, die Durchgängigkeit in der Terminologie und des Fallbeispiels verbessern konnten und viele viele kleine Ungenauigkeiten erkennen und großenteils auch beseitigen konnten. Vor allem Jutta Eckstein hat viel Arbeit investiert und mit starkem Fokus auf Agilität viele kritische Anmerkungen geliefert. Hartmut Krasemann gebührt insofern noch besonderer Dank, als dass er mir schon Mitte der 1990er-Jahre zu meinen ersten eigenen praktischen Projektleitungserfahrungen mit iterativen und agilen Verfahren in einem (letztendlich gescheiterten) Megaprojekt verholfen hat.

Dennoch bleibt darauf hinzuweisen, dass sehr viele verschiedene konkrete Einflüsse zusammengekommen sind, die zusammenzubringen im Detail gar nicht so einfach war. Als wir mit dem Buch anfingen, waren wir bei oose der Meinung, über eine einheitliche agile Projektmanagementmethodik zu verfügen. Die Arbeit an dem Buch hat aber gezeigt, dass wir bereits im Kernteam von Christian Weiss, Bernd Oestereich, Uwe Vigenschow, Markus Wittwer und Michael Schulze-Ruhfus in den letzten 10 Jahren in verschiedenen Projekten so viele unterschiedliche Erfahrungen gesammelt haben und verschiedene Ausprägungen, aber auch Tipps und Tricks entwickelt hatten, dass wir selbst zunächst noch einmal viel dazugelernt haben, bevor wir alle diese Ideen und Strömungen halbwegs zusammenbringen konnten. Insofern ist auch dieses Buch sicherlich nur ein erstes noch weiterzuentwickelndes Release.

Für den jetzt bevorstehenden ersten Akzeptanztest interessieren uns deshalb natürlich Ihre persönlichen Erfahrungen mit dem Thema sowie auch Ihre persönlichen bewährten Techniken. Wir laden Sie daher zur Diskussion mit uns in der Mailing-Gruppe *apm-buch* ein (http://de.groups.yahoo.com/group/apm-buch, nähere Infos auch auf unserer Website www.oose.de/apm).

Bernd Oestereich

Inhaltsüberblick

Inhalt

1 Einleitung

Um die Welt zu ruinieren, genügt es,
wenn jeder seine Pflicht tut.

Winston Churchill

Worum geht es in diesem Kapitel?

- Sie erhalten einen sehr komprimierten Überblick über das APM-Verfahren.
- Sie erfahren etwas über die Entstehung, Motivation und die Werte agiler Softwareentwicklung.
- Die organisatorischen Besonderheiten verschiedener Projektgrößen werden skizziert.
- Sie erhalten Hinweise zur Einführung und Adaption des APM-Verfahrens.

1.1 Das APM-Verfahren im Überblick

Abnehmende Unschärfe

Zu Beginn des Projektes liegt das benötigte Ergebnis in einer Wolke. Es ist unscharf. Alle Beteiligten, Fachabteilung wie Entwickler, wissen nur grob, wie das Ergebnis aussehen soll. Es werden verschiedene Annahmen getroffen, die wahrscheinlich nur in Teilen zutreffend sein werden. Auf Basis dieser Annahmen wird das Projekt geplant, es wird ein Ziel angepeilt und dieses dann verfolgt.

Anstatt nun die Augen zu verdrehen und darüber zu schimpfen, dass das Ziel in der Regel eher milchtrübe als glasklar ist, wird beim iterativen Vorgehen akzeptiert, dass die Klarheit über das herzustellende Produkt nicht mit einem Mal plötzlich entsteht, sondern schrittweise zustande kommt, und dass das Ziel keine konstante Größe ist, sondern sich mit der Zeit verändern kann.

Deswegen wird die Projektlaufzeit beim iterativen Vorgehen in eine Sequenz von Zeitfenstern eingeteilt, die man Iterationen nennt. Am Ende jeder Iteration wird innegehalten und zurückgeblickt:

- Was haben wir tatsächlich erreicht?
- Was wollten wir ursprünglich erreichen?
- Was lernen wir daraus?

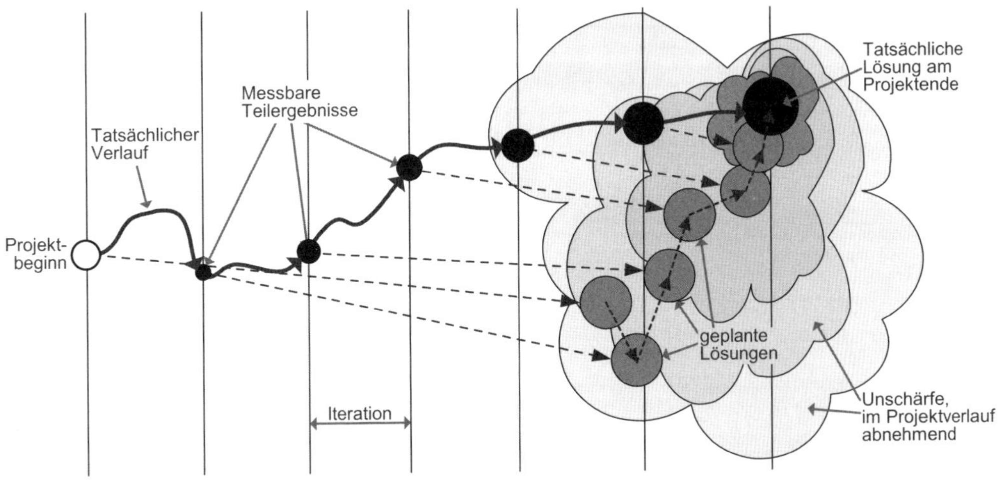

Abb. 1.1-1: Die Iterations-Wolken-Metapher: Schrittweise Zielklärung und -näherung (farbige Abbildung im PPT- und PDF-Format herunterzuladen unter www.oose.de/apm/download)

Dann wird der Blick wieder nach vorne gerichtet. Durch die zwischenzeitlich gewonnenen Erkenntnisse ist die Wolke etwas kleiner geworden. Das Ziel ist zwar immer noch unscharf, aber etwas weniger. Ausgehend von der in der abgeschlossenen Iteration tatsächlich erreichten Position wird nun ein neuer Plan gemacht und wieder das (nun etwas konkretere) Ziel angepeilt. Der Prozess beginnt von vorne.

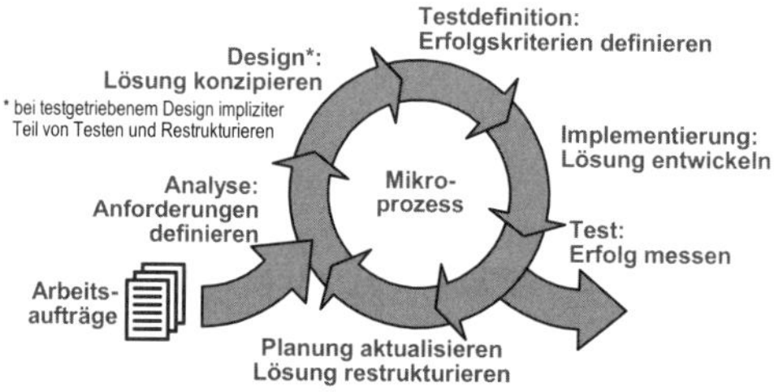

Abb. 1.1-2: Mikroprozessmodell einer Iteration

Mikroprozess
⇨178

Wichtig hierbei ist, dass in jeder Iteration prinzipiell alle elementaren Entwicklungsaktivitäten (Anforderungen definieren, Lösung konzipieren, Erfolgskriterien definieren, Lösung entwickeln, Erfolg messen und schließlich Planung aktualisieren) durchlaufen werden (siehe Abb. 1.1-2). Spätestens am Ende einer jeden Iteration steht also ein objektiv messbares Teilergebnis, ein Inkrement, d.h. eine teilfertige, vorübergehende, aber ausführbare Version der angestrebten Lösung.

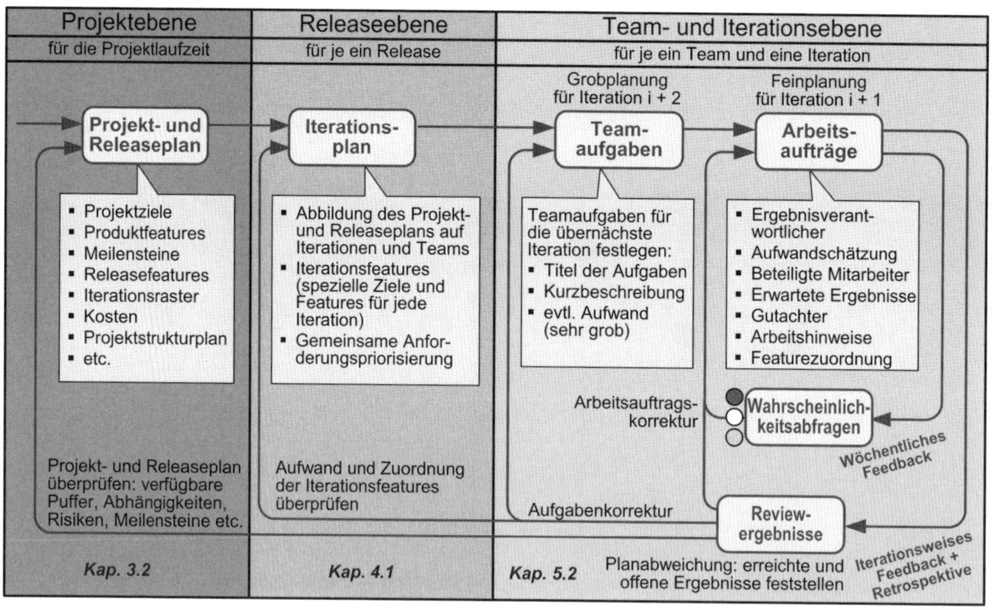

Abb. 1.1-3: Planungsebenen und Feedback-Schleifen (farbige Abbildung im PPT- und PDF-Format herunterzuladen unter www.oose.de/apm/download)

Wir verstehen Iterationen immer als sogenannte Timeboxen, d.h. einmal gestartet, wird der Endtermin einer Iteration nicht mehr verschoben, gerade auch dann nicht, wenn die Ergebnisse der Iteration hinter dem Plan zurückbleiben.

Iteration = Timebox ⇨190

Abb. 1.1-3 stellt diesen Regelkreis dar und zeigt die verwendeten Planungselemente und -ebenen im Überblick. Grundsätzlich unterscheiden wir dabei die Projektebene, die Releaseebene sowie die Team- und Iterationsebene.

- Die **Projektebene** enthält all jene Ergebnisse und Dokumente, die sich stets auf den gesamten Projektumfang beziehen. Sie werden während der gesamten Projektlaufzeit regelmäßig aktualisiert.

  Projektebene ⇨122

  Hierzu gehören die Projektziele, die Liste der herzustellenden Produktfeatures (also eine grobe Leistungsbeschreibung des oder der herzustellenden Produkte), Aussagen zu Kosten und geplanten Releases mit deren Features, Terminen und Meilensteinen sowie ein Iterationsraster (Anzahl und Dauer der Iterationen). Das wichtigste Ergebnis der Projektebene ist der **Projekt- und Releaseplan**.

- Die **Releaseebene** verfeinert die Ergebnisse der Projektebene dahingehend, dass für jedes Release die herzustellenden Releasefeatures auf die Iterationen und Teams aufgeteilt werden. Aus Releasefeatures werden **Iterationsfeatures** abgeleitet, um festzulegen, welche Ziele und Anforderungen in welcher Iteration von welchem Team zu bearbeiten sind, sodass das Release entsteht. Dabei werden die Anforderungen priorisiert, um deren Umsetzungsreihenfolge grob festzulegen. Das Ergebnis nennen wir **Iterationsplan**. Iterationsfeatures sind Zielvorgaben für die Teams.

  Releaseebene ⇨135

- Die **Team- und Iterationsebene** verfeinert wiederum die Ergebnisse der Releaseebene. Für jedes Team und jede Iteration existieren grobe Zielbeschreibungen in Form von Iterationsfeatures. Nun gilt es, hieraus Aufgaben für einzelne Mitarbeiter und Teams abzuleiten. Dazu später mehr im Zusammenhang mit Abb. 1.1-6.

  Team- und Iterationsebene⇨161

Anhand der Abb. 1.1-3 wird auch deutlich, wie Erkenntnisgewinn in die Planung zurückgekoppelt wird (Feedback).

Der prinzipielle Weg der Verfeinerung von Features zum Arbeitsauftrag ist in Abb. 1.1-4 dargestellt. Die Aufteilung von Releasefeatures in Iterationsfeatures, die dann vollständig von einem Team und in genau einer Iteration entwickelt werden, ist dabei ein Idealfall. Die Abbildung zeigt, dass Releasefeatures in Iterationsfeatures für verschiedene Teams aufgeteilt werden können und dass gegebenenfalls bereits in einer vorigen Iteration Arbeitsaufträge als Zulieferleistung für ein Iterationsfeatures existieren können. Ebenso ist zwar stets ein Team verantwortlich für ein Iterationsfeature, dennoch können Zulieferleistungen aus anderen Teams oder gar anderen Teilprojekten erfolgen.

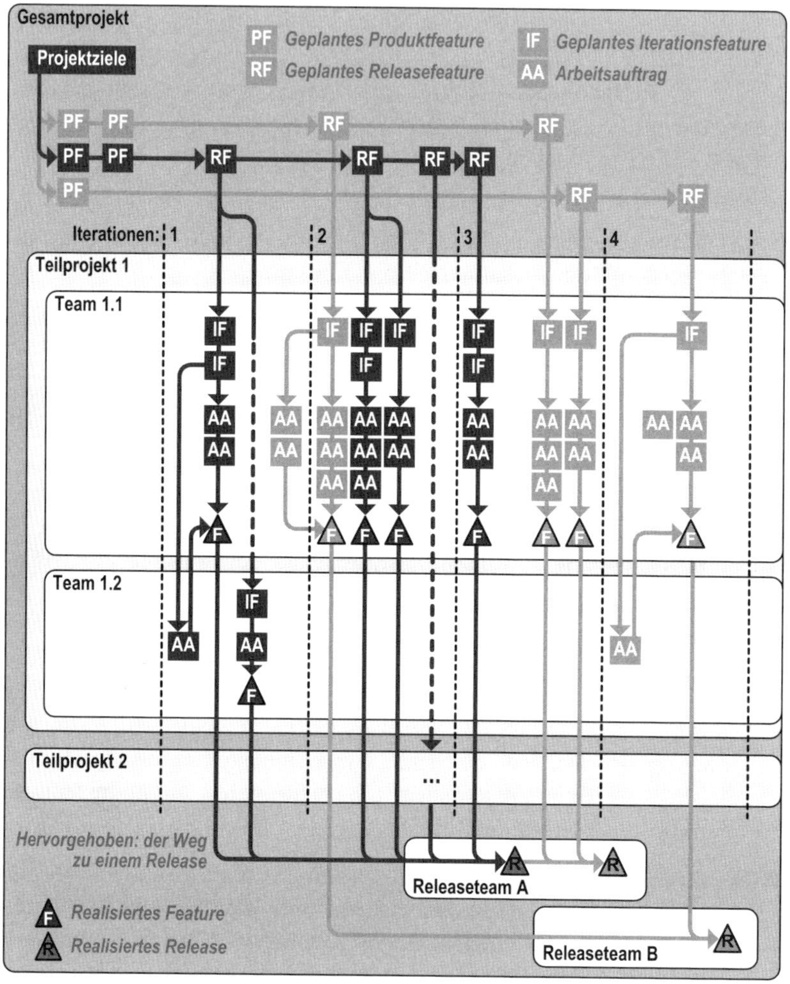

Abb. 1.1-4: Der Weg vom Projektziel über Produktfeatures, Releasefeatures und Iterationsfeatures zum Arbeitsauftrag

Produktfeatures ⇨138, 143, 154

Vorbereitungsphase ⇨63

Auf einer grobgranularen Ebene wird also das Gesamtprojekt in Form eines Projekt- und Releaseplans (vgl. Abb. 1.1-5) geplant, der im weiteren Projektverlauf kontinuierlich weiterentwickelt wird. Es werden Gesamtkosten, Produktfeatures, Endtermin, Releasetermine und Releasefeatures beschrieben.

Der Zeitraum, in dem die *erste Version* des Projekt- und Releaseplans entsteht, nennen wir **Vorbereitungsphase**, weil wir diese Informationen gewöhnlich benötigen, bevor wir ein Angebot abgeben können oder einen Auftrag bekommen.

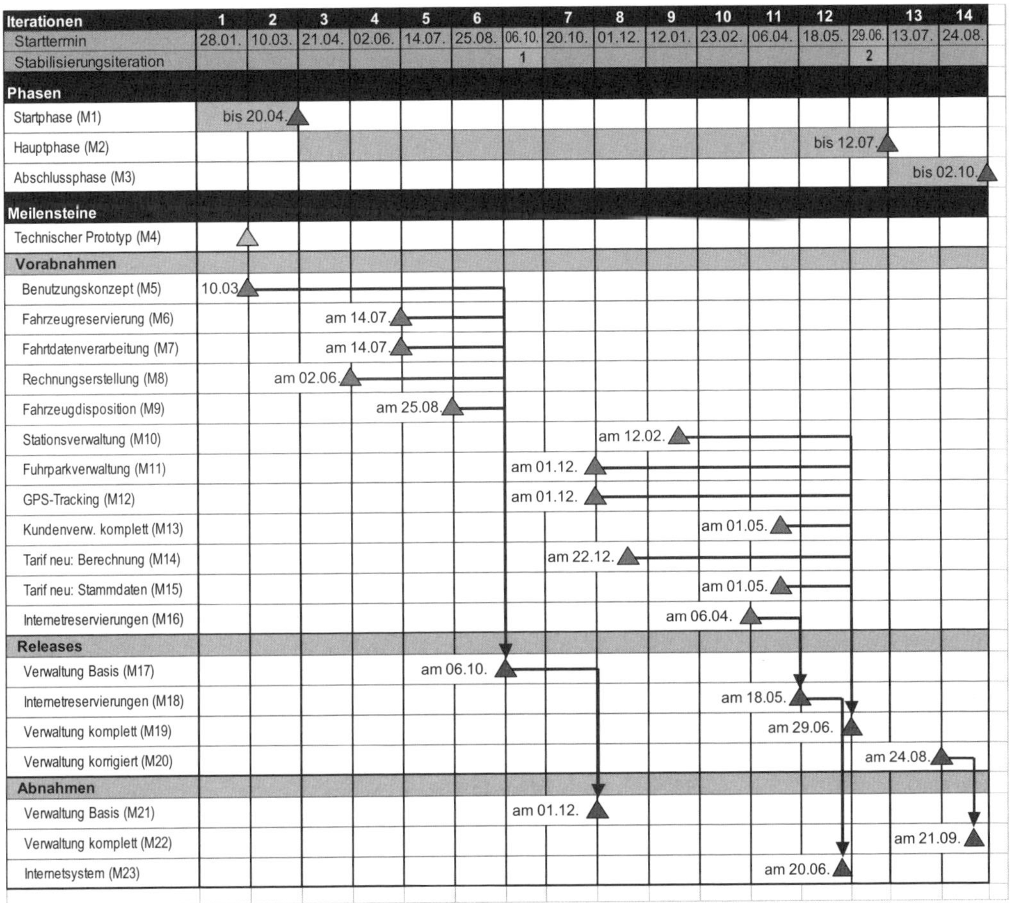

Abb. 1.1-5: Projekt- und Releaseplan mit Iterationsraster, Phasen und Meilensteinen für Vorabnahmen, Releases und Abnahmen

Die eigentliche Projektlaufzeit wiederum teilen wir nun in ein Raster etwa gleich langer **Iterationen** auf (im Sinne von **Timeboxen**). Dazu benötigen wir den Endtermin und die Entscheidung darüber, wie lange eine Iteration sein soll. Über dieses Iterationsraster werden zur Orientierung noch folgende drei grundsätzliche zeitliche Abschnitte gelegt (vgl. Abb. 1.1-5):

- Die **Startphase**, in der noch viele grundsätzliche Fragen und Entscheidungen ungeklärt oder instabil sind (besteht aus einigen wenigen Iterationen). Die Planung wird spätestens jetzt und mindestens für das erste Release bis auf Releaseebene herunter geplant. Startphase ⇨113
- Die **Hauptphase**, in der auf Basis von als stabil zu betrachtenden Entscheidungen und Strukturen die eigentliche Entwicklung erfolgt (erstreckt sich über den Hauptteil der Iterationen) und bereits ver- Hauptphase ⇨118

schiedene Releases entstehen. Das heißt, schrittweise werden bereits Systemteile eingeführt und gegebenenfalls auch vom Kunden abgenommen.

Abschlussphase ⇨119

- Die **Abschlussphase**, in der das Produkt (soweit noch nicht in der Hauptphase geschehen) eingeführt und dem Auftraggeber übergeben wird (erstreckt sich über eine oder wenige Iterationen).

Was in Abb. 1.1-3 als Team- und Iterationsebene aus planungstechnischer Sicht dargestellt wird, spielt sich größtenteils innerhalb einer Iteration ab, deren Ablauf wir nun näher spezifizieren. Abb. 1.1-6 gibt einen grafischen Überblick und zeigt den grundsätzlichen Aufbau einer Iteration. Dabei wird die Iteration zunächst in einen (längeren) Fortschrittsabschnitt und einen (kürzeren) Orientierungsabschnitt unterteilt.

Iterationsfeatures ⇨146, 151, 155

- Ausgehend vom **Iterationsplan**, der Iterationsziele und **Iterationsfeatures** enthält, wird nun die Planung iterationsweise verfeinert:
  - Um diese Detailplanung schon etwas vorzustrukturieren, findet für die jeweils übernächste **Iteration (i+2)**, also vorher, bereits eine Grobplanung statt. Hier werden auf Basis von Iterationsfeatures team- und iterationsspezifisch die Arbeitsaufträge in Form abstrakter **Teamaufgaben** identifiziert, d.h. lediglich mit Titel, Kurzbeschreibung und gegebenenfalls mit einer ganz groben Aufwandschätzung versehen.
  - Für die jeweils nächste **Iteration (i+1)** legt jedes Team feingranular die **Arbeitsaufträge** fest, die innerhalb der Iteration erledigt werden sollen. Ein Arbeitsauftrag beschreibt, wer für das Ergebnis verantwortlich ist, welche weiteren Personen daran beteiligt sind, wie das Ergebnis aussehen und abschließend beurteilt werden soll, wer das Ergebnis abschließend begutachten soll und wie viel Aufwand insgesamt für den Arbeitsauftrag geschätzt wird.

  Zwei-Bugwellen-Planung ⇨162, 166

  Diese teamspezifische Grobplanung (Iteration i+2) und Feinplanung (Iteration i+1) nennen wir die Zwei-Bugwellen-Planung, weil sie wie Bugwellen vor der aktuellen Iteration entstehen und iterationsweise aktualisiert werden.

Tägliches Teamsteuerungstreffen ⇨182, Stehung ⇨345

- Während der Iteration koordiniert und synchronisiert jedes Team selbstverantwortlich die eigene Arbeit durch kurze **tägliche Teamsteuerungstreffen** (Daily-Scrum-Meetings, Stehungen).

Tägliches Build ⇨181

- Möglichst kontinuierlich oder zumindest täglich ist eine unvollständige, aber prinzipiell lauffähige Version der Software zu bauen und zu testen (**tägliche (Smoke-)Builds**). Je nach vertretbarem Aufwand und Machbarkeit sind alle Neuerungen und Änderungen zumindest teamweit, möglichst aber auch projektweit zu integrieren. So entstehen in sehr kurzen Zyklen **Alpha-Versionen** der Software (Always Alpha).

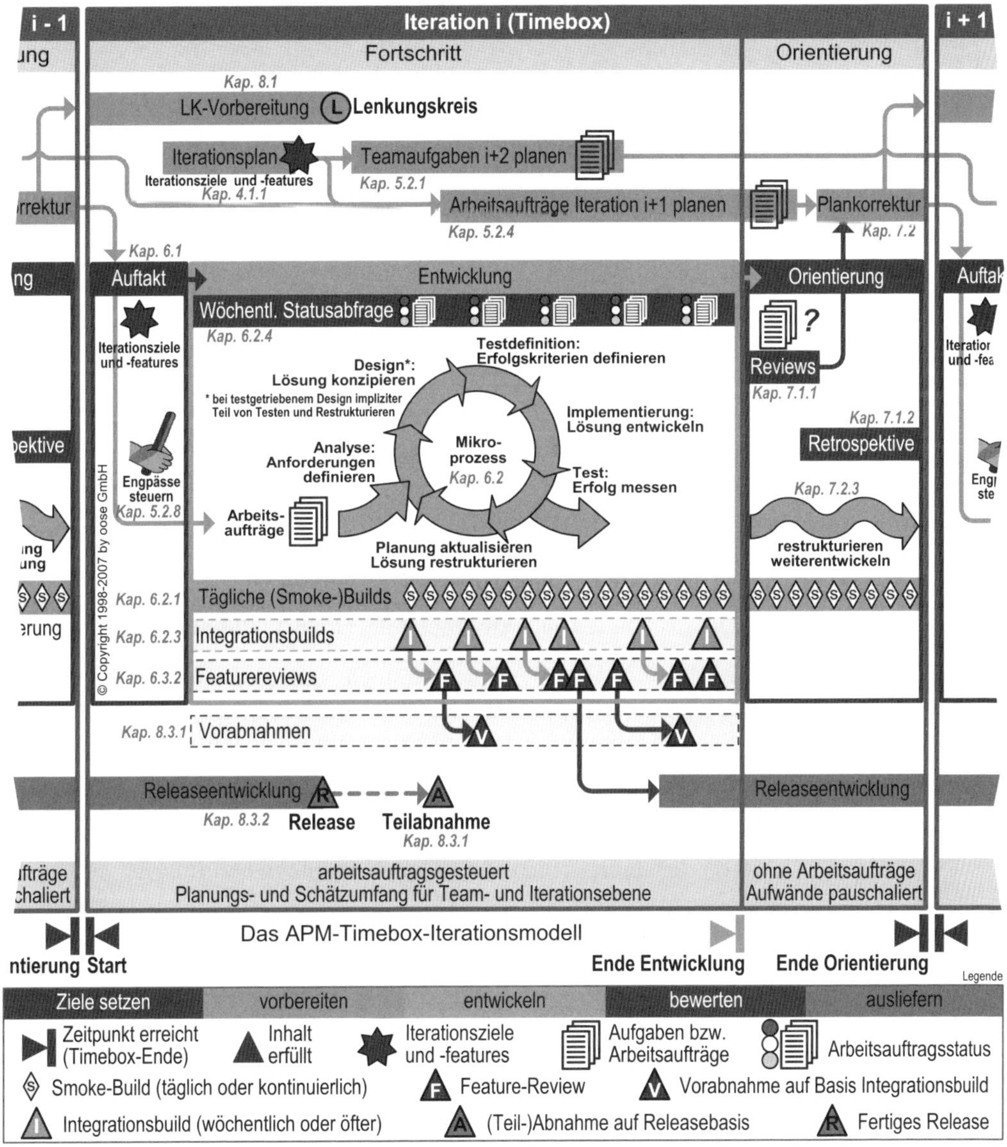

Abb. 1.1-6: Prinzipieller Aufbau einer Iteration (farbige Abbildung im PPT- und PDF-Format herunterzuladen unter www.oose.de/apm/download)

- Einmal wöchentlich werden systematisch teamübergreifend Problemsituationen gesucht, um innerhalb einer Iteration den Plan realistisch zu halten und auch übergeordnet intervenieren zu können (wöchentliche arbeitsauftragsspezifische Statusabfragen, **Ampelstatus**, Wahrscheinlichkeitsabfragen, Läufer).

Ampelstatus ⇨185, 347
Läufer ⇨349

Arbeitsauftragsreviews ⇨198
Planungskorrektur ⇨202

- Am Ende einer jeden Iteration führen alle Teams zeitgleich eine Bestandsaufnahme (Soll-Ist-Abgleich) für alle bearbeiteten Arbeitsaufträge durch (**Arbeitsauftragsreviews**). Mit diesen Erkenntnissen wird die bereits vorliegende Feinplanung (teamspezifische Arbeitsaufträge) für die unmittelbar folgende Iteration abgeglichen und angepasst (**Planungskorrektur**).

Retrospektive ⇨201

- Ebenfalls am Ende der Iteration führen alle Teams und sonstigen Organisationseinheiten des Gesamtprojektes jeweils eigene **Retrospektiven** durch, mit denen geklärt werden soll, was gut lief und wie die zukünftige Arbeit verbessert werden kann.

Releaseentwicklung ⇨221

- Um ein **Release** herzustellen, wird die erste potenzielle Alpha-Version, die alle geforderten Releasefeatures erfolgreich und stabil umgesetzt hat, aus dem Entwicklungsprozess herausgenommen und zu einem Release weiterentwickelt. Gegebenenfalls können Releases auch von separaten eigenständigen **Releaseteams** entwickelt werden. Bei Bedarf können auch mehrere Releases gleichzeitig bzw. zeitlich überlappend entstehen (**Parallelreleases**).

Teilabnahmen ⇨220

- Releases können zu vertraglich relevanten **Teilabnahmen** führen.

Vorabnahmen ⇨220

- Unabhängig von Releases können auf der Basis von Alpha-Versionen (vorbehaltlich der Reproduzierbarkeit in einer Releaseversion) vertraglich relevante **Vorabnahmen** stattfinden.

So weit in aller Kürze der Überblick. Wie dieses Verfahren nun im Detail funktioniert, welche Varianten und andere wichtige Aspekte es gibt, das erfahren Sie in den übrigen Kapiteln dieses Buches.

Sie werden dort einen relativ festen und klaren Rahmen, Anleitungen und Hinweise zu speziellen Vorgehensweisen finden sowie viele einzelne Handlungsanweisungen, die miteinander verzahnt sind und aufeinander aufbauen: Tue dies und tue das und dann das. Manchmal erscheint Ihnen dies möglicherweise sogar bürokratisch.

Bitte beachten Sie jedoch die in Kapitel *1.3 Werte* (⇨20) beschriebenen Werte und die in den Kapiteln *1.4 Projektorganisation und Projektgrößen* (⇨30) und *1.5 Einführung und Adaption des Verfahrens* (⇨41) genannten Grundlagen und Rahmenbedingungen. Ziel dieser Rahmenbedingungen und Vorgehensweise ist es, ein Umfeld und Rahmenbedingungen zur guten Entfaltung agiler und eigenverantwortlicher Projektarbeit zu schaffen. Wir definieren in diesem Kapitel bewährte Spielregeln, grenzen Aufgaben und Verantwortlichkeiten ab, damit sich innerhalb dieses Rahmens ohne unnötige Konflikte und mit klaren Freiräumen und Verantwortlichkeiten effizient und effektiv arbeiten lässt.

Die Ausgangssituationen, Projektkulturen, Werte, vorhandenen Erfahrungsschätze etc. sind in großen Projekten sehr unterschiedlich. Was in einem Umfeld selbstverständlich ist, kann in einem anderen Umfeld revolutionär oder fragwürdig sein. Und wenn wir hier eine Vorgehensweise beschreiben, die sich vielfach bewährt hat, kann sie genau in Ihrem Projekt möglicherweise völlig unpassend sein. Also verstehen Sie den in diesem Buch beschriebenen Prozess als Anregung und Ausgangsbasis – aber es bleibt Ihre eigene Verantwortung zu entscheiden, ob oder wie dieser Prozess in Ihrer Organisation wirklich gut funktionieren kann.

Wir betrachten den hier beschriebenen Prozess als vielfach bewährt und praxistauglich, und doch unterscheiden sich alle uns bekannten Praxisbeispiele in ihrer ganz konkreten Ausgestaltung. Deswegen geben wir immer wieder Hinweise auf Alternativen und typische Hindernisse oder auf Abhängigkeiten von bestimmten Faktoren.

Die wichtigsten Faktoren hierbei sind:

- Projektgröße Vgl. Fallbeispiel ⇨65

  Um das Verständnis zu erleichtern, fokussieren wir in der Darstellung unseres Verfahrens vorwiegend auf ein Großprojekt mit einer Iterationsdauer von sechs Wochen, einer Gesamtdauer von 20 – 24 Monaten und ca. vier Releases bis zum Endprodukt. Unser Fallbeispiel basiert auf ca. 25 Projektmitgliedern. Darauf aufbauend beschreiben wir dann bedarfsweise, welche Änderungen oder Einschränkungen zu beachten sind, wenn andere Rahmenbedingungen vorliegen.

- Auftraggeber-Auftragnehmer-Situation

  Eine unternehmensinterne Entwicklung bringt andere Herausforderungen mit sich als beispielsweise ein harter externer Auftraggeber. Je nach Situation sind andere Vorgehensweisen sinnvoll oder wichtig. In unserem Fallbeispiel beziehen wir uns auf einen externen Auftraggeber.

- Soziale Beziehungen

  Haben Auftragnehmer und Auftraggeber aus vergangenen Vorhaben ein belastbares, krisenfestes vertrauensvolles Verhältnis? Kennen sich die Beteiligten schon persönlich? Ist das Projektteam eingespielt oder ist es ein bunter Haufen Unbekannter? Werden Konflikte unter den Teppich gekehrt statt konstruktiv ausgetragen?

- Fachliche Sicherheit

  Wie gut kennen die Projektmitarbeiter die Fachlichkeit, die Ziele und das Umfeld des Kunden?

- Werte und Nachhaltigkeit

  Gerade in Großprojekten findet sich keine heile Welt, und die herrschenden Werte widersprechen oftmals jeglichen sozialromantischen Idealen. Egal, ob man solche Ideale vertritt oder im Gegenteil sogar hemmungslos mitspielt, die Werte und Spielregeln sollten von der Projektleitung zumindest erkannt und verstanden und möglichst kompetent abgefangen werden. Aus diesem Grund erwähnen wir in der Werkzeugsammlung in Kapitel 9 beispielsweise auch einige zweischneidige Managementstrategien.

  Für die Einführung des APM-Verfahrens werden keine speziellen Werte vorausgesetzt, es forciert und fördert jedoch bestimmte Werte. Je nach Ausgangssituation gestaltet sich die Einführung des Verfahrens etwas anders.

1.2 Agile Softwareentwicklung

1.2.1 Historische Missverständnisse

Winston Royce

Iterative Projektmanagementverfahren sind so alt wie die Informatik. Bereits 1970 publizierte Winston Royce ein erstes Modell [Royce-1970]. Diese Publikation wurde wiederum verwendet bei der Entwicklung des US-Militär-Standards DoD-STD-2167.

David Maibor

Der 2167-Mitautor David Maibor, der sich auf die Arbeit von Winston Royce bezog, war jedoch mit iterativ-inkrementeller Entwicklung und evolutionären Anforderungen nicht vertraut. Stattdessen berief sich Maibor auf eine spezielle und stark vereinfachte Variante des Modells von Royce, die mit 1 – 2 Iterationen auskam. So legte Maibor mit dieser Vereinfachung die Grundlagen des Wasserfallmodells.

STD-2167 wurde wiederum Grundlage für andere Vorgehensmodelle, wie etwa CMMI (Capability Maturity Model Integration) oder das deutsche V-Modell.

Wasserfallmodell ist ein historischer Irrtum

Walker Royce, der Sohn von Winston Royce, berichtete später, sein Vater wäre immer ein Vertreter von iterativen, inkrementellen und evolutionären Entwicklungsmodellen gewesen. Sein Arbeitspapier hätte das Wasserfallmodell lediglich als die einfachste Möglichkeit, die aber nur für die unkompliziertesten Projekte funktioniert, beschrieben. Und auch Maibor hat später geäußert, dass er, wäre er damit damals vertrauter gewesen, das iterative Vorgehen im STD-2167 viel deutlicher empfohlen hätte [Larman-2004b]. So gesehen handelt es sich beim Wasserfallmodell um einen historischen Irrtum, der bekanntermaßen problematische Effekte erzeugt, insbesondere wenn man das Wasserfallmodell unreflektiert auf große Projekte anwendet.

Warum der Erfinder des Wasserfallmodells missverstanden wurde

Interessant ist dabei, dass Winston Royce den Begriff „Wasserfall" überhaupt nicht benutzt. Wer seine Veröffentlichung jedoch liest, dem wird unmittelbar klar, warum es sich um ein „Wasserfallmodell" handelt. Das Papier von Winston Royce ist übersät mit Abbildungen, in denen kaskadenartige (=wasserfallartige) Phasen visualisiert werden. Mehr zu den Grundlagen des Wasserfallmodells findet sich in [Himmelreich-2006].

Space-Shuttle-Software iterativ entwickelt

In den 1980er- bis 1990er-Jahren verbreitete sich das Wasserfallmodell innerhalb der Informatik sehr rasant und wurde Praxisstandard. Das iterative Modell wurde weiterentwickelt, hatte es jedoch schwer, sich durchzusetzen, obwohl es beachtliche Erfolge damit gab. So entwickelte beispielsweise die IBM von 1977 – 1980 die Software für das NASA Space-Shuttle in 17 Iterationen über 31 Monate mit durchschnittlich achtwöchigen Iterationen [Madden-1984].

Spiralmodell

Etwas später, 1985, publizierte Barry Boehm das sogenannte Spiralmodell [Boehm-1985]. Dieses Modell, das ebenfalls einen iterativ-inkrementellen Ansatz verfolgt, wurde theoretisch viel beachtet und anerkannt, in der Praxis jedoch selten angewendet. Der irrtümliche Standard Wasserfallmodell galt als bodenständiger.

Ende der 1990er-Jahre erblühten dann verschiedene neue Varianten des iterativen Vorgehens. Am bekanntesten wurde Extreme Programming (XP, [Beck-2003]). Im Jahre 2005 schließlich wurde die erste Version des V-Modell XT veröffentlicht, das offizielle Vorgehensmodell in der Bundesrepublik Deutschland, in dem erstmalig auch iterativ-inkrementelle und agile Projektdurchführungsstrategien enthalten sind. Spätestens seit diesem Zeitpunkt sind agile Managementtechniken auch im Rahmen öffentlicher Aufträge anwendbar.

Chaos-Report

Das iterative Vorgehen wurde Anfang der 2000er-Jahre immer populärer in der Praxis. Immer mehr Studien belegten schließlich auch die Vorteile und Erfolge dieses Ansatzes, beispielsweise der regelmäßige sogenannte Chaos-Report der Standish Group [Standish-Chaos]. Dazu mehr in Kapitel *1.5.3 Faktoren für erfolgreiche Projekte* (⇨47).

1.2.2 Entstehung und Motivation

Hinter den Schlagworten *agile Softwareentwicklung* oder *agiles Projektmanagement* verbirgt sich eine Ende der 1990er-Jahre entstandene Gegenbewegung zu den überreglementierten und starren Ansätzen der 1980er- und 1990er-Jahre.

Standardisierung

Seit Anbeginn der Informatik existieren Bestrebungen, Softwareentwicklung erfolgreicher zu machen. Ein Mittel hierfür ist die Standardisierung von Prozessen beispielsweise mithilfe von Vorgehensmodellen. Die Grundidee dabei ist, bewährte Techniken und Vorgehensweisen als Mindeststandards konkret festzuschreiben und zu standardisieren. Bekannte Fehler und Problemsituationen sollen damit vermieden werden, was vor allem für Unerfahrene nützlich ist.

Schattenseiten

Grundsätzlich funktioniert dieser Verbesserungsansatz, aber er hat auch Schattenseiten:

- Sehr erfahrene und erfolgreiche Projektmanager werden gelegentlich behindert. Es erfolgt im Zweifelsfall eine Standardisierung auf Mittelmaß.
- Projekte mit üblichen, durchschnittlichen und von den Vorgehensmodellen vorgesehenen Problemsituationen erhalten eine gute Unterstützung. Für alle anderen Projekte kann der Standard unpassend, möglicherweise sogar kontraproduktiv sein.

Projektbürokratie

- Vorgehensstandards können zum bürokratischen Selbstzweck verkommen, wenn die dafür Verantwortlichen den Praxisbezug verloren haben.
- Standards werden oftmals zu langsam weiterentwickelt und zielen somit auf Problemsituationen, die in der Vergangenheit eine Relevanz hatten, unterstützen aber die aktuellen Fragestellungen unzureichend.
- Die beteiligten Personen übernehmen weniger eigene Verantwortung für ihre Entscheidungen und ihr Handeln, da sie schließlich nur Vorschriften befolgen.

Die sogenannte agile Entwicklung ist eine Gegenbewegung hierzu, die die Vorteile und Errungenschaften einerseits erhalten will, die aber andererseits die erkannten Begrenzungen auflösen und darüber hinausgehen möchte.

Manchmal schließen sich solchen Bewegungen die falschen Personen an. Die agile Entwicklung wurde initiiert von sehr erfahrenen Personen, die an einer Weiterentwicklung und Innovation interessiert sind. Sie sollten nicht verwechselt werden mit den Protagonisten, die aus Bequemlichkeit die mühevolle Weiterentwicklung und das Lernen scheuen und ihre Unerfahrenheit oder Stagnation damit rechtfertigen, Agilität als Beliebigkeit zu interpretieren.

Der Wortlaut in den folgenden Abschnitten ist durchaus ernst zu nehmen. Wenn es heißt "Höchste Priorität hat die Zufriedenstellung des Auftraggebers durch frühe und kontinuierliche Lieferung brauchbarer Software", dann ist "brauchbar" nicht zu interpretieren als perfekt oder optimal, sondern einfach nur als brauchbar.

Und wenn es heißt, "Funktionierende Software ist wichtiger als umfangreiche Dokumentation", dann bedeutet dies nicht, dass Dokumentation unwichtig oder zu vermeiden ist, sondern dass die beste und umfangreichste Dokumentation keinen Wert hat, wenn die Software nicht funktioniert.

Beim Thema Standardisierung ist außerdem zu unterscheiden, ob Standards abstrakt von außen vorgegeben werden und deswegen möglicherweise für die projektspezifische Situation nicht passen oder ob es Vereinbarungen und Standards sind, die sich das Projekt selbst gegeben hat. Im letzteren Fall ist die Disziplin der beteiligten Projektmitarbeitenden zu erwarten.

1.2.3 Das agile Manifest

Das agile Manifest (siehe http://www.agilemanifesto.org/) wurde im Jahr 2001 von Kent Beck, Mike Beedle, Arie van Bennekum, Alistair Cockburn, Ward Cunningham, Martin Fowler, James Grenning, Jim Highsmith, Andrew Hunt, Ron Jeffries, Jon Kern, Brian Marick, Robert C. Martin, Steve Mellor, Ken Schwaber, Jeff Sutherland und Dave Thomas im Rahmen eines Treffens in Snowbird, Utah, ins Leben gerufen und innerhalb weniger Wochen von Hunderten anderer bekannter Persönlichkeiten der Branche unterzeichnet.

Der Wortlaut des Manifestes:

„Wir entdecken bessere Wege zur Entwicklung von Software, indem wir Software entwickeln und anderen bei der Entwicklung helfen. Durch diese Tätigkeiten haben wir gelernt:

- Individuen und Interaktion sind wichtiger als Prozesse und Werkzeuge
- Funktionierende Software ist wichtiger als umfangreiche Dokumentation
- Kooperation mit Projektbetroffenen ist wichtiger als Vertragsverhandlungen
- Reaktion auf Änderungen ist wichtiger als Festhalten an einem starren Plan

Natürlich sind auch die Dinge rechts wichtig, aber im Zweifelsfall schätzen wir die linken höher ein.“

Hier ein paar Erläuterungen zum agilen Manifest:

- **Individuen und Interaktion sind wichtiger als Prozesse und Werkzeuge**

  Die Menschen stehen im Mittelpunkt agiler Methoden und gelten als wichtigster Erfolgsfaktor in Projekten. Auf die Motivation und gute Zusammenarbeit im Team wird Wert gelegt. Die Eigenverantwortung der Entwickler und der übrigen Projektbeteiligten wird betont und aktiv gefördert. Das macht die Leichtgewichtigkeit überhaupt möglich. Auf starr reglementierte Prozesse, welche die Menschen aus der Verantwortung nehmen, kann verzichtet werden. Es genügt, nur das Nötigste zu planen und vorzuschreiben.

- **Funktionierende Software ist wichtiger als umfangreiche Dokumentation**

  Laufende Software ist wichtiger als Dokumentation. Nur die wirklich notwendige Dokumentation wird erstellt. Eine gute Kommunikation zwischen den Projektbeteiligten reduziert die Notwendigkeit für umfangreiche Dokumentation. Funktionierende Software wird in kurzen Abständen von ca. 1 bis 3 Monaten an den Kunden ausgeliefert oder diesem zumindest zur Evaluierung bereitgestellt. Ein erstes Release sollte kurz nach Projektstart ausgeliefert werden. Das Projekt erhält somit direktes Feedback, Änderungen sind schnell möglich und reduzieren somit den Aufwand an Anforderungsdokumentation. Zusätzlich übt das Team den Auslieferungsprozess, dieser wird Normalität.

  Sofern als Projektergebnis auch eine Dokumentation beispielsweise für die Wartung und Weiterentwicklung gewünscht ist (Dauerdokumentation), wird diese selbstverständlich auch in agilen Prozessen erstellt.

- **Kooperation mit Projektbetroffenen ist wichtiger als Vertragsverhandlungen**

  Die Zusammenarbeit mit dem Kunden steht im Mittelpunkt agiler Ansätze. Eine enge Zusammenarbeit mit dem Kunden wird angestrebt, auch um den Kunden stärker in die Verantwortung zu nehmen. Das Vertrauensverhältnis und die enge Zusammenarbeit sind wichtig. Der Kunde soll maßgeblich mit entscheiden, welche Features in welchen Releases enthalten sein sollen. Durch die frühzeitige und kontinuierliche Lieferung bereits brauchbarer Software wird das Risiko, die falsche Software zu entwickeln, erheblich reduziert. Dadurch sinkt auch die Bedeutung detaillierter Verträge. Nicht gemeint ist, vollständig auf Verträge zu verzichten, sondern den Regelungsbedarf durch eine auf Vertrauen ausgelegte Zusammenarbeit zu minimieren.

- **Reaktion auf Änderungen ist wichtiger als Festhalten an einem starren Plan**

  Während der Projektlaufzeit ergeben sich typischerweise Änderungen und neue Anforderungen. Auf diese soll flexibel reagiert werden. Agile Methoden versuchen, flexibel mit Änderungswünschen umzugehen. Die Planung und Anforderungsdefinition erfolgen evolutionär, das heißt, sie werden schrittweise verfeinert. Trotzdem existiert eine Gesamtplanung, allerdings nur so detailliert, wie es für das Sicherheitsbedürfnis der Beteiligten notwendig ist.

1.2.4 Prinzipien agiler Softwareentwicklung

Folgende Prinzipien ergeben sich direkt aus dem Manifest bzw. wurden daraus abgeleitet:

- Höchste Priorität hat die Zufriedenstellung des Kunden durch frühe und kontinuierliche Lieferung brauchbarer Software.
- Anforderungsänderungen sind auch in fortgeschrittenen Entwicklungsstadien möglich.
- Die Software wird inkrementell und in kurzen Iterationen erstellt.
- Fachexperten und Entwickler arbeiten möglichst direkt und täglich zusammen.
- Die effizienteste und effektivste Art, Informationen zu verbreiten, ist die direkte Kommunikation von Angesicht zu Angesicht.
- Funktionierende Software ist die primäre und wichtigste Kenngröße für den Projektfortschritt.
- Konzentration auf das Wesentliche heißt explizit und regelmäßig zu entscheiden, was wegzulassen ist.
- Das Entwicklungsteam reflektiert in regelmäßigen Abständen darüber, wie es die gemeinsame Arbeit verbessern kann.

„Agile Software-Entwicklung“ von Alistair Cockburn

Wir möchten hier nicht detailliert die Grundprinzipien wiederholen, die in anderen guten Büchern zur agilen Softwareentwicklung bereits umfassend beschrieben sind, und verweisen für weitere Details auf das Buch „Agile Software-Entwicklung“ von Alistair Cockburn [Cockburn-2003].

1.2.5 Bezug zu anderen agilen Verfahren

Scrum, XP, Crystal

Es gibt derzeit kein agiles Standardverfahren, und wahrscheinlich wäre dies auch nicht zielführend. Bekannte Verfahren sind Extreme Programming (XP) [Beck-2003, Wolf-2005], Scrum [Schwaber-2004, Beedle-2002, Schwaber-2007], die Crystal-Methodiken [Cockburn-2003] und der Eclipse-Way [Gamma-2007]. Diese Verfahren sind (mit Ausnahme des Eclipse-Way) ebenso wie unser APM-Verfahren Mitte/Ende der 1990er-Jahre erstmalig publiziert worden. In der Praxis des deutschen Sprachraums gehören Scrum und XP zu den beliebtesten Verfahren.

Viele Elemente, Techniken und Werte dieser Verfahren sind ähnlich. Während zu Beginn der agilen Bewegung die Unterschiede beispielsweise bezüglich typischer Anwendungsgebiete, adressierter Projektgrößen oder Beschränkungen auf spezielle Teildisziplinen oder Projektrollen noch deutlich waren, haben sich in den letzten 5 – 7 Jahren alle Verfahren weiterentwickelt und sind umfassender, allgemeiner sowie praktisch und theoretisch fundierter geworden.

Das APM-Verfahren hat die größten Ähnlichkeiten wahrscheinlich mit Scrum, vor allem bei den Techniken auf der Mikroebene. Scrum macht in diesem Bereich klare Vorgaben beispielsweise bezüglich der Rollen, Dauer von Sprints und spezieller Meetings.

Es existieren viele Ähnlichkeiten

APM beinhaltet Elemente aus Scrum, die aufgrund der eigenständigen Entwicklung teilweise jedoch unter anderem Namen oder in anderer Ausprägung existieren. Scrum beinhaltet eine eigene Terminologie (bspw. *Product Backlog*, *Sprints*, *Sprint Backlog*), während wir im APM-Verfahren uns eher an traditioneller Terminologie orientieren (bspw. *Arbeitsauftrag*, *Featureliste*, *Releaseplan*).

Das APM-Verfahren lehnt sich also bezüglich Methodik, Konzepten und Terminologie so weit wie möglich an klassischen Projektmanagementverfahren an. Ausgangspunkt ist daher nicht die Unterstützung von Entwicklerteams durch Mikromanagementtechniken, sondern ein umfassendes Projektmanagement.

APM ist die agile Erweiterung bewährter Verfahren

APM verstehen wir als eine Erweiterung und Ergänzung traditioneller Projektmanagementansätze und bauen auf diesen auf.[1] Der international bekannteste Ansatz stammt vom Project Management Institute (PMI). Das PMI bietet eine PMP (Project Management Professional) genannte Zertifizierung an, die an eine relativ hohe Eintrittsschwelle

PMI/PMP

1 Die 5-tägige APM-Ausbildung von oose ist vom PMI in der Weise anerkannt, dass zertifizierte PMPs durch die Teilnahme am APM-Training Punkte zum Erhalt ihres PMP-Status erwerben können.

geknüpft ist. Neben dem PMI hat auch die GPM (Gesellschaft für Projektmanagement) eine Relevanz und hohe Wertigkeit.

Verantwortung als Kehrseite von Freiheit und Agilität

Agilität heißt Beweglichkeit. Beweglichkeit setzt Freiräume und Freiheiten voraus, das heißt Abweichung von Standards oder vorgegebenen vielleicht starren, aber möglicherweise auch bewährten Regelwerken. Wo immer Freiheit entsteht, gibt es Verantwortung als Kehrseite der Medaille. Freiheit ohne Verantwortung ist egoistisch und einseitige Interessenverfolgung. Verantwortung wiederum setzt Kompetenz voraus.

APM baut auf herkömmlichem PM auf

Bezogen auf agiles Projektmanagement heißt dies für uns, dass wir von agilen Projektteams und Führungskräften in agilen Projekten eine höhere Projektmanagementkompetenz erwarten als von solchen aus herkömmlichen Projekten. APM sehen wir, zumindest für mittlere und größere Projekte, nicht als Einstieg in das Thema Projektmanagement, sondern als Zusatzqualifikation.

Erst auf dieser Grundlage, so unsere Erfahrung, gelingt es, auch große Projekte mit 50, 100 oder 200 Projektmitgliedern so aufzusetzen, zu planen, zu steuern und zu führen, dass sie durch die Nutzung agiler Verfahren erfolgreicher werden als ohne agile Techniken.

In der Praxis lässt sich das APM-Verfahren mit Vorgehensmodellen wie dem OEP (oose Engineering Process, [OEP-2007]) oder dem V-Modell XT kombinieren.

FDD

Die im APM-Verfahren optional verwendeten Features mit ihren speziellen Ausprägungen Releasefeature, Iterationsfeature etc. haben keinen direkten Bezug zu dem von Jeff DeLuca entwickelten *Feature Driven Development* (FDD). FDD ist eine spezielle Entwicklungsmethodik, die auf feingranularen Features basiert. Zwar gibt es begriffliche und methodische Überschneidungen zu APM, aber die Unterschiede sind wahrscheinlich größer als die Gemeinsamkeiten, sodass wir eine detaillierte Abgrenzung zum Ansatz von DeLuca für nicht relevant halten.

APM

Auch zu dem Buch „Agile Project Management“ von Jim Highsmith [Highsmith-2004], das gelegentlich auch „APM“ abgekürzt wird, hat unser Buch im Übrigen keinen besonderen Bezug, außer dass das Thema identisch ist.

1.3 Werte

1.3.1 Was bestimmt die Werte in einem Projekt?

Im Gegensatz zu normalen Vorgehens- und Prozessmodellen wie bspw. dem V-Modell XT basieren agile Verfahren sehr viel expliziter auf bestimmten Werten[2]. Extreme Programming beruht beispielsweise auf den Werten Einfachheit, Kommunikation, Feedback und Mut. Im APM-Kontext stehen für uns Werte wie Vertrauen, Selbstorganisation, Verantwortung, Exzellenz, Nachhaltigkeit und Disziplin im Vordergrund.

Wertefestlegung beginnt mit Personalauswahl

Welche Werte in einem Projekt gelten, hängt zu allererst davon ab, welche Werte die Projektbeteiligten haben und praktizieren. Dies wird bereits häufig durch die Auswahl des Personals bestimmt, d.h., diejenigen, die Bewerbungsgespräche führen und Personal einstellen, beeinflussen die herrschenden Werte in einer Organisation – bewusst oder unbewusst. Werden, um ein Extrembild zu zeichnen, überwiegend karriereorientierte Alphatiere eingestellt, führt dies zu anderen Werten, als wenn geniale Programmierautisten bevorzugt werden.

Rahmenbedingungen fördern oder verhindern bestimmte Werte

In zweiter Linie hängen die geltenden Werte einer Organisation davon ab, inwieweit bestimmte Rahmenbedingungen bestimmte Werte fördern oder verhindern. Sitzt jeder isoliert in einem Einzelbüro? Welche Möglichkeiten zu regelmäßigen Treffen gibt es? Wie können sich Kollegen teamintern, abteilungs- und hierarchieübergreifend austauschen? Gibt es ausreichend Besprechungsräume und Tafeln in jedem Büro? Werden gute Leistungen gelobt? Oder werden hauptsächlich Fehler öffentlich angeprangert? Fördern eingesetzte Kennzahlen oder finanzielle Prämien bestimmte Verhaltensweisen und Haltungen bei den Führungskräften? Ist der Druck so hoch, dass sich Programmierer in technische Hobbys flüchten? Zählt nur das Projektergebnis, oder erhält der gesamte Produktlebenszyklus Aufmerksamkeit?

Führungskräfte, Vorbilder

Diese Rahmenbedingungen werden wesentlich von den Führungskräften bestimmt – durch ihr Vorbild und durch die Strukturen, Abläufe und Veränderungen, die sie fordern und fördern.

Bestehende Werte können Agilität verhindern

Die in einer Organisation dominierenden Werte lassen sich nicht einfach per Dekret oder Vorgehensmodell ändern. Im Gegenteil: Gerade weil agile Verfahren auf bestimmten Werten beruhen, kann ihre Einführung in einer Organisation erschwert werden oder gar scheitern,

[2] Mit Werten meinen wir hier Werte im sozialwissenschaftlichen Sinne, d.h. Vorstellungen einer sozialen Gruppe oder einzelner Menschen über wichtige oder wünschenswerte Eigenschaften (oftmals Zustände) von Dingen, Ideen und Beziehungen.

wenn die herrschenden Werte im Widerspruch dazu stehen und Veränderungen nicht möglich oder erwünscht sind.

Neben anderen Faktoren, wie der Skalierbarkeit bestimmter Techniken, ist dies ein wichtiger Aspekt, warum agile Verfahren in kleinen Projekten oftmals besser funktionieren. Ein kleines Team in einer großen Organisation kann meistens schneller zu gemeinsamen Werten finden. Je größer eine Projektorganisation, desto durchschnittlicher werden die Werte und Eigenschaften insgesamt.

Kleine Teams finden schneller zu gemeinsamen Werten

Es ist leicht, Exzellenz, Vertrauen und Basisdemokratie zu praktizieren, wenn man die richtigen guten fünf Topleute zusammenbringen konnte. In einem Projekt mit 80 Mitarbeitern ergibt es sich viel zufälliger und ist weniger steuerbar.

1.3.2 Werte als Vorbedingung für Agilität?

Mit unserem APM-Verfahren möchten wir agile Werte und Prinzipien auch in großen und größten Projekten fördern, setzen diese Werte aber, gerade um erfolgreich Agilität einzuführen, *nicht* voraus. Dass wir die Werte, auf denen Agilität beruht, nicht voraussetzen, hat auch Konsequenzen für dieses Buch. Basierend auf Timeboxing und featurebasiertem Vorgehen beschreiben wir einen Prozess, Detailvorgehensweisen und Techniken und gehen dabei für agile Verhältnisse relativ wenig auf Werte ein. Unserer Erfahrung nach schafft das APM-Verfahren Rahmenbedingungen, die agile Werte und Prinzipien fördern. Sie sind aber keine notwendige Vorbedingung. Und weil diese Vorbedingungen nicht existieren, ist es auch nicht zwingend, sie in diesem Kontext (also den entsprechenden Kapiteln) zu beschreiben.

APM fördert Agilität auch im Großen

Wir wissen aus Erfahrung, dass die Einführung des APM-Verfahrens in bislang wenig agilen Projekten und Unternehmen mittel- und langfristig zu kulturellen Veränderungen führt, Veränderungsprozesse auslösen kann und daher im Idealfall auch Ausgangspunkt für eine ganz bewusste Organisationsentwicklung sein kann.

APM kann Veränderungsprozesse auslösen

1.3.3 Führung als Dienstleistung

Die Aufgabe der Projektleitung in agilen Projekten ist es, den einzelnen Teams und Menschen möglichst optimale Rahmenbedingungen für eine selbst organisierte und selbst gesteuerte Arbeit zu schaffen. In diesem Sinne verstehen wir Führungskräfte und Entscheidungsträger innerhalb eines Projektes als Dienstleister für ihre Mitarbeiter.

Führungskräfte sind Dienstleister für ihre Mitarbeiter

Fachliche und Personalvorgesetzte haben die Aufgabe, ihre Mitarbeiter vor allem in Bezug auf folgende Qualifikationen zu befähigen und zu unterstützen:

- Kompetenz, Wissen, Können
- Lernfähigkeit, Veränderungsbereitschaft
- Motivation, Begeisterung
- Selbstdisziplin
- Wahrnehmungs- und Konfliktfähigkeit
- Effizienz und Effektivität, Arbeitstechniken

Führungskräfte und Entscheidungsträger in großen Projekten haben die von ihnen geführten Teams und Organisationseinheiten in Bezug auf folgende Qualifikationen und Eigenschaften zu unterstützen:

- Klare, verständliche und gemeinsame Ziele
- Wertschätzung, Vertrauen
- Kommunikation und Kooperation
- Eigenverantwortung, Selbstkoordination
- Transparenz

Herz und Verstand

So wie die Einführung eines Prozessmodells, wie das V-Modell XT, oder des OEP nicht automatisch zu erfolgreichen Projekten führt, so führt die Einführung agiler Vorgehensweisen wie Scrum, XP oder APM nicht automatisch zu Erfolgen. Auch Agilität kann nicht verordnet werden, sondern muss eingeübt und mit Herz und Verstand praktiziert werden. Ebenso wie die klassischen Vorgehens- und Reifegradmodelle liefern auch agile Verfahren zunächst vor allem einen erprobten Rahmen. Dadurch, dass die agilen Verfahren aber Werte explizit einbeziehen, gehen sie über die Klassiker hinaus.

1.3.4 Eigenverantwortliches Arbeiten

Ein Kernaspekt agilen Vorgehens ist ein möglichst weitgehendes eigenverantwortliches Arbeiten. Dies steht im unmittelbaren Gegensatz zu einem Führungsverständnis, bei dem die Projektleitung vorschreibt, wo es langgeht, und die Projektmitarbeiter lediglich Auftragsausführende sind.

Eigenverantwortliches Arbeiten setzt jedoch voraus, dass die Beteiligten auch die Verantwortung für ihr eigenes Handeln übernehmen können.

Verantwortung ist die Kehrseite der Freiheit

Agilität (Beweglichkeit) bedingt Freiräume und Freiheiten. In dem Maße, wie eine Person Freiheiten bekommt oder wahrnimmt, erhält sie auch die Kehrseite der Freiheit: Verantwortung. Die Angst vor Verantwortung ist ein Grund, warum viele Menschen sich Freiheiten nicht nehmen.

Kann man halbwegs objektiv messen, ob jemand sich verantwortlich verhalten hat? Die Formulierung von Zielen und die anschließende Überprüfung der Zielerreichung greifen hier zu kurz.

Was ist Verantwortung?

Hier sei an die Geschichte in der Londoner Metaphysical Society in dem Buch Bärentango von Tom DeMarco erinnert [DeMarco-2003]. Die erzielten Ergebnisse stimmen vielleicht zufällig und nur weil jemand Glück hatte. Und umgekehrt kann aus dem Nichterreichen von gegebenen Zielen nicht auf verantwortungsloses Handeln geschlossen werden. Sind beispielsweise die Projektziele zwischenzeitlich obsolet, sinnlos oder unrealistisch geworden, kann der Abbruch oder das „Scheitern" des Projektes verantwortungsvolles Handeln sein.

Das Thema Verantwortung ist im Projektmanagementkontext wichtig, doch wie lässt sich Verantwortung systematisch herbeiführen, sicherstellen, gar erzwingen oder zumindest lehren? Das Gegenteil, Verantwortungslosigkeit, lässt sich einfacher beschreiben. Wenn beispielsweise elementare Risiken bekannt sind, aber dennoch ignoriert oder gar bewusst schöngeredet werden, ist dies wahrscheinlich verantwortungslos.

Risikomanagement

Ein Weg zur Verantwortung führt über das Risikomanagement. Risikomanagement ist eine etablierte Projektmanagementdisziplin und Standard der etablierten Projektmanagementlehren von PMI und GPM. Wenn also etablierte Standards beherrscht werden, führt dies auch zu einer Verantwortungsübernahme. Diese Standards, und schon gar nicht Risikomanagement alleine, werden dem Thema Verantwortung aber auch nicht voll umfassend gerecht, denn Verantwortung ist auch eine kulturelle Angelegenheit. Es betrifft alle Ebenen und Beteiligten in einem Projekt und die Art und Weise der Kommunikation und des Miteinanders. Wird die Übernahme von Verantwortung gefördert, gern gesehen oder möglicherweise als Einmischung oder Störung empfunden?

Verantwortung betrifft einerseits das eigene Handeln, also die Ausgestaltung der eigenen Arbeitssituation. Damit dies funktioniert, bedarf es der eigenen Kompetenz und des Vertrauens der Kollegen und der Vorgesetzten. Vertrauen heißt, jemand anderes gewähren zu lassen, ihm Gestaltungsspielräume zu geben, gegebenenfalls Hilfe anzubieten, aber sich nicht einzumischen, *wie* jemand seine Aufgabe wahrnimmt. Das Ergebnis, das *Was*, könnte aber überprüft werden.

In diesem Sinne verstehen wir Vorgesetzte und Projektverantwortliche als Dienstleister für ihre Mitarbeiter. Ihre Aufgabe besteht darin, Vertrauen zu geben, Hilfe anzubieten, zu unterstützen und gute Rahmenbedingungen zu schaffen, ohne zu bevormunden. Aufgabe eines Vorgesetzten ist in diesem Wertekontext, die Mitarbeiter unter Berücksichtigung ihrer Arbeitsbedingungen zu befähigen, gute Arbeit zu leisten.

Explizite Rückgabe von Verantwortung

Verantwortung betrifft Kollegen und Vorgesetzte auch dann, wenn eine Person die Verantwortung nicht mehr tragen kann oder mag, warum auch immer. Wenn jemand eine ihm übertragene Verantwortung nicht mehr leisten mag, ist die letzte verantwortliche Handlung die explizite Übergabe bzw. Rückgabe der Verantwortung an den Vorgesetzten.

Beides sind kulturelle Aspekte: Vertrauen geben, gewähren lassen sowie die (letzte) Möglichkeit, Verantwortung zurückgeben zu können. Natürlich ist es die Pflicht eines Verantwortlichen, die Verantwortung gegebenenfalls zurückzugeben. Dazu bedarf es aber auch einer Atmosphäre und Kultur, dies tun zu können.

Wenn jemand wegen Inkompetenz die Verantwortung nicht mehr tragen kann, dann darf die Inkompetenz Gegenstand persönlicher Kritik sein, beispielsweise mit den Folgen, dass Maßnahmen zur Kompetenzverbesserung vereinbart werden (Personalentwicklung, Schulungen, Coaching etc.) oder dass klar wird, dass der Betreffende für diese Aufgabenart zukünftig nicht mehr infrage kommt.

Verantwortung bedarf der Wertschätzung

Die Rückgabe der Verantwortung und das Bemühen, der Verantwortung gerecht zu werden, bedürfen einer Wertschätzung. Wenn ein Verantwortlicher diese Wertschätzung nicht erfährt oder nicht erwartet, wird ihm die Verantwortung künstlich erschwert.

1.3.5 Arbeits- und Verantwortungsteilung

Selbstorganisation darf auch im agilen Kontext nicht mit Anarchie oder Willkür verwechselt werden. Jede Selbstorganisation findet in einem gegebenen und begrenzenden Rahmen statt. Selbstorganisation bedingt Freiräume und Freiheiten – diese sind jedoch niemals unbegrenzt. Das Wissen und Berücksichtigen dieser Grenzen sind ein essenzieller Aspekt.

Was und Wie

Selbstorganisation in Projekten ermöglicht in der Regel große Freiräume in Bezug darauf, *wie* etwas gemacht wird, selten jedoch darin, *was* erreicht werden soll. Der Auftraggeber bestimmt gewöhnlich zu großen Teilen das *Was*, beispielsweise die geschäftlichen Anforderungen, das Budget, Termine etc. Der Auftragnehmer hat gewöhnlich große Freiräume in der Ausgestaltung des *Wie,* beispielsweise der Projektorganisation, der Vorgehensweise, der verwendeten Werkzeuge, Technologien, Rahmenwerke etc., mit denen das *Was* erreicht werden kann.

Grenzen

In großen Projekten finden Abgrenzungen dieser Art auch innerhalb des Projektes statt, meistens im Kontext einer Organisationsstruktur, Hierarchie und Arbeitsteilung. Die Verantwortung der Projektleitung ist es, das Projekt insgesamt zu strukturieren und zu organisieren, also beispielsweise festzulegen, welche Teams es geben soll und welche Aufgaben und Ziele diese bekommen. Innerhalb dieser Teams können die Beteiligten dann wiederum selbst bestimmen, wie sie diese Aufgaben und Ziele am besten erreichen. Die Freiheiten und Verantwortungen der anderen (egal ob hierarchisch über- oder unterstellt) sind die Grenzen der eigenen Freiheit und Verantwortung.

Kleine agile Projekte sind wenig von diesen Begrenzungen betroffen. Sie benötigen zwar auch eine Projektleitungsrolle, ansonsten können sie sich aber weitgehend selbst organisieren. Demgegenüber sind in größeren Projekten aufgrund der differenzierteren Rollen-, Verantwortungs- und Arbeitsteilung klare Grenzen notwendig. Eine weitgehende Selbstorganisation (oder gar Basisdemokratie) außerhalb der Teamgrenzen halten wir in großen Projekten für naiv und ein erhebliches Risiko.

Verantwortungsdiffusion

Eine wichtige psychologische Erkenntnis ist in diesem Zusammenhang die für Menschen typische Verantwortungsdiffusion (d.h. das Wegschauen in der Gruppe). Hierzu hatten die Sozialpsychologen John Darley und Bibb Latane 1968 ein Experiment durchgeführt [Darley-1968]. Sie konstruierten eine Notfallsituation (ein simulierter epileptischer Anfall) und ermittelten die Bereitschaft einzugreifen in Abhängigkeit von der Zahl der (Mit-)Zuschauer. Als abhängige Variable diente die Zeit, die verstrich, bis der Notfall gemeldet wurde – falls er überhaupt gemeldet wurde. Es zeigte sich, dass die Wahrscheinlichkeit einer Intervention von der Anzahl der Mitzuschauer, also der Gruppengröße, abhing. Während bei kleinen Gruppen von 2 – 3 Personen die Wahrscheinlichkeit über 80 Prozent lag, betrug sie bei 6 Personen nur noch knapp 60 Prozent. Je größer die Gruppe, desto weniger fühlt sich der Einzelne für die ihn umgebende Situation verantwortlich.

Überkommenes Hierarchiedenken?

Unserer Meinung nach sind klare Verantwortlichkeitsbereiche und Arbeitsteilung in Großprojekten ein Erfolgsfaktor. Das mag auf den ersten

Blick nach überkommenem Hierarchiedenken klingen, ist aber aus unserer Sicht maßgeblich, um innerhalb der Untereinheiten klare Freiräume gewähren zu können, Teams vor zu großer Einmischung anderer Teams abschirmen zu können und eine Selbstzerfleischung der Gesamtorganisation zu verhindern. Je weniger Verantwortlichkeiten geklärt sind, desto größer ist die Gefahr, dass einzelne starke Persönlichkeiten die schwächeren (aber deswegen nicht weniger genialen oder guten) Persönlichkeiten dominieren, bevormunden oder deren gute Ideen und Arbeiten plattmachen.

Verantwortungsteilung

Im APM-Verfahren unterstellen wir bestimmte Formen der Arbeits- und Verantwortungsteilung, woraus sich spezifische gesunde oder gar notwendige Grenzen für die Selbstorganisation ergeben.

Ziele aktiv kommunizieren

In einem Großprojekt kann nicht jeder Mitarbeiter mit dem Auftraggeber über die Ziele des Projektes diskutieren, sondern nur einige ausgewählte Personen. Diese wiederum haben dann die Verantwortung, die Ziele des Auftraggebers innerhalb der Projektorganisation zu verbreiten und einen Prozess anzustoßen, dass diese Ziele innerhalb der Projektorganisation von den einzelnen Teilprojekten, Teams und Subteams heruntergebrochen werden und eine in dem jeweiligen Subkontext sinnvolle Bedeutung erhalten.

Subiterationen

Während wir innerhalb von Teamstrukturen von ca. 2 – 8 Personen es dem Team weitgehend selbst überlassen wollen, wie sie arbeiten, werden übergeordnete Prozesse durch andere Teams und Personen vorgegeben. Beispielsweise kann ein Entwicklungsteam selbst entscheiden, ob es sich täglich einmal kurz zur Arbeitssynchronisation trifft oder einen anderen Rhythmus wählt. Oder ob es innerhalb der projektweiten Iterationsdauer von beispielsweise 6 Wochen möglicherweise wöchentliche Subiterationen praktiziert.

Und ebenso ist es dem Projektleitungsteam für das Gesamtprojekt überlassen, ob es sich täglich, wöchentlich oder wie auch immer mit den Teilprojektleitern trifft und ob die projektweiten Iterationen 4, 6 oder 8 Wochen betragen sollen. Und das Architekturteam verantwortet wahrscheinlich die interne Aufteilung in fachliche und technische Aufgaben- und Verantwortungsbereiche.

Klare Verantwortungsbereiche

Große Organisationen funktionieren durch klare und sinnvolle Teilung von Verantwortung gut. Fehlende Klarheit macht Projekte ineffizient, weil man erst einmal suchen muss, wer für etwas verantwortlich ist. Möglicherweise gehen verschiedene Beteiligte, ohne voneinander zu wissen, den gleichen Aufgaben nach. Der Kommunikationsaufwand erhöht sich in diesem Fall, und im Extremfall beschäftigen sich die Menschen nur noch mit ihrer internen Koordination, anstatt wertschöpfend tätig zu sein.

Andererseits plädieren wir nicht dafür, ausschließlich die offizielle Organisationsstruktur zu beachten. Jenseits aller geregelten Arbeits- und Verantwortungsteilung gibt es informelle Führungsstrukturen, die zu ignorieren ebenso fahrlässig wäre.

1.3.6 Macht

Macht wird zuerkannt

Bestimmte Mitglieder einer Projektorganisation erlangen besonderen Respekt und Anerkennung von anderen Mitgliedern, in der Regel aufgrund von besonderen, manchmal gar beeindruckenden fachlichen oder sozialen Kompetenzen. Macht ist in diesem Zusammenhang etwas, was jemandem von anderen zugestanden wird. Formale Macht, die von anderen nicht anerkannt wird, verkehrt sich in Ohmacht, Unglaubwürdig- oder Lächerlichkeit und kann von Untergebenen gestürzt werden.

Informelle Machtstrukturen kennen (vgl. Stakeholder-Diagramm ⇨362)

Deswegen ist es auch in großen Projektorganisationen wichtig, die informellen Machtstrukturen zu kennen, denn diese sind letztendlich die real wirksamen. Die formalen Machtstrukturen sollten diese berücksichtigen, anderenfalls verlieren die offiziellen Führungskräfte innerhalb eines Projektes ihre Glaubwürdigkeit, werden zu Hampelmännern (oder -frauen), und das Projekt wird unsteuerbar.

Gruppendynamische Prozesse kennen und berücksichtigen ⇨326

Die Macht- und Einflussstrukturen in Projekten sind nicht stabil und verändern sich im Laufe der Zeit. Projekte durchlaufen hier wie jede andere soziale Organisation auch gruppendynamische Prozesse (vgl. *Gruppendynamik* ⇨326). Projektleitungen sollten mit diesen vertraut sein, sie kennen und berücksichtigen. So gibt es Phasen, in denen die Projektbeteiligten vorsichtig und abwartend agieren, Phasen, in denen Machtkämpfe und Reibereien um Lösungs- und Ideenhoheit ausbrechen, Phasen, in denen alles eingespielt ist und hochproduktiv wie am Schnürchen läuft, usw. Großprojekte tendieren leider dazu, aus der Normierungsphase (vgl. Kapitel *9.8.3 Gruppendynamik* ⇨326) nicht herauszukommen. Es steht gewöhnlich nicht in der Macht Einzelner, die jeweilige Phase gegen eine andere auszutauschen. Wohl aber können Projektleitungen einerseits durch geeignete Rahmenbedingungen und gezielte Interventionen die gruppendynamischen Prozesse konstruktiv unterstützen und andererseits diese Phänomene, in der Planung und Steuerung angemessen und konstruktiv berücksichtigen und beispielsweise offen akzeptieren.

1.3.7 Vertrauen

Kurze Entscheidungswege

Eine klare Aufgaben- und Verantwortungsteilung alleine reicht jedoch nicht, sie muss auch angemessen und sinnvoll sein, das heißt so geschnitten werden, dass die Entscheidungswege kurz sind und möglichst wenige Personen darin eingebunden sind.

Ohne Vertrauen wird eine klare und sinnvolle Aufgaben- und Verantwortungsteilung trotzdem nicht gut funktionieren. Möglichst kurze Entscheidungswege zu haben und möglichst wenig Personen in notwendige Entscheidungen einzubinden, heißt nämlich auch, diesen Personen zu vertrauen. Wenn ich meinen Mitarbeitern nicht traue, muss ich alles selbst erledigen und werde damit zum Flaschenhals.

Sowohl die klare und sinnvolle Verantwortungsteilung als auch Vertrauen reduzieren den Bedarf und die Möglichkeiten, dass sich andere in Entscheidungen einmischen oder anschließend diese wieder angreifen.

Vertrauen minimiert den Absicherungs- und Regelungsbedarf

Vertrauen minimiert außerdem den Absicherungs- und Regelungsbedarf. Reicht mir die mündliche Zusage von einem Kollegen oder einem anderen Team oder muss ich mich schriftlich mit dreifachem Durchschlag absichern? Vertraue ich darauf, auftretende Probleme und Konflikte zu gegebener Zeit mit meinen Kollegen und anderen Teams konstruktiv lösen zu können? Oder muss ich diese alle im Vorwege antizipieren und vertraglich oder mit aufwendigen Absprachen regeln und dokumentieren?

Courage

Andererseits ist aber auch blindes oder naives Vertrauen schädlich. Wenn ich in einem Risikoworkshop zu der begründeten und belastbaren Überzeugung gelangt bin, dass beispielsweise ein (interner oder externer) Zulieferer unzuverlässig ist oder ein extremer, anderweitig nicht zu vermeidender Schaden auch bei absehbaren Verzögerungen entsteht, dann wäre es verantwortungslos, die Handhabung und Konsequenzen dieses Risikos nicht im Vorwege zu klären oder anzusprechen.

1.3.8 Zwischen Freiheit und Vorschrift

Agilität möchte Gestaltungsfreiräume schaffen und nutzen

Agiles Projektmanagement setzt nicht primär auf Vorschriften und verpflichtende Vorgaben, sondern möchte den Beteiligten Freiheit und Gestaltungsmöglichkeiten verschaffen. Dies ist angesichts der Werte des agilen Manifestes verständlich und erscheint im ersten Moment überzeugend. Was nützen all die Vorschriften, wenn letztendlich die erstellte Software nicht läuft?

Sich sklavisch an Vorschriften (Vorgehensmodelle etc.) zu halten, gewährleistet keinen Erfolg. Ganz im Gegenteil – da Projekte per Definition individuelle Herausforderungen sind, verlangen sie nach individuellen Vorgehensweisen und Lösungen.

Vorgehensmodelle sind nützliche Know-how-Quellen

Andererseits stellen Vorgehensmodelle nützliche und hilfreiche Rahmenbedingungen, Leitfäden, Orientierungs- und Entscheidungshilfen bereit. Sie enthalten bewährte Vorgehensweisen, was die Qualität, Sicherheit, Effizienz und Effektivität von Projekten steigern kann. Damit verhindern Vorgehensmodelle, dass das Rad jedes Mal neu erfunden wird.

Vorschriften, Vorgaben und Vorgehensmodelle sind also wahrscheinlich ebenso sinnvoll wie die Freiheit, von ihnen abzuweichen. Das klingt nach einem Widerspruch oder Dilemma.

Daraus lassen sich verschiedene Konsequenzen ziehen. Oder anders ausgedrückt: Es bedarf eines bestimmten Kontextes, um dieses Dilemma konstruktiv zu nutzen und zu lösen.

Agilität als Begründung für das Abweichen und Ignorieren von etablierten Standards ist dann äußerst zweifelhaft, wenn die betroffenen Personen diese Standards gar nicht kennen oder beherrschen. Verantwortungsvolle Abweichung von Standards setzt zumindest eine grundlegende Kompetenz in den Wissensgebieten dieser Standards voraus.

Gründe für Agilität hinterfragen

Es macht einen erheblichen Unterschied, ob ich etwas nicht tue oder gar ablehne, weil ich es nicht verstehe oder keine Ahnung davon habe, oder ob ich dies bewusst tue, weil meine Kompetenz so hoch ist, dass ich guten Grund habe anzunehmen, es durch Abweichung besser zu machen und einen erfolgreicheren Weg zu gehen.

Sowohl agile Verfahren als auch traditionelle Verfahren sind Sammlungen bewährter Techniken und Erkenntnisse im Kontext spezifischer Werte. Weder der Vorgehensmodell-Hardliner noch der naive oder puristische Agilist sind hier hilfreich.

Unsere Konsequenz daraus ist, dass agiles Projektmanagement nichts für Anfänger ist, sondern eine Disziplin oder Zusatzqualifikation für erfahrene und kompetente Profis darstellt, die guten Gewissens glauben dürfen, es besser zu machen, als wenn sie den Standards gemäß verfahren.

Glaubwürdige agile Projektmanager sind für uns solche Personen, die mit Projektmanagementstandards, beispielsweise GPM (Gesellschaft für Projektmanagement) oder PMI (Project Management Institute) in Theorie und Praxis vertraut sind *oder* durch mehrjährige Berufserfahrung entsprechende Kompetenz erworben haben. In diesem Sinne richtet sich dieses Buch an erfahrene Projektleiterinnen und Projektleiter.

1.4 Projektorganisation und Projektgrößen

Je nach Größe eines Projektes funktionieren bestimmte Vorgehensweisen besser oder schlechter, sodass es keine für alle Projekte gleichermaßen optimal geeignete Vorgehensweise geben kann.

Mit den in diesem Buch beschriebenen Vorgehensweisen und Vorschlägen richten wir uns an Projekte prinzipiell beliebiger Größenordnung. Ausgehend von den Anforderungen und Rahmenbedingungen sehr großer Projekte stellen wir Techniken, Modelle und Vorgehensweisen vor, die für kleinere Projekte vereinfacht angewendet werden können oder teilweise für diese vollständig entbehrlich oder kontraproduktiv sind. Sofern bestimmte Techniken und Vorgehensweisen nur für bestimmte Projektgrößen geeignet sind, weisen wir in diesem Buch explizit darauf hin.

Für die weitere Behandlung des Themas in diesem Buch möchten wir aber zumindest folgende vier verschiedene Organisationsstrukturen bzw. Projektgrößen unterscheiden:

- Kleinprojekt
- Mittleres Projekt
- Großprojekt
- Megaprojekt

Diese werden im Folgenden kurz charakterisiert.

1.4.1 Kleinprojekt

Hierunter verstehen wir Projekte mit 1 – 8 Projektmitarbeitenden. Innerhalb eines Kleinprojektes werden zwei verschiedene Rollen unterschieden: ProjektmitarbeiterInnen und ProjekleiterIn.

Einfrauprojekt

Im einfachsten Fall handelt es sich um ein Einmann- bzw. Einfrauprojekt. Sofern das Projekt aus mehreren Personen besteht, hat eine dieser Personen die Projektleitungsrolle inne, die das Projekt nach außen repräsentiert und nach innen Entscheidungsbefugnisse hat.

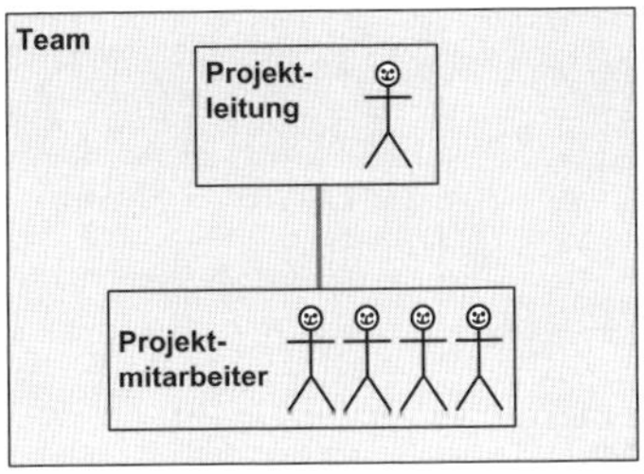

Abb. 1.4-1: Kleinprojekt mit 1 – 8 Mitarbeitern

Die Begrenzung auf ca. 8 Personen resultiert aus der Erfahrung, dass eine Person gut in der Lage ist, so viele Personen zu führen. Die Anzahl der Mitarbeiter, die eine Führungskraft führen kann, wird auch Führungsspanne genannt.

Führungsspanne

Ab einer Führungsspanne von 8 oder mehr Personen kann es je nach konkretem Führungsbedarf und -aufwand zu einer Überforderung der Führungskraft kommen, sodass diese den Anforderungen und Bedürfnissen der Mitarbeiter nicht mehr gerecht wird.

Je größer die Führungsspanne ist, desto weniger kann die Führungskraft selbst aktiv inhaltlich im Projekt mitarbeiten und desto mehr ist sie nur noch mit der Betreuung, Führung und Verwaltung der Mitarbeiter beschäftigt.

Die Größenordnung bis ca. 8 Projektmitarbeitenden ist die optimale Projektgröße. Jeder kennt jeden, alle können gegebenenfalls in einem Raum sitzen, die Kommunikationswege sind kurz und effizient, und nicht nur die Projektleitung, sondern auch jeder Einzelne hat vollen Überblick über das Projekt.

Kommunikation, optimale Größe

Leider sind die Projektaufträge oftmals so beschaffen, dass ein solches Kleinprojekt nicht ausreichend ist, weswegen wir im Folgenden auch größere Organisationsstrukturen beschreiben.

1.4.2 Mittleres Projekt

Das grundsätzlich zu verfolgende Prinzip bei größeren Projekten besteht darin, immer wieder auf eine Teamgröße von 1 – 8 Personen zu kommen, in dem das Gesamtprojekt in entsprechend viele Untereinheiten, hier Teams genannt, aufgeteilt wird.

Teile und herrsche

Jedes Team ist im Prinzip so strukturiert wie ein Kleinprojekt, die Projektleitung wird hier Teamleitung genannt. Und oberhalb der Teamleitungen gibt es dann die Projektleitung.

Teamleitung

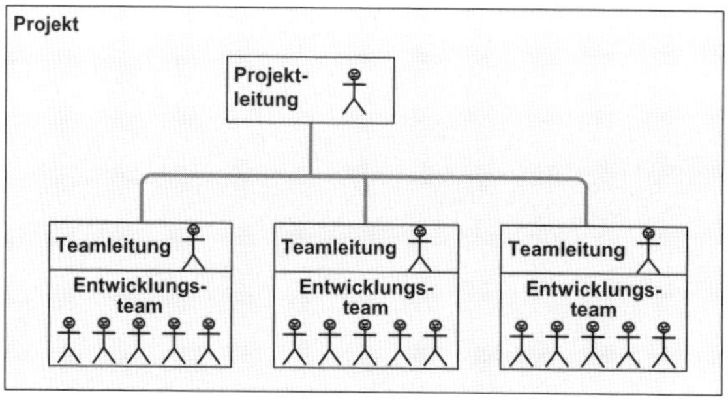

Abb. 1.4-2: Mittleres Projekt mit 8 – 20 Mitarbeitern

Wichtig bei dieser wie auch bei allen noch größeren Organisationsformen ist, dass die einzelnen Teams möglichst unabhängig voneinander sind. Das ist einfacher gesagt als getan und muss explizit und manchmal mühevoll kreiert werden.

Abhängigkeiten

Unabhängig heißt, dass ein Team nicht auf Arbeitsergebnisse, Zulieferleistungen oder Entscheidungen von anderen Teams angewiesen ist oder darauf warten muss. Jedes Team sollte ohne solche Abhängigkeiten von anderen Teams seine Ergebnisse produzieren können.

In der Praxis ist dies nicht der Fall, denn sonst würden die Teams nicht ein Gesamtprojekt bilden müssen, sondern könnten einfach unabhängige Kleinprojekte sein. Da die Teams eines Projektes aber an einer gemeinsamen Lösung arbeiten, entstehen unweigerlich Abhängigkeiten.

Softwarearchitektur

Aufgabe der Projektleitung und der Softwarearchitektur ist es, die Aufgaben der Teams inhaltlich, fachlich und technisch so zu strukturieren, dass sie möglichst unabhängig voneinander arbeiten können.

Teamstruktur = Produktstruktur

Conway's Law

Teamstruktur und Produktstruktur hängen dabei stets zusammen (nach dem Programmierer Melvin Conway auch *Conway's Law* genannt, der diese Überzeugung 1968 erstmalig vertrat). Die entwickelte Software wird in ihrer inneren Struktur stets die gewählte Teamstruktur widerspiegeln und umgekehrt. Daher ist es wichtig, zuerst die Architektur der Software festzulegen und dann danach die Teams zu organisieren, weil anderenfalls die Softwarearchitektur zwangsweise die Organisationsstruktur des Projektes repräsentieren wird, auch wenn etwas anderes beabsichtigt wird.

Teamstruktur nicht zu früh festlegen

Die Festlegung der Teamstruktur darf also nicht zu früh erfolgen und muss gegebenenfalls auch während der Projektlaufzeit geändert oder weiterentwickelt werden, sofern sich die Softwarearchitektur entsprechend weiterentwickelt und verändert.

Man könnte bezüglich der maximalen Projektgröße eines mittleren Projektes möglicherweise meinen, dass diese viel mehr als nur 20 Mitarbeiter (wie in Abb. 1.4-2 angedeutet) umfassen könnte. Wenn beispielsweise jede Teamleitung im Durchschnitt 5 Mitarbeiter führt und auch für die Projektleitung eine Führungsspanne von beispielsweise 7 Personen funktionieren sollte, ergäbe sich daraus 7 * 5 + 5 + 1 = 41 Mitarbeiter.

Die Praxis hat jedoch gezeigt, dass ab etwa 20 Mitarbeitern die Aufgaben der Projektleitung so umfassend sind, dass sie eine einzelne Person nicht mehr angemessen bewältigen kann, weswegen wir ab etwa dieser Größenordnung von einem Großprojekt sprechen.

1.4.3 Großprojekt

Spezialisierte Rollen

Das Großprojekt ist zunächst genauso strukturiert wie ein mittleres Projekt, jedoch besteht die Projektleitung nicht mehr aus einer Einzelperson, sondern wiederum aus einem Team. Innerhalb der Projektleitung werden verschiedene spezialisierte Rollen wahrgenommen. Typisch ist folgende Aufteilung:

- Gesamtprojektleitung
  Repräsentiert nach außen und hat die Gesamtverantwortung.
- Fachliche Architektur, Produktmanagement o.Ä.
  Ist verantwortlich für die Aufteilung in Komponenten und Subsysteme, für das Management der fachlichen Anforderungen, Features etc. und Hauptansprechpartner gegenüber den Anforderungsgebern, bspw. den Fachabteilungen.
- Technische Architektur, Entwicklungsleitung o.Ä.
  Definiert Entwicklungsstandards, verwendete Rahmenwerke und Entwurfsmuster sowie Schichtenmodelle etc.
- Iterationsmanagement, Arbeitsvorbereitung, Controlling o.Ä.
  Plant, strukturiert und verteilt die Arbeit zeitlich und auf die Teams, sorgt für Klärung von Aufgaben- und Ressourcenkonflikten, Priorisierung der Aufgaben und Anforderungen etc.

Die Rollen sind hier bewusst etwas unscharf formuliert, denn es ist nicht zweckmäßig, hier einen allgemeingültigen Standard zu beschreiben. Neben den skizzierten Rollen oder statt deren kann es noch weitere und andere Rollen geben, je nachdem wie sich das Projektleitungsteam die Gesamtarbeit aufteilt.

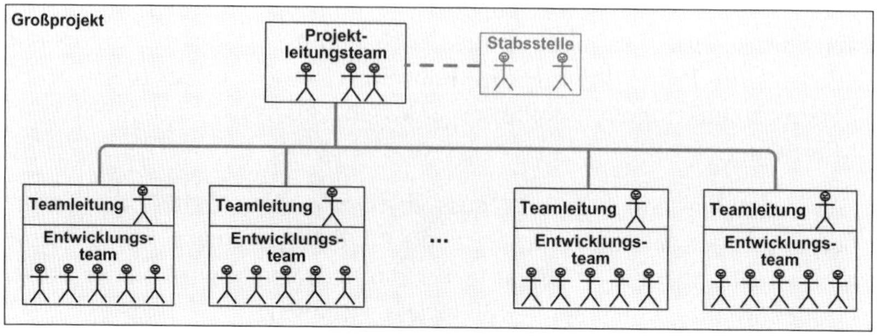

Abb. 1.4-3: Großprojekt mit 20 – 60 Mitarbeitern

Projektbüro

Insbesondere kann es neben dem Projektleitungsteam noch ein Projektstab oder ein Projektbüro geben, das allgemeine organisatorische Aufgaben oder spezielle punktuelle Organisationsaufgaben wahrnimmt. Bei einer Mitarbeiterzahl von bis zu 60 Mitarbeitern ist das Projekt schon wie ein kleines Unternehmen. Es bedarf dann beispielsweise eines Sekretariates, das eine Telefonzentrale führt, Arbeitsmaterial bestellt, verteilt und verwaltet, Reisen organisiert, Urlaubsanträge und Fehlzeiten verwaltet, Termine, Sitzungsräume und soziale Aktivitäten koordiniert etc.

Typisch für Großprojekte sind auch einzelne Entwicklungsteams, die querschnittliche Aufgaben wahrnehmen, beispielsweise ein Rahmenwerk- oder Architekturteam.

1.4.4 Megaprojekt

Ab einer Größe von etwa 60 Mitarbeitern wird die beschriebene Struktur eines Großprojektes unhandlich. Spätestens ab dieser Größenordnung sind Projektbüro und Stabsfunktionen zwingend notwendig.

Aufteilung in Großprojekte

Außerdem kann es hilfreich werden, das Gesamtprojekt in einzelne Einheiten aufzuteilen, die ihrerseits wie Großprojekte strukturiert sind, d.h., die einzelnen Teilprojekte verfügen ihrerseits wiederum über ein Projektleitungsteam und gegebenenfalls eigene Projektbüros und Stabsstellen. Gegebenenfalls werden die Teilprojekte in Haushaltsplanungen mit eigenen Budgets berücksichtigt.

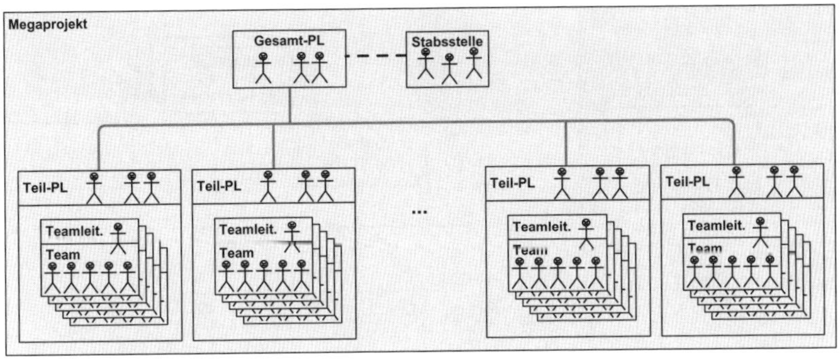

Abb. 1.4-4: Megaprojekt mit 60 – 250 Mitarbeitern

Megaprojekte scheitern

Projekte in dieser Größenordnung sind eigentlich keine Projekte mehr, sondern Vorhaben, da sie meistens sehr lange dauern und bezüglich ihres Lebenszyklus immer mehr Ähnlichkeit mit normalen Wirtschaftsunternehmen bekommen. Auch wenn es positive Ausnahmen gibt: Solche Projekte sind selten wirklich erfolgreich. Sie kosten Unsummen von Geld, sind ineffizient, erreichen selten ihre Ziele und sind für alle Beteiligten unerfreulich.

Das wichtigste Ziel eines Megaprojektes ist es deswegen, es zu vermeiden. Leider gibt es immer wieder Vorhaben, die trotz aller bekannten Widrigkeiten und Risiken wenig Alternativen zu Megaprojekten bieten.

1.4.5 Wie große Projekte organisiert sind

Neben der schieren Größe aufgrund der Personenzahl, die zwangsläufig zu einer Untergliederung in Teilprojekte, Teams, Subteams u.Ä. führt, haben spezielle Rollen und Aufgaben Einfluss auf die Projektorganisation. Ebenso ergeben sich aus der Auftraggeber-Auftragnehmer-Situation und der Organisationsstruktur und -kultur des Auftraggebers und der Empfängerorganisation Anforderungen und Einflüsse auf die interne und externe Organisation eines Projektes.

Bei der Unterscheidung nach Projektgröße in den vorigen Abschnitten wurden vor allem die Rollen Entwicklung und Leitung unterschieden. Diese Darstellungen sind stark vereinfacht und dienten nur zur grundsätzlichen Kategorisierung verschiedener Projektgrößen. Je größer ein Projekt ist, desto mehr müssen explizit Rollen und Organisationseinheiten definiert werden. Abb. 1.4-5 gibt einen Überblick über die typischen Elemente einer großen Projektorganisation.

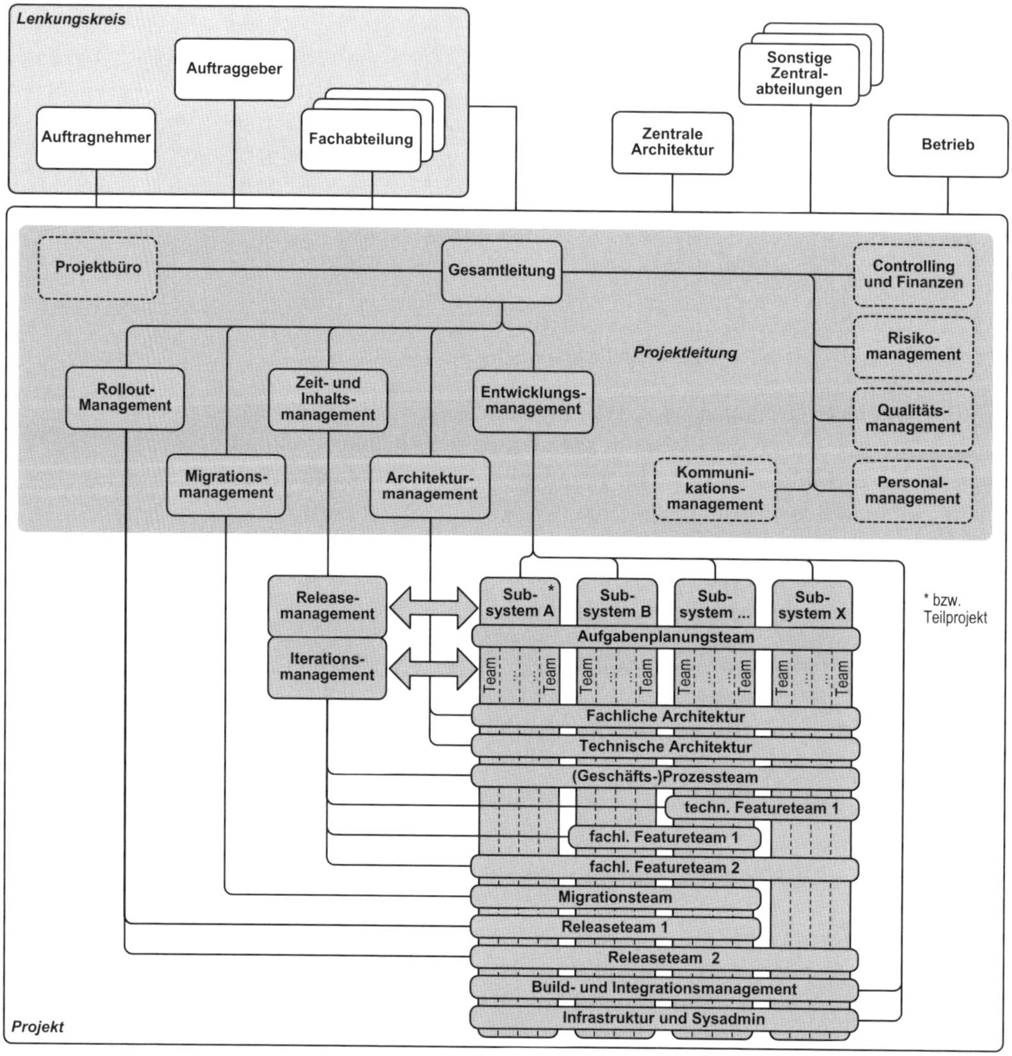

Abb. 1.4-5: Typische Elemente einer sehr großen Projektorganisation (Stabsfunktionen sind in gestrichelten Rahmen dargestellt)

Eine Standardorganisationsform für Projekte oder für bestimmte Projektgrößen gibt es aufgrund der verschiedenen individuellen Einflussfaktoren nicht. Zudem verändern sich die Anforderungen an die Organisationsstruktur auch während der Projektlaufzeit. So ist beispielsweise die fachliche Architektur zu Beginn gewöhnlich wichtiger und stärker ausgeprägt, während Einführung/Rollout am Ende des Projektes stärker besetzt ist. Jede Projektgröße erfordert ihre speziellen Organisationsstrukturen, sodass Sprünge von einer Größe zur nächsten eine explizite Reorganisation erfordern. Damit ein Projekt sich nicht zu viel mit seiner eigenen wachstumsbedingten Reorganisation beschäftigen muss, empfehlen wir, die Organisationsstruktur von Anfang an auf die notwendige Maximalgröße auszulegen.

Der Gesamtprojektleitung obliegt gewöhnlich die Festlegung der angemessenen Organisationsstruktur. Folgende Rollen sind üblich:

- **Architekturmanagement, Technisches Architekturteam**, ChefarchitektIn, **Technologie-Coaches**

  Da Architektur grundlegende übergreifende Strukturen definiert, nehmen die dafür verantwortlichen Personen normalerweise eine Querschnittsfunktion innerhalb des Projektes wahr. In diesem Sinne liefert und verantwortet das Architekturteam architekturrelevantes Wissen, Standards und Beratungsdienstleistungen für die einzelnen Entwicklerteams.

  Hierzu können auch spezielle Rahmenwerke gehören, deren Releases bereitgestellt oder eingeführt werden.

  Für spezielle Technologien, Rahmenwerke oder Werkzeuge sind gegebenenfalls Spezialisten hilfreich oder notwendig, die die Anwender dieser Technologien anleiten, unterstützen oder ausbilden.

  Oftmals nimmt das Architekturmanagement auch eine vermittelnde Rolle zwischen dem Entwicklungsmanagement und dem Zeit- und Inhaltsmanagement ein.

- **Featureteams**

  Fachliche Featureteams

  Diese speziellen Teams werden nur zur Herstellung bestimmter Features eingerichtet. Featureteams sind immer dann sinnvoll, wenn eine zusammengehörende Menge von zu entwickelnden Features aufwendig und zeitintensiv ist oder sehr spezielle fachliche Qualifikationen erfordert. Für die Entwicklung eines Auftragsabwicklungssystems könnten beispielsweise spezielle die Internationalisierung betreffende Features einem Featureteam übertragen werden, dem dann ExpertInnen für internationales Handels- und Steuerrecht angehören ebenso wie EntwicklerInnen mit besonderen Fremdsprachenkenntnissen.

  „Technische" Featureteams

  Auch zunächst technisch klingende Features wie beispielsweise Sicherheitsaspekte in einer Onlinebanking-Anwendung oder spezielle Kommunikations- und Datenaustauschstandards sind letztendlich fachliche Anforderungen. Obwohl deren Umsetzung also möglicherweise spezielles Technologiewissen erfordert, werden diese „technischen" Featureteams ebenso behandelt und organisatorisch eingegliedert wie die offensichtlich fachlich orientierten Featureteams.

- **Rollout-Management**, Einführung

  Dieses spezielle Team beschäftigt sich ausschließlich oder übergreifend mit der Einführung und dem Rollout. Hierzu gehört gegebenenfalls auch die Ausbildung von Anwendern, First- und Second-Level-Support u.Ä. Die Releaseteams sind gewöhlich dem Rollout-Management zugeordnet.

- **Releaseteams**

  Spezielle Teams, die zur Herstellung eines bestimmten Releases eingerichtet und nach Bereitstellung oder Einführung des Releases wieder aufgelöst werden. Verschiedene Releaseteams können sowohl sequenziell als auch parallel eingerichtet werden.

  Grundsätzlich sind zwei Varianten zu unterscheiden:

  Fokus auf Einführung, nicht auf Entwicklung

  - **Releaseeinführungsteams**: In einem iterativ arbeitenden Projekt werden regelmäßig neue inkrementelle Versionen hergestellt, von denen dann bestimmte Versionen herausgenommen und jeweils zu einem Release weiterentwickelt werden. Die Releaseteams entwickeln in diesem Fall selbst keine Funktionalitäten für das Release, sondern entwickeln eine existierende Version lediglich zu einem Release weiter. Das heißt, ihr Schwerpunkt liegt in der Einführung der Version, also beispielsweise der Installation und Inbetriebnahme in der Zielumgebung, Datenmigration, Anbindung an andere Produktivsysteme, Einweisung der Anwender und Administratoren, Erfüllung aller notwendigen Freigabeverfahren etc. Wenn wir in diesem Buch einfach nur von „Releaseteams" sprechen, dann meinen wir genau diese Variante. Eine treffendere Bezeichnung wäre wahrscheinlich „Releaseeinführungsteams".

  Radikale Produktorientierung, Diskontinuitäten

  - **Produktteams**: Eine grundsätzlich andere Organisationsform sind Releaseteams im Sinne eigenständiger Releaseprojekte bzw. Releaseprojektorganisationen. Hierbei stellt ein Team vollständig alle Funktionalitäten eines Releases selbst her und führt dieses anschließend ein. Das Team wird nur zum Zwecke dieses einen Releases gebildet und anschließend wieder aufgelöst. Das Gesamtprojekt setzt sich in diesem Fall aus einer Menge aufeinander aufbauender Releases und damit aufeinander aufbauender Releaseprojektteams zusammen. Diese Organisationsform führt zu einer deutlich stärkeren Produktorientierung. Das Produkt wird sukzessive erweitert. Die aufeinander aufbauenden Releaseteams haben aber ansonsten weniger Gemeinsamkeiten und Standards und folgen möglicherweise weniger einer gemeinsamen Architektur. Die Idee, ein Gesamtprodukt in mehreren Ausbaustufen zu entwickeln, existiert in vielen größeren Projekten. Der Unterschied ist, die einzelnen Stufen wirklich konsequent als eigenständige Projekte zu begreifen, was personelle, organisatorische und technische Diskontinuitäten hervorbringen kann, aber andererseits eine radikale Produktorientierung darstellt.

Produktteams sind vor allem dann sinnvoll, wenn die Termintreue und Integration zu einem umfassenden Release wichtiger ist als Wiederverwendung von Komponenten. Wenn die Herstellung eines Releases extrem lange braucht, beispielsweise mehrere Iterationen, dann sind Releaseeinführungsteams oder Produktteams ebenfalls überlegenswert.

- (Geschäfts-)**Prozessteams**

  Während die eigentliche Softwareentwicklung normalerweise der Komponenten- bzw. Subsystemstruktur folgt, beinhalten Anwendungsfälle und Geschäftsprozessbeschreibungen Anforderungen, die orthogonal[3] bzw. quer dazu verlaufen. Damit auch diese komponentenübergreifenden Sachverhalte verantwortlich wahrgenommen werden, kann die entsprechende Aufgabe an sogenannte Prozessverantwortliche oder Prozessteams übertragen werden.

- **Projektbüro**, Projektleitungsstab, Projektassistenz

  Groß- und Megaprojekte mit 50, 100 oder mehr Mitarbeitenden sind wie kleine Unternehmen und benötigen wahrscheinlich ein eigenes Projektsekretariat (Buchhaltung, Telefonzentrale, Materialwesen, Vertragsverwaltung, Ablage, Korrespondenz, Terminorganisation, Raumverwaltung, Reiseorganisation etc.).

  Ebenso können die Projekt- und Iterationsplanung, Budgetüberwachung, Controlling, Personalwesen, Team- und Personalentwicklung, Datenschutz, Sicherheit, Marketing, Projektsprecher und Rechtswesen dedizierte Rollen und Verantwortungsbereiche darstellen.

- **Migrationsmanagement, Migrationsteam**

  Dieses spezielle Team befasst sich ausschließlich oder übergreifend mit Daten- und Systemmigration.

- **Controlling und Finanzen, Risikomanagement, Qualitätsmanagement, Personalmanagement** und **Kommunikationsmanagement**

  Diese Rollen sind eher als Stabsfunktionen der Gesamtprojektleitung zu verstehen, d.h., sie haben gewöhnlich eine beratende und unterstützende Funktion, aber keine oder nur eingeschränkte fachliche Weisungsbefugnis gegenüber Bereichen.

[3] im rechten Winkel

- **Teilprojekt, Komponententeam, Subsystemteam, Teams**

  Je nach Projektgröße gliedert sich die Projektorganisation hierarchisch in Teilprojekte, Subsysteme/Komponenten und Teams. Wir unterscheiden in diesem Buch weitgehend nur zwei Ebenen: die Teamebene (je ca. 1 – 8 Personen) und darüber eine weitere Ebene, auf der wir die Begriffe Teilprojekt, Subsystem und Komponente weitgehend synonym verwenden, weil sie zwar inhaltlich unterschiedlich, bezüglich der Organisations- und Managementaspekte jedoch ähnlich betrachtet werden können. Wichtig ist allerdings, dass jede dieser Einheiten eine klare Aufgabe, das heißt auch explizite und klare Ziele, hat.

- **Entwicklungsmanagement**

  Dies ist die gemeinsame Führungsspitze der Teilprojekte (bzw. Subsysteme/Komponenten), der auch das Build- und Integrationsmanagement sowie der Bereich Infrastruktur und Systemadministration unterstellt sind.

- Zentrales Konfigurations-, **Build- und Integrationsmanagement**, Integrationsteam

  Der Aufwand zur Integration der Teilsysteme zu einem Gesamtsystem steigt mit der Projektgröße und kann in großen Projekten bereits ein eigenes Team erfordern. Je nach Grad der Test- und Buildautomatisierung und Aufwände bedeutet dies gegebenenfalls auch Schicht- oder Nachtarbeit.

- **Infrastruktur- und Systemadministration**, Werkzeugunterstützung

  Bereitstellung von Hardware und Basissoftware für die Entwicklerarbeitsplätze, Softwareinstallation, Lizenzverwaltung, Datensicherung, Serveradministration, Benutzerverwaltung etc.

- **Zeit- und Inhaltsmanagement, Releasemanagement, Iterationsmanagement, Aufgabenplanung**

  Dieses Team verantwortet bzw. koordiniert die Planungsebenen oberhalb der Teams bzw. Subsysteme. Grundsätzlich sollte immer möglichst weit unten in der Hierarchie, also beispielsweise in den Subsystemen oder Teams, geplant werden.

  Änderungsmanagement

  Das Änderungsmanagement, d.h. die Annahme, Verwaltung und Bearbeitung von Änderungswünschen und -anträgen, wird maßgeblich vom Zeit- und Inhaltsmanagement wahrgenommen, verteilt sich aber letztendlich auf verschiedene, auch angrenzende Organisationseinheiten.

Die oben beschriebenen Einheiten bzw. Rollen stellen eher die Maximalstruktur dar. In kleineren und mittleren Projekten fallen viele dieser Rollen in einer Person zusammen. Beispielsweise wird es in solchen Projekten keine Stabsfunktionen geben, diese werden alle von der Projektleitung wahrgenommen, und das Rollout- und Migrationsmanagement wird wahrscheinlich vom Entwicklungsmanagement durchgeführt. Möglicherweise wird auch zwischen Entwicklungs- und Architekturmanagement nicht mehr unterschieden.

In kleinen Projekten fallen gar alle Projektleitungsfunktionen in einer Person zusammen, unter der es nur noch ein einziges Entwicklungsteam gibt.

1.5 Einführung und Adaption des Verfahrens

Die Einführung iterativen Vorgehens und speziell des APM-Verfahrens in ein Projekt oder in ein Unternehmen als Projektstandard ist, auch wenn man ein ganzes Buch mit diesem Verfahren füllen kann, gar nicht so schwierig.

Unsere Erfahrungen mit der Einführung

Wir kennen aus unseren APM-Schulungen Dutzende von Teilnehmern, die anschließend darüber berichtet haben, dass sie das Verfahren völlig ohne weitere externe Unterstützung erfolgreich eingeführt haben. Auch aus Coaching-Situationen wissen wir, dass die Adaption keine Raketenwissenschaft darstellt.

Zeitbedarf

Die Einführung ist allerdings ein Prozess, der seine Zeit braucht, und sie geschieht nicht von heute auf morgen. Normalerweise kommt das Verfahren an sich nach 1 – 3 Monaten ins Laufen, dennoch werden letztendlich tiefer gehende Veränderungsprozesse angestoßen, die noch Monate oder Jahre beanspruchen.

Das bisher Gesagte gilt für die Einführung des Verfahrens mit Beginn eines Projektes bzw. schon mit Beginn der Projektvorbereitung, wie wir in Kapitel *2 Projektvorbereitung* (⇨63) noch darstellen werden.

Anspruchsvolle Ausgangssituationen

Anspruchsvoller ist die Einführung in bereits laufende Projekte, in sehr große Projekte und in völlig verfahrene Projekte, in denen schon einige andere Verbesserungsversuche gescheitert sind. In solchen Situationen können schon geringfügige Fehleinschätzungen oder ungünstige Entscheidungen zu weiteren Verstrickungen führen. Oftmals fehlt schlicht die Bereitschaft, Möglichkeit oder Fähigkeit, überhaupt irgendetwas verändern zu wollen.

Widerstände, Macht etc.

Auch in solchen Situationen ist die Adaption von APM (oder von anderen iterativen Verfahren) möglich, jedoch liegt dann die Hauptaufgabe nicht auf der Sachebene (worüber dieses Buch vorwiegend handelt), sondern auf der sozialen Ebene. Dann geht es auch um Besitzstände, Macht, Unternehmenspolitik, Ängste, Resignation, Konflikte, Vertrauen, Kommunikation etc.

Veränderungsprozesse, soziale und kulturelle Aspekte

Die Behandlung dieses Themas würde ein eigenes Buch füllen (vielleicht das nächste, das wir schreiben). Unser Kollege Uwe Vigenschow hat mit „Soft Skills für Softwareentwickler" [Vigenschow-2007] bereits ein Anfang gemacht und auch im vorliegenden APM-Buch haben wir nicht umsonst auch Techniken wie die *5-mal-Warum-Fragetechnik* (⇨334), *Aktives Zuhören* (⇨335), *Feedback* (⇨339), *Jung'sches Typenmodell* (⇨343), *Projektmarketing* (⇨352), *Salamitaktik* (⇨358), *Systemmodell* (⇨369), *Aussitzen* (⇨374), *Frühe Eskalationsprobe* (⇨376), *Projekttagebuch* (⇨379) etc. beschrieben, deren Anwendung man im Einzelfall wie beispielsweise bei der Salamitaktik oder dem Aussitzen vielleicht verwerflich finden mag, die zu (er-)kennen aber wichtig sein kann.

Management-Rahmenwerk ist nur eine Startlinie

Ein anderer wichtiger Aspekt bei der Einführung ist die Adaption, die Anpassung des Verfahrens an die spezifischen Bedürfnisse. Das APM-Verfahren beschreibt ein Management-Rahmenwerk. Es enthält einige unumstößliche Eckpfeiler, wie beispielsweise das Verständnis von Iterationen als Timeboxen. Die meisten Details jedoch sind anpassbar, sowohl inhaltlich als auch einfach nur bezüglich der Terminologie. Der hier im Buch beschriebene Standard ist als Ausgangspunkt, als Startlinie zu sehen. Es obliegt der Verantwortung aller Beteiligten, das Verfahren weiterzuentwickeln und Schwerpunkte zu setzen. Das APM-Verfahren enthält verschiedene implizite Rückkopplungen und Lernmöglichkeiten, die aktiv zu nutzen sind.

Wegen dieser zahlreichen individuellen Erfordernisse beschränken wir uns hier bezüglich der Einführung und Adaption auf einige generelle Aussagen und grundlegende Aspekte.

1.5.1 Populäre Missverständnisse

Unter iterativem Vorgehen werden sehr unterschiedliche Dinge verstanden, und es existieren sehr viele Missverständnisse. Dem iterativen Vorgehen wurde – und wird teilweise immer noch – ein Misstrauen entgegengebracht, das oftmals auf einem falschen, oftmals sehr naiven Verständnis von iterativem Vorgehen beruht. Zwei Extrembeispiele:

Nicht-Wasserfall-Vorgehen ist iterativ. Wenn kein Wasserfallprozess praktiziert oder angestrebt wird, d.h. beispielsweise keine vollständige Analyse gemacht wird, dann wird dies bereits als iteratives Vorgehen bezeichnet. Schließlich werden ja die elementaren Aktivitäten wie Anforderungen erheben, Entwerfen, Realisieren, Testen etc. nicht am Stück, sondern zeitlich irgendwie verteilt, quasi „iterativ" durchgeführt.

Keine Analyse?

Iteratives Vorgehen bezeichnet jedoch eine systematische und durchaus kontrollierte Vorgehensweise, während die Abwesenheit eines Wasserfallvorgehens möglicherweise einfach nur unsystematisches und chaotisches Arbeiten bedeutet.

Das 5-Iterationen-Modell. Hierunter wird ein ganz systematisches und strenges iteratives Vorgehen verstanden, das aus exakt fünf Iterationen besteht, in denen jeweils ganz spezifischen Tätigkeiten nachgegangen wird. Deswegen können die Iterationen auch mit eindeutigen Namen versehen werden:

Neue Namen für Praktiken von vorgestern

- Die Analyse-Iteration
- Die Entwurfs-Iteration
- Die Realisierungs-Iteration
- Die Test-Iteration
- Die Inbetriebnahme-Iteration

Ha, ha, ha! Tatsächlich handelt es sich hierbei um das Wasserfallmodell, und der Begriff *Phase* wurde einfach in den Begriff *Iteration* umgetauft.

Nicht-Planen ist iterativ. Warum eigentlich ein Projekt planen? Es reicht doch völlig aus, immer nur die nächste Iteration, also beispielsweise die kommenden 2 – 4 Wochen, zu planen. Danach hat sich sowieso wieder alles verändert, ein umfassenderer Plan wäre dann hinfällig. Bei diesem Modell heißt es also:

Planen ist doch sinnlos...

- Plane immer nur n Wochen im Voraus (n ist eine kleine positive Zahl nahe 1).
- Nach Ablauf dieser Zeit wird dann die nächste „Iteration" geplant.
- Statt Planung kann auch einfach der Auftraggeber gefragt werden, was in den kommenden Wochen getan werden soll. Wenn das fertig ist, darf sich der Auftraggeber ein paar neue Funktionalitäten wünschen.
- Wenn keine Zeit oder kein Geld mehr vorhanden ist oder der Auftraggeber keine Wünsche mehr hat, ist das Projekt beendet.

Diese Vorgehensweise ist durchaus praktikabel, in der Praxis aber unter Umständen eine sehr teure Angelegenheit. Wenn nämlich in den ersten Iterationen hauptsächlich instabile oder risikoarme Anforderungen umgesetzt werden, führt dies zu sehr kosten- und zeitintensiven Restrukturierungs- oder gar Sanierungsaufwänden in späteren Iterationen.

Wünsch-dir-was

Erfolgreiches iteratives Vorgehen bedeutet also weitaus mehr als Wünsch-dir-was, nämlich auch die richtige Priorisierung von Anforderungen, das richtige Maß an Anforderungsdetaillierung zum richtigen Zeitpunkt und konsequente Planungsaktualisierung mit einer Vorschau bis ans lange Ende des Projektes usw.

Agilität ist nur etwas für kleine Projekte?

Irrationale Ängste vor iterativen und agilen Verfahren. Die skizzierten Missverständnisse führen oft zu dem Glauben, in agilen Vorgehensweisen würden keine Anforderungen erhoben und schon gar nicht dokumentiert. Außerdem funktioniere Agilität nur in kleinen Projekten ohne Risiko. Auch Anforderungsänderungen seien in klassischen Vorgehensweisen natürlich genauso jederzeit möglich, weil es ja Change-Requests gibt. Aber die Anforderungen müssen bitte vollständig detailliert vor Projektstart erhoben sein, denn andernfalls könne man ja das Projekt weder schätzen noch planen.

Agilität ist per se kein Vorgehensmodell

Agilität per se ist aber kein Vorgehensmodell, sondern eine Sammlung von Good Practices, Werten und Geisteshaltungen, die erst im Zusammenspiel ihre Kraft entfesseln und für mehr Beweglichkeit in der Projektabwicklung sorgen, um die Projektziele trotz der alltäglichen ungeplanten Ereignisse erreichen zu können. So gesehen, ist auch ein agiles V-Modell XT vorstellbar. Es kommt vor allem darauf an, *wie* bestimmte Praktiken gehandhabt werden.

Platitüden?

Für Vertreter der klassischen Ansätze sind Aussagen aus dem agilen Manifest, wie "Höchste Priorität hat die Zufriedenstellung des Kunden mit frühzeitiger Lieferung funktionsfähiger Software", im Grunde Platitüden, weil das ja selbstverständlich ist. Und dass man regelmäßig Inkremente in kurzen Abständen ausliefert, versteht sich mindestens genauso wie integriertes Risikomanagement und permanentes Reflektieren über die tatsächlich geleistete Arbeit. Das sind einfach nur Regeln des klassischen Projektmanagements.

Unser Eindruck ist, dass sowohl Vertreter traditioneller Ansätze wie auch die Agilisten im Grunde ihres Herzens dieselben Ziele verfolgen. Die zu leistende Überzeugungsarbeit in Richtung Agilität sollte sich daher mehr darauf konzentrieren aufzuzeigen, wie bestimmte Fragestellungen in agilen Verfahren gelöst werden können und wo die klassischen Artefakte bleiben, die für Vertreter agiler Ansätze zum Teil Unworte sind. Zum Beispiel: Wie und wann entsteht eine Anforderungsspezifikation? Wie werden Anforderungen verfolgt? Wie wird Qualitätssicherung betrieben? Wie gestalte ich Preis- und Vertragsmodelle im agilen Umfeld? Wie gehe ich mit sicherheitskritischen Anforderungen um?

Wir versuchen in diesem Buch, genau diese Fragen zu beantworten, auch um Vertreter klassischer Vorgehensweisen in ihrer Begriffswelt abzuholen.

1.5.2 Abgrenzung zum Wasserfallansatz

Iterativ-inkrementelles Vorgehen unterscheidet sich vom klassischen Wasserfallansatz zunächst dadurch, dass der Softwareentwicklungsprozess zeitlich anders eingeteilt ist und das zu entwickelnde Produkt anders entsteht.

Beim herkömmlichen Vorgehen ist der Entwicklungsprozess in relativ lange zeitliche Phasen eingeteilt, die jeweils phasenspezifische Ergebnisse liefern. Die Analysephase liefert die Anforderungsspezifikation, die Designphase ein Umsetzungskonzept, die Realisierungsphase die Software und die Testphase die Validierung und Verifizierung der Software.

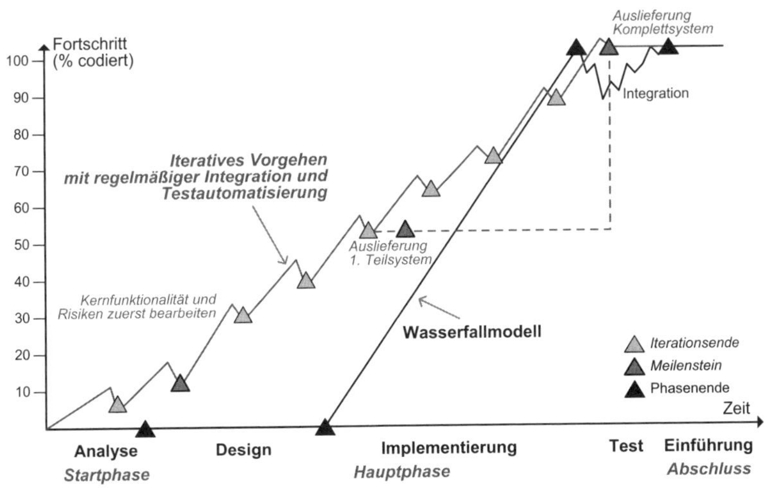

Abb. 1.5-1: Gegenüberstellung iteratives Vorgehen (kursiv gesetzt) – Wasserfallvorgehen (normal gesetzt) bzgl. Fortschritt in messbarem Code

Nachteile des Wasserfallmodells. Die Nachteile sind gemeinhin bekannt und sollen hier nur ganz kurz skizziert werden:

- Alle Anforderungen müssen von Anfang bekannt sein und müssen während der Entwicklungszeit stabil bleiben.

- Es entsteht verhältnismäßig viel Dokumentation, da zwischen dem Entstehungszeitpunkt von Information (z.B. Identifikation einer Anforderung) und dem Zeitpunkt ihrer Nutzung (z.B. Entwurf, wie die Anforderung umgesetzt werden kann) ein Zeitraum liegt, der das Kurzzeitgedächtnis der Entwickler überschreitet. Außerdem sind häufig verschiedene Personen damit betraut, d.h., es wird "Stille Post" gespielt.
- Da erst nach der Realisierungsphase festgestellt werden kann, ob die Anforderungen richtig verstanden und umgesetzt wurden und die Software von den Benutzenden akzeptiert wird, entsteht – prozessbedingt – ein hohes Risiko.

Natürlich wurde und wird der Wasserfallansatz nie in Reinkultur praktiziert. Als Leitbild hat er jedoch trotz seiner prinzipiellen Defizite auch heute noch in vielen Unternehmen und Projekten Bestand.

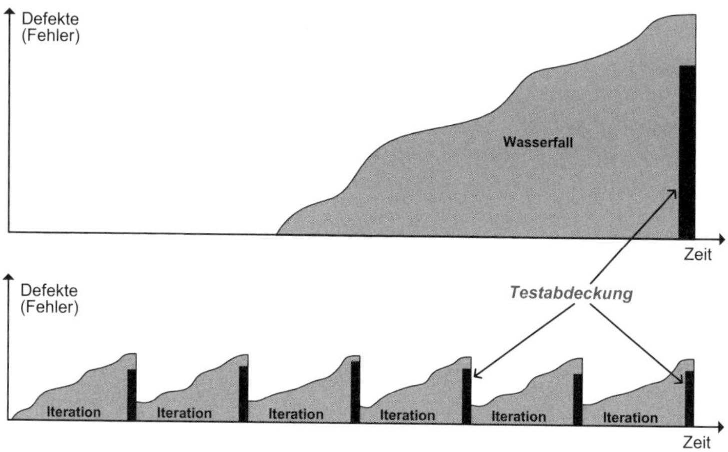

Abb. 1.5-2: Unterschiedliche Defektraten und Testabdeckungen bei Wasserfall- und iterativem Vorgehen (Grafik inspiriert durch [Gamma-2007])

Alles wird gut!

Mit dem iterativ-inkrementellen Vorgehen hingegen – so die Heilsversprechung – wird jetzt alles besser. Als erfahrener Informatiker und Projektleiter sind Sie wahrscheinlich längst desillusioniert und nehmen solche Versprechungen gelassen hin. Trotzdem betrachten wir kurz die Effekte, die vom iterativ-inkrementellen Vorgehen erwartet werden:

- Höhere Akzeptanz bei den Benutzern und beim Auftraggeber
- Höhere Motivation und Ergebnisorientierung bei den Entwicklern
- Bessere Verteilung der Fehler über die Projektlaufzeit und niedrigere Fehlerraten zum Projektende (vgl. Abb. 1.5-2)
- Umfassenderes und objektiveres Projektcontrolling

- Effektiveres Risikomanagement
- Transparentere Projektplanung für alle Beteiligten
- Flexibler Umgang mit Änderungen der Anforderungen und Rahmenbedingungen
- Aber auch: mehr Aufwand bei der Planung und Steuerung des Projektes und höhere Anforderungen an das Projektmanagement

Das klingt verlockend, also wenden wir uns den Rahmenbedingungen und Maßnahmen zu, die zur Erreichung dieser Effekte notwendig sind.

Phasenmodell beim iterativen Vorgehen

Soweit iterative Projekte in Phasen verlaufen, sind deren Bedeutung und Zweck jedoch ganz anders. Es handelt sich hierbei um die Vorbereitungs-, Start-, Haupt- und Abschlussphase, die wir in Kapitel 3.1.2 (⇨105) ausführlich beschreiben.

1.5.3 Faktoren für erfolgreiche Projekte

Chaos-Report der Standish Group

Seit 1994 untersucht die Standish Group regelmäßig die Erfolgs- und Misserfolgskriterien für IT-Projekte und veröffentlicht diese im sogenannten Chaos-Report [Standish-Chaos].

Seit 1994 ist dabei erfreulicherweise der Anteil der erfolgreichen Projekte gestiegen, und die durchschnittlichen Termin- und Kostenüberschreitungen sind gesunken.

Erfolgsfaktoren erfolgreicher Projekte

Mit nur geringen Abweichungen in der Reihenfolge wurden im Laufe der Jahre bei der Analyse, was die erfolgreichen von den nicht erfolgreichen Projekten unterscheidet, immer wieder folgende Erfolgsfaktoren identifiziert:

- Starke Einbeziehung der Benutzer
- Starke Unterstützung durch die Geschäftsführung
- Klare geschäftliche Ziele
- Minimierung der Anforderungen
- Erfahrene ProjektmanagerInnen
- Anwendung eines iterativen und agilen Entwicklungsprozesses
- Standardwerkzeuge und -infrastruktur
- Einsatz formaler Methoden
- Kaufmännisches Projektmanagement

Auf diese Erfolgsfaktoren konzentrieren wir uns auch in diesem Buch. Im Mittelpunkt steht dabei der iterative Entwicklungsprozess, der seine Stärken vor allem als Timeboxing-Verfahren entfaltet, in Kombination mit verschiedenen Einzelverfahren beispielsweise zur Minimierung der Anforderungen über Priorisierungsverfahren, zur systematischen Zielentwicklung und -verfolgung, zur Bewertung des geschäftlichen Nutzens, zur Entscheider-Unterstützung, zum systematischen Projektcontrolling und zum integrierten Vorsorge- und Risikomanagement.

Um diese essenziellen Verfahren und Techniken herum können dann in agiler Weise weitere projektspezifisch sinnvolle Techniken praktiziert werden.

Im Folgenden beschreiben wir kurz, in welcher Weise das APM-Verfahren die Erfolgsfaktoren der Standish Group systematisch berücksichtigt:

- **Starke Einbeziehung der Benutzer**

  Dieser Faktor ist mit iterativen Verfahren fundamental besser zu erreichen als mit einem stark phasen- oder wasserfallorientierten Ansatz. Die Benutzer erhalten von Anfang an kontinuierlich wachsende Softwareversionen zur Begutachtung und Abstimmung. Auf diese Weise werden verschiedene Benutzerkreise immer wieder beteiligt. Für die Benutzer ergeben sich mehr Einfluss- und Gestaltungsmöglichkeiten, weswegen die Ergebnisse viel näher an ihren Bedürfnissen liegen. Die kontinuierliche Beteiligung ist für die Benutzer gewöhnlich besser mit deren Tagesgeschäft und ihrer verfügbaren Zeit zu vereinbaren, da sich die Aufwände zeitlich besser verteilen und flexibler planen lassen.

- **Starke Unterstützung durch die Geschäftsführung**

  Statt reiner Messungen von Stundenverbrauch ermöglicht das iterativ-inkrementelle Vorgehen regelmäßige objektive Erfolgskontrollen. Die APM-Mechanismen wöchentlicher Ampelstatus (⇨185, 347), iterationsweise Arbeitsauftragsreviews (⇨198) und iterationsweise Retrospektiven (⇨201) liefern eine sehr viel fundiertere Datenbasis für das Berichtswesen und Controlling. Risiken werden früher identifiziert, und der Erfolg von Risikomaßnahmen ist frühzeitiger beurteilbar.

  Alle diese Details ermöglichen eine sehr viel bessere Transparenz und Einbeziehung der Geschäftsführung bzw. der Auftraggeber. Die Entscheider werden früh und regelmäßig an Entscheidungen beteiligt und in die Verantwortung genommen, wodurch sich gewöhnlich ein besseres Verständnis, mehr Vertrauen und eine insgesamt bessere Unterstützung des Projektes ergeben.

■ **Klare geschäftliche Ziele**

Die Auftrags- und Zielklärung ist zunächst einmal auch unabhängig von agilen Verfahren gut zu leisten und setzt auf entsprechende Managementstandards auf. Im APM-Verfahren ergänzen wir dies durch Elemente wie den *Produktkarton* (⇨238), regelmäßige Priorisierung der Anforderungen (⇨252, 309), klare Definition von Releases und Releasezielen (⇨146, 151, 155), die dann systematisch iterations- und teamspezifisch verfeinert werden. Ziele werden nicht nur definiert, sondern auch durch die Auftaktveranstaltung (⇨177) zu Beginn einer jeden Iteration an alle kommuniziert. Die Reviews (⇨198) und Retrospektiven (⇨201) zum Iterationsende ermöglichen den Abgleich von Zielen und die Bewertung und Verbesserung der Fähigkeiten zur Zielerreichung.

Auf diese Weise werden globale geschäftliche Ziele systematisch verfeinert und in der Projekthierarchie detailliert, verbreitet und regelmäßig den Entscheidern zurückgespiegelt.

Das iterative Verfahren ermöglicht außerdem die kontinuierliche Weiterentwicklung und inhaltliche Schärfung der Ziele, auch beweglicher Ziele (⇨3).

■ **Minimierung und Optimierung der Anforderungen**

Im APM-Verfahren werden Anforderungen zunächst nur auf einer sehr grobgranularen Ebene vollständig erhoben und vor allem auf der Basis von Releasefeatures (⇨96) beschrieben. Anschließend werden sie dann mit Iterationsfeatures (⇨146, 151, 155) verfeinert.

Hierbei werden die Anforderungen systematisch und regelmäßig priorisiert (⇨252, 309). Der Abstand vom Erkennen einer Anforderung bis zum Nachweis der korrekten Umsetzung wird durch das iterative Vorgehen minimiert, sodass Anforderungen nicht zu trockenen Textartefakten verkommen, sondern für die Beteiligten lebendig und wahrnehmbar bleiben.

■ **Erfahrene ProjektmanagerInnen**

Wir betrachten das APM-Verfahren als eine Technik für erfahrene ProjektleiterInnen und setzen entsprechende Grundlagen voraus, die wir in diesem Buch nicht ausführlich behandeln, die wir jedoch im Kapitel *9.2 Der methodische Ansatz des PMBoK Guide* (⇨229) überblicksartig skizzieren. Das APM-Verfahren soll also nicht eigenständig eingesetzt werden, sondern auf Basis und als Ergänzung zu den Projektmanagementstandards von PMI oder GPM.

■ **Anwendung eines iterativen und agilen Entwicklungsprozesses**

Das in diesem Buch beschriebene iterative Verfahren wurde seit Mitte der 1990er-Jahre kontinuierlich in Theorie und Praxis weiterentwickelt und konvergiert mit vielen anderen parallel entstandenen Ansätzen wie XP, Scrum, Crystal, Eclipse-Way etc.

Iterationen werden im APM-Verfahren außerdem als strikte Timeboxen verstanden (⇨190).

- **Standardwerkzeuge und -infrastruktur**

  Wir stellen keine besonderen Anforderungen an die vorhandenen Werkzeuge und Infrastruktur.

- **Einsatz formaler Methoden**

  Wir geben einen festen und formalen Rahmen vor, wie Iterationen geplant, gesteuert und kontrolliert werden, beziehen uns so weit wie möglich auch auf andere formale Methoden wie Testautomatisierung, permanente oder tägliche Builds (⇨181) und halten das APM-Verfahren vereinbar mit Modellen wie V-Modell XT, CMMI, OEP, Unified Process etc.

- **Kaufmännisches Projektmanagement**

  Hier geht es um betriebswirtschaftliche Betrachtungen, z.B. Projektkosten, Herstellungskosten, Nutzungskosten, Lebenszyklus-Betrachtung, ROI, kaufmännische Projektstatusberichte etc. Mit der APM-Methode fügen wir hier nichts Neues hinzu, liefern allerdings durch das iterative Vorgehen statt reiner Messungen von Stundenverbrauch regelmäßige objektive Erfolgskontrollen, wöchentlichen Ampelstatus (⇨185, 347) sowie iterationsweise Arbeitsauftragsreviews (⇨198) und somit eine umfassendere und fundiertere Datenbasis für das kaufmännische Projektmanagement als wasserfallartige Verfahren (siehe Kapitel *9.6 Kostenmanagement* ⇨306).

1.5.4 Mit oder ohne Features planen?

Das APM-Verfahren kann in zwei grundsätzlichen Varianten angewendet werden – mit oder ohne Features. Je größer ein Projekt ist, desto hilfreicher oder notwendiger ist ein featurebasiertes Vorgehen.

Sofern nichts anderes erwähnt ist, gehen wir in allen folgenden Kapiteln stets davon aus, dass featurebasiert vorgegangen wird.

In kleinen Projekten ist featurebasiertes Vorgehen unzweckmäßig

Gerade in kleineren Projekten ist es in vielen Fällen vollkommen ausreichend, die Planung auf Basis der Anwendungsfälle (oder User Stories o.Ä.) und weiterer Anforderungen zu gestalten, die in der Vorbereitungsphase zum Beispiel mithilfe eines Anforderungsworkshops (vgl. *Anforderungsworkshop*, ⇨246) erhoben wurden. Diese können dann einer Iteration zugeordnet werden und beantworten die Frage, welche Anforderung in welcher Iteration bearbeitet wird, d.h. analysiert, entworfen und umgesetzt wird.

Daraus lassen sich dann Iteration für Iteration konkrete Arbeitsaufträge für bestimmte Teams oder Personen ableiten, sodass deutlich wird, wer was wann tun soll, damit die Anforderungen wie geplant fertig werden.

Großprojekten fehlt der Überblick

In größeren Projekten hingegen stößt dieses einfache Verfahren auf Grenzen, weil viel mehr Personen auf unterschiedliche Art in den Entwicklungsprozess involviert sind und miteinander auf formalere Weise Informationen austauschen müssen. Es gelingt einfach nicht mehr so gut, für jeden dauerhaft einen Gesamtüberblick über die insgesamt zu erstellende Funktionalität aufrechtzuerhalten, und es ist dann auch nicht mehr sinnvoll, dass jeder alle Informationen im Detail kennt.

Stattdessen überblicken die Beteiligten oftmals nur noch einen Teil des Gesamtprojektes, sodass es zunehmend Aufgabe einer übergeordneten Planung wird, die Fäden zusammenzuhalten. Zudem sind Anwendungsfälle in Großprojekten oftmals viel zu umfangreich, als dass sie innerhalb nur einer Iteration vollständig bearbeitet werden könnten.

Zusätzliche Planungsebene wird notwendig

Von daher wird es irgendwann notwendig, die zu erstellende Funktionalität einer Software oder eines Produktes anders zu strukturieren, um sie überhaupt noch planen zu können, ohne den Überblick zu verlieren. Es wird eine weitere Abstraktionsebene notwendig, genauso wie ein Projektleiter mit zunehmender Mitarbeiteranzahl irgendwann nicht mehr alle Mitarbeiter direkt führen kann, sondern weitere Teamleiter benötigt.

Featurebasiertes Vorgehen ist die Unterscheidung von Anforderungs- und Planungselementen

Hier setzt das featurebasierte Planen an, indem es ganz bewusst die Anforderungsbeschreibungselemente (z.B. Anwendungsfälle) von den Planungselementen trennt, die wir Features nennen. Es hilft dabei, systematisch sinnvolle Ausbaustufen der umfangreichen Anforderungen vom Groben ins Feine bis zur Ebene der Iterationen aufzuteilen und zu verfolgen.

Featurebasiertes Planen wird zum Projektbeginn entschieden

Wenn die Kriterien gegeben sind, featurebasiertes Planen anzuwenden, läuft es grob in folgenden Schritten ab (siehe auch *Featurebasiertes Planen* ⇨249).

Schritte in der Vorbereitungsphase ⇨63

Bereits in der Vorbereitungsphase des Projektes werden folgende Aktivitäten durchgeführt:

Produktfeatures ⇨138, 143, 154

- Anforderungen zu sinnvollen **Produktfeatures** gruppieren
- Einen ersten Iterationsplan erstellen, d.h. das Gesamtprojekt in Iterationen aufteilen

- Anforderungen hinsichtlich fachlichem Nutzen und technischem Risiko priorisieren
- **Releases** definieren, d.h. festlegen, welche Anwendungsfälle ganz oder teilweise in welchem Release enthalten sein sollen
- Einen ersten Releaseplan erstellen, d.h. für jedes definierte Release die Entwicklungsdauer festlegen sowie die Meilensteine identifizieren

Schritte in der Startphase ⇨113

Für die einzelnen Releases werden dann folgende Schritte durchgeführt:

- Iterationskapazitäten bestimmen, d.h. ausrechnen, wie viel Aufwand je Iteration abgearbeitet werden kann

Iterationsfeatures ⇨146, 151, 155

- **Iterationsfeatures** planen, d.h. die Produktfeatures in Teilfunktionalitäten zerlegen, die innerhalb einer Iteration und eines Teams vollständig bearbeitet werden können. Anschließend werden die Iterationsfeatures gemäß der Priorisierung jeweils der Iteration zugeordnet, an deren Ende sie fertig sein sollen.
- Wichtiges Ergebnis dieses Verfahrens ist ein vollumfänglicher Iterationsplan, der je Release und je Iteration die zu erreichenden inhaltlichen Ziele in Form von Software- bzw. Produktfunktionalität darstellt. Auf dieser Basis lassen sich dann wieder konkrete Aufgaben bzw. Arbeitsaufträge ableiten.

1.5.5 Beweglichkeit systematisch maximieren

Das iterative Vorgehen in Kombination mit Timeboxing ermöglicht in einfacher und gut beherrschbarer Weise Änderungen und Richtungskorrekturen auch während des Projektlaufzeit, also insgesamt viel Beweglichkeit (Agilität).

Mit jedem Inkrement unbeweglicher

Dennoch wäre es naiv zu glauben, damit seien beliebige Kurskorrekturen zu vollziehen und ständige Änderungen der Anforderungen zu bewältigen. Mit jedem Inkrement wird das Projekt unbeweglicher. In Kapitel 1.1 in Abb. 1.1-1 (⇨3) wurde als Metapher für das iterative Vorgehen gezeigt, wie man sich allmählich einem veränderlichen und zunehmend konkreter und schärfer werdenden Ziel annähert. Diesem Bild fügen wir nun in Abb. 1.5-3 als weiteren Aspekt hinzu, dass die Beweglichkeit im Laufe der Zeit abnimmt.

Je mehr entschieden und realisiert wurde, desto teurer würde es, diese Entscheidungen oder Realisierungen wieder zu ändern, weil der dafür bereits investierte Aufwand zu einem nennenswerten Teil verloren wäre. Beispielsweise wäre es kaum vertretbar, nach einem Drittel der Projektlaufzeit noch die verwendete Programmiersprache oder die fachliche Komponentenstruktur komplett neu zu definieren.

Änderungskosten

Zwar ist die Agilität um Größenordnungen höher als beim einfachen Wasserfallmodell, aber dennoch nimmt die Agilität auch beim iterativen Vorgehen im Laufe der Zeit ab. Die Kosten für Änderungen steigen mit jeder Iteration an und können durchaus ein nicht mehr akzeptables Maß annehmen. Je mehr bereits realisiert wurde, desto schwieriger und teurer ist es, dort Änderungen einzubringen.

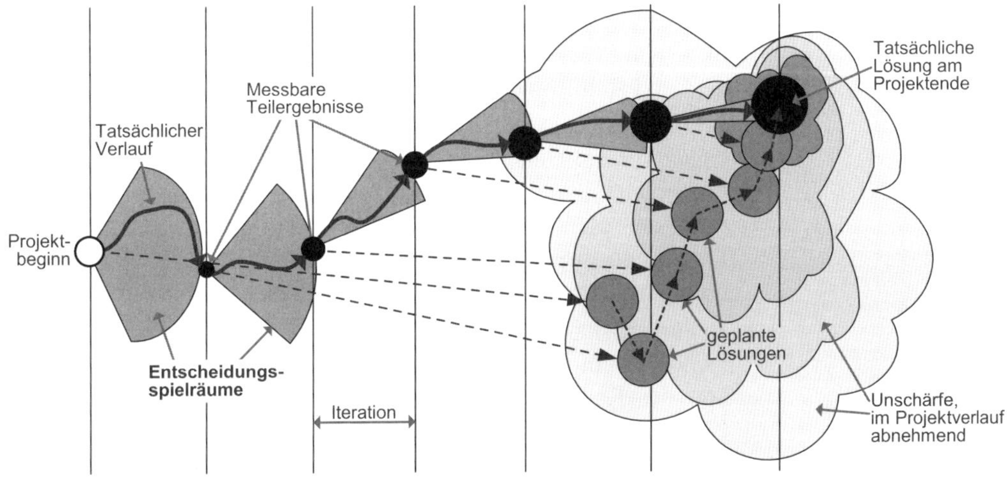

Abb. 1.5-3: Die Entscheidungsspielräume und damit die Agilität nehmen im Projektverlauf ab. Die Abbildung ist identisch mit Abb. 1.1-1, visualisiert zusätzlich jedoch die Entscheidungsspielräume (farbige Abbildung im PPT- und PDF-Format herunterzuladen unter www.oose.de/apm/download).

Es existiert eine ganze Reihe von Möglichkeiten, die Beweglichkeit des iterativen Vorgehens auch zu späteren Zeitpunkten zu steigern bzw. die kontinuierliche Beweglichkeitsabnahme deutlich zu verlangsamen:

Auf die Architektur kommt es an

- Entwicklung einer geschickten Architektur, beispielsweise mit einem dedizierten **Abhängigkeitsmanagement** und guten Entwurfsmustern

  Die verschiedenen Systemkomponenten sind in verschiedener Weise voneinander abhängig. Je geringer diese Abhängigkeiten sind, desto besser die Agilität. Abhängigkeitsmanagement ist die entscheidende Teildisziplin der Softwarearchitektur, die helfen kann, eine hohe Agilität zu bewahren.

- Entwicklung einfacher und testgetriebener Lösungen

  Testgetriebenes Design führt in vielen Fällen zu einfacheren Lösungen. Im Gegensatz hierzu führen kompliziertere Lösungen gewöhnlich zu mehr Abhängigkeiten und schlechter wartbaren bzw. veränderbaren Lösungen.

- **Testautomatisierung**

  Ein hoher Grad an Testautomatisierung vereinfacht die Veränderung bestehender Lösungen, weil der Erfolg und die eventuellen Nebenwirkungen der Veränderungen unmittelbar überprüft werden können. Testautomatisierung führt also zu mehr Sicherheit bei Veränderungen.

- Risiko- und wertschöpfungsorientierte **Priorisierung** der Anforderungen und **Realisierungsschritte:**
  - **Stabilität:** Die stabilen Anforderungen und Entscheidungen sind früher umzusetzen als die instabilen. Hierzu gehört die Wahrscheinlichkeit, dass die Lösung auch in Zukunft unverändert tragfähig sein wird. Ebenso gehört hierzu die Entschiedenheit des Anforderungsgebers, d.h., die Wahrscheinlichkeit, dass er seine Meinung über eine Anforderung in Zukunft nicht ändert.
  - **Risiko:** Riskante Anforderungen und Entscheidungen sind vorzuziehen, wenn damit frühzeitige Sicherheit über die Handhabbarkeit des Risikos gewonnen werden kann. Wenn beispielsweise Performanceprobleme zu befürchten sind, sollte frühzeitig eine performancekritische Anforderung umgesetzt werden. Wenn jedoch mit der frühzeitigen Penetrierung des Risikos kein Vorteil gewonnen wird, sollten davon betroffene Anforderungen erst später umgesetzt werden.
  - **Kernfunktionalität:** In der Regel ist es für die Optimierung des Agilitätsverlaufes hilfreich, Kernfunktionalität frühzeitig umzusetzen und vor allem ihre umfassende Brauchbarkeit abzusichern.
  - **Wertschöpfungsbeitrag:** Die Anforderungen mit dem größten Nutzen für den Auftraggeber, also gewöhnlich mit einem hohen Beitrag zur beabsichtigten Wertschöpfung, sollten allen anderen vorgezogen werden. Je früher Systemteile realisiert werden, umso größer ist die Wahrscheinlichkeit, dass später realisierte Teile darauf aufbauen und von ihnen abhängig werden. Es ist nicht sinnvoll, Systemteile mit wichtigem Wertschöpfungsbeitrag von unwichtigen abhängig zu machen.

Um jedoch Architekturabhängigkeitsmanagement oder Anforderungs- und Aufgabenpriorisierung praktizieren zu können, müssen wiederum die fachlichen und technischen Anforderungen weitgehend bekannt sein. Um die wichtigen Dinge zu erkennen, müssen auch die unwichtigen, also eigentlich alles, bekannt sein. Priorisierung setzt voraus, überhaupt Material zum Priorisieren zu haben.

Klassifizierbarkeit statt Detaillierung herstellen

Sind wir damit wieder beim Wasserfallmodell angekommen? Müssen wir doch wieder am Anfang alle Anforderungen komplett erheben? Nein, der Zweck ist hier ein anderer. Um die Beweglichkeit beim iterativen Vorgehen zu maximieren, müssen Anforderungen nur so weit erhoben werden, dass sie bezüglich ihrer Risiken, Abhängigkeiten, Nutzen und Aufwand grob *klassifiziert* werden können.

80-Prozent-Lösung

Natürlich wird es nicht gelingen, schon gar nicht zu einem frühen Zeitpunkt, eine vollständige Übersicht über die Anforderungen und Aufgaben zu erzielen. Maximal kann eine halbwegs vollständige Übersicht aller *zu diesem Zeitpunkt* bekannten Anforderungen und Aufgaben erzielt werden. Eine solche 80-Prozent-Lösung ist für den benötigten Zweck meistens ausreichend, unabhängig davon, dass sich der Umfang im weiteren Verlauf noch ändern wird.

Sofern mit Anwendungsfällen gearbeitet wird, reicht es beispielsweise aus, die Anwendungsfälle jeweils mit Name, Auslöser und Ergebnis zu beschreiben. Diese werden dann priorisiert, und nur die wichtigsten werden dann detailliert. Die nächste Detaillierungsstufe von Anwendungsfällen sind sogenannte essenzielle Anwendungsfälle (vgl. [Vigenschow-2003]). Die wichtigsten Anforderungen, also solche mit hohem Nutzen oder hohem Risiko, werden möglichst schnell in den ersten ein bis zwei Iterationen realisiert.

Bei der Abbildung der Anwendungsfälle auf Features werden diese Prioritäten auf die Features übertragen und spiegeln sich dann im funktionalen Schnitt der Releases sowie in der Umsetzungsreihenfolge der Features wider.

Neben der expliziten Berücksichtigung der abnehmenden Beweglichkeit beim iterativen Vorgehen existieren noch weitere einschränkende Faktoren:

- Die Iterationsdauer
- Der notwendige Planungs- und Steuerungsaufwand
- Intensität und Zyklus des Feedbacks
- Konkretheit und Objektivierbarkeit der Teilaufgaben und -ergebnisse
- Projektgröße (Anzahl der Personen, Dauer)
- Formalisierungsgrad

Der Leitsatz agiler Softwareentwicklung lautet, den Zeitraum vom Erkennen einer Anforderung bis zum Nachweis ihrer korrekten Umsetzung möglichst kurz zu halten. Dies gelingt nur, wenn die Gesamtaufgabe in entsprechend handliche Teilaufgaben zerlegt wurde. Je konkreter die Teilaufgaben werden, desto eher eignen sie sich für eine möglichst objektive Fortschritts- und Erfolgskontrolle. Je kleiner die Teilaufgaben, desto eher sind Rückmeldungen zum Erfolg dieses Teilschrittes möglich. Iterationen sind Lern- und Erfahrungsschleifen. Es ist daher ein wichtiges Ziel, die Iterationen möglichst kurz zu halten.

Feedback vs. Planungsaufwand

Andererseits besteht beim iterativen Vorgehen ein erheblich größerer Planungs- und Steuerungsaufwand. Je kleiner die einzelnen Teilaufgaben, desto mehr Planungseinheiten sind zu verwalten. Je öfter Rückmeldungen hierzu erfolgen, desto höher ist der Aufwand zur Anpassung der Planung. Um diesen Aufwand zu begrenzen, sollten die Iterationen möglichst lang sein.

Wir haben es also mit zwei widersprüchlichen Zielen zu tun. Der Segen liegt in der goldenen Mitte.

1.5.6 Iterationsdauer

Miitarbeiterzahl

Projektgröße ⇨30

Die Projektgröße spielt bei der Bemessung einer sinnvollen Iterationsdauer eine wichtige Rolle. In kleinen Projekten mit wenigen Mitarbeitern bleibt der Planungs-, Steuerungs- und Verwaltungsaufwand auch bei kurzen Iterationen beherrschbar. XP-Projekte mit ca. 3 – 8 Mitarbeitern und ca. zweiwöchigen Iterationen funktionieren daher gut. Das Gleiche ist mit 50 Mitarbeitern weniger gut zu beherrschen.

Das Iterationsraster orientiert sich am besten am externen Parameter Projektgröße. Folgende Erfahrungswerte in Bezug auf die Anzahl der Personen haben sich in der Praxis bewährt:

Maximale Projektgröße	Iterationsdauer
ca. 4 Personen	2 – 4 Wochen
ca. 10 Personen	3 – 5 Wochen
ca. 40 Personen	6 – 8 Wochen
über 40 Personen	6 – 10 Wochen

Abb. 1.5-4: Iterationsdauer in Abhängigkeit von der Projektgröße

Neben der einfachen Kennzahl Projektgröße spielen aber auch andere Faktoren für die Wahl der geeigneten Iterationsdauer eine mehr oder weniger wichtige Rolle:

- **Formalisierungsgrad**: Ein sehr formales Vorgehen als Rahmenbedingung erfordert längere Iterationen.
- **Räumliche Verteilung** der Teams: Eine hohe räumliche Verteilung erfordert ebenfalls längere Iterationen, weil die Kommunikationswege länger sind.
- **Toolunterstützung**: Eine Entwicklungsumgebung mit leistungsfähiger Versionskontrolle und ein hoher Grad an Build- und Testautomatisierung ermöglichen kürzere Iterationen.
- **Reaktionsgeschwindigkeit der Qualitätsicherung**: Kurze Antwortzeiten der QS für die Freigabe von Artefakten ermöglichen kürzere Iterationen.
- **Kenntnisse und Erfahrungen** mit agilen Methoden: Viel Erfahrung sowohl bei den Entwicklern als auch beim Management ermöglichen kürzere Iterationen.
- **Reaktionsgeschwindigkeit der Fachabteilungen**: Schnelle Entscheidungen der Fachabteilungen ermöglichen kürzere Iterationen.
- **Effizienz der Softwareentwicklung**: Je schneller es den Entwicklern gelingt, einen für die Nutzer brauchbaren, vorzeigbaren Funktionsumfang in jeder Iteration zu liefern, desto eher sind kurze Iterationen möglich.

Je nachdem, welche und wie viele dieser Parameter in Ihrem Tätigkeitsumfeld zutreffen, können Sie damit die Richtwerte aus der Tabelle entsprechend justieren.

Die Iterationen sollten, was die Anzahl der Arbeitstage anbelangt, ungefähr gleich lang sein. Leichte Variationen um bis zu drei Tage sind dabei meistens unproblematisch. Diese Vorschläge passen also auch gut zur Standarditerationsdauer von 30 Tagen in Scrum. Bei kleineren Projekten schlagen wir jedoch eine kürzere Dauer vor, und wir plädieren für eine projektspezifische Iterationsdauer in Abhängigkeit von den Rahmenbedingungen.

10 Wochen Dauer reichen bei Ihnen nicht?

Auch in sehr großen Projekten mit mehreren Hundert MitarbeiterInnen ist eine Iterationsdauer von 6 – 10 Wochen unserer Erfahrung nach gut praktikabel. Eine Iterationsdauer von mehr als 8 Wochen ist meistens nicht erforderlich. Bei einer Iterationsdauer von mehr als 10 Wochen, beispielsweise 12, 15, 20 oder 32 Wochen, würden wir nicht mehr von einem iterativen oder agilen Vorgehen sprechen. Sollten Sie also zu dem Schluss kommen, dass in Ihrem Umfeld auch bei einer Maximaldauer von 10 Wochen in der Regel kein brauchbares Ergebnis geliefert werden kann, dann sollten Sie vor der Einführung eines iterativen Verfahrens zunächst die oben genannten Faktoren verbessern.

Bei der Festlegung der Iterationstermine, also Beginn und Ende jeder Iteration, sind externe Termine gegenüber dem Kunden z.B. bei Auslieferungen ebenso zu beachten wie allgemeine Termine (Weihnachten, Ferien, Betriebsferien, Wirtschaftsjahr des Auftragnehmers oder Auftraggebers, Messetermine usw.). Diese Überlegungen beziehen sich ausschließlich auf die Iterationsplanung. Einmal geplant, also in der Durchführung, ist die Iterationsdauer dann selbstverständlich fix, d.h. eine Timebox.

Stabilisierungsiteration ⇨223, ⇨323

Zumindest für sehr große Projekte hat es sich bewährt, neben den normalen Iterationen sogenannte Stabilisierungsiterationen (manchmal auch Endgame genannt ⇨223, ⇨323) einzuplanen, beispielsweise vor wichtigen Meilensteinen oder vor und/oder nach Inbetriebnahme eines anspruchsvollen Releases. Diese Stabilisierungsiterationen sind deutlich kürzer als die anderen Iterationen. Sie dienen ausschließlich der Restrukturierung, der Stabilisierung und der Fehlerbehebung der Software. Es wird also keine neue Funktionalität hinzugefügt!

Stellt sich im Projektverlauf heraus, dass eine geplante Stabilisierungsiteration nicht benötigt wird, entfällt sie, und die Folgeiterationen können entsprechend vorgezogen werden (weitere Informationen hierzu im Abschnitt *Stabilisierungsiteration* ⇨323).

Projektplan

Mit wenigen Projektmitarbeitenden können Projekte noch weitgehend informell gesteuert und ohne großen Verwaltungsaufwand durchgezogen werden. Anforderungen und Arbeitsaufträge können mit Karteikarten auf einer Pinnwand erfasst und priorisiert werden. Auch einfache Listen mit Excel können noch als leichtgewichtig angesehen werden.

Im Gegensatz dazu gibt es umfassende Softwarelösungen fürs Projektmanagement. Vor allem Großprojekte und Großunternehmen sind oft versucht, den Erfolg ihrer Projekte mit solchen Mittel sicherzustellen. In vielen Fällen gelingt dies nicht. Je schwergewichtiger die Werkzeuge, desto defensiver und schwerfälliger wird das Projektmanagement. Die mögliche Beweglichkeit eines iterativen Vorgehens kann unter solchen Umständen gar nicht ausgeschöpft werden.

Für Großprojekte muss das Ziel daher sein, das Projekt so zu strukturieren, dass die Gesetzmäßigkeiten kleiner Projekte möglichst weitgehend Gültigkeit behalten bzw. wieder hergestellt werden.

Synchrone Teamiterationen

In der Praxis heißt dies, eine Gliederung in Einheiten von ca. 8 Personen zu erreichen, die dann möglichst unabhängig voneinander, aber im gleichen Iterationstakt (synchrone Teamiterationen) arbeiten. Im APM-Verfahren wird also anstelle einer zentralen Totalplanung eine dezentrale Detailplanung und -steuerung im Kontext eines Masterplans angestrebt. Für diesen Masterplan reicht normalerweise ein einfaches Tabellenkalkulationsblatt aus, wie beispielsweise in Abb. 3.2-2 gezeigt.

In einem Kundenprojekt haben wir monatliche Iterationen in einem umfangreichen Wartungsprojekt (ca. 6 Mio. LOC in C++-Fat-Clients, über 50 GB Daten, 500 parallele Benutzer, 10 Projektmitarbeiter, 8 Fachabteilungen als Kunden, alles in einem Gebäude) eingeführt, die sich sehr bewährt haben und immer noch eingeschaltet werden. Es konnte jeden Monat eine Auslieferung erfolgen, was nicht immer, aber ca. 10-mal im Jahr genutzt wurde.

Bei einem großen Handelsunternehmen (Filialsysteme für 5 europäische Länder, Standardsoftware mit Kundenanpassungen, neue Kassenhardware, insg. 4 Outsourcing-Partner für Standardsoftware, Hardware, Rollout und Rechenzentrumsbetrieb) haben wir erfolgreich mit 6-Wochen-Iterationen gearbeitet. Das Projekt dauerte 18 Monate und hatte ein Budget von 15 Mio. Euro und wurde termin- und budgetgerecht fertig.

1.5.7 Synchrone Iterationen

Innerhalb eines Projektes arbeiten alle Mitarbeiter nach dem gleichen Iterationstakt, egal wie viel Teilteams es gibt. Wie verhält es sich aber bei unabhängigen, jedoch parallel oder sich zeitlich überschneidenden Projekten innerhalb eines Unternehmens? Die Antwort ist eindeutig: Versuchen Sie so weit wie möglich, alle Projekte bezüglich der Iterationen zu synchronisieren. Die Erfahrungen damit sind außerordentlich positiv.

In einem uns bekannten Fall hat der Iterationstakt eines Megaprojektes nach einem halben Jahr Auswirkungen auf das Berichtswesen der Linienorganisation und andere Projekte gehabt. Auch Lenkungskreise haben sich an den Iterationsterminen ausgerichtet. Es war viel praktischer, aktuelle Informationen zu erhalten, projektübergreifende Zulieferungen zu synchronisieren oder Mitarbeiter zu tauschen.

Nicht immer ist dies jedoch möglich. Beispielsweise wenn ein sehr kleines und ein sehr großes Projekt parallel laufen, die nach den Ausführungen im vorigen Kapitel eigentlich unterschiedliche Iterationsdauern haben sollten. Oder wenn andere wichtige Rahmenbedingungen und vorgegebene Termine dagegen sprechen.

Sofern es aber machbar erscheint, sollte diese Möglichkeit stets präferiert werden. Der Zugriff auf gemeinsame Ressourcen, beispielsweise

Mitarbeiter aus anderen Projekten und Abteilungen, vereinfacht sich meistens.

Sozial-emotionale Synchronisation

Wenn in einer Organisation bzw. einem Projekt nach dem APM-Timeboxing gearbeitet wird, dann können Sie nach zwei, spätestens drei Iterationen auch eine sozial-emotionale Synchronisation der Menschen feststellen. Wenn Sie beispielsweise drei Tage vor Ergebnisablieferung einen Entwickler stören wollen, um ihm ausführlich von ihrem gerade beendeten Urlaub zu berichten, dann wird er Sie wahrscheinlich vertrösten, denn er will noch schnell seine Lösung fertig bekommen, um ein möglichst gutes Reviewergebnis (⇨198) zu erzielen.

Können wir das nicht in drei Tagen machen...

Oder wenn Sie während des Orientierungsabschnittes, beispielsweise zum Zeitpunkt der Arbeitsauftragskorrektur (Planungskorrektur ⇨202), mit dem Projektleiter einen Termin vereinbaren möchten, dann wird er Sie ebenfalls um ein paar Tage vertrösten, denn er hat gerade viel zu tun. Wenden Sie sich hingegen zum gleichen Zeitpunkt an einen Entwickler, wird er Sie gleich einladen, mit Ihnen einen Kaffee zu trinken, denn er ist gerade relativ entspannt. Die Reviews sind gerade vorbei.

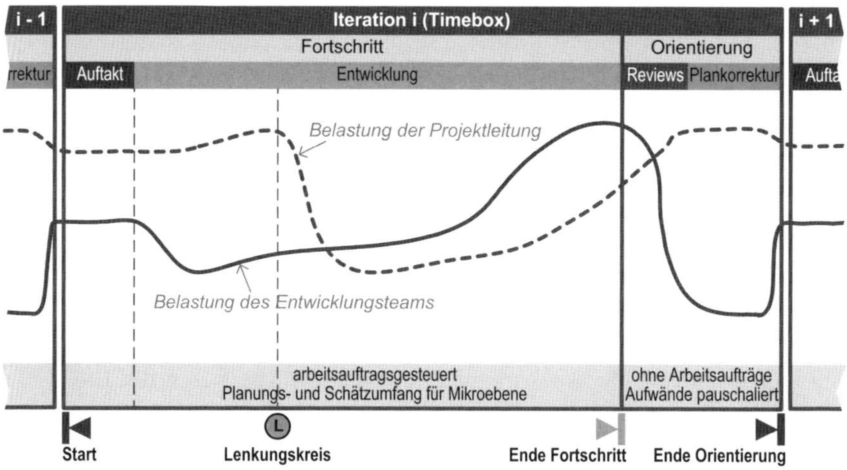

Abb. 1.5-5: Verlauf des psychologischen Drucks auf das Entwicklungsteam und das Projektleitungsteam während einer Iteration

Belastung des Entwicklungsteams

Die Belastung des Entwicklungsteams steigt am Ende des Fortschrittsabschnittes an und fällt nach den Reviews sehr schnell ab. Zum Auftakt einer Iteration steigt sie wieder.

Belastung des PL-Teams

Für die Projektleitung ist diese Kurve etwas phasenversetzt. Während der Planungskorrektur gibt es viel Arbeit und hohen Termindruck. Danach ist der bevorstehende Lenkungsausschusstermin vorzubereiten. Danach sinkt die Balastung wieder.

Im Übrigen scheint es so zu sein, dass der Mensch eine hohe Belastung nicht beliebig lange aushält, vor allem aber auch keine konstante Belastung, selbst wenn sie gar nicht so hoch ist. Dies gilt auch für selbst gemachten Druck, der beispielsweise aus einer intrinsischen Motivation resultiert, ebenso wie für Gruppendruck, den ein Team ohne direkte äußere Einflüsse selbst produziert. Selbst gemachter Druck ist oftmals sogar der stärkere oder tückischere (vgl. Burnout, [DeMarco-2001]).

Konstanter Druck ist ungesund

Hingegen ist ein Auf und Ab des Druckes dauerhaft gut verträglich, d.h. die abwechselnde An- und Entspannung (vgl. [DeMarco-1998]). Genau diesen Effekt erreichen wir mit dem APM-Iterationsmodell.

Bei konstant hohem Druck beginnen Menschen nach einer Weile unwillkürlich diesem auszuweichen. Dies kann in gesunder Form dazu führen, dass die Menschen sich ablenken lassen, ihre Aufmerksamkeit und Konzentration auf andere Dinge richten und somit den subjektiven Druck verringern. Dies kann aber auch in pathologischer Form passieren, beispielsweise indem Menschen krank werden und die Krankheit es ihnen ermöglicht, dem Druck auszuweichen. Das APM-Iterationsmodell vermeidet diese destruktiven Effekte.

1.5.8 Iteratives Vorgehen in der Linienorganisation?

Wenn mehrere parallele Projekte im Iterationstakt synchronisiert werden, kommt es oftmals als Nebeneffekt dazu, dass auch in der benachbarten Linienorganisation dieser Takt gefühlt und übernommen wird. Selbst der Vorstand weiß irgendwann, dass es keine gute Idee ist, einen Tag nach den Reviews mit der Projektleitung einen Gesprächstermin anzusetzen.

Prinzipiell lässt sich das iterative Vorgehen auch projektübergreifend in der Linienorganisation praktizieren.

Mit dem APM-Verfahren haben wir bislang allerdings nur wenige Erfahrungen bei der Anwendung in einer Linien- statt in einer Projektorganisation. Diese wenigen Erfahrungen hierzu machen zumindest keine Warnungen notwendig.

2 Projektvorbereitung

Sag mir, wie ein Projekt beginnt,
und ich sage dir, wie es endet.

Unbekannt

Worum geht es in diesem Kapitel?

- Sie erfahren, wie Sie noch vor Projektbeginn wichtige Erfolgsfaktoren herstellen und die Weichen richtig stellen können.
- Die Interessen und Rahmenbedingungen von Auftragnehmer und Auftraggeber werden geklärt.
- Welche Preis- und Vertragsmodelle stehen zur Verfügung?
- Was ist featurebasiertes Vorgehen und warum ist es vor allem für große Projekte so wichtig?

2.1 Fallbeispiel

Bis auf wenige Ausnahmen beziehen sich die Beispiele in den Kapiteln 1 – 8 auf ein durchgehendes Fallbeispiel, bei dem es darum geht, ein Fuhrparkmanagementsystem für eine Autovermietung zu entwickeln. Es handelt sich um ein Großprojekt, das ca. 20 Projektmitarbeiter und ca. zwei Jahre Laufzeit benötigt. Aufgrund gegebener Termine soll es aber in rund 19 Monaten fertig werden.

20 Mitarbeiter
2 Jahre

Durch unser iteratives Vorgehen gibt es keine über die ganze Zeit konstant bleibenden Größen, sodass sich zum einen mit fortlaufender Planung auch einige der Parameter ändern. Beispielsweise muss die Projektlaufzeit irgendwie von 24 auf 19 Monate reduziert werden. Zum anderen stellen die Beispiele in den folgenden Kapiteln auch nur Ausschnitte und Schnappschüsse dar, die schon kurze Zeit später wieder durch weiteren Erkenntnisgewinn überholt werden. Dennoch haben wir uns bemüht, jeweils weitgehend realistische Rahmenbedingungen und Sachverhalte wiederzugeben.

Großprojekt

Die von uns gewählte Größenordnung (Großprojekt) ist gerade eben groß genug, um bereits alle besonderen Herausforderungen zu enthalten, die beim Praktizieren agiler Techniken in Groß- und Megaprojekten typischerweise auftreten. Bestimmte Sachverhalte und Techniken sind dennoch für deutlich kleinere und größere Projekte oder solche mit anderen Rahmenbedingungen nicht oder nur bedingt übertragbar bzw. bedürfen gegebenenfalls zusätzlicher Techniken. Hier weisen wir an den entsprechenden Stellen jeweils darauf hin.

Beispielsweise gehen wir von einem externen Auftraggeber aus. Einige Sachverhalte, vor allem in der vertraglichen Abwicklung, Abgabe eines verbindlichen Angebotes etc., würden bei einer hausinternen Entwicklung (Auftraggeber und Auftragnehmer gehören zum gleichen Unternehmen) von geringerer Relevanz sein.

Außerdem sind unsere Beispiele nicht als Musterlösungen oder Ähnliches zu verstehen, sondern einfach nur als Beispiele. Vieles könnte wahrscheinlich auch anders gelöst werden und hängt gegebenenfalls von impliziten Annahmen ab, beispielsweise von der Kommunikationskultur, bei den Parteien vorhandenen Erfahrungen und Wissen etc.

2.2 Was vor dem Projektstart wichtig ist

Externer Auftraggeber

Bevor ein Projekt startet, sollte es erst einmal beauftragt werden. Im Falle eines externen Auftraggebers ist die Zeit bis dahin die Akquisitionsphase. Der Auftraggeber erwartet ein oder mehrere Angebote, verhandelt gegebenenfalls mit verschiedenen Anbietern und entscheidet sich schließlich für ein Angebot.

Interner Auftraggeber

Im Falle eines internen Auftraggebers gibt es gewöhnlich keine konkurrierenden Angebote. Stattdessen wird von jemandem ein Vorhaben vorgeschlagen und die Idee so weit ausgearbeitet, dass über die Durchführung des Projektes entschieden werden kann.

Unabhängig von der Auftraggeber-Auftragnehmer-Konstellation geht es stets darum, wichtige Rahmenbedingungen zu klären:

- Was kostet es?
- Wann ist es fertig?
- Was ist das Ziel? Was ist das Ergebnis?
- Welche Chancen und Risiken existieren?
- Welche Voraussetzungen, Abhängigkeiten und sonstigen Rahmenbedingungen sind zu beachten?

Den Auftrag bekommen

Ohne Antworten auf diese Fragen wird das Projekt kaum beauftragt werden. Bei einer internen Beauftragung entscheiden die Antworten gewöhnlich darüber, ob das Projekt durchgeführt werden sollte. Bei einer externen Beauftragung welcher Anbieter den Zuschlag bekommt.

Es ist allerdings absolut unzureichend, diese Fragen ausschließlich im Hinblick auf die angestrebte Beauftragung zu klären. Das Ziel ist letztendlich nicht, den Auftrag zu erhalten, sondern den Auftrag zu erhalten, erfolgreich durchzuführen und die Ziele von Auftraggeber und Auftragnehmer zu erreichen.

2.2.1 Typische Fehler vor Projektstart

Viele, gerade der großen fatalen Risiken und Probleme in Projekten resultieren daraus, dass *vor* Projektstart wichtige Fragen nicht geklärt wurden. Daher ist es hilfreich, einen Blick auf die Liste der typischen vor Projektstart verursachten Fehler zu werfen:

Ziele

- Die **Ziele** des Auftraggebers, der Fachabteilung und des Auftragnehmers sind unvereinbar, widersprüchlich oder gar **nicht geklärt**.
  - Der Auftraggeber formuliert sehr vage Ziele.
  - Die Fachabteilung hat ihre ganz eigenen Ziele.

- Einzelne Anwender haben wiederum ganz andere Interessen.
- Einige wichtige Beteiligte oder einflussreiche Personen agieren destruktiv.
- Die Kunden des Auftraggebers bräuchten eigentlich etwas ganz anderes.
- Der Auftragnehmer ist sich über seine eigenen Ziele unklar oder verfolgt insgeheim dem Auftrag zuwiderlaufende Ziele.

Projektbeteiligte

- Die **Projektbeteiligten** sind **nicht eindeutig** bestimmt.
  - Es gibt keinen klaren Auftraggeber oder vielleicht sogar mehrere.
  - Es gibt zwar einen Geldgeber, aber er versteht sich nicht als inhaltlicher Auftraggeber.
  - Die Projektleitung wird nicht explizit benannt, sondern nur ein Team eingesetzt.
  - Es werden mehrere gleichberechtigte Projektleiter eingesetzt.
  - Es werden mehrere *gleichberechtigte* Projektleiter mit Teilkompetenz für spezielle Bereiche eingesetzt, beispielsweise ein "fachlicher Projektleiter" und ein "technischer Projektleiter".
  - Die Projektleitung wird von einem Abteilungsleiter o.Ä. nebenbei wahrgenommen.
  - Der Auftraggeber versteht sich selbst als Projektleiter.
  - Der Projektleiter hat nicht die Kompetenz, über alle projektinternen Angelegenheiten zu entscheiden.
  - Der Projektleiter wird zwischen Tür und Angel ernannt.
  - Die Fachabteilung und andere notwendige Beteiligte wissen von nichts, haben keine Zeit, kein Interesse oder alles zusammen.

Verantwortlichkeiten und Kompetenzen

- **Verantwortlichkeiten und Kompetenzen sind offen**, die Mitwirkungspflichten des Auftraggebers, der Fachabteilung und anderer wichtiger Interessenvertreter bleiben ungeklärt.

  Der Auftragnehmer geht trotzdem von schnellen Antworten und Entscheidungen aus und baut darauf seine Termin- und Budgetplanung auf. Entscheidungen werden sehr viel länger dauern als versprochen.

Annahmen

- **Annahmen**, Prämissen und Voraussetzungen für das Projekt **stimmen nicht** oder sind unrealistisch. Der Auftraggeber verlangt einen völlig unrealistischen Fertigstellungstermin.
  - Behauptete technische, organisatorische, personelle, finanzielle oder fachliche Voraussetzungen liegen überhaupt nicht vor.
  - Entscheidungen sind nicht so klar, wie behauptet.
  - In Aussicht gestellte Zulieferleistungen sind unrealistisch.

- Inhaltliche Ansprechpartner werden nicht ausreichend zur Verfügung stehen.
- Die fachliche Kompetenz der Beteiligten ist eher schwach, sogenannte Experten sind gar keine.
- Die Qualität, Aktualität oder Vollständigkeit wichtiger Unterlagen ist ungenügend.
- Technische Voraussetzungen, Schnittstellen zu Nachbarsystemen u.Ä. sind fehlerhaft oder unfertig.
- Wichtige Abhängigkeiten wurden nicht rechtzeitig erkannt oder verschwiegen.
- Das Bedürfnis nach Sicherheit oder Flexibilität wichtiger Beteiligter kann nicht erfüllt werden.

Regeln

- Es existieren **keine Regeln**, wie mit zukünftigen Konflikten und Grundsatzentscheidungen umzugehen ist.

  Auftraggeber oder Auftragnehmer verlassen sich darauf, dass während des Projektes keine nennenswerten Probleme auftreten werden oder diese unkompliziert einvernehmlich geregelt werden können. Oder noch schlimmer, eine der Parteien ist sich bewusst darüber, dass sie in solchen Situationen in der Offensive und im Vorteil sein wird und verleitet die andere Partei zu naiver Sorglosigkeit.

- Die **Anforderungen** werden **falsch** dargestellt oder eingeschätzt, das Vertragsmodell erfordert andere Voraussetzungen.

Siehe hierzu auch die *Projektstart-Checkliste* ⇨372.

2.2.2 Die Weichen richtig stellen

Präparationsworkshop ⇨321

Wer diese typischen und altbekannten Fehler in Großprojekten ignoriert, handelt möglicherweise fahrlässig. Gute Gründe also, rechtzeitig und von Anfang an, die Weichen richtig zu stellen. Beispielsweise indem die in Abb. 2.2-1 enthaltenen Leitfragen in einem kleinen Workshop (*Präparationsworkshop* ⇨321) bearbeitet und geklärt werden.

Die seriöse Bearbeitung der Fragen erfordert einigen Aufwand, der sich im Projektverlauf dann bezahlt macht. Zusätzlich zum Präparationsworkshop empfehlen wir Ihnen, die Fragen mit einer Reihe von speziellen Workshops vertiefend zu bearbeiten:

- **Stakeholder-Workshop**
  zur Identifikation und Priorisierung der projektrelevanten Interessenvertreter (Stakeholder). Siehe hierzu auch *Stakeholder-Analyse*

(⇨359), *Stakeholder-Diagramm* (⇨362), *Stakeholder-Priorisierung* (⇨363), *Stakeholder-Profile* (⇨365), *Systemmodell* (⇨369).

- Initialer **Anforderungsworkshop**
  zur Identifikation und Bewertung der für die Vorbereitungsphase relevanten Anforderungen und Rahmenbedingungen des Projektes. Siehe *Anforderungsworkshop* (⇨246).

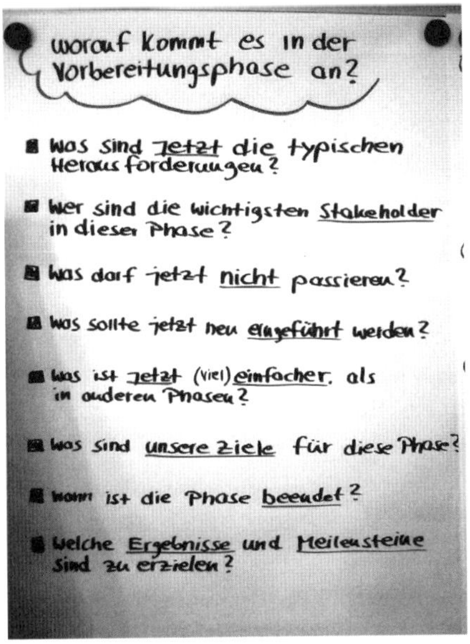

Abb. 2.2-1: Leitfragen aus einem Präparationsworkshop

- **Auftragsklärungsworkshop**
  zur Klärung des Projektauftrages und der Projektziele. Siehe *Projektauftrag* (⇨392), *Produktkarton* (⇨238).

- Initialer **Risikoworkshop**
  zur Identifikation, Priorisierung, Untersuchung und Beschreibung von Risiken und Erfolgsfaktoren zum bevorstehenden Projekt und Erarbeitung von Strategien zu den in der Vorbereitungsphase zu handhabenden Risiken. Siehe *9.10.10 Risikoworkshop* (⇨383), *9.10.9 Risikoliste* (⇨382), *9.10.2 Projektstart-Checkliste* (⇨372).

- **Kalkulationsworkshop**
  zur Bestimmung möglicher Aufwände, Kosten und Termine. Siehe *9.5.13 Softwaregleichung und ihre Faustformeln* (⇨287) und *9.5.2 Planungseinheiten* (⇨265).

- **Angebotsvorbereitungsworkshop**
  zur Vorbereitung des Projektauftrages. Siehe *9.11.2 Projektauftrag*

(⇨392) und *9.11.3 Allgemeine Projekt-Geschäftsbedingungen (APGs)* (⇨394).

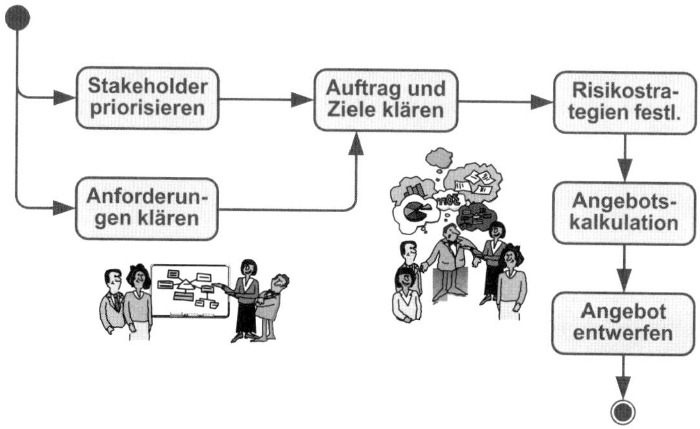

Abb. 2.2-2: Wichtige Aktivitäten bzw. Workshops der Vorbereitungsphase

Neben diesen inhaltlichen und planerischen Vorbereitungen sind auch rechtzeitig alle technisch-organisatorischen Projektstandards vorzubereiten, hierzu gehören das Konfigurationsmanagement (Codemanagement, Versionierungsrichtlinien), das Integrations- und Buildmanagement (Build- und Integrationsserver, die Bereitstellung von Entwicklungsarbeitsplätzen, Arbeits- und Besprechungsräumen, Kommunikations- und Hilfsmitteln (Telefon, Kopierer, Scanner, Digitalkameras, gegebenenfalls Videokonferenztechnik etc.), die Einrichtung von Ablagestrukturen.

2.3 Ziele, Risiken und Rahmenbedingungen klären

„Ein Projekt braucht sowohl Ziele als auch Termine. Sie sollten sich voneinander unterscheiden" [DeMarco-1998]. Im Folgenden werden wir erst die auftragnehmer-, dann die auftraggeberseitige Zielklärung und anschließend das Thema Risikomanagement näher betrachten.

2.3.1 Auftragnehmerseitige Zielklärung

Kennen wir unsere Ziele?

Bevor man einen Softwareentwicklungsauftrag annimmt oder sich um einen bewirbt, sollten die eigenen Ziele, Interessen und Absichten klar sein. Dies gilt vor allem dann, wenn Auftraggeber und Auftragnehmer getrennte Organisationen darstellen. Für eine rein interne Softwareentwicklung gelten die nachfolgenden Erörterungen nur bedingt.

Sisyphus

Projekte können eine sisyphusartige Lebensaufgabe werden, wenn sie ohne Ziel als Selbstzweck betrieben werden. Sie liefern dann Ergebnisse, die eher zufällig nützlich sein können. Eine zielstrebigere Herangehensweise, also eine Ausrichtung auf klar definierte Ziele, führt schneller und sicherer zu verwendbaren Ergebnissen. Die Kunst besteht darin, die richtigen Dinge wegzulassen, um so eine Konzentration auf das Wesentliche zu ermöglichen. Die Definition von Zielen bringt uns auf diesen Weg.

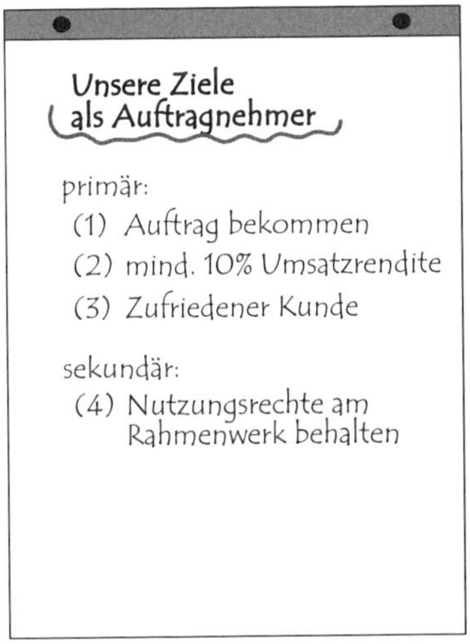

Abb. 2.3-1: Beispiel für die Auftragnehmerziele der Vorbereitungsphase

Wichtige Fragen in diesem Zusammenhang sind beispielsweise:

Was bringt uns der Auftrag? Was kostet uns der Auftrag?

- Möchten wir den Auftrag um jeden Preis erhalten?
  - Ist es wichtiger, mit dem Projekt neue Erfahrungen zu sammeln und Wissen über neue Technologien, neue Branchen o.Ä. aufzubauen, als mit dem Projekt viel Geld zu verdienen?
  - Ist es wichtiger, den Auftraggeber als neuen Kunden zu gewinnen, um bei ihm andere Aufträge zu bekommen, als mit dem vorliegenden Projekt Geld zu verdienen?
  - Möchten wir nach Projektabschluss mit der Wartung und Weiterentwicklung das eigentliche Geld verdienen? Siehe *9.10.4 Erfolgsfaktorworkshop* (⇨375).
- Wie viel möchten wir mit dem Auftrag verdienen?
  - Reicht ein Plusminusnull-Ergebnis bzw. ein geringer Deckungsbeitrag?

- Soll ein bestimmter absoluter Umsatz oder eine bestimmte Umsatzrendite erzielt werden?

Die Beantwortung dieser Fragen obliegt meistens nicht der Projektleitung, sondern der eigenen Geschäftsführung bzw. der Vorgesetzten der Projektleitung. Die Projektleitung sollte die Ziele in jedem Fall kennen, unabhängig davon, welche eigene Meinung sie im Einzelfall dazu haben mag.

Der abstrakte Wunsch nach ausschließlicher „Maximierung des Gewinns“ sollten Sie nicht akzeptieren, ohne auch Einvernehmen über die möglichen Implikationen wie beispielsweise „unzufriedener Kunde“ oder „hohe Mitarbeiterfluktuation“ zu erzielen.

2.3.2 Auftraggeberseitige Zielklärung (Systemidee, Auftragsklärung)

Die Entwicklung eines Systems beginnt damit, dass die grundsätzliche Zielsetzung und Systemidee gefunden werden muss. Was soll mit dem zu entwickelnden System erreicht werden? Gewöhnlich beginnt alles mit vagen Ideen und Visionen, Absichtsbekundungen und naiven Wünschen.

Gibt es eine klare, kraftvolle Idee?

Formulieren Sie die Systemidee schriftlich auf etwa einer halben Seite – mit dem Vorgang des Aufschreibens setzt dann bereits der Zielfindungs- und Konkretisierungsprozess ein.

Systemidee entwickeln. Wenn Auftraggeber, Produktempfänger und Entwickler keine explizite und keine einheitliche Idee haben, was das zukünftige System leisten soll, sind Komplikationen oder gar der Misserfolg des Projektes vorprogrammiert. Eine einheitliche, schriftlich fixierte Vision ist wichtig, damit alle Beteiligten am gleichen Strang ziehen. Bei der Zielformulierung werden oftmals Interessenkonflikte und Widersprüche deutlich, die gewöhnlich geklärt werden sollten, bevor mit der Entwicklung begonnen wird.

Produktkarton ⇨238

Systemidee schriftlich formulieren. Die Systemidee muss nicht sehr ausführlich sein, wenige, aber aussagekräftige Sätze reichen aus. Als Metapher können Sie sich hier an der Systembeschreibung auf einem gewöhnlichen Produktkarton orientieren. Wenn Sie eine Software kaufen, ist sie oftmals in einen großen Karton verpackt, in dem außer Luft und einer CD meistens nicht viel drin ist. Auf der Außenseite des Produktkarton finden Sie jedoch gewöhnlich zwei wichtige Informationen:

- Systemvoraussetzungen
  Welche Hard- und Software muss bereits vorhanden sein, damit die

neue Software einwandfrei funktioniert (Betriebssystem, Speicherkapazität etc.)?

- Wichtige Features und Eigenschaften
  Was leistet die Software für den Benutzer?

Siehe weitere Details zum *Produktkarton* (⇨238).

2.3.3 Risiken identifizieren, Risikostrategie entwickeln

Bei der Suche nach Risiken können Ihnen folgende Ursachenkategorien helfen:

- Ursache vor oder bei Vertragsabschluss
- Ursache am Anfang des Projektes
- Ursache in der Zusammenarbeit (der beteiligten Parteien)
- Einflüsse des Kunden bzw. Auftraggebers
- Ursache beim Auftragnehmer
- Ursache bei Dritten

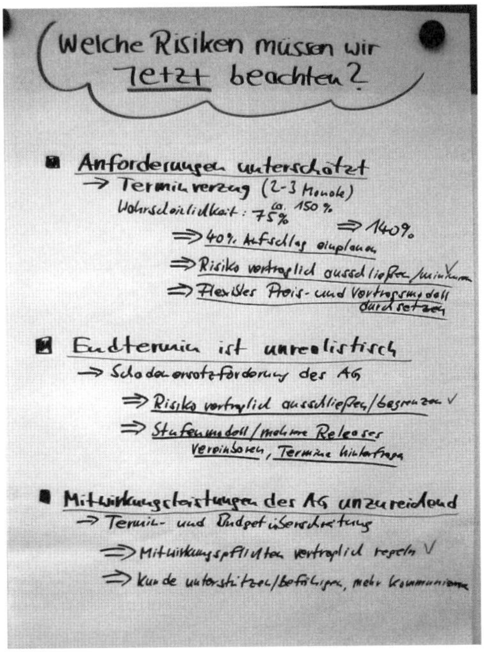

Abb. 2.3-2: Beispiel aus einem Risikoworkshop speziell zur Vorbereitungsphase

Viele Risiken lassen sich durch eine kritische Sicht auf die einzelnen Stakeholder erkennen. Eine andere hilfreiche Perspektive kann die des Systemmodells (⇨369) sein.

Das Thema Risikomanagement wird detailliert im Kapitel *9.10 Risikomanagement* (⇨371) und speziell Stakeholder-spezifische Sachverhalte ab Abschnitt *9.9.19 Stakeholder-Analyse* (⇨359) behandelt.

2.4 Kosten, Termine und Vertragsbedingungen bestimmen

2.4.1 Aufwandschätzungen

Kosten-Nutzen-Analysen, Angebotskalkulation

Aufwandschätzungen werden bereits früh im Projektverlauf eingefordert. Wir benötigen sie z.B. als Basis für Kosten-Nutzen-Analysen, zur Angebotskalkulation oder für unsere Ressourcenplanung. Dazu kommt, dass wir bei unseren Schätzungen nicht unabhängig sind, sondern in ein Spannungsfeld aus Erwartungshaltung, politischer Verträglichkeit, verfügbarem Budget, strategischen Zielen usw. eingebunden sind. Dabei vergessen wir gerne, dass Schätzungen stets mit großen Unsicherheiten verbunden sind.

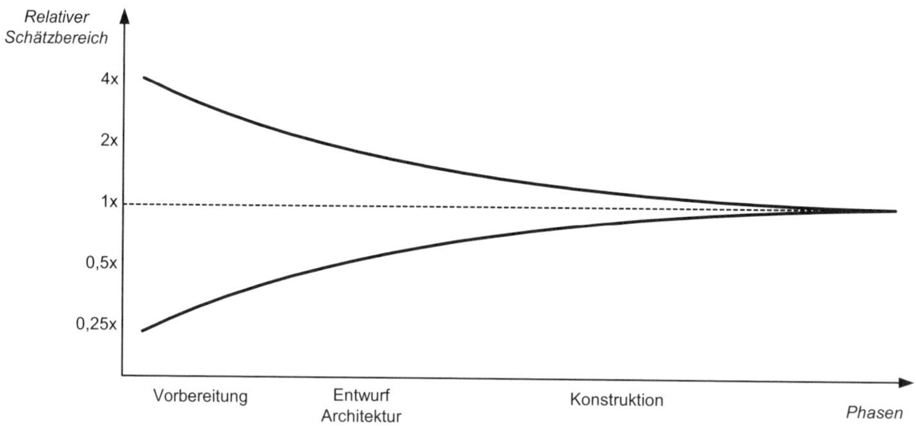

Abb. 2.4-1: Schätzungenauigkeit im Projektverlauf nach [Boehm-2000]

Schätzgenauigkeit

Aufwandschätzungen sind also wie Messungen mit einem sehr ungenauen Messgerät. Mit Schätztechniken und -verfahren versuchen wir, diese Ungenauigkeiten zu minimieren. Dabei kommen im Projektverlauf idealerweise je nach der möglichen Datengrundlage unterschiedliche Schätzverfahren zum Einsatz. Der Einsatz jeweils angemessener Verfahren ist wichtig, da sich die Schätzgenauigkeit im Projektverlauf durch die wachsende Menge konkreter Ergebnisse und Erkenntnisse automatisch verbessert (Abb. 2.4-1). Um diesen Effekt auch zu erhalten, führen wir projektbegleitend auf dem jeweils aktuellen Kenntnisstand Restaufwandschätzungen durch.

In Abb. 2.4-1 erkennen wir auch, dass unser Schätzfehler zu Beginn eines Projektes gut und gerne einen Faktor 4 betragen kann. Die Unsicherheiten bei Softwareprojekten sind also erheblich!

Ungenauigkeiten minimieren

Es gibt ein paar allgemeingültige **Grundregeln zum Schätzen**, die uns helfen, die Ungenauigkeiten zu minimieren.

- Je präziser unsere Eingangsinformationen sind, desto besser wird unsere Schätzung. Die Beschaffung aussagekräftiger Informationen ist daher von essenzieller Wichtigkeit.
- Je weiter wir versuchen, in die Zukunft zu schätzen, desto ungenauer wird unsere Schätzung werden. Schätzungen sind also eine kontinuierliche Aufgabe des Projektmanagements.
- Je kleiner und konkreter das Schätzobjekt ist, desto besser wird die Schätzung. Das Schätzobjekt sollte also in mehrere, möglichst konkrete Teile zerlegt werden.
- Schätzungen haben immer einen Toleranzspielraum und können daher keine verbindlichen Voraussagen sein. Zur besseren Einschätzung der Qualität einer Schätzung sollte daher dessen Toleranzspielraum betrachtet werden.
- Die Personen, welche die zu schätzenden Aufgaben durchführen sollen, sollten in die Schätzung mit einbezogen werden.

Schätzen heißt, eine Größe vorherzusagen, die wir noch nicht kennen. Die Qualität einer Schätzung beruht auf folgenden Prinzipien:

- **Detailprinzip:** Zerlegung des Schätzobjekts in Einzelteile und diese detailliert schätzen. Die Summe der Einzelschätzungen ergibt unseren Schätzwert. Wir sprechen hier auch von einer **Mikroschätzung**. Wenn wir hingegen einen Gegenstand als Ganzes in Relation zu einem anderen schätzen („B wird etwa 1,5 Mal so teuer wie A"), dann sprechen wir von einer **Makroschätzung**.
- **Wiederverwendungsprinzip:** So viel Erfahrung wie möglich aus anderen Projekten einbringen und Analogieschlüsse ziehen. Dazu sollte unsere Erfahrung in einer strukturierten Form nutzbar sein, z.B. über Projektnachbetrachtungen.

Was gehört zur Schätzung

Die Problematik von Schätzungen für Softwareprojekte besteht darin, dass der Anteil der eigentlichen Programmierung nur einen kleinen Teil der Aktivitäten ausmacht. Daneben haben wir Verwaltungsaufgaben zu planen, führen Abstimmungen durch oder suchen und korrigieren Fehler. Dazu kommt, dass die Codierungsanteile in der Entwicklung gerne überschätzt und die anderen Aufgaben gerne unterschätzt werden oder sogar überhaupt nicht in die Schätzungen einfließen. Auch Programmierer programmieren nicht ausschließlich. Siehe hierzu auch *5.2.4 Arbeitsaufträge für Iteration i+1 planen* (Feinplanung) (⇨166, mit den Stichworten Load-Faktor und ideale Tage).

Produktivitätsspanne

Das Nutzen unserer Erfahrung ist leider oft nicht so wertvoll wie erhofft. Projekte zeichnen sich meist durch individuelle Besonderheiten aus, sie haben eben den Charakter von Einmaligkeit. Wir können also für bestimmte Teile eines Projektes keine Vorerfahrung haben. Dazu kommt, dass Softwareerstellung stark personenabhängig ist, also eine konkrete Schätzung immer auf ein konkretes Team bezogen ist. Softwareentwickler sind eben bezüglich ihrer Produktivität nicht 1:1 austauschbar. Im Gegenteil: Die Produktivitätsspanne der Entwickler in einem Team ist meist sogar sehr groß. Dieser individuelle Faktor kann dadurch minimiert werden, dass die betroffenen Entwickler in die Schätzung ihrer Aufgaben einbezogen werden.

Bei Schätzungen mit Entwicklern treffen wir oft auf eine sehr optimistische Grundeinschätzung der Situation. Dies liegt sicherlich zu einem Teil daran, dass Menschen generell eher zu optimistischen Einschätzungen tendieren. Dies kann dazu führen, dass solche Schätzungen einen systematischen Fehler aufweisen und tendenziell zu positiv liegen. Eine regelmäßige Selbstkorrektur kann helfen, diesen Effekt zu minimieren. Ein solcher Abgleich erfolgt aus der Analyse vergangener Projekte bzw. vergangener Iterationen in einem laufenden Projekt. Die Grundlage dazu bildet eine aussagekräftige Erfassung von Aufwänden bezogen auf konkrete Arbeitsaufträge.

Parkinson´s Law

In diesem Zusammenhang ist Parkinson´s Law zu beachten, das besagt, dass eine Arbeit stets die für sie vorgesehene Zeit vollständig ausfüllt (benannt nach C. Northcote Parkinson, der 1955 darüber einen Beitrag in The Economist publizierte).

Lebensdauer von Schätzungen. Aus Abb. 2.4-1 entnehmen wir, dass mit fortscheitendem Projekt unsere Schätzgenauigkeit im Mittel zunehmen wird. Das ist nicht überraschend, da der konkret realisierte Projektanteil wächst und mit ihm unsere konkreten Erfahrungen im Projekt. Dieser Erfahrungsgewinn sollte sich bei Restaufwandschätzungen dadurch äußern, dass sich zu unseren ursprünglichen Schätzungen Differenzen zeigen sollten.

Die mittlere Lebensdauer von Schätzungen ist also beim iterativen Vorgehen relativ kurz. Schätzworkshops und Restaufwandschätzungen finden daher regelmäßig in jeder Iteration wieder statt.

Annahmen. Schätzungen beruhen stets auf Annahmen. Diese gilt es, sich bewusst zu machen und gemeinsam mit den Schätzungen zu dokumentieren. Wenn wir gemeinsam mit anderen in einer Gruppe schätzen, ist dies besonders wichtig, um auf Basis gemeinsamer Annahmen zu einem Ergebnis zu gelangen.

Unsere Annahmen können z.B. die Verfügbarkeit konkreter Mitarbeiter betreffen oder die Leistungsfähigkeit des Auftraggebers bezüglich Qualität und Zeitrahmen von Zulieferleistungen für die Analyse. Wenn wir neue Technologien oder Tools einsetzen, machen wir auch Annahmen über deren Leistungsfähigkeit und Nutzen für unser Team.

Bevor wir schätzen, machen wir uns die zugrunde liegenden Annahmen so konkret wie möglich bewusst und sammeln sie schriftlich z.B. auf einem Flipchart. Während unserer regelmäßigen Schätzworkshops hängen wir die Annahmen gut sichtbar auf und können sie dann wieder überprüfen, weiter konkretisieren oder ergänzen. Die Basis, auf deren Grundlage wir schätzen, ist also stets präsent und wird gepflegt.

2.4.2 Schätztechniken

Bei der Durchführung von Schätzworkshops können unterschiedliche Techniken zur Ermittlung von Schätzwerten eingesetzt werden. Diese dienen dazu, die Qualität von Einzelschätzungen zu erhöhen. Einige erprobte Möglichkeiten haben wir in Kapitel *9.5 Zeitmanagement* (⇨264) dargestellt:

- *Delphi-Methode (Schätztechnik)* (⇨276)
- *Schätzkurve* (⇨280)
- *Widget-Point-Verfahren* (⇨281)
- *Wetter-von-gestern* (⇨286)
- *Use-Case-Point-Methode* (⇨283)

2.4.3 Schätzmethoden

Unter Schätzmethoden verstehen wir mathematisch bzw. statistisch abgesicherte Verfahren zur Abschätzung umfangreicher Projekte. Eine detaillierte Vorstellung würde den Rahmen dieses Buchs sprengen. In diesem Abschnitt geben wir eine kurze Übersicht und Kategorisierung der Methoden. Im Anschluss betrachten wir drei typische Problembereiche etwas genauer.

Schätzmethoden lassen sich nach unterschiedlichen Aspekten strukturieren. Wir orientieren uns an der folgenden Klassifizierung:

- Analogiemethode
- Relationsmethode
- Gewichtungsmethode
- Multiplikatormethode
- Prozentsatzmethode
- Parametrische Schätzgleichungen

Was steckt dahinter?

Analogie- und Relationsmethode. Wir bestimmen den zu schätzenden Aufwand, indem wir die Neuentwicklung nach bestimmten Gesichtspunkten mit bereits abgeschlossenen Projekten vergleichen. Mögliche Kriterien sind z.B. Produktgröße über KLOC[4] oder FP[5], Leistungsumfang über Use Cases oder die Anzahl der Subprogramme bzw. Komponenten eines Programms.

Als Voraussetzung dafür benötigen wir entsprechend verwertbare Informationen über bereits abgeschlossene Projekte. Dies ist ein weiterer Grund, warum das abschließende Projektreview so wichtig ist. So können wir gezielt aus jedem Projekt lernen und unsere Erfahrungen besser nutzbar machen.

Der Unterschied zwischen der Analogie- und Relationsmethode liegt darin, dass in letzterer versucht wird, die Vergleichbarkeit dadurch zu erhöhen, dass die Kerndaten in Form von Indizes ermittelt werden. Die Grundzahl mit einem Index von 100 entspricht dabei dem Durchschnitt, also dem in unserem Umfeld normalen Maß. Nachdem die zur Schätzung heranzuziehenden Teilindizes bestimmt sind und deren Grundmaß (Index = 100) ermittelt ist, kann das zu erstellende Produkt in Bezug auf die Teilindizes bestimmt werden. Der zu erwartende Aufwand wird dann aus der Korrelation zu den Werten bereits abgeschlossener Projekte bestimmt.

Gewichtungsmethode. Hierfür ermitteln wir subjektive und möglichst objektive Einflussfaktoren. Diese Einflussfaktoren versehen wir mit

[4] Kilo Lines of Code: 1000 Zeilen Code.
[5] Function Points.

einer Gewichtung, wobei das jeweilige Gewicht den Einfluss des Faktors auf den Aufwand wiedergeben soll.

Jetzt schätzen wir die Einflussgrößen hinsichtlich ihres Aufwands und multiplizieren ihn mit dem zugehörigen Gewicht. Der Gesamtaufwand ergibt sich dann aus der Summe der gewichteten Einzelaufwände.

Sowohl Indizes wie auch Gewichtungen sind in diversen Schätzmethoden zu finden. Es wird damit versucht, mit allgemeinen Schätzmethoden der Individualität von Projekten Rechnung zu tragen. Dies ist lobenswert und sicherlich sinnvoll. Im Einzelfall können diese *Schrauben*, an denen wir in unseren Schätzmodellen drehen können, dazu benutzt werden, eine Schätzung schön zu rechnen bzw. sie politisch korrekt erscheinen zu lassen. In manchen Verfahren wird daher der Einflussfaktor der Gewichtungen relativ gering gehalten. Dies ist für *normale* Projekte meist kein Problem, kann jedoch für sehr eigenwillige Konstellationen überhaupt nicht mehr passen.

Multiplikatormethode. Dieser Ansatz ist von verblüffender Einfachheit und erfreut sich auf jeder Managementebene großer Beliebtheit. Die Kosten für ein neues Projekt errechnen sich mit einer einfachen Multiplikation:

$$Kosten = Anzahl_{Einheiten} \times \frac{Kosten}{Einheit}$$

Auch hier können KLOC oder FP als mögliche Einheiten dienen. Wissen wir z.B., dass ein durchschnittlicher Programmierer 1200 LOC pro Monat schreibt, so können wir aus seinen monatlichen Kosten und der zu erwartenden Produktgröße dessen Kosten ermitteln. Setzen wir z.B. 4500 € für einen Entwickler an und erwarten ein Programm mit ca. 30 KLOC, so ergibt sich:

$$Kosten = 30.000\ LOC \times \frac{4.500\ €}{1.200\ LOC} = 112.500\ €$$

Einfach und simpel und manchmal passt es sogar.

Prozentsatzmethode. Bei der Prozentsatzmethode werden die Aufwände je Phase und Disziplin genau erfasst und erlauben so eine anteilsmäßige Aufteilung der Aktivitäten zu Disziplin und Phase. Dieser Ansatz wird seit den 70er-Jahren verfolgt und angepasst. So gibt es Veröffentlichungen entsprechender Tabellen z.B. von Barry Boehm (1975, 1981, vgl. [Boehm-1981]), Frederick Brooks (1975, vgl. [Brooks-1995]) oder Capers Jones (1977, 1986, vgl. [Jones-1996]).

Harry Sneed hat in seinem Buch *Software-Projektkalkulation* [Sneed-2005] eine entsprechende, sehr differenzierte Verteilung für ein Projekt nach dem Rational Unified Process (RUP) veröffentlicht (Abb. 2.4-2). Die Verteilung ist wegen der strukturellen Ähnlichkeit wahrscheinlich auch auf den OEP übertragbar.

RUP-Aktivität	Vorbereitung	Ausarbeitung	Konstruktion	Auslieferung	*Summe*
Anforderungen	2,50 %	3,75 %	1,25 %	0,00 %	**7,50 %**
Systementwurf	2,50 %	7,50 %	3,75 %	1,25 %	**15,00 %**
Modellierung	2,50 %	2,50 %	1,25 %	0,00 %	**6,25 %**
Konstruktion	1,25 %	3,75 %	7,50 %	2,50 %	**15,00 %**
Test	1,25 %	3,75 %	7,50 %	5,00 %	**17,50 %**
Übergabe	0,00 %	0,00 %	2,50 %	5,00 %	**7,50 %**
Projektmanagement	2,50 %	2,50 %	2,50 %	2,50 %	**10,00 %**
Konfigurationsmgmt.	0,63 %	1,25 %	2,50 %	5,00 %	**9,38 %**
Qualitätsmanagement	1,25 %	1,25 %	2,50 %	1,25 %	**6,25 %**
Changemanagement	0,63 %	1,25 %	1,25 %	2,50 %	**5,63 %**
Summe	**15,0 %**	**27,5 %**	**32,5 %**	**25,0 %**	100,0 %

Abb. 2.4-2: Prozentuale Aufwandsverteilung nach Phase und Disziplin im RUP für ein Beispielprojekt modifiziert nach [Sneed-2005]

Der Gesamtaufwand eines Projektes lässt sich zu einem Zeitpunkt innerhalb des Projektes aus einer differenzierten Betrachtung der bereits geleisteten und fertiggestellten Arbeiten in den Disziplinen extrapolieren. Dieses Verfahren kann also gut dazu dienen, im Projektverlauf andere Verfahren abzugleichen bzw. gegenzurechnen oder eine anteilige Projektkalkulation zu überprüfen. Es taugt leider nicht für eine Vorabkalkulation bzw. erste Schätzung.

Interessante Erkenntnisse aus Abb. 2.4-2 sind z.B., dass der QS-Anteil, also QM und Test, knapp 25 Prozent ausmacht oder der Projektmanagementanteil 10 Prozent beträgt. Beide Werte decken sich sehr gut mit unseren Erfahrungen. Leider werden beide Aspekte häufig in Projektkalkulationen deutlich niedriger angesetzt. Termin- oder Qualitätsprobleme sind dann meist vorprogrammiert.

Um mit einer solchen Tabelle wie in Abb. 2.4-2 wirklich arbeiten zu können, brauchen Sie die entsprechenden Erfahrungswerte aus möglichst vielen Ihrer Projekte. Dazu sollten diese Projekte nach einem vergleichbaren, möglichst ähnlichen Vorgehen abgewickelt worden sein, damit die Übertragung auf Phase und Disziplin zweifelsfrei gelingt.

Parametrische Schätzgleichungen. Parametrische Schätzmethoden schaffen einen meist statistischen Zusammenhang zwischen bestimmten Produkteigenschaften und dem resultierenden Projektaufwand. Als statistische Basis dienen historische Projektdaten, die in geeigneter Form in einer Datenbank aufbereitet sind. Meist wird mit universellen Parametersätzen gerechnet, da der Aufwand für die Bestimmung firmenindividueller Parametersätze sehr hoch ist und eine relativ große Anzahl gut auswertbarer Projekte abgeschlossen vorliegen muss.

Eine parametrische Schätzformel hat folgende allgemeine Form:

$$y = f(x_1, x_2, ... x_n)$$

mit y als abhängiger Variable wie Zeit oder Kosten und x_i als unabhängige Variablen wie Teamgröße, Programmiersprache, Produktgröße usw.

Typische Vertreter für parametrische Schätzgleichungen sind COCOMO (1981), COCOMO II (2000), Function Points, Widget Points, Use Case Points oder Object Points, für die es einschlägige Literatur gibt [Boehm-1981, Boehm-2000, Bundschuh-2004, Sneed-2005]. Siehe auch *Softwaregleichung und ihre Faustformeln* (⇨287) und *Planungseinheiten* (⇨265).

2.4.4 Preis- und Vertragsmodelle

Gegenüber agilen Projektverfahren wird oft die Kritik formuliert, diese seien für Festpreissituationen nicht geeignet. In diesem Abschnitt finden Sie eine Reihe verschiedener Preismodelle und deren Anwendungsmöglichkeiten bzw. Rahmenbedingungen in unterschiedlichen Vertragssituationen.

Welche Preismodelle gibt es neben Festpreis, Aufwandspreis und Aufwands-Obergrenzen-Preis? Welches sind ihre Vor- und Nachteile? In welchen Situationen sind sie anwendbar? Wie passen sie zu agilen Projektverfahren? Die wichtigsten Preis- und Vertragsmodelle sind im Kapitel *9.11 Vertrags- und Einkaufsmanagement* (⇨389) detaillierter beschrieben:

- Agiler Festpreis (⇨400)
- Anforderungseinheitspreis (⇨402)
- Aufwandspreis (⇨403)
- Aufwandspreis mit Obergrenze (⇨404)
- Festpreis (⇨405)
- Mehrstufiger Festpreis (⇨406)

- Phasenfestpreis (⇨407)

Welche Interessen sind auszubalancieren?

Preis- und Vertragsmodelle stehen grundsätzlich in einem Spannungsfeld verschiedener Interessen:

- Wie stark ist das Sicherheitsbedürfnis der beteiligten Parteien bezüglich des Preises, der Planbarkeit und der Termine?
- Um welche Art von Projekt handelt es sich? Ist es eine Neuentwicklung, eine Anpassung oder eine Weiterentwicklung?
- In welcher Wettbewerbssituation stehen die Anbieter?
- Welche Gewinnchance erwarten oder benötigen die Anbieter?
- Ist der Nutzen für den Auftraggeber höher als seine Kosten für das Projekt?
- Wie ist das Vertrauensverhältnis zwischen Auftragnehmer und Auftraggeber?

Je nach den spezifischen Bedürfnissen der Vertragsparteien eignen sich andere Modelle. Der agile Festpreis bietet in den meisten Situationen Vorteile, ist allerdings mit einem Wasserfallvorgehen nicht zu praktizieren.

Preis- und Vertragsmodelle	Entscheidungsaspekte								
	Budgetsicherheit	Anforderungsflexibilität	Verhandlungsaufwand	Schätzsicherheit	Qualitätsrisiko	Hochpreisrisiko	Gewinnchance	Verlustrisiko	Auftragssicherheit
Festpreis	☺☺	☹☹	☹	☹☹	☹	☹	☺☺	☹	☺☺
Aufwandspreis	☹☹	☺☺	☺	☹☹	☺☺	☺	☺	☺☺	☹
Aufwandspreis mit Obergrenze	☺☺	☺	😐	☹☹	☹☹	☺☺	😐	☹	☹
Mehrstufiger Festpreis	☺	☺	☹	☺	☺	☺☺	☺	😐	😐
Anforderungseinheitspreis	☺☺	☺☺	☹	☺☺	☺	☺☺	☺	☹	☹
Agiler Festpreis	☺☺	☺☺	😐	☺☺	☺	☺☺	☺	☺	☺☺

Abb. 2.4-3: Die verschiedenen Preis- und Vertragsmodelle im Überblick mit ihren Vor- und Nachteilen.

2.5 Featurebasiertes Vorgehen

2.5.1 Warum und wann featurebasiertes Planen sinnvoll ist

Große Projekte ticken anders ...

Während ein kleines Projekt mit 1 – 8 Entwicklern auch auf Zuruf und bei der Besprechung des Tages beim Mittagessen ganz passable Ergebnisse erzielt, erfordern bereits mittlere Projekte mit 8 bis 20 Mitarbeitern ausgeklügelte Kommunikationsformen, und Großprojekte ab 20 Mitarbeitern benötigen gar völlig andere Strukturen und Abläufe. Typischerweise sind die zu bewältigenden Aufgaben in mittleren und großen Projekten ziemlich umfangreich und komplex dazu.

Wir konnten in der Praxis zahlreiche Erfahrungen sammeln, wie man die hier vorgestellten Techniken wie iteratives Vorgehen, Anwendungsfallanalyse, Arbeitsaufträge usw. auch in solchen Projekten erfolgreich umsetzen kann. Typischerweise erscheinen hierbei Phänomene, die in dieser Form normalerweise in kleinen Projekten nicht auftauchen oder zumindest vernachlässigbar sind.

Vorsicht Bürokratie!

Nun kann man natürlich Großprojekte einfach verteufeln und sich so um eine Antwort drücken. Mit dem featurebasierten Planen stellen wir hier ein Konzept vor, das genau solche Phänomene adressiert und daher auch nur dann seine Wirkung voll entfaltet. In kleinen Projekten angewendet kann es der Agilität eher entgegenwirken und Überbürokratisierung verursachen, zumindest wenn es gedankenlos in epischer Breite angewendet wird (so wie ein falsch dosiertes Medikament unerwünschte Nebenwirkungen zur Folge haben kann).

Wenn Ihr Projekt also eher klein ist, ist featurebasiertes Planen in dieser Form nicht anzuraten. Wie schon in der Einleitung erwähnt (siehe *1.5.4 Mit oder ohne Features planen?* ⇨50) kann es dann sinnvoller sein, ausschließlich mit Anwendungsfällen und Arbeitsaufträgen das Projekt zu steuern. Dies ist eine grundsätzliche Entscheidung, die nach Möglichkeit zu Anfang des Projektes einmal getroffen werden sollte.

Nicht handhabbare Arbeitsauftragsflut

Angenommen ein Megaprojekt leistet pro Jahr 25.000 PT (entspricht etwa 140 Personen), und je Arbeitsauftrag werden durchschnittlich 7 PT aufgewendet, dann können Sie mit etwa 3.500 Arbeitsaufträgen im laufenden Jahr rechnen – wir hoffen, Sie kämen weder auf Idee diese Menge als Gesamtprojektleitung direkt steuern, noch dies der Selbstorganisation von 140 Mitarbeitern überlassen zu wollen. Stattdessen werden Sie eine Ebene der Verdichtung einziehen wollen, in der Arbeitsaufträge zu gröberen Arbeitspaketen aggregiert werden, ebenso wie Sie Arbeitsaufträge nicht mehr direkt an jeden einzelnen Mitarbeiter übergeben, sondern mit Ihren Teilprojektleitungen **inhaltliche Ziele vereinbaren** werden. Nur so kann es Ihnen gelingen, den Gesamtüberblick über die Arbeiten zu bewahren. Aber nach welchen Kriterien nehmen Sie diese Verdichtung vor? Das Featurekonzept hilft allen Beteiligten durch klare Kriterien dieselbe Sicht auf das wirklich Wichtige zu erlangen.

Fehlende Transparenz

Bereits in mittleren Projekten kann kein Mitarbeiter mehr alle Einzelheiten aller Arbeitsaufträge kennen, sondern muss sich darauf verlassen, dass irgendwer darauf geachtet hat, dass die ihm anvertraute Aufgabe irgendwie ins Ganze passt. Haben Sie einmal versucht, mit 5 – 6 Leuten ein mehrere Meter langes Seil mit verbundenen Augen auf einer großen Wiese gemeinsam zu einem Quadrat zu legen? Wir schon! Und die Situation ist erstaunlich vergleichbar mit dem Wissensstand Einzelner und der Kommunikationsform in größeren Projekten.

Durchblick schaffen

Das Gesamtziel verwässert, häufige Rückfragen sind notwendig, und aus Unwissenheit laufen Mitarbeiter eine Zeit lang in die falsche Richtung (und das Ergebnis ist mit großer Wahrscheinlichkeit einem Quadrat nicht einmal ähnlich). Und wenn das Projekt nicht permanent ein gemeinsames großes Bild vor Augen hat, bekommt auch der Fachbereich keines. Stattdessen erhält er widersprüchliche Aussagen und verliert das Vertrauen. Mit einer speziellen Sicht auf die inhaltlichen Ziele des Gesamtprojektes und der einzelnen Iterationen schafft das featurebasierte Planen für alle den nötigen Durchblick.

Nie fertige Anwendungsfälle

Vielleicht haben Sie schon mit Anwendungsfällen gearbeitet. Es ist ein bestechendes Instrument zur Kommunikation mit dem Fachbereich, der in der Regel gut in Prozessen denken und daraus eine Vorstellung von der zukünftigen Software gewinnen kann („angenommen ein Kunde ruft an und möchte ..., dann machen wir erst ..., und danach ...“). Auch Testfälle lassen sich wunderbar aus den Ablaufdiagrammen ableiten usw. Sogar für die erste frühzeitige Aufwandschätzung lassen sich Anwendungsfälle heranziehen. Warum also die Anwendungsfälle nicht auch als Planungseinheiten verwenden und damit das Projekt abwickeln, zum Beispiel erst Anwendungsfall X, dann Anwendungsfall Y fertigstellen?

Wir haben in vielen Projekten beobachtet, dass dies nur bei kleinen Projekten wirklich gut funktioniert – dort, wo die Anwendungsfälle so klein sind (im Sinne von wenig komplex), dass sie oft innerhalb einer Iteration von sagen wir 2 – 3 Wochen fertigzustellen sind. Dann lassen sich Anwendungsfälle prima nach Aufwand und Nutzen priorisieren (vgl. *Kosten-Nutzen-Priorisierungsmatrix* ⇨309) und mehr oder weniger sequenziell abarbeiten. In größeren Projekten sind Anwendungsfälle oft zu komplex um innerhalb einer (wenn auch längeren) Iteration von etwa 6 – 8 Wochen komplett analysiert, realisiert und getestet zu werden.

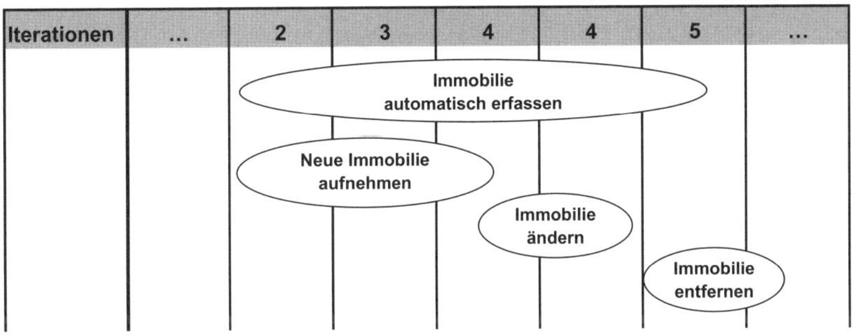

Abb. 2.5-1: Anwendungsfälle überspannen mehrere Iterationen

Die Entwicklung verteilt sich in der Praxis daher über mehrere (oft viele) Iterationen, sodass Erkenntnisse aus Folgeiterationen zu permanenten Anpassungen des bisher fertig Geglaubten führen. Die Frustration steigt, das Vertrauen schwindet. Featurebasiertes Planen kann hier Erfolg, Glaubwürdigkeit und Motivation zurückgewinnen, indem es ganz bewusst die Anwendungsfälle als Elemente der Anforderungsanalyse und Features als Elemente der Planung voneinander trennt (was zugegebenermaßen einen Preis hat, wie wir später noch sehen werden).

Featurebasiertes Planen trennt Anforderungsanalyse und deren Planung

⊙ Anwendungsfälle sind Elemente der Anforderungsanalyse
⊙ Features sind Elemente der Planung

Eigentlich ist das iterative Vorgehen ja unter anderem auch mit dem Heilsversprechen angetreten, eine flexiblere Auslieferung für den Fall zu ermöglich, dass sich im Projektverlauf die Prioritäten des Fachbereichs schlichtweg ändern, z.B. durch Gesetzesänderungen, Vorstandswechsel oder was auch immer (übrigens auch ein Phänomen, das langdauernde Projekte eher berührt als kleine). Der Fachbereich möchte nun aus gutem Grund plötzlich etwas anderes haben als ursprünglich geplant.

Wenn wir die Entwicklung so gestalten, wie in Abb. 2.5-1 dargestellt, ist zum einen überhaupt nicht transparent, was denn nun genau nach Iteration 4 fertig ist. Zum anderen können wir nach Iteration 4 nicht einfach den bislang erstellten Entwicklungsstand abgreifen und zu einem Zwischenrelease veredeln – dazu fehlen zentrale Anwendungsfälle, wie das Entfernen einer Immobilie, ohne die ein Zwischenrelease keinen Sinn machen würde.

Zwischenreleases? Unmöglich!

Wenn aber ein sinnvolles Ganzes erst am Projektende lieferbar wäre, wozu dann aber ein iteratives Vorgehen? Deswegen muss das Schneiden und Planen von Features ganzheitlich erfolgen und berücksichtigen, welche Anforderungsteile zusammengehören, sodass die vom iterativen Vorgehen angestrebte Flexibilität wirklich entstehen kann.

Fehlender Produktgedanke

Die starke Verteilung von Informationen in größeren Projekten lässt das große Bild von *dem* Produkt, was am Ende entstanden sein wird, für den Einzelnen verschwimmen. Vielleicht legt er/sie sich Ersatzziele zurecht oder klammert sich an komplizierte Vorgehensmodelle, die haargenau vorschreiben, welches Artefakt in welcher Phase mit welcher Genauigkeit zu erstellen sei. Niemand hinterfragt dann den Sinn, es steht ja nun mal dort (oft hören wir: „Da kann man bei uns nichts machen – das ist bei uns vorgegeben“). Es ist der Glaube verbreitet, wenn man nur die Dokumente wie vorgeschrieben anfertigte, dann würde das Projekt wie von Geisterhand ganz automatisch erfolgreich. Der Produktgedanke ist dabei verloren gegangen. Jedoch betont das agile Manifest ganz deutlich: „Funktionierende Software ist wichtiger als umfangreiche Dokumentation.“

Wie aber bekomme ich Projektmitarbeiter dazu, in funktionierender Software zu denken und nicht in zu erstellenden Papierbergen? Mit Features (natürlich). Der Trick besteht darin, auch in der Planung diejenigen Aufgaben, die etwas mit funktionierender Software zu tun haben, besonders zu betonen. Nur so lässt sich in so einem Umfeld das Handeln ergebnisorientiert ausrichten und der Produktgedanke verstärken.

2.5.2 Features sind kaufentscheidende Leistungsmerkmale

Features auf der Softwareverpackung

Okay, akzeptieren wir mal für den Moment, dass Anwendungsfälle wie im vorigen Abschnitt beschrieben, in bestimmten Kontexten Grenzen haben, und werfen wir daher einen Blick auf das Konstrukt des Features. Was ist das überhaupt? Was ist es nicht? Wie passen Features zu Anwendungsfällen? Und was nützt mir das?

Jeder von uns hat das Wort Feature schon einmal in dem einen anderen Kontext verwendet, spätestens beim Witzeln mit “it's not a bug, it's a feature“. Und jeder von uns hatte auch schon einmal eine Softwareverpackung in der Hand, auf dem Features die Leistung des enthaltenen Produktes anpreisen. Da steht dann zum Beispiel *Integration in <Name eines Standardproduktes>* oder *Silbentrennung* oder *CSS Editor* oder *komfortable Kundenverwaltung* oder *mehrplatzfähiger Gruppenkalender* oder *umfangreiche Onlinehilfe* usw.

Unscharfe Featuredefinitionen. Die Definitionen, die man dazu finden kann, sind so unscharf wie unterschiedlich. Was liegt also näher, als diese Unschärfe zu akzeptieren und eine abstrakte Begriffsbestimmung zu verwenden, wie wir es in [Oestereich-2004] getan haben:

⊙ Ein **Feature** ist eine Sammlung von (häufig noch zu konkretisierenden) Anforderungen.

Zunächst kann also alles Mögliche ein Feature sein. Klar ist lediglich, dass es sich stets um eine Aggregation irgendwelcher Anforderungen handelt.

Der Zweck heißt Planungsrelevanz

Wenn der Zweck des featurebasierten Planens vorrangig aber darin besteht, Planungstransparenz zu schaffen und eine handhabbare Verdichtung zu erzielen, dann gewinne ich mit dieser Definition nichts. Die entscheidende Frage ist vielmehr: Welche Kriterien soll ein Feature erfüllen, damit es für meine Planung überhaupt eine Relevanz hat? Wir grenzen den hier fortan gemeinten Featurebegriff daher mit weiteren Kriterien ein.

Ein **planungsrelevantes Feature**

Kriterien für planungsrelevante Features

- ist eine Eigenschaft, die beschreibt, was das zu planende *Produkt* (normalerweise die zu erstellende Software) *leistet,*
- beschreibt üblicherweise eine *Funktionalität*, die idealerweise automatisiert testbar ist (wenn nicht, beschreibt es zumindest eine nicht funktionale Anforderung, die nachweisbar ist),
- hat meist einen *kaufentscheidenden Wert* für den Auftraggeber (der im Zweifel darüber befinden darf und der auch bereit sein muss dafür Budget bereitzustellen),
- aggregiert zusammengehörige Anforderungen zu einem sinnvollen Ganzen (z.B. eine Menge mehrerer Anwendungsfälle, die gemeinsam alle Lebenszyklen eines fachlichen Objektes abdecken) und
- ist *planbar*, d.h., es sind konkrete Aufgaben ableitbar.

Was Features nicht sind ...

Damit schließen wir folgende Anforderungen aus:

- Anforderungen, die sich nicht auf das Produkt, sondern darauf beziehen, wie das Produkt entsteht, also auf den Prozess (z.B. *die Software wird V-Modell-konform entwickelt*)
- Triviale Einzelfunktionen (z.B. *Dokument speichern*) sowie triviale Einzelanforderungen (z.B. *das Angebotsdatum muss in der Zukunft liegen*)
- Anforderungen, die untestbar sind (z.B. Papierkonzepte)
- Interne Anforderungen, die nicht kaufentscheidend sind, sondern eine technische Bewandtnis haben (z.B. abgestimmte Datenmodelle)

- Einzelne Anwendungsfälle, die nur zusammen mit anderen einen Sinn ergeben (z.B. das Löschen eines Objektes)
- Rahmenbedingungen, die durch das Einhalten von Standards zu erfüllen sind (z.B. *die Anwendung soll in Java geschrieben sein*)
- Nicht-Anforderungen (z.B. *kein dynamisches SQL verwenden*)

Features fokussieren damit auf die wirklichen Leistungen des Produktes, d.h. überwiegend auf lauffähige Softwarefunktionalität und damit auf das, was den eigentlichen Erfolg eines Projektes ausmachen sollte (und wofür der Auftraggeber auch gerne Geld ausgibt).

2.5.3 Wie man Features findet

Glücklicherweise gibt es in typischen Projekten zahlreiche Quellen, wo man leicht Features finden kann. Einen zentralen Leitgedanken hierfür bietet zum Beispiel die Metapher des Produktkartons (vgl. *9.4.2 Produktkarton* ⇨238).

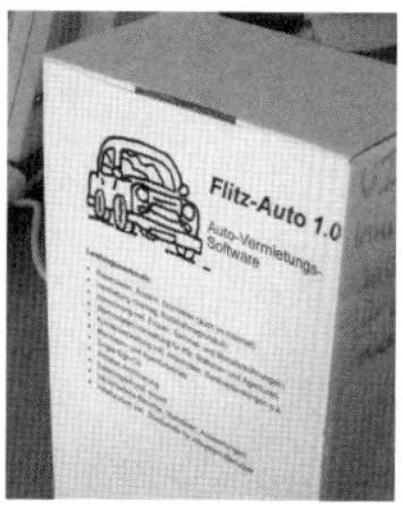

Produktkarton als Leitgedanke

Der Charme dieses Werkzeugs besteht zum einen in seiner Begrenztheit (was den Platz angeht). Sie sind also gezwungen, eine Verdichtung vorzunehmen, um alles platzieren zu können, daher findet man selten eine komplette Liste aller Anwendungsfälle darauf. Ein anderer, noch bedeutenderer Vorteil des Produktkartons besteht darin, dass sich darauf aus Marketinggründen typischerweise nur diejenigen Dinge wiederfinden, die eine kaufentscheidende Bedeutung haben, d.h. für den Kunden einen echten Mehrwert darstellen. Fragen Sie sich also stets: „Können Sie sich <Featurekandidat> auf einem Produktkarton gut vorstellen?"

Features gruppieren zusammengehörige Anwendungsfälle

Normalerweise verfügen Sie bereits in der Vorbereitungsphase eines Projektes über eine mehr oder weniger vollständige Liste von Anwendungsfällen. Diese sind vielleicht noch nicht detailliert beschrieben, aber sie haben bereits einen Namen. Gruppieren Sie die Anwendungsfälle und fragen Sie dabei: „Welche Anwendungsfälle bearbeiten gemeinsam Eigenschaften und Zustände desselben Objekttyps?"

Auf diese Weise kommen Sie auf ein Feature wie zum Beispiel *Zentrale Kundenverwaltung*, das vielleicht folgende Anwendungsfälle aggregiert: *Neuen Kunden aufnehmen, Kundendaten ändern, Kundenübersicht erstellen, Kunde zeitweise sperren, Kundensperre aufheben* und *Kunde kündigen*.

Beispiele für Features

Eine erste Liste von Features für ein Abrechnungs- und Reservierungssystem einer Kfz-Vermietung könnte folgendermaßen aussehen:

- Zentrale Kundenverwaltung
- Fuhrparkverwaltung
- Stationsverwaltung
- Fahrzeugreservierungen
- Internetreservierungen für Kunden
- Fahrzeugdisposition
- Fahrdatenverarbeitung
- Rechnungserstellung auf Basis durchgeführter Fahrten
- usw.

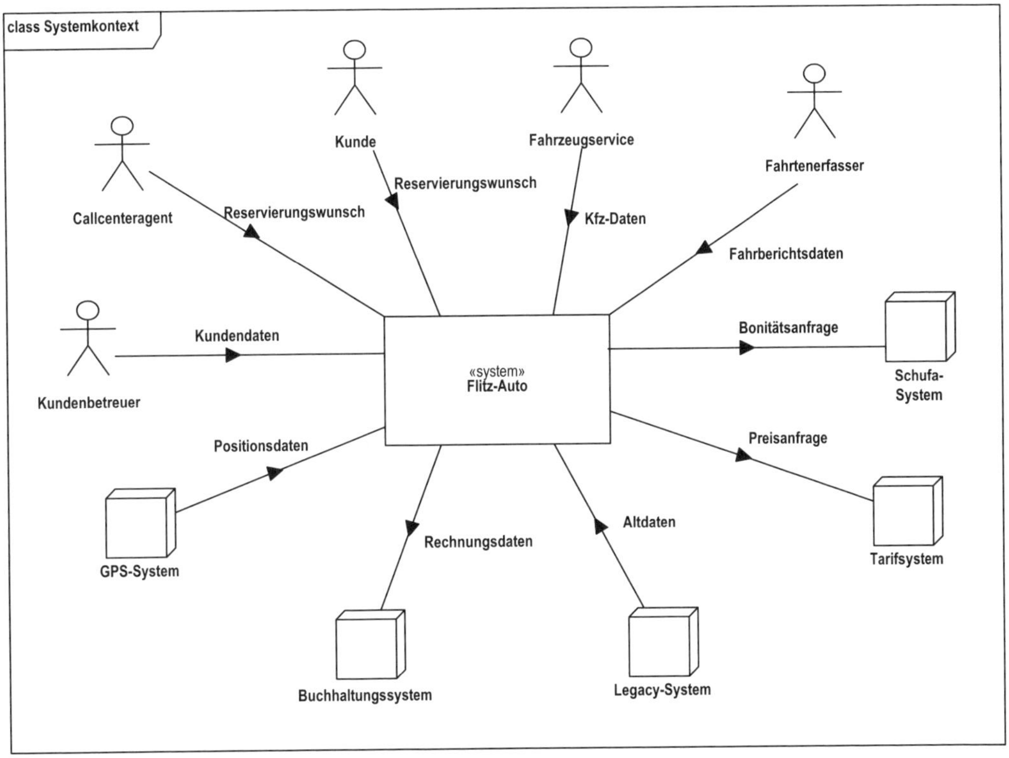

Abb. 2.5-2: Systemkontext zum Finden von Features am Beispiel eines Fuhrparkmanagementsystems für die Autovermietung „Flitz-Auto"

Anbindung von Nachbarsystemen als Features

Oft finden sich auch verschiedene Aspekte einer Integration als Feature auf einem Produktkarton wieder, z.B. *SAP-Anbindung zur Rechnungsübermittlung* o.Ä. Daher erscheint es hilfreich, einen Blick auf die Schnittstellen zu Nachbarsystemen zu werfen. Auch diese Information haben Sie normalerweise zu Beginn eines typischen Projektes in Form eines Systemkontextes vorliegen.

Schauen Sie dabei vor allem auf die anzubindenden Nachbarsysteme, denn die „Anbindung" der Benutzer ist bereits durch die Anwendungsfälle abgedeckt. Fragen Sie nun: „Welche Nachbarsysteme sind anzubinden oder zu integrieren und zu welchem Zweck erfolgt dies?" Bei abzulösenden Systemen sollten Sie dabei auch die Legacy-Systeme berücksichtigen, aus denen die Altdaten im Zuge der Migration übernommen werden, auch wenn die Legacy-Systeme in Sollmodellen oft nicht dargestellt werden. So kommen Sie am obigen einfachen Beispiel in Abb. 2.5-2 vielleicht auf folgende weitere Features:

- Tarifsystem-Anbindung zur automatischen Preisermittlung
- Buchhaltungssystem-Anbindung zur Übermittlung erstellter Rechnungen
- GPS-Tracking
- Online-Schufa-Auskunft zur Bonitätsermittlung
- Altdatenübernahme

Werkzeuge als Features

Vor allem bei Projekten, in denen bereits in Produktion befindliche Software abgelöst werden soll, können Sie schon zu Projektbeginn auf GUI-Masken oder Menüstrukturen zurückgreifen, entweder als Entwürfe oder als Screenshots. Einige Features haben nämlich die Angewohnheit, sich als Werkzeug darzustellen (im Sinne der WAM-Methode; vgl. [Züllighoven-1998]).

Prominente Beispiele dafür sind der Thesaurus in Microsoft Word, der Anrufbeantworter in Skype, der Abwesenheits-Assistent in Outlook, die Wiedergabelisten in iTunes von Apple oder die Systemsteuerung in Microsoft Windows.

Fachkonzept versus Features

Ebenso finden sich in der Praxis viele Features interessanterweise auch als Fachkonzepte der Fachabteilungen wieder. Viele dieser Papiere, die uns in der Praxis begegnet sind, waren nur selten singuläre Anwendungsfälle, stattdessen haben Fachkonzepte oftmals einen ganzheitlichen Aspekt.

Ein Beispiel, das wir an dieser Stelle immer gerne erwähnen, stammt aus der Praxis eines Onlinehändlers, für den wir einmal tätig waren, und zwar ein Fachkonzept über eine Gutscheinabwicklung. Es macht aus fachlicher Sicht einfach keinen Sinn, wenn für Kunden lediglich Gutscheine ausgestellt werden können, man muss sie auch einlösen und abrechnen können.

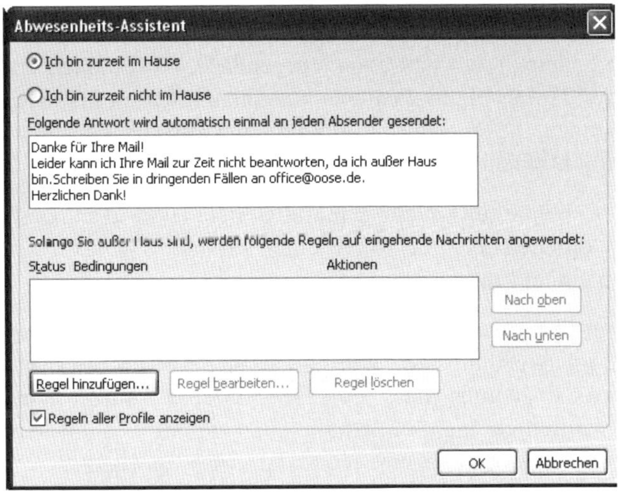

Abb. 2.5-3: Abwesenheits-Assistent als Werkzeug

Schauen Sie also die Ihnen vorliegenden Fachkonzepte durch und fragen Sie: „Welche Fachkonzepte beschreiben einen ganzheitlichen Aspekt?“

Fassen wir hier die Schritte und erwähnten Leitfragen noch einmal zusammen:

- Stellen Sie sich einen Produktkarton vor, auf dem kaufentscheidende Leistungsmerkmale Ihrer Software zu platzieren sind: „Können Sie sich <Featurekandidat> darauf gut vorstellen?“
- Gruppieren Sie zusammengehörige Anwendungsfälle: „Welche Anwendungsfälle bearbeiten gemeinsam Eigenschaften und Zustände desselben Objekttyps?“
- Betrachten Sie den Systemkontext: „Welche Nachbarsysteme sind anzubinden oder zu integrieren und zu welchem Zweck erfolgt dies?“
- Studieren Sie GUI-Masken und Menüstrukturen (sofern vorhanden): „Welche Softwarefunktionalität hat den Charakter eines Werkzeugs?“
- Blättern Sie vorliegende Fachkonzepte durch: „Welche Fachkonzepte beschreiben einen ganzheitlichen Aspekt?“

Viele Features lassen sich im Übrigen sehr gut im Nominalstil formulieren, also mit „-ung“ am Ende, zum Beispiel *Kundenverwaltung*, *SAP-Anbindung*, *Gutscheinabwicklung*.

2.5.4 Arten von Features

Wie passen nun Features zum iterativen Vorgehen? Grundsätzlich lassen sich die hier vorgestellten Features unabhängig vom iterativen Vorgehen verwenden, beispielsweise einfach nur zur Strukturierung des geplanten Projektinhaltes (später im Abschnitt 4.1.8 mehr dazu).

Nie fertige Features?

Produktfeatures ⇨138, 143, 154

Produktfeatures. Wenn ein Feature ganz allgemein (und unabhängig von Iterationen) die Leistungsmerkmale eines Produktes benennt, so sprechen wir von einem Produktfeature.

Als aufmerksamer Leser werden Sie Folgendes bemerkt haben: Analog zum „nie fertigen Anwendungsfall“ ergibt sich auch mit Features sehr wahrscheinlich das Phänomen, dass zum Beispiel eine *Zentrale Kundenverwaltung* vermutlich nicht innerhalb einer Iteration analysiert, entworfen und realisiert werden kann. Wozu dann also das Ganze?

Glasklare Kriterien für Anwendungsfälle

In der Praxis existieren mittlerweile glasklare Kriterien, die festlegen, wann ein Geschäfts- oder auch Systemanwendungsfall beginnt und wann er aufhört (vgl. [Oestereich-2004]). Demnach hat zum Beispiel ein Systemanwendungsfall (im Folgenden einfach nur Anwendungsfall genannt) genau einen fachlichen Auslöser, mindestens ein oder mehrere Ergebnisse von fachlichem Wert und er ist unterbrechungsfrei. Vor allem das letzte Kriterium der Unterbrechungsfreiheit führt dazu, dass Anwendungsfälle zum Teil extrem unterschiedliche Komplexität aufweisen können.

Gerne philosophieren wir an dieser Stelle über einen Anwendungsfall, der uns in der Praxis mal begegnet ist: Er begann abends und endete morgens, ein gigantischer Batchlauf zur Analyse von Messergebnissen. Es war das Kernstück des Unternehmens, an dessen Ablösung zig Mitarbeiter viele Jahre arbeiteten. Noch einmal: ein Anwendungsfall = mehr als hundert Personenjahre Aufwand!

Komplexität von Anwendungsfällen ist nicht diskutierbar

Dem stehen fürchterliche triviale Anwendungsfälle gegenüber, zum Beispiel das Abbestellen eines Newsletters, der vermutlich nichts weiter leistet, als ein Statusfeld in einer Datenbank zu modifizieren. Die Komplexität eines Anwendungsfalles ist also durch die in der Praxis angewendeten Kriterien vorgegeben und damit nicht diskutierbar.

Produktfeatures ⇨138, 143, 154

Anders bei den Features: Niemand hindert Sie daran, die Produktfeatures so zu zerteilen, dass die Teile innerhalb einer Iteration fertigstellbar sind – das ist lediglich eine Frage Ihres geistigen Erfindungsreichtums.

So können Sie beispielsweise das Produktfeature *Zentrale Kundenverwaltung* wie folgt zerlegen:

- Zentrale Kundenverwaltung
  - nur primäre Personendaten sowie eine Anschrift (ohne Details)
  - mit Kontakt-Beschreibung, Geburtsdaten, mehreren Anschriften (jedoch ohne Namenszusätze)
  - mit Namenszusätzen und detailliertem Kontaktjournal

Iterationsfeatures. Diese Features der zweiten Ebene nennen wir Iterationsfeatures. Achten Sie bei der Zerlegung bitte darauf, dass das zerlegte Produktfeature stets ein sinnvolles Ganzes bleibt. Falls Ihre Iterationsfeatures eigentlich Anwendungsfälle sind, also *Neuen Kunden anlegen*, *Kundendaten ändern* usw. heißen, dann haben Sie wenig gewonnen: Sie können nach Fertigstellung des ersten Teils (sprich: der Neuanlage) nicht flexibel genug reagieren, falls der Fachbereich seine Prioritäten urplötzlich verändert und doch etwas anderes haben möchte (und erzählen Sie uns nicht, dass käme bei Ihnen nie vor ...).

Iterationsfeatures
⇨146, 151, 155

Freunden Sie sich folglich stattdessen mit dem Gedanken an, dass mindestens die Neuanlage, das Ändern und das Löschen eines Objektes in der Regel zusammengehören und bereits rudimentär nach der ersten Ausbaustufe funktionieren sollten.

Im obigen Beispiel können die BenutzerInnen nach Fertigstellung des ersten Iterationsfeatures einfach nur primäre Personendaten wie Nachname, Vorname und Anschrift erfassen, aber sie können den Kunden auch suchen und diese Daten (und nur diese) auch gleich ändern und den Kunden – zunächst nur simuliert – aus dem Bestand nehmen. Erst mit dem zweiten Iterationsfeature können die BenutzerInnen für einen Kunden dann mehrere Anschriften erfassen und ändern. Entscheidet der Fachbereich jetzt, dass der Ausbau anderer Produktfeatures wichtiger ist, muss er eben auf Namenszusätze und ein detailliertes Kontaktjournal verzichten, aber die Kernfunktionalität einer Kundenverwaltung kann er bereits benutzen.

Iterationsfeatures gewährleisten flexible Auslieferung

2.5.5 Features versus Anwendungsfälle

Somit wird dann auch der Zusammenhang zwischen Features und Anwendungsfällen klar, wie folgende Matrix veranschaulicht:

PF 1: Zentrale Kundenverwaltung	IF 1.1 primäre Pers.daten	IF 1.2 Kontakte, Multi-Anschriften	IF 1.3 Journal, Namenszusätze	IF 1.4	IF 1.5	IF 1.6
UC 1: Neuen Kunden aufnehmen	X	X	X			X
UC 2: Kundendaten ändern	X	X	X		X	X
UC 3: Kunde kündigen		X	X			X
UC 4: Kunde zeitweise sperren			X			X
UC 5: Kundensperre aufheben				X	X	X
UC 6: Kundenübersicht erstellen			X	X		X

Abb. 2.5-4: Anwendungsfall-Feature-Matrix

Zwischen Anwendungsfällen und Features besteht demnach ein orthogonaler[6] Zusammenhang:

Produktfeatures ⇨138, 143, 154

- Oft bündeln Produktfeatures (PF) mehrere Anwendungsfälle (Use Case – UC) zu einem sinnvollen Ganzen (alle in Abb. 2.5-4 dargestellten Anwendungsfälle gehören zum Produktfeature *Zentrale Kundenverwaltung*).
- Iterationsfeatures (IF) repräsentieren geplante Ausbaustufen eines oder mehrerer zusammengehöriger Anwendungsfälle.

Anwendungsfälle fremder Produktfeatures

Die Anwendungsfall-Feature-Matrix in Abb. 2.5-4 ist insofern ein Stück idealisiert, als das Produktfeature *Zentrale Kundenverwaltung* sich aus den dort genannten Anwendungsfällen regelrecht zusammensetzt. Anders ausgedrückt: Ohne die genannten Anwendungsfälle gäbe es das Produktfeature gar nicht. Was aber, wenn ein Produktfeature einige Anwendungsfälle bündelt, die wiederum auch Bestandteil eines anderen Produktfeatures sind?

Nehmen wir dazu noch einmal das Beispiel mit der Gutscheinabwicklung: Dieses Produktfeature enthält ein paar „eigene“ Anwendungsfälle, nämlich *Neuen Gutschein ausstellen*, *Gutscheindaten ändern* und vielleicht *Gutschein wieder entziehen*[7]. Viel interessanter ist aber, dass das Feature *Gutscheinabwicklung* sich darüber hinaus durch mehrere „fremde“ Anwendungsfälle zieht, zum Beispiel hat es ebenfalls Auswirkungen auf einen Anwendungsfall *Neue Bestellung aufnehmen*, weil während dieser Benutzer-System-Interaktion vermutlich ein Gutschein

[6] Im rechten Winkel zueinander stehend.
[7] Falls jemand doch nicht so nett ist, wie Sie dachten.

eingelöst wird (eine Funktion, die es als eigenständigen Anwendungsfall vielleicht gar nicht geben soll). Außerdem werden Sie das Feature bei der Rechnungsstellung berücksichtigen wollen usw.

Die Realität sieht also meistens etwas komplexer aus (das wussten Sie auch vorher schon). Das macht aber gar nichts, denn der grundsätzliche Zusammenhang zwischen Features und Anwendungsfällen bleibt davon unberührt: Es kommt demnach durchaus vor, dass Iterationsfeatures Effekte auf Anwendungsfälle haben, die nicht zum „eigenen" Produktfeature gehören. Wenn Sie dies auch konsequent in der Anwendungsfall-Feature-Matrix berücksichtigen, werden Sie erstaunliche Zusammenhänge entdecken!

Ein Produktfeature – mehrere Releases

Da ein Produkt (im Sinne einer Anwendung bzw. eines Softwaresystems) oftmals in mehreren Releases erstellt wird, die jeweils aufeinander aufbauen, stellt sich zwangsläufig die Frage: Wie hängen Features und Releases zusammen?

Das ist ziemlich einfach: Nur wenige Produktfeatures werden innerhalb eines Releases komplett realisiert und nie wieder modifiziert. Oft ist es eher so, dass ein bestimmtes Produktfeature in einem oder auch mehreren Folgereleases weiter vergoldet wird. So könnten wir beispielsweise das Produktfeature *Zentrale Kundenverwaltung* in Release 2.0 um weitere Zusätze ergänzen, sagen wir um eine Dublettenbereinigung. Ein Produktfeature bezieht sich demnach stets auf genau ein Produkt, es kann aber von einem oder mehreren Releases berührt werden.

Iterationsfeatures ⇨146, 151, 155

Bei Iterationsfeatures verhält sich das anders: Sie lassen sich genau einem Release zuordnen.

Fassen wir zusammen: Wenn Sie das featurebasierte Planen zusammen mit iterativem Vorgehen verwenden wollen, ist es hilfreich, zusätzlich zu den allgemeinen Kriterien für planungsrelevante Features (also Aggregation von Anforderungen zu einem sinnvollen Ganzen, Leistungsmerkmal eines Produktes, üblicherweise Funktionalität, idealerweise automatisiert testbar, kaufentscheidender Wert, planbar) zwischen Produktfeatures und Iterationsfeatures zu unterscheiden:

Kriterien für Produkt- und Iterationsfeatures

- Ein **planungsrelevantes Produktfeature**
  - ist iterationsunabhängig,
  - bezieht sich auf genau ein (Software-)Produkt,
  - kann für mehrere Releases desselben Produktes relevant sein,
  - bündelt oft mehrere Anwendungsfälle zu einem sinnvollen Ganzen und
  - bildet die höchste Ebene einer hierarchischen Zerlegung.

- Ein **planungsrelevantes Iterationsfeature**
  - wird genau einem Produktfeature zugeordnet (in der Regel demjenigen, aus dessen Zerlegung es entsteht),
  - repräsentiert eine geplante Ausbaustufe eines oder mehrerer Anwendungsfälle,
  - kann sich auch auf Anwendungsfälle beziehen, die nicht zum zugeordneten Produktfeature gehören,
  - wird genau einer Iteration zugeordnet, in der es abgeschlossen werden soll, d.h. dann vorzeigbar sein soll, und
  - gehört immer zu genau einem Release.

In [Oestereich-2004, S. 171] haben wir ein Metamodell zur begrifflichen Einsortierung der verschiedenen Arten von Anforderungen erstellt (was hier nicht das Thema sein soll). Einen kleinen Ausschnitt aus diesem Modell sehen Sie in Abb. 2.5-5, allerdings ergänzt um die Featurearten und deren erläuterte Zusammenhänge untereinander und zu anderen Begriffen. Wir erklären an dieser Stelle zugunsten des Leseflusses nicht jeden Begriff des Modells (z.B. Releasefeature oder Arbeitsauftrag), sondern holen dies später nach (siehe *4.1 Wie man Features plant* ⇨135 und *5.2 Arbeitsvorbereitung* ⇨161).

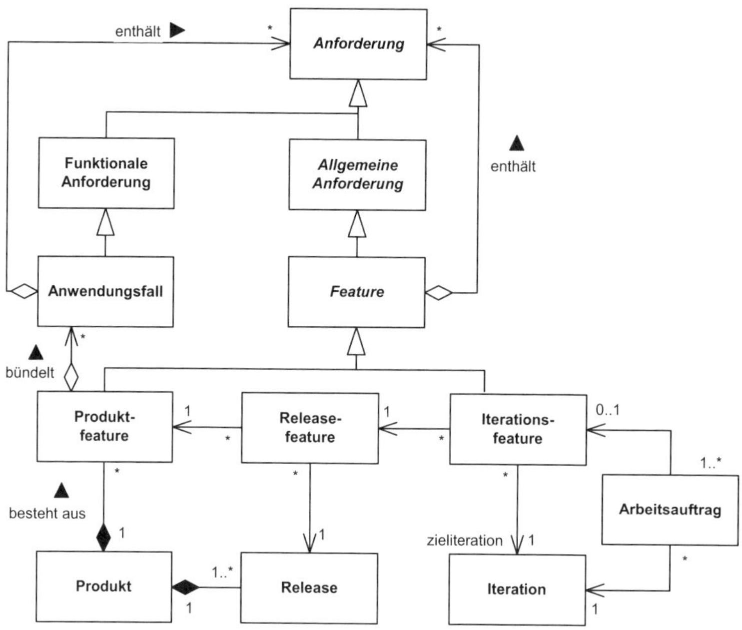

Abb. 2.5-5: Metamodell der Featurebegriffe

In Rahmen der Vorbereitungsphase eines Projektes werden Sie in der Regel zunächst nur die Produktfeatures identifizieren. Das Zerlegen in

Iterationsfeatures ist dann eine Folgeaktivität, die in der Vorbereitungsphase bereits beginnen kann, um zumindest die Iterationsfeatures für die Iterationen der Startphase festzulegen. Das vollständige Zerlegen findet jedoch vorrangig in der Startphase statt.

Hier noch einmal eine kurze Zusammenfassung wichtiger verwendeter Begriffe:

- Ein **Anwendungsfall** beschreibt einen zusammenhängenden Arbeitsablauf aus der Sicht seiner Akteure. Ein Anwendungsfall wird stets durch einen Akteur bzw. Ereignis initiiert und führt zu einem für die Akteure wahrnehmbaren Ergebnis. Ein Anwendungsfall beschreibt das gewünschte externe Systemverhalten aus der Sicht und in der Sprache der Anwender (d.h. in natürlicher Sprache) und somit Anforderungen, die das System zu erfüllen hat. Beschrieben wird, was es leisten muss, aber nicht, wie es dies leisten soll. Es werden verschiedene Arten von Anwendungsfällen unterschieden: Geschäftsanwendungsfall, Systemanwendungsfall.

- Ein **Feature** ist eine Sammlung von (häufig noch zu konkretisierenden) Anforderungen. Vgl. Abgrenzung ⇨Feature Driven Development.

- Ein **Iterationsfeature** repräsentiert eine geplante Ausbaustufe eines Produktfeatures. Die Zuordnung eines Iterationsfeatures zu genau einer Iteration i bedeutet, das diese Ausbaustufe am Ende dieser Iteration abgeschlossen, d.h. dann vorzeigbar sein soll. Für die Herstellung des Iterationsfeatures sollte stets genau ein Team bzw. eine Person verantwortlich sein.

Iterationsfeatures ⇨146, 151, 155

- Ein **Produktfeature** repräsentiert ein Leistungsmerkmal eines zu erstellenden Produktes (z.B. einer Software) und beschreibt im Normalfall eine Funktionalität, die idealerweise automatisiert testbar ist. Dabei handelt es sich in der Regel um eine Gruppe mehrerer zusammengehöriger Anwendungsfälle bzw. anderer Anforderungen, die gemeinsam alle Lebenszyklen eines fachlichen Objektes abdeckt und für den Auftraggeber einen kaufentscheidenden Wert hat.

Produktfeatures ⇨138, 143, 154

- Ein **Releasefeature** ist eine Ausbaustufe eines Produktfeatures für genau ein Release und umfasst alle Iterationsfeatures des Produktfeatures, die bis zum Releasetermin erstellt werden sollen.

3 Projektplanung

Der größte Mist
ist der Pessimist.

Guido Westerwelle

Worum geht es in diesem Kapitel?

- Wie wird ein Projekt in seiner Gesamtheit geplant?
- Was ist zu welchen Zeitpunkten im Projektverlauf wichtig und welche Nutzen hat eine Phasengliederung?
- Wie kann das Konzept des Meilensteins in nützlicher Weise mit dem Konzept der Iteration (Timebox) kombiniert werden?
- Wie werden Releases geplant?

3.1 Phaseneinteilung trotz Iterationen?

Wenn Sie ein vehementer Verfechter agilen Gedankenguts sind, dann sind Phasen möglicherweise Teufelszeug für Sie. Für Sie vorweg: Sie können das APM-Verfahren auch völlig ohne irgendwelche Phasenkonzepte prima anwenden.

Wenn Sie (obwohl Sie dieses Buch lesen) mit Ihrem Herzen noch an Phasenmodellen hängen, dann betrachten auch Sie die nachfolgenden Ausführungen möglicherweise als Ketzerei. Für Sie vorweg: Sie werden in der Anwendung des APM-Verfahrens die Phasen kaum vermissen, wir verwenden den Begriff aber trotzdem und bauen Ihnen damit eine Brücke.

Beim iterativen Vorgehen wird ein Projekt zeitlich in ähnliche, sich wiederholende Zeiteinheiten eingeteilt, sogenannte Iterationen. Prinzipiell sind Iterationen gleichartig in dem Sinne, dass sie stets die gleichen Arten von Aktivitäten beinhalten, also vor allem Analyse, Implementierung und Test. Lediglich inhaltlich hat jede Iteration andere Schwerpunkte, d.h., es werden jeweils neue Anforderungen umgesetzt.

Diese rein auf Iterationen abzielende Betrachtung reicht jedoch nicht aus. Im Laufe eines Projektes, also von Iteration zu Iteration, verändern sich allmählich auch die Rahmenbedingungen und es werden jeweils andere Aspekte bedeutsam.

Bereits in den Kapiteln *1.1 Das APM-Verfahren im Überblick* (⇨3) und *1.5.5 Beweglichkeit systematisch maximieren* (⇨52) wurde dargestellt, dass die umzusetzenden Anforderungen und Features nach bestimmten Kriterien in eine zeitliche Reihenfolge gebracht werden, um damit bestimmte Effekte zu erzielen. So werden in den ersten Iterationen Kernfunktionalitäten, architekturrelevante Grundlagen, riskante und stabile Systemteile angegangen, während später die weniger wichtigen und instabilen Anforderungen umgesetzt werden. Am Anfang ist weniger Personal im Team, später mehr. Am Anfang erzeugt das Risikomanagement typischerweise höhere Aufwände als später. Und so weiter.

Der Wandel ist die einzige Konstante

Entsprechend sind auch zu den verschiedenen Zeitpunkten ganz unterschiedliche Aspekte wichtig. Der Zweck der Untergliederung eines Projektes in Phasen im APM-Verfahren ist es, die unterschiedlichen Schwerpunkte angemessen zu würdigen und die erfolgreiche Handhabung der phasenspezifischen Herausforderungen mittels Phasenmeilensteinen zu überprüfen. Ob Sie bei dieser Untergliederung tatsächlich von Phasen sprechen (wie wir in den folgenden Abschnitten) oder nicht, ist letztendlich nebensächlich. Entscheidend ist zu erkennen und zu berücksichtigen, dass sich im zeitlichen Verlauf des Projektes die grundsätzlichen Herausforderungen wandeln.

Phasen – aber kein Wasserfall

Auch bei einem iterativen Vorgehen ist es sinnvoll, das Projekt in zeitliche Abschnitte, die wir hier Phasen nennen, zu unterteilen. Diese Phasen haben einen anderen Charakter und Zweck als die typischen Phasen bei einem Wasserfallmodell. Deshalb heißen die Phasen hier auch nicht Analyse, Design, Implementierung und Test, sondern ganz schlicht Vorbereitungsphase, Startphase, Hauptphase und Abschlussphase.

OEP

Das in diesem Buch beschriebene iterative Vorgehen und Timeboxing-Verfahren fügt sich nahtlos in das Vorgehensmodell oose Engineering Process (OEP) ein, auf dessen Phasenmodell wir hier Bezug nehmen. Wir erläutern in diesem Buch das OEP-Phasenmodell nur so weit, wie es zur Anwendung und Einbettung des APM-Verfahrens notwendig ist. Für die weitere Vertiefung dieses Themas empfehlen wir Ihnen das separate Buch „OEP – oose Engineering Process, Vorgehensleitfaden für agile Softwareprojekte“, erschienen im dpunkt.verlag und ähnlich wie dieses Timeboxing-Buch von oose-Mitarbeitern und -Trainern geschrieben [OEP-2007]. Sie finden in dem OEP-Buch viele weitere Anregungen zur Strukturierung und Leitung von Softwareprojekten.

Ebenso lässt sich das APM-Verfahren aber auch mit dem V-Modell XT kombinieren, beispielsweise mit der Projektdurchführungsstrategie (PDS) Inkrementelle Systementwicklung (AN/AG). Dieses Buch ist jedoch schon dick genug und hat genug Zeit zum Schreiben beansprucht, sodass wir dieses Thema hier nicht vertiefen möchten.

3.1.1 Zusammenhang von Iterationen, Phasen und Meilensteinen

Iterationen werden im APM-Verfahren stets als Timeboxen aufgefasst. Die Definitionen von Meilenstein und Timebox sind ähnlich und zielen auf komplementäre Aspekte.

⊙ Ein **Meilenstein** definiert einen Termin, zu dem eine Menge von Ergebnissen in einer bestimmten Detaillierung und Vollständigkeit nachprüfbar und formal dokumentiert vorliegen muss. Liegen die Ergebnisse zum geplanten Termin nicht vor, wird der Meilensteintermin verschoben. Ein Meilenstein ist ein Hilfsmittel zur Planung und Überwachung eines Entwicklungsprozesses.

⊙ Eine **Timebox** definiert einen unverückbaren Zeitrahmen, an dessen Ende eine Menge von Ergebnissen in einer bestimmten Detaillierung und Vollständigkeit nachprüfbar und formal dokumentiert vorliegen soll. Liegen die Ergebnisse nicht wie geplant vor, werden die offenen Teile in eine nachfolgende Timebox verschoben. Hierzu werden zum geplanten Endtermin die tatsächlich erreichten Ergebnisse bestimmt. Eine Timebox ist ein Hilfsmittel zur Planung und Überwachung eines Entwicklungsprozesses.

Meilenstein vs. Timebox

Bei einem **Meilenstein** ist also entscheidend, *wann* ein bestimmtes Ergebnis erreicht wurde. Wird das zu erreichende Ergebnis zum geplanten Termin nicht fertig, muss der Meilensteintermin verschoben werden und signalisiert damit in der Regel einen Verzug (vgl. Kapitel *9.5.16 Meilenstein-Trendanalyse* ⇨294).

Bei einer **Timebox** ist entscheidend, *was* zu einem bestimmten Zeitpunkt erreicht wurde. Wird das zu erreichende Ergebnis am Ende der Timebox nicht fertig, werden die Überbleibsel ermittelt und neu geplant.

Diese Definitionen und die Unterscheidung dieser beiden Konzepte ist fundamental für das APM-Verfahren und dieses Buch.

Beim Meilenstein bleibt also der Inhalt unverändert und die Zeit wird verschoben, beispielsweise weil ein Flugzeug mit nur einer Tragfläche wenig Sinn ergäbe und unvollständige Ergebnisse das Vorhaben obsolet machen (z.B. das Fliegen mit so einem Flugzeug). Bei der Timebox hingegen bleibt der Endtermin unverändert und der Inhalt wird variiert, weil Sie einfach nur objektiv feststellen wollen, was noch zu tun übrig ist und welche Auswirkung dies auf die Meilensteine hat.

Im APM-Verfahren verwenden wir Timeboxen zur Planung, Steuerung und Kontrolle der Aktivitäten und Ergebnisse auf der Ebene der Iterationen und Teams, d.h., Timeboxen stehen in unmittelbarem Zusammenhang beispielsweise mit konkreten Arbeitsaufträgen und nicht mit dem Projekt als Ganzes. Damit werden frühzeitig objektive Erkenntnisse über den Projektfortschritt gewonnen, es kann bedarfsweise interveniert und die Planung regelmäßig an die aktuelle Situation angepasst werden.

Wann sind Meilensteine wichtig?

Aus Sicht des Auftraggebers und oberen Managements ist diese Ebene meistens zu feingranular, sodass eine gröbere, abstraktere Sicht notwendig ist. Hier bieten sich Meilensteine als geeignetes Konzept an.

Ein Meilenstein bezeichnet einen wichtigen, grundlegenden Fortschritt im Sinne eines Zwischenziels. Mindestens ein Meilenstein hat jedes Projekt: die endgültige Fertigstellung der Software und Übernahme in den Betrieb. Im OEP endet jede Phase mit einem Meilenstein.

Wenn die Software nicht mit einem Schlag, sondern schrittweise oder in mehreren Stufen in Betrieb genommen werden soll, wird die Fertigstellung jeder dieser Stufen ebenfalls durch einen Meilenstein repräsentiert. Da sich dahinter wiederum Releases verbergen, existiert ein unmittelbarer Zusammenhang zwischen Releases und Meilensteinen. Zu jedem Release existiert ein Meilenstein.

Meilenstein am Phasenende und bei Releases

Zusätzlich können weitere Meilensteine definiert werden, die weder ein Phasenende noch ein Release darstellen, die aber dennoch das Erreichen eines wichtigen Zwischenziels bedeuten. Beispielsweise dass irgendeine externe Begutachtung oder Abnahme (TÜV, FDA etc.) erfolgt ist oder dass mit einem Prototyp ein wichtiger Machbarkeitsnachweis erbracht wurde.

Zusammenfassend können also (ohne Anspruch auf Vollständigkeit) drei wichtige Ereignisarten die Definition von Meilensteinen sinnvoll machen:

- Das Ende einer Phase
- Die Fertigstellung eines Releases
- Das Erreichen eines anderen wichtigen Ereignisses mit Außenwirkung

Wie viele Meilensteine?

Wie viele Meilensteine hat ein typisches Projekt? Wenn ein Projekt (ähnlich dem Beispiel in Abb. 3.2-2 (⇨126), jedoch zzgl. der Vorbereitungsphase) beispielsweise eine Laufzeit von 20 – 24 Monaten hat, die sich in ca. 14 Iterationen gliedert, einen Prototyp entwickelt, ein Dutzend Vorabnahmen absolviert und vier Zwischenreleases mit drei Abnahmen in die Produktionsumgebung einführt, dann ergeben sich mehr als 20 Meilensteine.

Es ist typisch, dass ein Projekt größenordnungsmäßig etwa ein- bis zweimal so viele Meilensteine wie Iterationen hat, ohne dass hier aber ein direkter inhaltlicher Zusammenhang existieren würde, denn es werden mit Iterationen und Meilensteine verschiedene Zwecke verfolgt.

Meilensteine immer am Iterationsende?

In diesem Zusammenhang stellt sich auch die Frage, ob ein Meilenstein stets mit dem Ende einer Iteration zusammenfallen muss. Die Antwort lautet nein.

Prosecco-Event

Es ist durchaus zweckmäßig, in der Planung das Ende einer Phase (und somit einen Meilensteintermin) mit dem Ende einer Iteration zu verknüpfen. Wenn dann aber am Ende der entsprechenden Iteration nicht alle für den Meilenstein notwendigen Ergebnisse erreicht wurden, sondern diese erst zwei Wochen später vorliegen, also mitten in der Folgeiteration, dann muss nicht künstlich auf das Ende der Folgeiteration gewartet werden. Wenn alle für den Meilenstein notwendigen Ergebnisse vorliegen, egal wann das ist, kann das Erreichen des Meilensteins festgestellt und mit einem *Prosecco-Event* (⇨355) oder gar einer *Projektparty* (⇨354) gefeiert werden.

In vielen Fällen wird das Erreichen eines Meilensteins offiziell durch ein bestimmtes Gremium, in der Regel der Lenkungskreis, festgestellt. Dieses Gremium tagt gewöhnlich nicht genau am Ende einer Iteration, sondern etwas später, siehe hierzu auch Abb. 1.1-6 (⇨9).

Wer stellt Erreichung des Meilensteins fest?

Eine strikte Kopplung von Iterationen und Meilensteinen ist nicht möglich und nicht sinnvoll, weil sie unterschiedliche Zwecke haben und einer Iteration ansonsten der Charakter eines Meilensteins aufgezwungen würde, beispielsweise dass der Endtermin der Iteration verschoben würde.

3.1.2 Entwicklungsphasen im Überblick

Am Ende jeder Phase steht genau ein Meilenstein, der die zu erreichenden Ergebnisse definiert. Diese Meilensteine sind der vorrangige Betrachtungsgegenstand des obersten Managements, beispielsweise des Lenkungskreises. Die Einteilung in Phasen stellt die gröbste zeitliche Einteilung des Entwicklungsprozesses dar und zugleich die einzige, die streng sequenziell definiert ist.

Meilensteine

- **Vorbereitungsphase**

  Vorbereitungsphase ⇨63

  In dieser Phase geht es darum, die Aufgabe bzw. das Problem überhaupt zu verstehen und eine Planungs- und Entscheidungsbasis zu schaffen (typische Dauer dieser Phase: drei bis sechs Wochen).

  Folgende wichtige Ergebnisse und Aktivitäten entstehen:

  - Übersicht über die Anforderungen und Features
  - Überblicks-Klassenmodell oder -Datenmodell
  - Identifizierung der wichtigsten Risiken und Chancen
  - Untersuchung von Realisierungsalternativen, Klärung von Rahmenbedingungen
  - Aufwände und Termine schätzen, groben Projektplan entwickeln und abstimmen

  Kurz gesagt geht es (inhaltlich) darum, das zu erstellende Produkt zu beschreiben und dessen Realisierung so weit zu planen, dass der Auftraggeber eine Entscheidung treffen kann .

  Die Vorbereitungsphase wurde bereits in Kapitel *2 Projektvorbereitung* (⇨63) behandelt, ohne diese jedoch großartig als Phase zu bezeichnen.

  Mehr ⇨63

- **Startphase** (Entwurfsphase)

  In dieser Phase soll der grundsätzliche Lösungsansatz verstanden und abgesichert werden. Dazu gehört unter anderem, dass die fachliche und technische Architektur festgelegt wird (typische Dauer: ein bis drei Monate).

  Mehr ⇨113

  Folgende wichtige Ergebnisse und Aktivitäten entstehen:
  - Identifizierung aller Features, Anwendungsfälle und sonstiger Anforderungen
  - Etablierung und Einübung der Projektstrukturen und Arbeitsprozesse (Zusammenarbeit, Kommunikation, Technik)
  - Realisierung der höchstpriorisierten Anwendungsfälle und Features
  - Untersuchung von Risiken bspw. durch Prototypen, Absicherung grundlegender fachlicher und technischer Entscheidungen
  - Bereitstellung eines erstes Releases (z.B. des Risikoprototyps), auch um die Freigabe- und Betriebseinführungsprozesse einzuüben
  - Fachliche und technische Architektur bzw. Komponenten festlegen

Die Startphase wird in Kapitel *3.1.7 Startphase* (⇨113) näher erläutert.

- **Hauptphase** (Konstruktionsphase)

  Dies ist die Kernphase, hier geht es darum, die Lösung sukzessive zu entwickeln (typische Dauer: bis zu 1,5 Jahre).

  Mehr ⇨118

  Folgende wichtige Ergebnisse und Aktivitäten entstehen:
  - Schrittweise (iterativ-inkrementelle) Entwicklung der Software und priorisierte Umsetzung der Features bzw. Anforderungen (Analyse, Design, Implementierung, Test etc.)
  - Regelmäßige Integrationsbuilds
  - Vorabnahmen auf Basis von Integrationsbuilds
  - Stufenweise Auslieferung (regelmäßige Releases) gegebenenfalls mit Teilabnahmen

  Vorabnahmen und Teilabnahmen ⇨220

Die Hauptphase wird in Kapitel *3.1.8 Hauptphase* (⇨118) näher erläutert.

- **Abschlussphase** (Einführungsphase, Endphase)

  In dieser letzten Projektphase geht es darum, die komplette und fertige Lösung abzuschließen und einzuführen bzw. auszuliefern und die dafür notwendigen Abnahmen, Freigaben etc. zu erzielen (typische Dauer: zwei bis acht Wochen).

Folgende wichtige Ergebnisse und Aktivitäten entstehen:

Mehr ⇨119
Abnahmen ⇨220

- Endgültiger Test und Abnahme in Zielumgebung
- Mängelbeseitigung und gegebenenfalls Korrekturreleases
- Schulung
- Vollständige Inbetriebnahme
- Übergabe an die Wartungsorganisation

Die Abschlussphase wird in Kapitel *3.1.9 Abschlussphase* (⇨119) und die Betriebsphase in Kapitel *3.1.10 Betriebsphase* (⇨121) näher erläutert.

3.1.3 Zeitliche Verteilung der Phasen

Die Hauptphase erstreckt sich in jedem Fall über mehrere gleichartige Iterationen, alle anderen Phasen dagegen nur bedarfsweise. Inwieweit die übrigen Phasen in Iterationen eingeteilt werden, hängt in erster Linie vom zeitlichen Umfang der Phasen ab. Eine Phase, die insgesamt nicht länger als drei Wochen dauert, nochmals in Iterationen einzuteilen, ist normalerweise nicht sinnvoll, da ein Zeitraum von drei Wochen noch unmittelbar und gut überschaubar ist.

Phasen				
Vorphase	5 - 10 %			
Startphase		12 - 20 %		
Hauptphase			ca. 60 %	
Abschlussphase				10 - 15 %

Abb. 3.1-1: Typische zeitliche Relation der einzelnen Phasen in Großprojekten mit einer Laufzeit von ca. 24 Monaten (stark vereinfacht, d.h. ohne Meilensteine, Releases etc., vgl. Abb. 3.2-2, ⇨126)

Beispielsweise ist die Vorbereitungsphase typischerweise eher kurz, es gibt aber auch Ausnahmen.

In einem Projekt zur Entwicklung eines neuen Bestandführungssystems für alle Sparten einer Versicherung dauerte beispielsweise die Vorbereitungsphase 7 Monate und wurde von einem Team von 5 – 8 Personen geleistet. Da es galt, ein Festpreisangebot abzugeben, der Projektumfang sehr groß war und zudem erhebliche Risiken vorhanden waren, wäre eine kürzere und damit oberflächlichere Vorbereitungsphase gefährlich gewesen. Eine weitere Besonderheit lag hier im Übrigen darin, dass diese Phase zumindest teilweise bereits vom Kunden bezahlt wurde. Im Normalfall gehen die Aufwände hierfür stets zu Lasten des Anbieters.

Die Dauer einer Iteration sollte zwei bis acht Wochen betragen (vgl. *1.5.6 Iterationsdauer* ⇨56). Immer dann, wenn eine Phase demnach aus weniger als zwei Iterationen besteht, ist die Untergliederung der Phase in Iterationen fragwürdig.

3.1.4 Objektive Überprüfung von Meilensteinen

Jede Phase endet mit einem spezifischen Meilenstein, d.h., mit jeder Phase wird ein ganz bestimmtes inhaltliches Ziel verbunden. Solange dies nicht erreicht ist, d.h., solange der mit dem Ende der Phase verknüpfte Meilenstein noch nicht erreicht wurde, ist die Phase auch nicht abgeschlossen.

⊙ Eine **Phase** ist ein zeitlicher bzw. sachlogischer Gliederungsabschnitt eines Projektes. Eine Phase fasst eine Menge von Aktivitäten und Ergebnissen zu einer Planungs- und Kontrolleinheit zusammen. Am Ende jeder Phase steht ein Meilenstein, der die in der Phase zu erzielenden Inhalte definiert.

⊙ Ein **Meilenstein** definiert einen Termin, zu dem eine Menge von Ergebnissen in einer bestimmten Detaillierung und Vollständigkeit nachprüfbar und formal dokumentiert vorliegen *muss*. Liegen die Ergebnisse zum geplanten Termin nicht vor, wird der Meilensteintermin verschoben. Ein Meilenstein ist ein Hilfsmittel zur Planung und Überwachung eines Entwicklungsprozesses.

Eine Phase ist nicht dadurch zu Ende, dass die letzte für sie geplante Iteration abgeschlossen wurde! Die Iterationen laufen gegebenenfalls in der gleichen Phase einfach weiter – maßgeblich ist die mit der Phase beabsichtigte Zielerreichung. Das Ende einer Phase hat also Meilensteincharakter. Deswegen sprechen wir (zumindest bezogen auf die Hauptphase) auch viel lieber davon, dass eine Phase sich über mehrere Iterationen *erstreckt*, als sie in Iterationen *zu unterteilen*, weil dies ein falsches Bild ergäbe.

Die Kriterien dafür, wann eine Phase erfolgreich abgeschlossen ist, sind nur projektspezifisch konkret zu definieren, allgemeine Kriterien lassen sich kaum festlegen. Die Kriterien sind in jedem Projekt im Detail unterschiedlich und daher projektspezifisch zu konkretisieren. Wichtig ist hierbei, dass die Kriterien eindeutig und möglichst objektiv nachvollziehbar festgelegt werden, bevor die Phase startet. Ansonsten läuft das Projekt Gefahr, dass das Phasenende danach definiert wird, was tatsächlich erreicht wurde, und nicht danach, was beabsichtigt oder erwartet worden war.

In der Praxis wird hier öfter geschummelt, als gut ist. Um sich vor dieser Art von Selbstbetrug zu schützen, sollten die Phasenmeilensteine einen ganz offiziellen Charakter bekommen. Hilfreich ist eine Trennung in folgende Instanzen:

- Das Projekt, das den Meilenstein herstellen muss.
- Eine neutrale Prüfinstanz, die inhaltlich die Meilensteinerreichung beurteilt.
- Eine Entscheidungsinstanz, die offiziell die Erreichung beschließen und feststellen darf. Gewöhnlich ist dies der Lenkungskreis.

Meilenstein-Kriterien vorher festlegen

Vor Beginn einer Phase konkretisiert das Projekt den Phasenmeilenstein. Wie könnte ein sachverständiger Außenstehender das Erreichen des Meilensteins objektiv überprüfen? Anhand welcher Ergebnisse, Kennzahlen o.Ä.? Stellen Sie sich vor, Sie sollten die Meilensteinerreichung eines fremden Projektes feststellen und in belastbarer (d.h. Kritik standhaltender) Weise begründen können.

Objektive Beurteilung ermöglichen

Bei einigen Ergebnissen ist die objektive Beurteilung verhältnismäßig einfach. Beispielsweise wenn am Ende der Vorbereitungsphase ein grobes Klassenmodell vorliegen soll. Dessen Existenz lässt sich einfach feststellen, und das Wörtchen „grob“ lässt einigen Interpretationsspielraum zu.

In anderen Fällen ist die Beurteilung viel schwieriger. Wenn am Ende der Vorbereitungsphase alle elementaren Risiken untersucht sein sollen, macht die Beschreibung objektiver Beurteilungskriterien hierfür schon etwas mehr Arbeit. Reicht es, wenn einfach nur eine Seite Text mit der Auflistung wichtiger Risiken existiert? Oder müssen mit verschiedenen Stakeholder-Gruppen dedizierte Risikoworkshops durchführt worden sein (die mit entsprechenden Protokollen zu belegen sind) und sollen zusätzlich die fünf höchstpriorisierten Risiken in jeweils eigenen Studien (gegebenenfalls mit Prototypen) untersucht worden sein (was entsprechend belegt werden muss)?

Meilensteinauditor: Meilensteinerreichung extern feststellen lassen

Am besten wäre es daher, die Meilensteinerreichung als Projekt gar nicht selbst festzustellen, sondern dies einer externen Instanz (nennen wir sie Meilensteinauditoren) zu überlassen. Dies können Kollegen aus anderen Projekten sein oder echte Externe. In diesem Fall erfolgt bereits die Formulierung der Meilensteine mit den Meilensteinauditoren gemeinsam. Sobald das Projekt meint, einen Meilenstein erreicht zu haben, bittet es die Auditoren, dies zu überprüfen bzw. die Erreichung zu beurteilen. Die Auditoren berichten (schriftlich und zusätzlich optional mündlich) dem Projekt und dem Lenkungskreis über das Untersuchungsergebnis und empfehlen eine Akzeptanz oder Ablehnung der

Meilensteinerreichung. In jedem Fall stellt der Lenkungskreis dann offiziell das Erreichen oder Nichterreichen fest.

Nichterreichen führt zu Terminverschiebung

Bei Nichterreichen wird gewöhnlich der Meilenstein auf einen neuen, von den beteiligten Parteien nunmehr als realistisch angesehenen Termin verschoben.

Zusätzlich zu den Meilensteinen am Ende einer jeden Phase können weitere projektspezifische Meilensteine definiert werden. Hier kann auch ein Vorgehensmodell wie der OEP keine konkreten Vorgaben oder Vorschläge machen, weil dies projektspezifisch zu entscheiden ist.

Bei einem iterativen Vorgehen entsteht das System inkrementell, d.h., spätestens am Ende einer jeden Iteration liegt eine neue unvollständige und vorläufige, aber lauffähige Version des zu entwickelnden Systems vor. Diese einzelnen Zwischenergebnisse sind Iterationsergebnisse, und da wir Iterationen als Timeboxen verstehen, kommt für diese Teilergebnisse die Definition von Meilensteinen nicht in Betracht.

Build, Release

In diesem Zusammenhang ist die Unterscheidung von Builds und Releases wichtig.

- Ein **Build** ist eine gewöhnlich unvollständige und vorübergehende, aber ausführbare Version eines in Entwicklung befindlichen Systems, die sich in der Entwicklungsumgebung oder gegebenenfalls in einer entwicklungsnahen Testumgebung befindet.

Release und Meilenstein

- Ein **Release** ist ein Build, das dahingehend weiterentwickelt wurde, dass es an den Kunden ausgeliefert werden bzw. in seiner Zielumgebung laufen *kann,* d.h., es sind die notwendigen Freigabeverfahren zu durchlaufen. Ein Release ist immer auch ein Meilenstein.

Ein Build hingegen ist gewöhnlich kein Meilenstein. Natürlich kann ein Meilenstein (für eine Vorabnahme) auch mit einem bestimmten Build nachgewiesen werden, beispielsweise wenn die erfolgreiche Implementierung einer bestimmten Funktionalität nachgewiesen werden soll. Ein Build an sich definiert aber keinen Meilenstein.

Wenn weitere Meilensteine neben den Phasenmeilensteinen definiert werden, dann sind sie in den meisten Fällen mit bestimmten Releases, Vorabnahmen oder gar mit der Produktivstellung eines ersten Teilsystems verbunden. Auch die produktive Anbindung an wichtige Schnittstellen zu bestehenden anderen Systemen kann einen weiteren Meilenstein darstellen.

3.1.5 Teamdynamik

In den ersten beiden Phasen (Vorbereitungsphase und Startphase) benötigen wir einen kleinen Kern hoch qualifizierter Mitarbeiter, um die möglichst langfristig stabilen Grundlagen des Projektes zu legen. In der Hauptphase gilt es, konkrete Aufgaben abzuarbeiten und die Teamstärke wird ihre größte Ausdehnung haben. Zur Übergabe hin wird sie sich unter Umständen wieder leicht reduzieren, da im Wesentlichen nur noch Fehlerkorrekturen und letzte Anpassungen erfolgen. Die Teamgröße wird also zuerst wachsen und dann wieder abnehmen (Abb. 3.1-2).

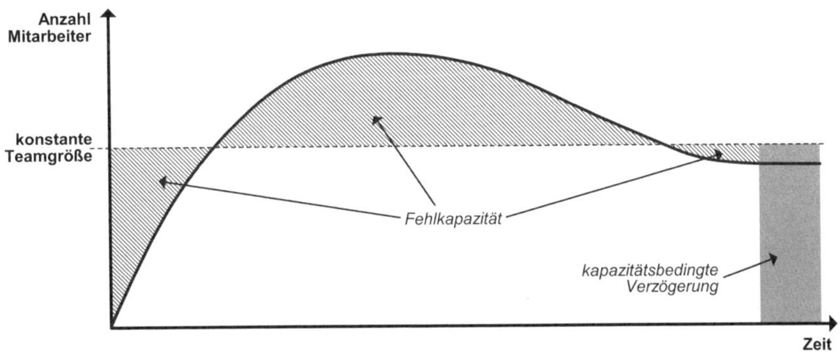

Abb. 3.1-2: Typische Personalkurve im Projektverlauf. Eine konstante Teamgröße würde zu Mehrkosten und Verzögerungen führen, da zu Beginn Überkapazitäten vorhanden wären gefolgt von Unterkapazitäten in der Mitte des Projektes (schraffierte Flächen).

Eine über den Projektverlauf konstante Teamgröße würde zu Über- bzw. Unterkapazitäten führen, die sich am Ende in einer Verzögerung des Projektes niederschlügen. In Abb. 3.1-2 sind diese Kapazitätsdifferenzen schraffiert dargestellt.

Idealerweise bauen wir um einen kleinen Kern zentraler Mitarbeiter sukzessive weitere Mitarbeiter auf, bis wir die maximale Teamgröße erreicht haben. Der zentrale Kern sollte das Projekt bis zum Abschluss begleiten.

Wenn wir trotzdem mit einem konstanten Team arbeiten müssen, sollten wir den dadurch bedingten Verzögerungseffekt in unsere Schätzungen und Planungen mit einfließen lassen.

Weitere Hinweise und Heuristiken zu notwendigen oder sinnvollen Teamgrößen in Abhängigkeit von der Produktgröße und Projektlaufzeit finden sich in *Softwaregleichung und ihre Faustformeln* (⇨287).

3.1.6 Einarbeitung neuer Mitarbeiter

Kommen neue Mitarbeiter in ein bestehendes Projektteam, müssen diese eingearbeitet werden. Auch wenn dabei sehr geschickt vorgegangen wird und sich die beteiligten Personen dabei sehr clever anstellen, führt die Einarbeitung eines neuen Teammitglieds zuerst zu einer Reduktion der Teamkapazität. Das neue Mitglied kann noch nicht produktiv arbeiten und die Personen, welche die Einarbeitung vornehmen, kommen in der Zeit weniger dazu, ihre eigentlichen Aufgaben zu erledigen (Abb. 3.1-3).

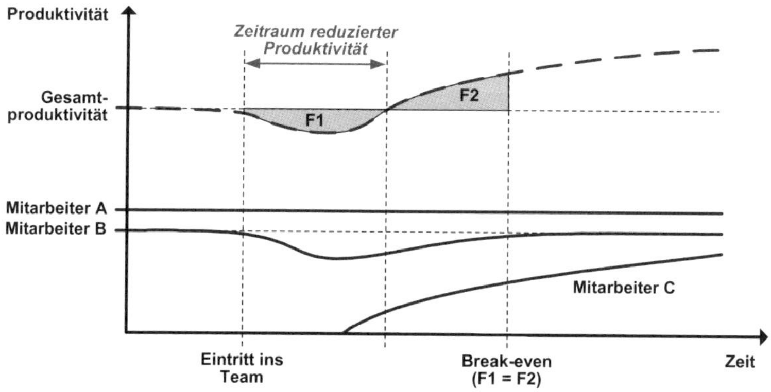

Abb. 3.1-3: Produktivitätsverluste durch Einarbeitung neuer Mitarbeiter. B arbeitet C ein, und es kommt dadurch zu einem Zeitraum reduzierter Gesamtproduktivität.

In Abb. 3.1-3 sinkt die Gesamtproduktivität beim Eintritt von Mitarbeiter C zunächst und erzeugt einen Produktivitätsverlust, der durch die Fläche F1 gekennzeichnet ist. Irgendwann steigt die Gesamtproduktivität wieder und übersteigt den ursprünglichen Wert. Es dauert eine Weile, bis die ursprünglichen Produktivitätsverluste wieder voll ausgeglichen sind (durch die Fläche F2 repräsentiert), was zum Break-even-Point führt.

In der Startphase des Projektes sind die Einarbeitungskosten geringer, weil es noch wenig zum Einarbeiten gibt. Spätestens mit dem Beginn der Hauptphase steigen die Kosten. Das Wachstum des Teams sollte also in der ersten Hälfte des Projektverlaufs abgeschlossen sein. Später noch neue Mitarbeiter in das Team aufzunehmen macht außer bei sehr langen Projekten keinen Sinn, da deren Einarbeitungszeit zu lang ist, um noch für das Projekt positive Effekte zu bewirken.

F. Brooks, The Mythical Man-Month

Insbesondere im letzten Drittel eines Projektes wirken neue Mitarbeiter meistens kontraproduktiv. Frederick P. Brooks [Brooks-1995] bringt diesen Effekt sehr schön auf den Punkt: „Adding manpower to a late project makes it even later."

3.1.7 Startphase

In Form eines Überblicks wurden eben im Kapitel *3.1.2 Entwicklungsphasen im Überblick* (⇨105) die verschiedenen Phasen kurz beschrieben. In diesem und den folgenden Abschnitten werden die Phasen nun jeweils detaillierter erläutert.

Die Architektur festlegen

Die Startphase dient der Analyse des Anwendungsbereiches und der Erfassung aller wichtigen funktionalen und nicht funktionalen Anforderungen an das Produkt. Zweck der Startphase ist es, auf dieser Basis die grundsätzliche technische und fachliche Architektur festzulegen und alle grundlegenden Entscheidungen abzusichern.

Die fachlichen Zusammenhänge und Anforderungen sind detailliert zu ermitteln, die fachliche Architektur und die Anwendungsarchitektur sind zu erarbeiten und die Projektplanung ist zu detaillieren. Erste Lösungskonzepte werden entwickelt.

Entscheidungen mit Tragweite

Zu Beginn des Projektes werden einige ganz grundlegende Entscheidungen getroffen. Wenn diese im Laufe des Projektes geändert werden müssten, könnte dies ganz erhebliche Kosten- und Terminüberschreitungen verursachen. Alle Entscheidungen mit einer solchen Tragweite sind gut abzusichern und gründlich zu überprüfen. Dies ist die vorrangige Aufgabe der Startphase.

Die Entscheidung für eine bestimmte zu verwendende Datenbank, für ein bestimmtes Rahmenwerk oder für eine bestimmte Programmiersprache ist in den meisten Fällen so grundlegend, dass eine spätere Änderung das Projekt dramatisch zurückwerfen oder gar sein Scheitern auslösen kann.

Rahmenwerk

Wenn also zu befürchten ist, dass das verwendete Rahmenwerk nicht leistungsfähig genug sein wird, ist es dringend geboten, die Entscheidung für das Rahmenwerk abzusichern. Beispielsweise durch die Erstellung eines Performance-Prototyps, mit dem der Nachweis erbracht werden kann, dass das Rahmenwerk leistungsfähig genug ist. Werden Risiken dieser Art ignoriert, kann dies unter Umständen als fahrlässig angesehen werden.

Risiken priorisieren

Selbstverständlich lassen sich nicht alle Risiken perfekt absichern. Hundertprozentige Sicherheit von Entscheidungen wird es in Projekten nie geben. Wichtig ist jedoch, dass alle zu diesem Zeitpunkt bekannten Risiken identifiziert und bewertet (d.h. priorisiert) werden. Anschließend ist dann, gegebenenfalls gemeinsam mit dem Auftraggeber, zu entscheiden, wie viel Risiko das Projekt tragen soll oder kann. Daraus ergibt sich, welche Risiken frühzeitig, also in der Startphase, untersucht und berechenbar werden sollen.

Wie viel Risiko ist o.k.?

Die Frage, wie viel Risiken das Projekt auf sich nehmen kann oder muss, ist normalerweise keine willkürliche oder freie Entscheidung, sondern durch Rahmenbedingungen vorgegeben. Die Absicherung von Risiken kostet gewöhnlich Geld und Zeit, und da diese Ressourcen in aller Regel begrenzt sind, lassen sich eben auch nur die allerwichtigsten Risiken berechenbar machen.

Kriterien für Phasenende

Kriterien für den erfolgreichen Abschluss der Startphase können also nicht allgemeingültig definiert werden, sondern sind wiederum projektspezifisch festzulegen. Letztendlich bestimmt der Auftraggeber, wie viel Sicherheit er benötigt oder sich (terminlich und finanziell) leisten kann.

Den meisten Risiken stehen entsprechende Chancen gegenüber. Wenn beispielsweise der Einführungstermin aufgrund einer Wettbewerbssituation extrem wichtig ist, müssen bestimmte Unsicherheiten in Kauf genommen werden, weil deren Absicherung ansonsten bereits dazu führen würde, den Einführungstermin nicht zu halten und somit den Nutzen des Gesamtvorhabens zu verfehlen.

Steht hingegen Zeit zur Verfügung und ein wirtschaftlicher Projekterfolg im Vordergrund, kann die Startphase möglicherweise erheblich ausgedehnt werden.

In jedem Fall sollten die Kriterien für den erfolgreichen Abschluss der Phase vor Beginn der Phase festgelegt werden.

Ergebnisse der Startphase

Die wichtigsten Ergebnisse der Startphase sind gewöhnlich:

- Identifizierung aller Features, Anwendungsfälle und sonstiger Anforderungen
- Etablierung und Einübung der Projektstrukturen und Arbeitsprozesse (Zusammenarbeitung, Kommunikation, Technik)
- Realisierung der höchstpriorisierten Anwendungsfälle und Features
- Untersuchung von Risiken beispielsweise durch Prototypen, Absicherung grundlegender fachlicher und technischer Entscheidungen
- Bereitstellung eines erstes Releases (z.B. des Risikoprototyps), auch zum Einüben der Freigabe- und Betriebseinführungsprozesse
- Fachliche und technische Architektur bzw. Komponenten festlegen
- Gegebenenfalls Projekt- und Releaseplan vervollständigen
- Vollständigen Iterationsplan für jedes zu startende Release erstellen

Name, Auslöser, Ergebnis

Anwendungsfall- und Featureübersicht. Alle, d.h. 100 Prozent der *zu diesem Zeitpunkt* bekannten Features, Anwendungsfälle und sonstigen

Anforderungen sind zu identifizieren. *Identifizieren* bedeutet beispielsweise, dass die Anwendungsfälle einen eindeutigen Namen haben und ihre Auslöser und Ergebnisse beschrieben sind. Weitere Details gehören noch nicht dazu. Die Erfahrung hat gezeigt, dass Anwendungsfälle, die nur durch ihren Namen definiert werden, zu viele Verwechslungen, Missverständnisse oder Interpretationsspielräume zulassen. Obwohl der Mehraufwand nur sehr gering ist, führt die Definition des Auslösers und der Ergebnisse eines jeden Anwendungsfalles dazu, diese Probleme nahezu vollständig auszuschließen.

Wenn wir für die Startphase fordern, alle Anwendungsfälle (d.h. 100 Prozent) zu identifizieren, so erfolgt dies in dem Wissen, dass im Nachhinein weitere Anwendungsfälle erkannt werden. Bezogen auf den gesamten Projektverlauf liegt die Quote typischerweise bei 65 – 85 Prozent. Es liegt in der Natur der Sache, dass wir nicht alle Anforderungen am Anfang identifizieren können und im Projektverlauf Erkenntnisse über weitere Anforderungen gewinnen werden.

Überblick statt Detaillierung

Zu beachten ist jedoch, dass dies keine Rückkehr zum Wasserfallmodell darstellt. Ziel ist nicht, alle Anforderungen vollständig und detailliert zu erheben und zu beschreiben. Ziel ist es vielmehr, einen möglichst essenziellen Überblick zu erhalten, um dann lediglich die hochpriorisierten Anwendungsfälle detailliert auszuarbeiten und umzusetzen.

Nicht funktionale Anforderungen

Neben den Anwendungsfällen sind allerdings weitere Anforderungen zu definieren. Vor allem müssen alle wichtigen nicht funktionalen Anforderungen festgelegt werden, da diese oftmals ganz erhebliche Auswirkungen auf die Systemarchitektur haben. Anforderungen zur Benutzbarkeit (z.B. Bedienkonzept, Corporate Design), Zuverlässigkeit (z.B. Sicherheit, Ausfallfrequenz), Leistung (z.B. Geschwindigkeit, Erreichbarkeit) und zur Wartbarkeit (z.B. Testbarkeit, Erweiterbarkeit) des Systems beeinflussen ganz erheblich Entscheidungen zu den verwendeten Technologien, Rahmenwerken, Architekturprinzipien und -mustern. Verglichen mit einem Hausbau geht es hier darum, einen Grundriss anzufertigen, Proben des Bodens zu nehmen und Berechnung zur Statik durchzuführen. Zwar können unsere IT-Künstler auch nachträglich noch einen Keller drunter bauen, dennoch können Fehlentscheidungen bei der grundsätzlichen Architektur das gesamte Projekt zum Einsturz bringen. Dies gilt nach unserer Erfahrung ganz besonders für Performance- und Sicherheitsanforderungen.

Features ⇨83, 122

Unter Features verstehen wir eine anfangs bewusst unscharfe und später in konkrete Anforderungen zu untergliedernde Zusammenfassung von Anforderungen. Mehr hierzu gleich in Kapitel *3.2 Die Projektebe-*

ne planen (⇨122). Eine erste allgemeine Einführung gab es bereits im vorigen Kapitel *2.5 Featurebasiertes Vorgehen* (⇨83).

Erste hoch priorisierte Anwendungsfälle bzw. Features werden in der Startphase bereits umgesetzt. Siehe hierzu auch *T-Stich-Prototyp (vertikales Prototyping)* (⇨387).

Am Ende der Startphase kann ein externes Review durchgeführt werden.

Projektabbruch?

Neben der angestrebten Entscheidung, die Startphase erfolgreich abzuschließen und in die Hauptphase überzugehen, kann eine sinnvolle Entscheidung auch der Abbruch des Projektes sein. Hat die Untersuchung der Risiken beispielsweise gezeigt, dass diese nicht ausreichend eingegrenzt werden können, die Risiken inakzeptabel hoch bleiben oder die Projektziele nicht mehr erreicht werden können, wäre dies eine mögliche und sinnvolle Konsequenz.

Eine andere Alternative wäre eine Neuformulierung des Projektauftrages mit beispielsweise veränderten Rahmenbedingungen (Änderung der Termine, Kosten, Funktionalität oder Qualität).

Prozesse und Organisation aufbauen

Etablierung des Entwicklungsprozesses und der Entwicklungsorganisation. Mit Beginn der Startphase wird das Projekt auch personell, organisatorisch und in seiner Infrastruktur langsam aufgebaut. Es beginnt damit, dass entsprechende Räume und Arbeitsplätze herzurichten oder bereitzustellen sind, Entwicklungsumgebung und Konfigurationsmanagement aufgebaut werden, dass Projektgremien und Verantwortlichkeiten definiert und etabliert werden etc. Am Ende der Phase sollte der Nachweis erbracht sein, dass das Projekt vollumfänglich arbeitsfähig ist.

Kommunikation, Stakeholder

Es gehören hierzu grundlegende Sachverhalte wie die Vergabe von Berechtigungen, die Verfügbarkeit von Besprechungsräumen oder eine Telefonliste wichtiger Stakeholder. Ebenso sind auch die Berichtswege und Kommunikationsabläufe zu erproben. Steht die Fachabteilung qualitativ und quantitativ in ausreichender Weise zur Verfügung? Ist die Fachabteilung fähig, Entscheidungen beispielsweise über Anforderungen zu treffen? Haben sich die Abläufe zur Änderung von Anforderungen bewährt?

Prozesse und Organisation prüfen

Auch hieraus ergeben sich möglicherweise weitere Risiken. Wurde beispielsweise mit dem Auftraggeber vereinbart, dass Anfragen zur Anforderungsklärung im Normalfall innerhalb von 48 Stunden beantwortet werden sollen, tatsächlich aber Antwortzeiten von über einer Woche üblich sind, kann das die gesamte Zeit- und Kostenplanung Makulatur werden lassen. Siehe auch *Allgemeine Projekt-Geschäftsbedingungen (APGs)* (⇨394).

Die Startphase dient also auch dazu, die Zusammenarbeit mit Projektexternen, mit der Fachabteilung, dem Auftraggeber und anderen Zulieferern zu etablieren, zu prüfen und abzusichern.

Entsprechendes gilt auch für die projektinternen Abläufe. Beispielsweise wenn ein Generierungsprozess nicht wie erwartet in wenigen Minuten oder Stunden abgeschlossen werden kann, sondern typischerweise erheblich länger dauert.

Insofern werden in dieser Phase nicht nur erste risikobehaftete oder hoch priorisierte Anforderungen umgesetzt, sondern in angemessenem Umfang auch ganz durchschnittliche Anforderungen und Abläufe überprüft und gegebenenfalls mit Nachdruck eingeführt.

Je nach geplanter Dauer der Startphase kann sich diese über mehrere Iterationen erstrecken. Typischerweise nimmt die Startphase etwa 12 – 20 Prozent der Gesamtzeit der ersten vier Phasen in Anspruch. Je nach Risikolage sowie Sicherheits- und Klärungsbedürfnis kann die Dauer jedoch auch ganz anders sein. Wenn eine Phasendauer von deutlich mehr als vier Wochen erwartet wird, ist eine Untergliederung in einzelne Iterationen sinnvoll. Vgl. ⇨107

Beispiele für Meilensteine in der Startphase: Meilensteine

- **Architektur festgelegt**
  Gegebenenfalls ist zu unterscheiden:
  - Fachliche Architektur festgelegt
  - Technische Architektur festgelegt
- **Performance-Nachweis** erbracht
- Erster **Smoke-Test** erfolgreich durchgeführt
- **Fachliche Vorabnahme**
  des ersten Anwendungsfalles oder des ersten Features erteilt
- **Projektprozesse und -organisation aufgebaut**
  (inkl. Erprobung von Zulieferleistungen und Reaktionszeiten)

Nicht jedes mögliche Zwischenergebnis sollte als Meilenstein definiert werden, sondern nur wirklich wichtige Zwischenschritte, deren Erreichen nicht trivial und nicht selbstverständlich ist. Auf jeden Fall sollte der unterschiedliche Charakter von Meilensteinen einerseits und Iterationen/Timeboxen andererseits erhalten bleiben und beachtet werden. Das heißt, die Unterteilung in Iterationen erfolgt durchaus unabhängig von der Definition zusätzlicher Meilensteine.

Im OEP heißt die Startphase *Entwurfs- und Architekturphase* (vgl. [OEP-2007]).

3.1.8 Hauptphase

Das Produkt entwickeln

Die Hauptphase dient der inkrementellen Entwicklung des Systems bzw. der Subsysteme und ihrer Integration zu einem Produkt.

Die einzelnen Subsysteme werden spätestens jetzt in parallel arbeitenden Entwicklungsteams implementiert. Änderungen in den Anforderungen können nach Bewertung auch jetzt noch in den Entwicklungsprozess einfließen.

Die Hauptphase erstreckt sich über zwei bis zwanzig Iterationen. Bei einem Großprojekt mit beispielsweise ca. 2 Jahren Laufzeit und ca. 50 Mitarbeitern ist eine Dauer der Hauptphase von ca. 15 Monaten typisch (10 – 12 Iterationen je ca. 6 Wochen Dauer). Innerhalb einer Iteration werden die Anforderungen mit der jeweils höchsten Priorität in Analyse, Design, Implementation und Test umgesetzt. Der Funktionsumfang und die Qualität des Produktes wachsen inkrementell von Iteration zu Iteration.

Um den Zeitraum vom Erkennen einer Anforderung bis zum Nachweis der korrekten Umsetzung möglichst kurz zu halten, werden anders als beim Wasserfallprozess nicht alle Anforderungen im Detail geklärt, sondern jeweils einzelne Anforderungen oder Features in der Reihenfolge ihrer Priorität angepackt und möglichst zügig umgesetzt. Im Idealfall wird bereits wenige Tage nach der Abstimmung einer Anforderung mit der Fachabteilung das Ergebnis präsentiert und eine Teilabnahme hierfür erzielt.

Die wichtigsten Ergebnisse dieser Phase sind:

- Regelmäßige Alpha-Versionen und Releases, das sind:.
    - Implementierte und getestete Komponenten, Schnittstellen oder fachliche Services
    - Implementierte und getestete komponentenübergreifende und allgemeine Services
    - Implementierte und getestete komponenten- bzw. serviceübergreifende Geschäftsprozesse

  ⇨180

  Dabei ist zu beachten, dass nicht jede Zwischenversion (Build, Alpha-Version) zu einem Release weiterentwickelt wird. Mehr hierzu später in Kapitel *8.3.2 Releaseentwicklung* (⇨221) und Kapitel *5 Iterationsvorbereitung* (⇨157).

Vorabnahmen ⇨220

- Regelmäßige Vorabnahmen (in der Entwicklungs- oder Testumgebung)

- Regelmäßige Releases (in der Zielumgebung oder vergleichbarer Umgebung), die dann jeweils auch vorgezogene typische Aktivitäten aus der Abschlussphase umfassen.

Die Hauptphase ist der längste und aufwendigste Abschnitt, er wird typischerweise ca. 60 Prozent des Zeitbedarfes aller vier Phasen ausmachen.

Vgl ⇨107

Am Ende der Hauptphase steht das fertige Produkt:

- (Abschließendes) **Release in Testumgebung übernommen**

  Testumgebung

  Wenn das System schrittweise eingeführt werden soll oder bestimmte Integrationstests (Einbindung externer Schnittstellen u.Ä.) nicht in der Entwicklungsumgebung stattfinden können, sondern beispielsweise nur in einer speziellen Testumgebung, sind hierfür entsprechende Meilensteine zu definieren. Zu diesen Meilensteinterminen müssen dann die entsprechenden Systembestandteile in einer Testumgebung vorliegen.

- **Bereitstellung für Übernahme in Abnahmeumgebung** (markiert Abschluss der Phase)

  Abnahmeumgebung

  Am Ende der Hauptphase ist das fertige System bereit, in eine Einweisungs- und Abnahmeumgebung überführt zu werden, um in einer mit der späteren Produktionsumgebung vergleichbaren Umgebung das System vollständig und endgültig testen und abnehmen zu können (Pilotumgebung). In dieser Umgebung können auch Schulungen und Einweisungen stattfinden.

Mehr zu Abnahmen und Vorabnahmen folgt später in Kapitel *8 Release-* und Projektabschluss (⇨207).

Release- und Projektabschluss ⇨207

Im OEP heißt die Hauptphase *Konstruktionsphase* (vgl. [OEP-2007]).

3.1.9 Abschlussphase

Das Produkt in Betrieb nehmen

Die Abschlussphase (Einführungsphase, Endphase) dient dem Endtest und der Abnahme der kompletten Anwendung, der Auslieferung und Installation sowie der Schulung der Anwender.

Das Produkt ist in der Testumgebung installiert und unter realistischen Bedingungen getestet.

Die AnwenderInnen können im Umgang mit dem Produkt geschult werden. Hierzu müssen zunächst Schulungsunterlagen geschaffen und SchulungsleiterInnen ausgebildet werden.

Die Entwicklungsdokumentation des Projektes wird abgeschlossen. Unter Umständen wird weiteres Personal ausgebildet, das die Wartung des Produktes übernehmen soll.

Wenn die Einführung mit einem komplizierten technischen oder organisatorischen Prozess verbunden ist, kann die Abschlussphase in mehreren Iterationen durchgeführt werden. Die Dauer der Phase kann entsprechend der Rahmenbedingungen und Projektgröße zwischen wenigen Wochen und vielen Monaten betragen.

Die Abschlussphase ist beendet, wenn das Produkt in der Produktionsumgebung installiert, betriebsfähig, stabil und vom Auftraggeber vollständig abgenommen ist und alle offenen Mängel beseitigt sind. Kurz: alle vertraglichen Pflichten aus dem Projektauftrag erfüllt sind.

Meilensteine der Abschlussphase:

Produktionsumgebung

- **Zur Abnahme bereitgestellt**

  Am Ende der Abschlussphase wird das System in die Produktionsumgebung übertragen und dort zur Abnahme bereitgestellt.

- **Abnahme** durch den Auftraggeber

  Das zur Abnahme bereitgestellte System wird vom Auftraggeber abgenommen. Je nach festgestellten Mängeln wird die Abnahme erteilt oder verweigert. Mit der Abnahme ist oftmals auch die Möglichkeit verbunden, die letzten ausstehenden Beträge in Rechnung zu stellen. In vielen Fällen enthalten Verträge eine Klausel, dass der Auftraggeber die Abnahme nicht verweigern darf, wenn nur einige unbedeutende Fehler existieren, oder dass die Abnahme vorbehaltlich der Restmängelbeseitigung innerhalb einer Frist akzeptiert wird.

- **Produktionsfreigabe**

  Die Produktionsfreigabe erfolgt normalerweise in direktem Zusammenhang mit der Abnahme. Je nach Anzahl und Qualität der noch vorhandenen Mängel und je nach vertraglicher Situation erfolgt die Produktionsfreigabe trotz noch vorhandener Mängel. Nach der Produktionsfreigabe durch den Auftraggeber ist das System in der Zielumgebung in Betrieb. Damit beginnt die Betriebsphase.

- Alle bei Abnahme verbliebenen **Mängel beseitigt** (Vertrag vollständig erfüllt)

  Sofern bei der Abnahme noch Mängel festgestellt wurden, sind diese zu beseitigen oder vom Auftraggeber (gegebenenfalls gegen eine Preisminderung oder Konventionalstrafe) endgültig zu akzeptieren.

- Gegebenenfalls **Übergabe an Weiterentwicklungsorganisation** (Wartung)

Soweit vertraglich vereinbart, wird die Dokumentation, der Quellcode und gegebenenfalls weitere Software und Hardware an die Wartungs- bzw. Weiterentwicklungsorganisation übertragen. Diese bestätigt den vollständigen Empfang der Unterlagen.

Für ein iteratives Vorgehen ist es typisch, dass bereits während der Hauptphase regelmäßig Releases ausgerollt werden. Insofern werden einige der hier beschriebenen Aktivitäten, wie Installation, Schulung etc., bereits in der Hauptphase durchgeführt. Wesentlich für die Abschlussphase ist dann, die verbliebenen Abschlussergebnisse und -aktivitäten durchzuführen und die Übergabe an die Wartungsorganisation. Für die Abschlussphase sind also sehr verschiedene Ausprägungen denkbar.

Fachabteilungsorientierte Releases

Aus einem Megaprojekt bei einem Versandhauskonzern mit jährlich 2 – 3 Releases kennen wir eine Vorgehensweise, dass mit jedem Release die entsprechenden Fachabteilungen eingewiesen wurden, wobei die Releases so geschnitten wurden, dass immer nur eine oder wenige Fachabteilungen pro Release betroffen waren.

Piloteinführungen in kurzen Zyklen, Masseneinführung seltener

Aus einem ähnlich großen, mehrere Jahre dauernden Projekt aus dem Versicherungsbereich, bei dem die Anwender über ca. 200 Geschäftsstellen bundesweit verteilt sind und ein Altsystem abgelöst werden sollte, kennen wir eine Vorgehensweise, bei der zunächst nur wenige ausgewählte Geschäftsstellen (ca. 10 Stück) eingewiesen wurden. Diese Geschäftsstellen arbeiteten fortan mit dem Release, während die übrigen Geschäftsstellen weiterhin beim Altsystem blieben. In einem deutlich länger dauernden Zyklus als dem Releasezyklus wurden dann Teile des Altsystems für alle Geschäftsstellen abgelöst. Da die Einweisung der Geschäftsstellen bzw. entsprechender Multiplikatoren jeweils in der Hauptverwaltung stattfinden musste, wäre eine häufigere Einweisung aller Geschäftsstellen zu teuer gewesen. Außerdem bekam die große Masse der Anwender somit deutlich stabilere, weil länger erprobte Releases.

3.1.10 Betriebsphase

Das Produkt betreiben

Die Betriebsphase dient der Anwendung des fertiggestellten Produktes.

Wartung

Die Betriebsphase ist das eigentliche Ziel des Projektes. Konfigurationen und sehr kleine Anpassungen des Produktes können gegebenenfalls als Ad-hoc-Wartung durchgeführt werden. Die Schulung und Betreuung der Anwender werden fortgesetzt. Größere Änderungen in den Anforderungen werden getrennt von dem Projekt aufgenommen, bewertet und für einen Nachfolgeauftrag gesammelt.

Die Verantwortung für die Wartung des Produktes kann in dieser Phase von den ursprünglichen Entwicklern in andere Hände übergehen.

Wartung vs. Weiterentwicklung

In den meisten Fällen ist mit „Wartung" die Weiterentwicklung der Software gemeint. Genauer wäre es, Wartung (Fehlerbehebung, Anpassungen der technischen Konfiguration, Betrieb und Überwachung von Datensicherung, Performance, Datensicherheit etc.) und Weiterentwicklung (Hinzufügen neuer Features, Erweiterung um neue fachliche Anforderungen etc.) zu unterscheiden.

3.2 Die Projektebene planen

Die alleroberster Planungsebene ist der Projekt- und Releaseplan, der die Projektziele, Produktfeatures, wichtige Meilensteine, Releasefeatures und ein grundsätzliches Iterationsraster zusammenfasst.

Vorbereitungsphase ⇨63

Je nach Sicherheits- und Vorab-Detaillierungsbedürfnis des Kunden werden diese Aspekte bereits mehr oder weniger während der Vorbereitungsphase des Projektes ausgearbeitet und festgelegt. Diese Ergebnisse werden nun auf den aktuellen Erkenntnis- und Planungsstand gebracht und soweit notwendig um noch fehlende Informationen ergänzt.

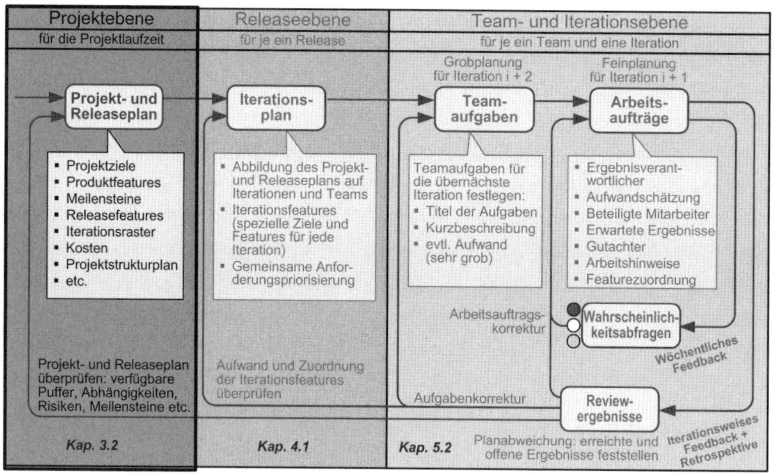

Abb. 3.2-1: Projektebene (Ausschnitt aus Abb. 1.1-3, ⇨4)

Da wir mit einem agilen Vorgehen das Endprodukt üblicherweise als Sequenz inkrementell wachsender Releases herstellen, stellt sich die spannende Frage: Welche Features kommen in welches Release? Noch spannender ist es, wenn das Projekt eine Größenordnung hat, bei der mehrere Produkte mit mehreren Releases parallel gebaut werden müssen. Wie bewältigt man so etwas? Welche Kriterien sind entscheidend? Und wie bringe ich das mit iterativem Vorgehen und featurebasiertem Planen zusammen? Im Folgenden gehen wir auf diese Fragen näher ein.

3.2.1 Releases schneiden

Die weitaus meisten Projekte, die uns in der Praxis begegnet sind, hatten vielleicht noch keine sehr detaillierte Vorstellung von ihrem Inhalt, aber der Preis wie auch der Endtermin waren bereits fest vorgegeben. Sei es, dass der Budgettopf für das kommende Jahr schlichtweg nur X Euro enthält, oder sei es, dass aus Marketinggründen ein bestimmtes Produkt zu einem festgelegten Termin am Markt sein soll.

In einem uns bekannten Fall musste ein Projekt zu einem bestimmten Stichtag fertig werden, weil kurz darauf ein Bereichsleiter das Unternehmen verließ. Selbstverständlich musste „sein" Projekt vorher noch erfolgreich beendet werden, quasi als sein Meisterstück. Dummerweise wurde es aber nicht fertig, sodass man zum Stichtag ein Release ausrollte, das Projekt kurz anhielt und denselben Inhalt unter neuem Projektnamen (und neuem Bereichsleiter) weiterentwickelte [...].

Umfang und Qualität sind oft leichter beeinflussbar als Termin und Budget

Es gibt natürlich auch solche Projekte, bei denen zu Beginn zusätzlich auch Inhalt und Güte fest vorgegeben sind („mindestens genauso gut wie das abzulösende Produkt ..."). Okay, wir wissen natürlich auch, dass ein Projekterfolg ziemlich unwahrscheinlich ist, wenn Zeit, Kosten und auch noch Funktionalität und Qualität vorgegeben sind. Aber einigen wir uns einmal darauf, dass wir Inhalt und Qualität in vielen Fällen leichter beeinflussen können als Termin und Budget. Was spricht dagegen, um diese eingerammten Pflöcke herumzuplanen? Der Auftraggeber bekommt zum Stichtag in jedem Fall etwas Brauchbares geliefert, und zwar ungefähr zu dem angedachten Preis.

Nicht, dass wir uns missverstehen: Wir verlangen von Ihnen nicht, wider besseren Wissens Betrug zu begehen, sondern wir gehen davon aus, dass Sie als verantwortlicher Projektleiter selbstverständlich die Reißleine ziehen, wenn Sie bemerken: Es geht nicht. Wie aber können wir einen Kompromiss zwischen dem Machbaren und dem politisch Vertretbaren herausarbeiten?

Was kriegen wir bis zum Endtermin fertig?

Nun, zunächst einmal akzeptieren wir den Endtermin. Das bedeutet, wir rollen nicht mit den Augen und denken: „Diesen Inhalt kriegen wir bis dahin doch nie fertig!", sondern wir fragen uns: „Welches sind die für ein erfolgreiches Projekt wichtigsten Features und was davon kriegen wir bis zum Endtermin fertig?". Diese Denkweise ist ein erster kleiner, aber sehr wichtiger Schritt. Die richtige Priorisierung ist der Schlüssel dafür.

Angenommen das Projekt für die Realisierung des Abrechnungs- und Reservierungssystems für unsere Kfz-Vermietung (vgl. Systemkontext in Abb. 2.5-2) soll nach 7 Monaten eingeführt werden (sagen wir aus politischen Gründen). Sie jedoch schätzen nach allen Regeln der Kunst für die bisher gefundenen Anwendungsfälle bzw. Produktfeatures eine Dauer von 19 Monaten. Was tun Sie dann? Richtig! Sie machen das, was jeder erfahrene Projektleiter tun würde: Sie denken über einen Stufenplan nach, also über eine Zerlegung des Umfangs in zwei aufeinander folgende Releases. Sie überlegen für das erste Release: „Auf welche Funktionalität können wir in den ersten 4 Betriebsmonaten verzichten?" Und das ist, was Sie tun:

In 3 Schritten zum Stufenplan

1. **Komplett verzichtbare Produktfeatures identifizieren**. Überlegen Sie kurz, welche Produktfeatures unbedingt im ersten Release laufen müssen, zumindest teilweise. Oder umgekehrt: Welche Produktfeatures können möglicherweise komplett im zweiten Release realisiert werden? Vielleicht kommen Sie schon beim ersten Hingucken auf die Idee, dass ein *GPS-Tracking*, eine *Online-Schufa-Auskunft* sowie die *Internetreservierungen* für ein paar Monate komplett verzichtbar wären und erst im zweiten Release produktiv gehen könnten. Selbst eine *Stationsverwaltung* brauchen Sie eventuell nicht sofort, wenn Sie deren Daten im Rahmen der Altdatenübernahme migrieren und somit Änderungen, Neueröffnungen oder Schließungen von Stationen notfalls übergangsweise auch per Hand in der Datenbank nachtragen können.

2. **Anwendungsfälle priorisieren und zuordnen**. Als Nächstes nehmen Sie sich die Liste der Anwendungsfälle vor und priorisieren jeden einzelnen (*Priorisierungsworkshop* ⇨252). Für die niedrig priorisierten fragen Sie: „Welche von denen können komplett im zweiten Release realisiert werden?" Möglicherweise gelangen Sie so zu der Erkenntnis, dass die Anwendungsfälle *Kunde zeitweise sperren*, *Kunde kündigen* sowie *Fahrzeug aus dem Bestand nehmen* genauso gut auch erst in Release 2 umgesetzt werden können. Diese sind Teile der Produktfeatures *Zentrale Kundenverwaltung* und *Fuhrparkverwaltung*, sodass beide Produktfeatures in jedem der zwei Releases nur teilweise umgesetzt werden.

3. **Anwendungsfallinhalte zerschneiden**. Reicht das immer noch nicht, können Sie jeden einzelnen Anwendungsfall gedanklich durchgehen. Wenn diese bereits essenziell beschrieben vorlie-

gen, ist das sehr hilfreich, es geht aber auch mit Nachdenken. Überlegen Sie, welche Schritte eines Anwendungsfalles besonders aufwendig sind und wie sie zunächst einfach gehalten werden können (diese gehören dann ins erste Release). Unter Umständen können Sie auf Tooltipps verzichten, aufwendige Grafikgimmicks streichen oder komfortablen Schnickschnack später realisieren. Meistens sind dies Dinge, die der Bequemlichkeit dienen. Vielleicht wollen Sie auch eine bestimmte Nachbarsystemanbindung zunächst nicht über eine automatisierte Synchronisierung lösen, sondern über einen einfachen Dateiexport, der zunächst nur per Mail verschickt wird und erst im Release 2 vollständig automatisiert wird.

Releases schneidet man am besten im Team

Das Schneiden von Releases lösen Sie am besten nicht im stillen Kämmerlein, sondern im Team mit fachlichen Domänenexperten und Systemarchitekten. In der Gruppe kommen Sie erfahrungsgemäß auf bessere Lösungen, auf die Sie alleine so nicht gekommen wären. Und Sie haben gleich die richtigen Personen am Entstehungsprozess des Releaseschnittes beteiligt. Das ist viel einfacher, als die eigene Idee hinterher gegen Vorbehalte verteidigen zu müssen.

Absurde Terminvorstellungen

Erst wenn Sie merken, dass die Terminvorstellungen all Ihrer Bemühungen zum Trotz völlig absurd sind, sollten Sie das Rückgrat durchstrecken und die Projektverantwortung ablehnen. Aber seien Sie gewarnt: In den meisten Fällen gelingt es erstaunlich gut, Funktionalität passend abzuspecken. Der Rest ist dann eine Frage des Verhandlungsgeschickes, d.h., nun können Sie dem Fachbereich bzw. Kunden einen konkreten Vorschlag für einen realistischen Releaseplan unterbreiten und sehr genau darlegen, was wann geliefert wird und warum das so sein muss.

3.2.2 Das Projekt mit Releases und Meilensteinen planen

Es gibt viele gute Gründe, ein Produkt inkrementell in mehreren aufeinander aufbauenden Releases zu entwickeln, und nur wenige dagegen. Sie können die Projekte kleiner halten, Risiken reduzieren und damit die Erfolgswahrscheinlichkeit erhöhen. Dafür müssen Sie den Übergang von einem Release auf das nächste handhaben und für diese Zeitstrecke unter Umständen sogar einen Parallelbetrieb in Erwägung ziehen. Daher ist es vielleicht auch sinnvoll, die Gesamtlaufzeit lieber etwas länger einzuplanen als ursprünglich gerechnet.

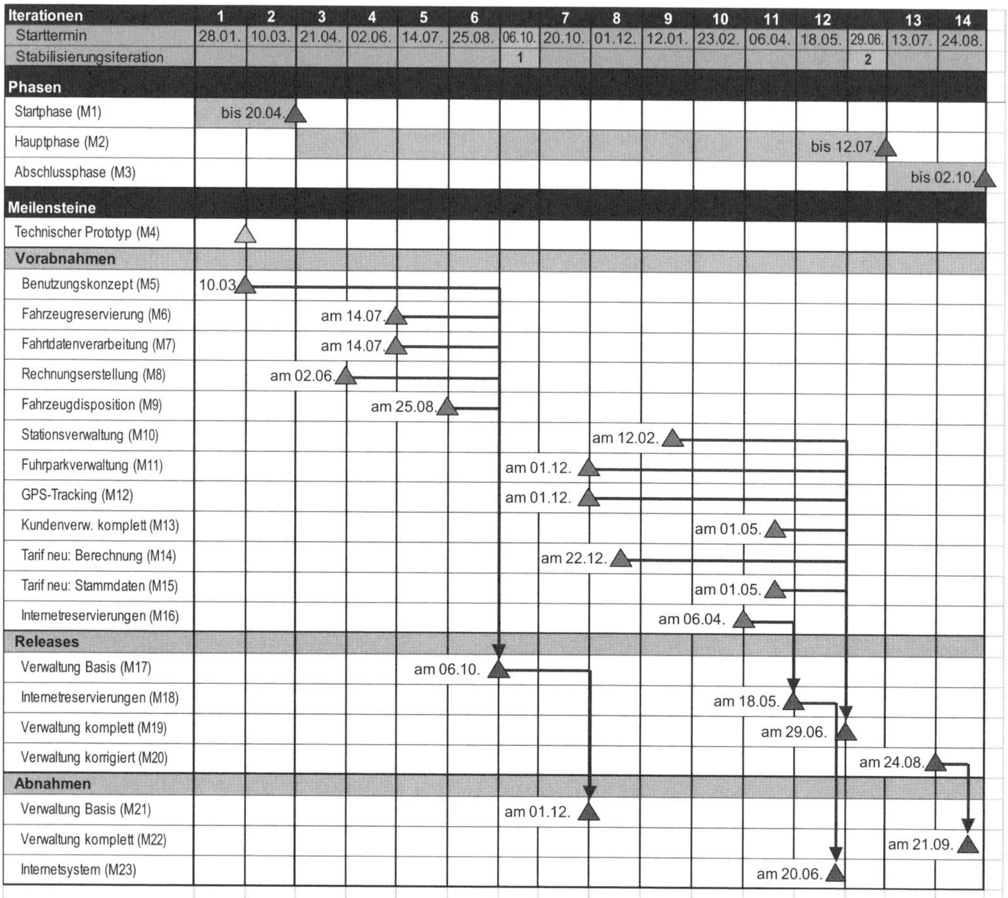

Abb. 3.2-2: Projekt- und Releaseplan mit Meilensteinen für Vorabnahmen, Releases und Abnahmen (Abb. ist identisch mit Abb. 1.1-5 ⇨7)

Das Beispiel in Abb. 3.2-2 ist ein mit einem normalen Tabellenkalkulationsprogramm erstellter Projekt- und Releaseplan, der auch alle geplanten Vorabnahmen enthält. Alle Meilensteine tragen sprechende Namen („Vorabnahme Benutzungskonzept", „Abnahme Verwaltung komplett" usw.) und Meilensteinnummern („M5", „M22" usw.). Die Meilensteinnummern sind manchmal einfacher zum Zitieren und Verweisen. In diesem Beispiel sind die Nummern ordentlich von oben nach unten aufsteigend angegeben. Spätestens nach einigen Aktualisierungen und Weiterentwicklungen des Plans gerät diese Ordnung durcheinander, wenn die Nummern nicht jedes Mal neu vergeben werden. Von einer Neunummerierung ist jedoch abzuraten, da dann auch jedes Mal alle abhängigen Dokumente, die auf Meilensteine verweisen, aktualisiert werden müssten. Die Meilensteinnummern sind also als unveränderliche Identifikatoren zu betrachten.

Die Releases sind im Beispiel mit fachlichen Bezeichnungen versehen, beispielsweise *Internetreservierungen (M18)*. Alternativ können auch Releasenummern verwendet werden (z.B. „Release 1.2.1“ u.Ä.). Hierbei wäre aber wahrscheinlich auch zu akzeptieren, dass mit den Releasenummern inhaltliche Aspekte beschrieben werden, d.h., wenn sich die inhaltliche Featurereihenfolge ändert, würden auch die Releasenummern nicht mehr sauber aufsteigend folgen.

Wir kennen aus einem Megaprojekt das Phänomen, dass das „Release 8.0“, das schon lange in aller Munde war, vorgezogen wurde und dadurch „Release 5.0“ erst nach Release 8.0 kam.

Arthur, Marvin, Trillian, Zaphod

Ebenfalls alternativ können auch künstliche (frei erfundene) Bezeichnungen ohne jeden Bezug zu Inhalten verwendet werden. Dieses Vorgehen ist von großen Softwarehäusern wie Microsoft bekannt, wo in Pressemitteilungen dann beispielsweise vom Release „Chicago“ die Rede ist. Statt M17 – M20 könnten wir unsere Releases also auch *Arthur*, *Marvin*, *Trillian* und *Zaphod* nennen.

Technischer Prototyp (M4)

Im Folgenden erläutern wir nun den Projekt- und Releaseplan inhaltlich. Beginnen wir mit der Startphase, die die ersten zwei Iterationen überdeckt. Welche wichtigen und risikobehafteten Ergebnisse müssen innerhalb der Startphase abgesichert werden? Zum einen haben wir hier angenommen, dass ein technischer Prototyp (M4) erstellt wird, mit dem die grundsätzliche Funktionalität der Architektur nachgewiesen wird. Dieser hat im Wesentlichen keine Außenwirkung zum Kunden, sondern ist ein intern bedeutendes Ergebnis.

Benutzungskonzept (M5)

Zum anderen möchten wir das Benutzungskonzept vom Kunden abnehmen lassen. Das Benutzungskonzept beschreibt, nach welchen Prinzipien die Software benutzt werden kann. Dies betrifft zum einen die äußere Gestaltung (GUI-Styleguide), vor allem aber die grundsätzlichen Funktionalitäten, über die die Benutzungsoberfläche verfügen soll. Beispielsweise wie zwischen verschiedenen Eingabedialogen navigiert werden kann: Kann der Benutzer frei aus einem Menü auswählen oder wird er durch einen Assistenten streng geführt? Gibt es grafische und textliche Ein- und Ausgaben? Welche Metaphern werden eingesetzt (z.B. „Postkorb“)? Existiert eine explizite Workflow-Steuerung? Kann die Oberfläche personalisiert werden?

Das Benutzungskonzept sollte vom Kunden abgenommen worden sein, bevor in größerer Zahl Dialoge entsprechend diesem Konzept entwickelt werden.

Wichtige Features aus den Bereichen Fahrzeugreservierung, Fahrdatenverarbeitung, Rechnungserstellung und Fahrzeugdisposition werden bereits beginnend mit der Startphase realisiert und dann innerhalb der ersten zwei bis drei Iterationen fertiggestellt. Anschließend können Sie vom Kunden vorabgenommen werden.

Vorabnahmen und Teilabnahmen ⇨220

Als Vorabnahme bezeichnen wir eine Abnahme auf Basis eines normlen Builds, also einer Version, die nicht im Zielsystem, sondern nur in der Entwicklungsumgebung oder einer entwicklungsnahen Testumgebung läuft. Mit einer Vorabnahme wird nur eine begrenzte Menge von Anforderungen oder Features abgenommen und dies auch nur vorbehaltlich der späteren Reproduzierbarkeit im Rahmen einer Abnahme oder Teilabnahme in der Produktionsumgebung.

Priorisierungsstrategie

Die von uns gewählte Priorisierungsstrategie hinter dem Projekt- und Releaseplan zielt darauf ab, anspruchsvolle Features zuerst und triviale und risikoarme Features später umzusetzen. Das führt beispielsweise dazu, dass die relativ einfache Kundenverwaltung spätmöglichst entwickelt wird. Eine Grundfunktionalität wird zwar schon wegen Abhängigkeiten anderer Features frühzeitig notwendig, der größere Teil wird aber erst mit Meilenstein M13 abgeschlossen. Ebenso beispielsweise die *Tarifstammdaten (M15)*.

Release Verwaltung Basis (M17)

Die Meilensteine M6 – M9 stellen bereits ein erstes rudimentäres, aber produktiv benutzbares System dar, weswegen diese zu einem Release *Verwaltung Basis (M17)* zusammengefasst werden. Mit M17 wird dann auch das erste Mal das Freigabeverfahren als solches und das Verhalten der Anwendung in der Produktionsumgebung erprobt.

Releaseteam

Tägliches Build ⇨181

Das erste Build aus dem normalen (täglichen) Buildprozess, das alle für dieses Release geforderten Features in stabiler Weise enthält, greifen wir hierzu aus dem normalen Entwicklungsprozess ab und übergeben es einem eigenen Releaseteam zur Überführung in die Produktionsumgebung. Dafür wurde die Dauer einer Iteration eingeplant (Iteration 6 zwischen M9 und M17). Durch die Releaseentwicklung werden wahrscheinlich einige Schwächen deutlich, die in den Entwicklungsprozess zurückgekoppelt werden müssen.

1. Stabilisierungsiteration ⇨223, 323

Deswegen haben wir im Anschluss an Iteration 6 eine sogenannte Stabilisierungsiteration vorgesehen, die deutlich kürzer ist und in der keine neue Funktionalität hinzugefügt wird, sondern hauptsächlich an der Robustheit und Stabilität des bisherigen Systems gearbeitet wird.

Abnahme (M21)

Der Kunde hat dann bis zum Ende der 7. Iteration Zeit, die mit dem Release umgesetzten Features abzunehmen (M21).

Verwaltung komplett M19 korrigiert M20

Währenddessen arbeiten die Entwickler bereits an den nächsten Features für die Vorabnahmen M10 – M15, die dann wiederum zu einem Release (*Verwaltung komplett M19*) zusammengefasst werden. Das Release M19 umfasst eigentlich alle vertraglich geforderten Features (außer die Internetreservierungen, aber dazu gleich). Wir gehen aber davon aus, dass der Kunde noch verschiedene Mängel entdecken wird, wahrscheinlich auch abnahmeverhindernde, sodass wir mit Release M20 nochmals eine korrigierte Version hinterherschieben.

Spätestens mit diesem Release erwarten wir dann die endgültige Abnahme (M22). Unmittelbar nach Release M19 ist nochmals eine kurze Stabilisierungsiteration vorgesehen, um die besonderen Erkenntnisse aus dieser zweiten Version innerhalb der Produktionsumgebung verdauen zu können.

Abnahme Verwaltung komplett (M22)

2. Stabilisierungsiteration

Die Internetreservierungen sind in der Planung abgetrennt, da hier zumindest das Frontend-System speziellen Anforderungen genügen muss (beispielsweise sind alle gängigen Internetbrowser in allen gängigen Versionen zu unterstützen) und auch im Backend bezüglich der Benutzerverwaltung und Sicherheit besondere, vor allem auch nicht funktionale Anforderungen existieren.

Internetreservierungen M16, M19 und M23

Weil es sich hierbei letztendlich auch um eine andere Produktionsumgebung (andere Server) handelt, ist die Entwicklung über den Pfad M16, M18 und M23 separat beschrieben.

Zu beachten ist abschließend noch, dass die in Abb. 3.2-2 aufgeführten Vorabnahmen nur einen Teil der jeweiligen Iterationsfeatures widerspiegeln, nämlich den, der für Vorabnahmen wirklich interessant ist. Das heißt vor allem nicht, dass nicht darüber hinaus dem Kunden weitere Versionen präsentiert und mit ihm abgestimmt werden. Vor allem für das Internet-Reservierungssystem (mit dem relativ späten Meilenstein M16) scheint dies mehr als angebracht.

Als Vorabnahmen sind hier vor allem solche Features eingeplant, die das Projekt, nachdem sie entwickelt wurden, möglichst nicht mehr anpassen möchte. Durch die Vorabnahmen kann der Kunde in die Situation gebracht werden, nachträgliche Änderungen an bereits vorabgenommener Funktionalität gegebenenfalls extra bezahlen und Terminverzögerungen des Gesamtprojektes hinnehmen zu müssen (siehe beispielsweise *9.11.3 Allgemeine Projekt-Geschäftsbedingungen (APGs)*, ⇨394).

Vertragsrelevante Vorabnahmen

Ebenfalls beachtenswert ist, dass es sich nur um eine erste (oder frühe) Version des Projekt- und Releaseplans handelt. Wie wir im folgenden Kapitel *4 Releaseplanung* (⇨133) sehen werden, verschieben sich durch Erkenntnisse und Entscheidungen zur Detailplanung noch einige Meilensteine. Möglicherweise wird auch die Startphase nicht mit zwei Iterationen auskommen.

Wenn Sie den Releaseplan in Abb. 3.2-2 im Hinterkopf behalten und sich noch einmal die Abb. 1.4-5 (⇨36) als exemplarische Obermenge möglicher Projektorganisationsformen ansehen, dann könnten Sie nun

Projektorganisation vgl. ⇨36

auch erste konkretere Annahmen bezüglich der notwendigen Projektorganisation für unser Fallbeispiel treffen.

3.2.3 Parallelreleases planen

Parallele Releaseteams

Der Releaseplan in Abb. 3.2-2 lässt erkennen, dass wir es mindestens an einer Stelle auch mit parallel arbeitenden Releaseteams zu tun bekommen werden. Das Team für *Internet-Release* M18 wird zeitlich überlappend zu dem Team für *Verwaltung komplett M19* arbeiten. Aufgrund der starken inhaltlichen und zeitlichen Zusammenhänge können Release M19 und M20 von demselben Releaseteam entwickelt werden. Das Releaseteam für M17 wird mit der 6. Iteration starten und wahrscheinlich bis zur 7. Iteration wieder aufgelöst werden.

In größeren Projekten trifft man oft auf die Konstellation paralleler Releases bzw. Teilprojekte, die regelmäßig Reibungsverluste zur Folge hat.

Wie viele Teilprojekte braucht das Land?

Ob man nun die Releaseentwicklungen desselben Produktes zu einem Teilprojekt zusammenfasst oder jede Releaseentwicklung einzeln als eigenständiges Teilprojekt definiert, ist letztlich Geschmackssache. Wichtig ist eigentlich nur die Unterscheidung zwischen den unterschiedlichen herzustellenden *Produkten* und den *Releases*. Bei den Releases M17, M19 und M20 handelt es sich um das gleiche Produkt in verschiedenen Ausbaustufen. Das Internetsystem ist hingegen als eigenständiges Produkt anzusehen, da es in einer von den anderen unabhängigen Produktionsumgebung läuft.

Wenn die Produkte disjunkt sind, d.h. inhaltlich wie technisch keinerlei Berührungspunkte haben, und Sie über genügend Mitarbeiter und technische Ressourcen verfügen, sind parallele Releaseteams unproblematisch. Alles ist gut.

Herausforderungen einer Parallelentwicklung

Die Schwierigkeit mit parallelen Entwicklungen entsteht genau dann, wenn irgendeine dieser Bedingungen nicht erfüllt ist (oder womöglich mehrere). Stellen Sie sich vor, in den Releases M18 und M19 müsste an derselben Komponente gearbeitet werden. Dann entstehen zwangsläufig Konflikte zwischen den beteiligten Teams. Auch indirekt gibt es Engpässe, nämlich wenn derselbe Fachbereich betroffen ist (der kann sich ja auch nicht beliebig zerreißen) oder wenn mehrere Teilprojekte ihre Anforderungen alle auf einmal den wenigen Datenbankadministratoren vor die Füße werfen.

Wir wollen nichts schönreden: Parallele Entwicklung ist *immer* teuer. Da ändern auch iteratives Vorgehen und Agilität zunächst nichts dran. Aber zwei Dinge können Sie dennoch tun:

Parallelentwicklung beherrschen

Critical-Chain-Projektmanagement ⇨296

- **Engpässe managen**: Denken Sie das Vorhaben zu Ende und suchen Sie vor allem in der Vorbereitungsphase des Gesamtprojektes genau nach diesen potenziellen Engpässen. Führen Sie sich als Reichsbedenkenträger auf und definieren Sie jeden potenziellen Engpass als Risiko und managen Sie dieses Risiko (vgl. Kapitel *9.10 Risikomanagement* ⇨371). Spielen Sie außerdem auch Verzögerungen jedes Releases durch und spüren Sie auf, an welcher Stelle sich dann Engpässe zeigen würden. Wenden Sie nach Möglichkeit Critical-Chain-Projektmanagement (⇨296) an.
- **Gleichtakt herstellen**: Legen Sie nur ein einziges Iterationsraster über alle beteiligten Teams bzw. Teilprojekte. Für jeden im Gesamtprojekt gelten dieselben Iterationstermine. Das erleichtert die Zulieferleistungen zwischen den Teams ganz erheblich! Führen Sie also keine elendig langen Terminlisten, sondern nehmen Sie die Synchronisierung von Zuarbeiten nur an den Abgabeterminen der Iterationen vor. Dadurch erzielen Sie einen mächtigen Gleichtakt im Projekt, der weit über die Grenzen des Projektes zu spüren ist.

Die Macht des Gleichtaktes

In einem uns bekannten Megaprojekt mit 200 Projektmitarbeitern hat die Einführung eines für alle identischen Iterationsrasters etwa 3 – 4 Monate gedauert. Danach wusste wirklich jeder im Schlaf, angefangen beim Sekretariat bis zum Vorstand, in welcher Iteration sich das Projekt gerade befand. Nach etwa 6 Monaten passten sich die Sitzungen des Lenkungskreises den Iterationsterminen an, was vorher als „nicht machbar" galt. Selbst Organisationseinheiten in der Linie (also außerhalb des Projektes) beugten sich der normativen Kraft des Faktischen. Wer möchte schon gerne Schuld sein, wenn 200 Menschen wegen fehlender Zulieferungen nicht arbeiten können? So geriet der Fachbereich unter Druck, weil die Abgabe von Konzepten zum Beginn der Iteration fertig sein musste. Und wo früher ein Liefertermin eines Projektes von der Verfügbarkeit bestimmter Personen abhing, richtete nun die Betriebsabteilung ihre Urlaubsplanung an bestimmten Iterationsterminen aus.

Ein Wort zu Großprojekten

Natürlich kann man teure Großprojekte verdammen oder sagen: „Vermeide parallele Releaseentwicklung!" Statistisch gesehen erhöht man mit der Vermeidung von Großprojekten und paralleler Releaseentwicklung die Erfolgswahrscheinlichkeit eines Projektes spürbar. Die einzige Alternative zur parallelen Releaseentwicklung ist die sequenzielle Entwicklung. Diese ist sehr viel billiger. Nur dauert sie eben auch länger. Und für manche Unternehmen ist Time-to-Market nun mal überlebenswichtig, koste es, was es wolle. Das wiederum ist eine Frage von Prioritäten, die wir zwar gerne hinterfragen dürfen, aber über die wir nur bedingt befinden können.

Projektumfang klein halten

Unsere Aufgabe als Projektleitung besteht in so einem Fall darin, den Projektumfang so klein *wie möglich* zu halten, d.h. unter Berücksichtigung eben dieser Prioritäten. Wir unterstützen jede Projektleitung enthusiastisch, die als Erstes (und immer wieder) fragt: „Wie kann ich Großprojekte und parallele Entwicklung vermeiden?" Jede Faser des ProjektleiterInnenhirns sollte durchsetzt sein von dem unbändigen Willen, die Dinge einfach zu halten. Erfahrungsgemäß erreichen Sie mit dieser Geisteshaltung mehr, als Sie selbst für möglich halten, und können damit die Risiken halbwegs kontrollieren, die großen Projekten naturgemäß innewohnen.

Und dennoch gibt es manchmal *zu* viel in *zu* kurzer Zeit zu tun. Dann ist unser Job, nach Lösungen zu suchen, die das Vorhaben trotzdem möglich machen, und dem Auftraggeber die Folgen aufzuzeigen, sei es, dass er dafür mehr Geld ausgeben muss oder dass er dafür auf andere Dinge verzichten muss.

Erfolgreiche Projekte erfordern sorgfältige Vorbereitung

Großprojekte hin oder her, zwei oder viele Teilprojekte, parallele Releases oder auch nicht, klar ist: Ein erfolgreiches Projekt beginnt mit einer sorgfältigen Vorbereitung. Und der Projekt- und Releaseplan ist ein wichtiger Baustein dafür.

4 Releaseplanung

Beurteile niemals deine Möglichkeiten danach, was deine Augen sehen können, sondern danach, was dein Geist sich vorstellen kann.

Walter Staples

Worum geht es in diesem Kapitel?

- Wie entsteht ein Iterationsplan?
- Wie werden Anforderungen priorisiert und Iterationsfeatures geplant?
- Wie werden Features beschrieben?
- Wie fungieren Iterationsfeatures als Iterationsziele?

4.1 Wie man Features plant

Projektebene ⇨122

Im Kapitel *2.5.3 Wie man Features findet* (⇨88) haben wir gezeigt, wie man mithilfe der Ihnen vorliegenden Anwendungsfälle sowie eines Systemkontextes und vielleicht einiger Dialogentwürfe eine erste Liste von Produktfeatures erstellt. Und außerdem haben wir im vorigen Kapitel *3 Projektplanung* (⇨99) einen ersten Projekt- und Releaseplan für Ihr Produkt aufgestellt, also bestimmt, welche Releases es geben soll. Damit wäre die in Abb. 4.1-1 gezeigte Projektebene absolviert.

Nun gehen wir auf die nächste Planungsebene und leiten für die jeweiligen Releases, d.h. aus den Releasefeatures, ab, welche Ziele und Features die einzelnen Teams in den verschiedenen Iterationen umsetzen sollen. Der Projekt- und Releaseplan wird also von der Projektebene auf die Ebene der einzelnen Teams und Iterationen abgebildet.

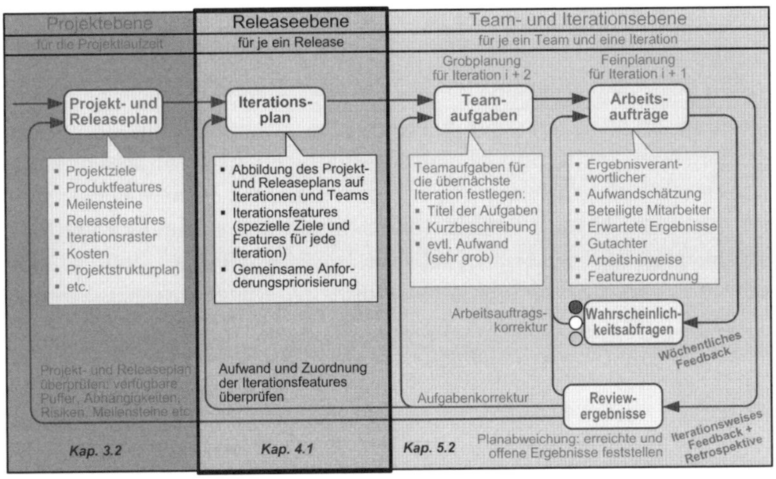

Abb. 4.1-1: Übersicht über die Planungsebenen (Wiederholung von Abb. 1.1-3 mit hevorgehobener Releaseebene)

Die 5 Schritte der Featureplanung

Die Planung auf der Releaseebene vollzieht sich im Wesentlichen in 5 Schritten:

1. **Iterationsplan aufstellen**: Zeichnen Sie auf einer Metaplanwand für jede Iteration eine Spalte. Schreiben Sie jedes Produktfeature auf eine Karte und hängen Sie diese zeilenweise untereinander auf. Danach hängen Sie Meilensteinnummern an den Iterationsübergängen auf.
2. **Iterationskapazitäten bestimmen**: Bestimmen Sie anhand des Gesamtaufwandes die ideale Mitarbeiteranzahl je Iteration

und errechnen Sie je Iteration die nominale Kapazität in PT, um einen Rahmen festzulegen, was Sie überhaupt schaffen können.

3. **Anwendungsfälle priorisieren**: Priorisieren Sie jeden Anwendungsfall hinsichtlich Nutzen und Risiko und errechnen Sie daraus seine Gesamtpriorität sowie eine Klassifizierung in A, B und C.
4. **Iterationsfeatures planen**: Zerteilen Sie nun die Produktfeatures dergestalt in Iterationsfeatures, dass Sie hoch priorisierte Funktionalität zuerst umsetzen. Ordnen Sie die Iterationsfeatures auf dem Iterationsplan einer Iteration zu. Planen Sie dabei nur so viel, wie Sie Kapazität haben.
5. **Planung justieren**: Rechnen Sie noch einmal nach, ob Sie das geplante Vorhaben so wirklich schaffen: Passt der geschätzte Aufwand zur Kapazität? Was ist gegebenenfalls nicht parallelisierbar? Wo existieren Reihenfolgeabhängigkeiten? Ordnen Sie erforderlichenfalls die Iterationsfeatures anders an, bis sich ein stimmiges Bild ergibt.

Planungsworkshop ⇨267

Am besten führen Sie diese vorgestellten Schritte mit einem *Planungsworkshop* (⇨267) durch, d.h. machen Sie auch diese Tätigkeit nicht alleine, sondern lassen Sie von jedem Workshopteilnehmer einen eignen Plan entwerfen und führen Sie die Überlegungen in geordneter Weise zusammen, um einen besseren Plan zu machen und alle wichtigen Personen an der Entstehung des Plans teilhaben zu lassen, anstatt ihn von oben überzustülpen. Wichtig ist hierbei die Auswahl der richtigen Personen. Je nach Projektgröße sollten 3 – 5 erfahrene Mitarbeiter mit heterogenem Wissen teilnehmen, um ein möglichst breites Spektrum an Lösungsideen zu erhalten. Zusätzlich können weitere Personen beratend oder passiv beteiligt sein. Wenn die Gruppe zu groß wird, können Sie für Planungsdiskussionen eine *Fishbowl* (⇨341) ausprobieren.

Welche Personen bzw. Vertreter welcher Teams gemeinsam planen, zeigt Abb. 4.1-2. Im Wesentlichen beteiligt sind

- das Releasemanagement und das Iterationsmanagement, die den Iterationsplan mit Produktfeatures und Meilensteinen auf Basis priorisierter Anforderungen als Entwurf einbringen,
- die SprecherInnen der Subsystem- und Featureteams, die darauf aufbauend ihre Iterationsfeatures in Form von Zielvereinbarungen ableiten und die Planung schließlich feinjustieren und Abhängigkeiten, Iterationskapazitäten etc. berücksichtigen.

Um die Integrität der fachlichen und technischen Gesamtarchitektur zu gewährleisten, ist auch das Architekturmanagement mit dabei.

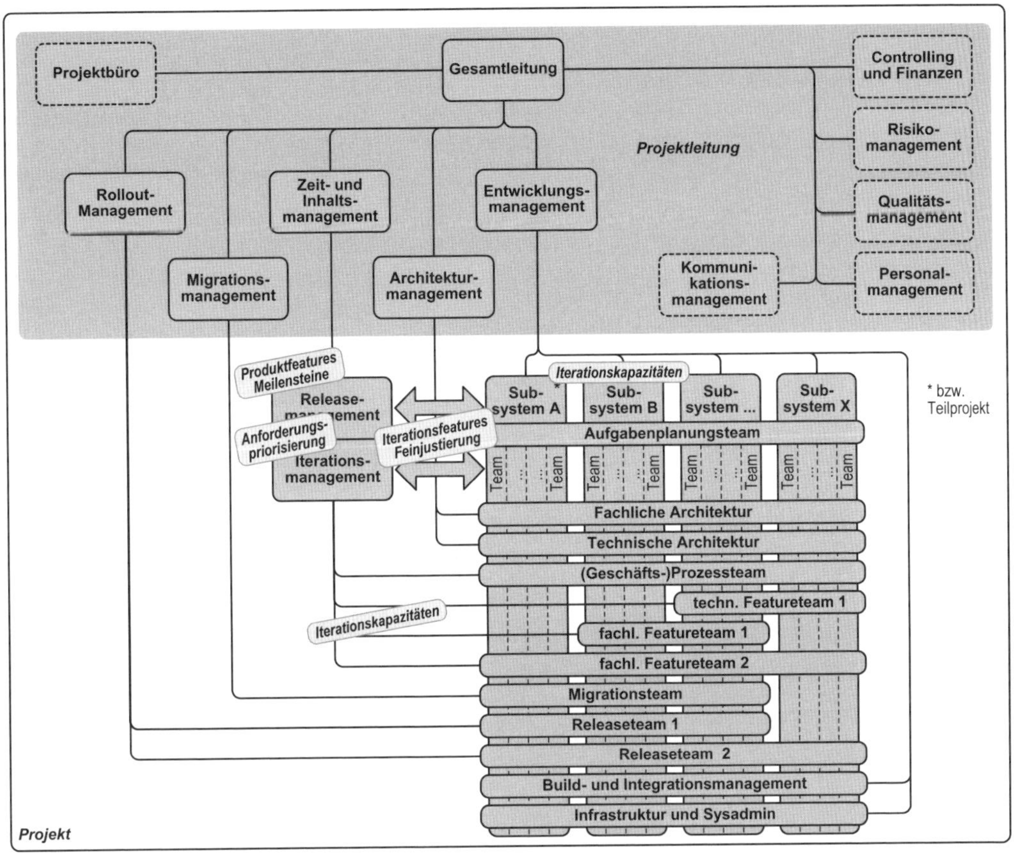

Abb. 4.1-2: An der Releaseplanung beteiligte Rollen (Ausschnitt aus Abb. 1.4-5 ⇨36)

Die Releaseteams werden erst nach Fertigstellung der releaserelevanten Funktionalitäten aktiv und sorgen dann für die Einführung der Releases, deswegen müssen sie jetzt noch nicht dabei sein.

Wie geht das konkret? Nun, das wollen wir anhand von Beispielen in den nachfolgenden Abschnitten darlegen.

4.1.1 Iterationsplan aufstellen

Projekt- und Releaseplan ⇨126

Aus dem Projekt- und Releaseplan (vgl. Abb. 3.2-2 ⇨126) wissen Sie, wie viele Iterationen Sie einplanen sollten, und Sie kennen die Meilensteine für jedes Release. Nehmen Sie jetzt für jedes Release eine Metaplanwand und zeichnen Sie für jede Iteration eine Spalte sowie für jedes Produktfeature eine Zeile. Die Produktfeatures schreiben Sie auf Metaplankarten und pinnen alle untereinander, die Meilensteine heften

Sie entsprechend an den Iterationsübergängen auf. So entsteht dann das Leergerüst eines **Iterationsplans**, der für Release *Verwaltung Basis* (M17) etwa so aussieht[8]:

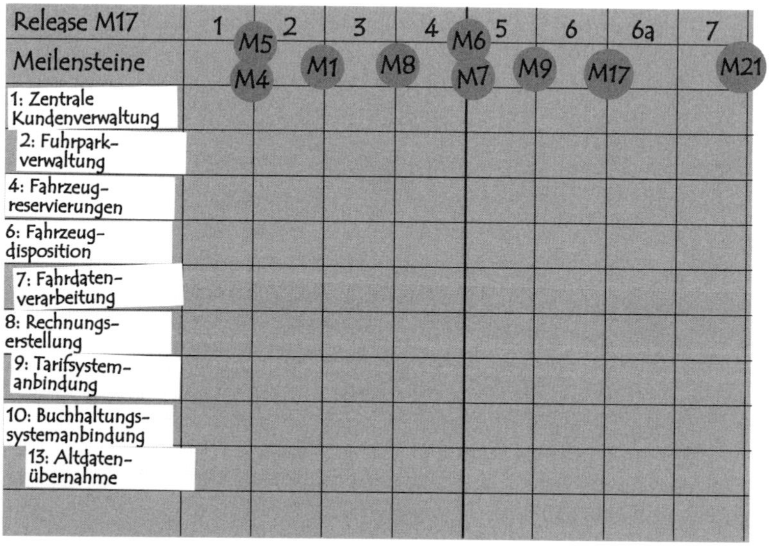

Abb. 4.1-3: Iterationsplan mit Produktfeatures

Aufgaben sind nicht beliebig parallelisierbar oder zu beschleunigen

So weit so gut. Jetzt kommt die eigentliche Arbeit, denn nun geht es darum zu entscheiden, in welche Iterationsfeatures wir die Produktfeatures zerlegen wollen, und zu planen, in welcher Iteration welches Iterationsfeature vorzeigbar sein kann. Dabei sind nun verschiedene Dinge zu berücksichtigen: Aufgaben sind nicht beliebig parallelisierbar oder zu beschleunigen. Es gibt logische und technische Abhängigkeiten zwischen den Features, d.h., die Entstehungsreihenfolge ist nicht beliebig. Die Planung muss zur Mitarbeiterkapazität passen. Die Meilensteine müssen erreicht werden. Die fachlichen wie technischen Prioritäten sind zu berücksichtigen. Die Entstehung der Iterationsfeatures soll außerdem maximale Flexibilität bei eventuellen Kursänderungen des Projektes ermöglichen. Ganz schön viel für einen einzigen Plan, der (nebenbei bemerkt) aus genau diesem Grund erfahrungsgemäß oft erst am Ende der Startphase wirklich vollständig ist, wie wir später noch zeigen werden.

Wie fangen wir also an? Ähnlich wie bei anderen Planungstechniken (z.B. Netzplantechnik) ist es auch hier in der Regel mit einem einzigen Planungsdurchgang nicht getan, sondern man beginnt mit einem ersten

[8] Je nach Dauer und Anzahl der Produktfeatures können Sie gegebenenfalls weitere Metaplanwände hinzunehmen. Vielleicht bekommen Sie auch alle Releases auf einer untergebracht.

sehr groben Planentwurf und justiert diesen sukzessive, indem man weitere Aspekte in diesen Entwurf einflechtet.

4.1.2 Iterationskapazitäten bestimmen

Da wir mit den Meilensteinen bereits einen ersten Blick auf die wichtigen Inhalte geworfen haben, bietet sich nun in dieser Mikroplanung an, den Zeitaspekt in den Vordergrund zu stellen, d.h., wir überlegen als Erstes, wie viel wir in vorgegebener Zeit (=Iteration) schaffen können und planen erst danach je Iteration entsprechend viele bzw. wenige Iterationsfeatures ein.

Anzahl der Mitarbeiter je Iteration

Um die Kapazität einer Iteration in PT (Personentage) ausrechnen zu können, wollen wir wissen, wie viele Mitarbeiter je Iteration an der Entwicklung der Features direkt beteiligt sind (also Entwickler, Architekten, Analytiker usw.). Hierzu bestimmen wir anhand der Faustformeln aus der Makroschätzung (vgl. *Softwaregleichung und ihre Faustformeln* ⇨287) zunächst die ideale Teamgröße für das Gesamtprojekt.

Softwaregleichung und ihre Faustformeln ⇨287

Unterstellen wir einmal, dass wir durch Analysen des abzulösenden Quellcodes die Produktgröße in KLOC ausrechnen konnten und auf gut 24 Monate Gesamtprojektdauer mit etwa 20 Mitarbeiter gekommen sind. Unser Projekt soll aber in 19 Monaten fertig sein, sodass wir diese Laufzeitverkürzung nur über eine überproportionale Erhöhung der Mitarbeiteranzahl auf etwa 25 kompensieren können. Wir kennen also die durchschnittliche Gesamtmitarbeiteranzahl bzw. können sie errechnen.

Für die Bestimmung der Iterationskapazität sind zwei Dinge zu berücksichtigen: Erstens ist nur ein Teil der gesamten Mitarbeiter direkt an der Entwicklung von Features beteiligt und zweitens verteilt sich die Gesamtmitarbeiterzahl ungleichmäßig über die Zeit. Rechnen wir also zunächst 6 Mitarbeiter für die Gesamtleitung und alle anderen Managementaufgaben sowie für Projektbüro, QS u.Ä. ab. Demnach bleiben uns durchschnittlich 19 Mitarbeiter, die direkt produktiv Features entwickeln.

Mitarbeitergebirge mit Personalkurve planen

Anschließend ziehen wir für die konkrete Planung eines idealen Mitarbeitergebirges noch die Personalkurve heran (vgl. Kapitel *3.1.5 Teamdynamik* ⇨111), die uns sagt, wie wir die Mitarbeiteranzahl über den Zeitverlauf steigern und wieder abbauen. Im Idealfall verfügen Sie in Ihrem Unternehmen sogar über eigene Erfahrungswerte über das An- und Abschwellen der Personalkurve, die Sie hier jetzt verwenden. Wenn nicht, so wissen Sie wenigstens, dass Sie zu Beginn, also vornehmlich in der Startphase, eher mit weniger und etwa ab der Hälfte der Hauptphase mit mehr Mitarbeitern rechnen, als der kalkulatorische Durchschnitt von 19 Mitarbeitern vorgibt.

Personenwochen je Iteration ausrechnen

Da Sie die Anzahl der Wochen jeder Iteration kennen, können Sie leicht errechnen, wie viel Personenwochen sich bei einer durchschnittlichen Besetzung pro Iteration bzw. insgesamt ergeben würden. Danach rechnen Sie anstelle des Durchschnitts die Personenwochen je Iteration bei nun angepasster Personalkurve aus und summieren auch diese. Am Ende sollte sich dieselbe Gesamtkapazität ergeben. Wenn Sie ganz genau sein wollen, können Sie auch die Arbeitstage je Iteration zählen, da Sie die Datumsangaben haben und die gesetzlichen Feiertage kennen.

Fortschritts- und Orientierungsabschnitt einer Iteration ⇨159

Wie wir später noch in Kapitel *5.1 Grundsätzlicher Aufbau einer Iteration* (⇨159, siehe auch Abb. 5.1-2 ⇨160 und Kapitel 5.2.4) sehen werden, teilen wir eine Iteration in einen Fortschritts- und einen Orientierungsabschnitt ein. Im kleineren Orientierungsabschnitt finden Reviews, Retrospektiven und Planungskorrekturen statt, es wird normalerweise nichts Neues entwickelt. Nur die Kapazität des Fortschrittsabschnittes ist für die hier anstehende Kalkulation zu berücksichtigen. Wir müssen also wissen, wie viele Tage die beiden Abschnitte einer Iteration jeweils umfassen. In unserem Fallbeispiel gehen wir von durchschittlich 6 Wochen (42 Kalendertage bzw. 30 Arbeitstage) Iterationsdauer und 6 Arbeitstagen für den Orientierungsabschnitt aus, sodass 24 Arbeitstage (= 30 - 6) verplant werden können.

Auf Personentage (PT) umrechnen

Planungseinheiten ⇨265

Das Umrechnen von Personenwochen auf Personentage (unsere Zielgröße) erfolgt gemäß *9.5.2 Planungseinheiten* (⇨265) durch Multiplikation mit nur 3,5 Tagen Nominalkapazität je Woche (statt mit 5 Kalendertagen). Dies berücksichtigt, dass Mitarbeiter auch mal Urlaub machen, krank sind und projektfremde Zeiten anfallen.

Iteration	1	2	3	4	5	6	6a	7	8	9	10	11	12	12a	13	14	**Summe**
Kalenderwochen	6	6	6	6	6	6	2	6	6	6	6	6	6	2	6	6	**88**
Fortschrittswochen	4,8	4,8	4,8	4,8	4,8	4,8	2	4,8	4,8	4,8	4,8	4,8	4,8	2	4,8	4,8	**71,2**
im Durchschnitt:																	
MA-Anzahl	19	19	19	19	19	19	19	19	19	19	19	19	19	19	19	19	**-**
Personenwochen	91,2	91,2	91,2	91,2	91,2	91,2	38,0	91,2	91,2	91,2	91,2	91,2	91,2	38,0	91,2	91,2	**1352,8**
angepasst:																	
MA-Anzahl	7	10	15	20	25	25	25	28	28	28	28	28	14	7	7	5	**-**
Personenwochen	33,6	48,0	72,0	96,0	120,0	120,0	50,0	134,4	134,4	134,4	134,4	134,4	67,2	14,0	33,6	24,0	**1350,4**
Personentage	117,6	168	252	336	420	420	175	470,4	470,4	470,4	470,4	470,4	235,2	49	117,6	84	**4726,4**

Abb. 4.1-4: Personalkapazitäten im Durchschnitt und gemäß Personalkurve

Ihre konkrete Personalkurve sieht dann etwa so aus:

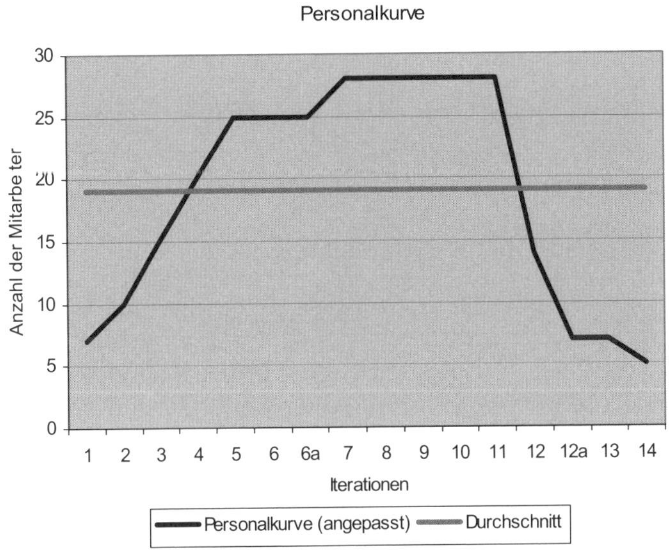

Abb. 4.1-5: Personalkurve (Beispiel)

Nun wissen wir grob für jede Iteration, wie viele Mitarbeiter wir für die Entwicklung von Features haben sollten, z.B. für Iteration 1 sieben Mitarbeiter, für Iteration 2 zehn Mitarbeiter usw. Und wir kennen nun die Nominalkapazität je Iteration in Personentagen, die wir für jede Iteration auf der Metaplanwand unten ergänzen können:

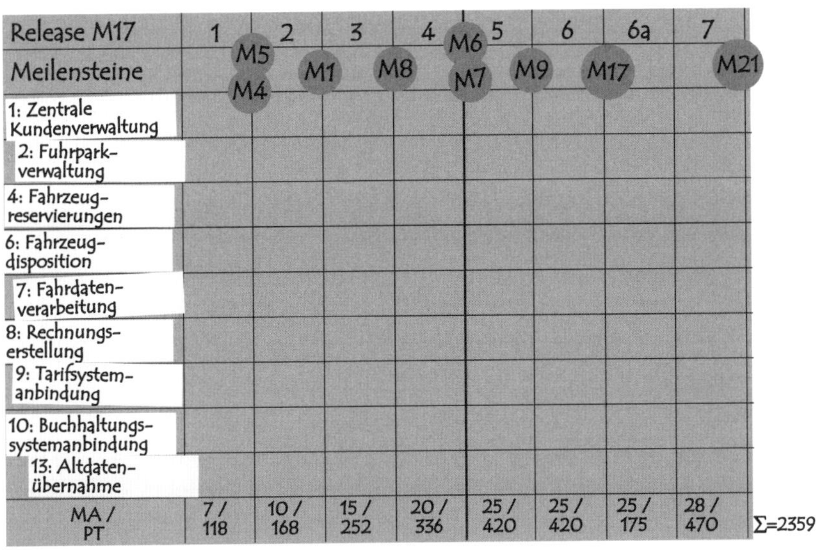

Abb. 4.1-6: Iterationsplan mit Iterationskapazitäten

So haben wir ein besseres Gefühl für das, was leistbar sein könnte, zumindest theoretisch. Wir kreieren uns quasi zunächst einen groben Rahmen, sodass wir gravierende Abweichungen vor uns selbst begründen müssten. Vielleicht ergibt sich ja in unserem konkreten Fall, dass Aufgaben bereits zu Beginn stärker parallelisierbar sind und wir mit mehr Mitarbeitern starten können, aber das sehen wir dann.

4.1.3 Anwendungsfälle priorisieren

Vgl. Kosten-Nutzen-Priorisierungsmatrix ⇨309

Nachdem wir die Iterationskapazitäten errechnet haben, priorisieren wir als Nächstes jeden Anwendungsfall (gruppiert nach Produktfeatures) zum einen nach seinem fachlichen Nutzen und zum anderen hinsichtlich seines technischen Risikos. Vergeben Sie für jeden dieser beiden Aspekte jeweils eine Zahl von 1 – 4 (mit 1 = niedrig und 4 = sehr hoch) und bilden Sie eine Gesamtpriorität, indem Sie die Wurzel aus den quadrierten Einzelwerten ziehen[9].

Diejenigen Anforderungen mit der höchsten Gesamtpriorität gehören in frühe Iterationen, damit Sie schnell einen hohen Nutzen produzieren und frühzeitig Ihre technischen Risiken kennenlernen. Einige Anwendungsfälle werden in einem Release möglicherweise nur angedeutet statt vollständig umgesetzt, insbesondere dann, wenn sie ein unverzichtbarer Bestandteil des Lebenszyklus eines fachlichen Objektes sind. Im obigen Beispiel sind es die mit (x) gekennzeichneten Anwendungsfälle, wie z.B. *Kunde kündigen*. Diese Funktionalität könnte beispielsweise über das Menü erreichbar sein, aber es geht lediglich ein Hinweisfenster auf, das den Benutzer darüber informiert, dass er bitte den Administrator kontaktieren möchte, um den Kundeneintrag löschen zu lassen.

Fangen Sie mit Sachen an, die Ihnen Angst machen

Hüten Sie sich davor, mit den Dingen anzufangen, die eigentlich Pillepalle[10] sind, starten Sie stattdessen mit Sachen, die Ihnen insgeheim Angst machen. Von daher ist es natürlich kein Zufall, wenn Ihnen auffällt, dass die niedrig priorisierten Anwendungsfälle erst für das Release *Verwaltung komplett* (M19) angedacht sind und umgekehrt. Sollte das bei Ihnen nicht so sein, haben Sie einen Grund die Zuordnung des Anwendungsfalles zum Release oder seine Priorisierung zu hinterfragen.

Durch die Zuordnung von Anwendungsfällen zu einem Release (Kreuze in der jeweiligen Spalte) ergeben sich für ein Produktfeature mögli-

[9] Mit der Formel $\sqrt{Nutzen^2 + Risiko^2}$ errechnen Sie den Abstand zum Ursprung in einem zweidimensionalen Koordinatensystem.

[10] „Pillepalle" ist umgangssprachlich und bedeutet Kinderspiel (http://www.dict.cc).

cherweise mehrere Ausbaustufen, die man als **Releasefeatures** bezeichnen kann (die sich wiederum aus mehreren Iterationsfeatures zusammensetzen). Beispielsweise besteht das Produktfeature *Zentrale Kundenverwaltung* im Release *Verwaltung Basis* (M17) lediglich aus drei Anwendungsfällen und wird erst im Release *Verwaltung komplett* (M19) weiter ausgebaut.

ID	Feature / Anwendungsfall	Nutzen	Risiko	Gesamt Prio	Releases		
					M17	M18	M19
PF1	**Zentrale Kundenverwaltung**	-	-	-	x		x
UC1	Neuen Kunden aufnehmen	3	1	**3,16**	x		
UC2	Kundendaten ändern	3	1	**3,16**	x		
UC3	Kunde kündigen	2	2	**2,83**	(x)		x
UC4	Kunde zeitweise sperren	1	1	**1,41**			x
UC5	Kundensperre aufheben	1	1	**1,41**			x
UC6	Kundenübersicht erstellen	1	1	**1,41**			x
PF2	**Fuhrparkverwaltung**	-	-	-	x		x
UC7	Neues Fahrzeug einrichten	3	1	**3,16**	x		
UC8	Fahrzeugdaten ändern	2	2	**2,83**	(x)		x
UC9	Fahrzeug aus dem Bestand nehmen	3	1	**3,16**	(x)		x
PF3	**Niederlassungsverwaltung**	-	-	-			x
UC10	Neue Niederlassung einrichten	3	1	**3,16**			x
UC11	Niederlassungsdaten ändern	2	2	**2,83**			x
UC12	Niederlassung schließen	1	1	**1,41**			x
PF4	**Fahrzeugreservierungen**	-	-	-	x		
UC13	Fahrzeug reservieren	4	2	**4,47**	x		
UC14	Reservierung ändern	3	1	**3,16**	x		
UC15	Reservierung stornieren	3	1	**3,16**	x		
PF5	**Internetreservierungen**	-	-	-		x	
UC16	Fahrzeug online reservieren	2	2	**2,83**		x	
UC17	Reservierung online ändern	1	1	**1,41**		x	
UC18	Reservierung online stornieren	1	1	**1,41**		x	
PF6	**Fahrzeugdisposition**	-	-	-	x		
UC19	Fahrzeug umparken	3	2	**3,61**	x		
UC20	Fahrzeug sperren	3	1	**3,16**	x		
UC21	Fahrzeug entsperren	3	1	**3,16**	x		
PF7	**Fahrdatenverarbeitung**	-	-	-	x		
UC22	Neue Fahrdaten erfassen	4	2	**4,47**	x		
UC23	Fahrdaten nachträglich ändern	3	1	**3,16**	x		
PF8	**Rechnungserstellung**	-	-	-	x		
UC24	Monatsrechnungen erstellen	3	3	**4,24**	x		
UC25	Rechnungsreklamation bearbeiten	3	1	**3,16**	x		
PF9	**Tarifsystem-Anbindung**	-	-	-	x		
UC26	Tarifdaten synchronisieren	2	4	**4,47**	x		
UC27	Preis ermitteln (sekundär)	4	3	**5,00**	x		
PF10	**Buchhaltungssystem-Anbindung**	-	-	-	x		
UC28	Rechnungsdaten übermitteln (sekundär)	3	3	**4,24**	x		
PF11	**GPS-Tracking**	-	-	-			x
UC29	Fahrzeugposition ermitteln	2	2	**2,83**			x
PF12	**Online-Schufa-Auskunft**	-	-	-			x
UC30	Bonitätsdaten ermitteln (sekundär)	1	2	**2,24**			x
PF13	**Altdatenübernahme**	-	-	-	x		
UC31	Altdaten übernehmen	4	3	**5,00**	x		

Abb. 4.1-7: Anwendungsfallpriorisierung als Tabelle (Auszug)

- Aus der Zuordnung zu einem Release lässt sich im Anschluss auch sehr leicht eine handfeste Meilensteinvereinbarung ableiten (vgl. *Meilensteinvereinbarung* ⇨255). Gehen Sie dazu einfach die Kreuze für ein Release durch und zählen Sie in dem Meilensteindokument je

Meilensteininhalte ableiten

Meilensteinvereinbarung ⇨255

Produktfeature einfach die Anwendungsfälle auf, die dann vollständig oder teilweise fertig sein müssen. Bei denjenigen, die nur teilweise fertig werden müssen (z.B. Kunde kündigen) beschreiben Sie, was davon funktionieren muss.

Inhalte für Startphase ⇨113 ableiten

Wenn wir uns zunächst nur auf das Release *Verwaltung Basis* (M17) konzentrieren und zusätzlich die Prioritäten in A, B, C und D (bzw. 1 – 4) klassifizieren, wird deutlich, worauf wir uns gleich zu Projektbeginn (in der Startphase) konzentrieren sollten:

ID	Feature / Anwendungsfall	Nutzen	Risiko	Gesamt-Prio	Rang	Releases		
						M	M	M
PF1	**Zentrale Kundenverwaltung**	-	-	-	-	x		x
UC1	Neuen Kunden aufnehmen	3	1	**3,16**	C	x		
UC2	Kundendaten ändern	3	1	**3,16**	C	x		
UC3	Kunde kündigen	2	2	**2,83**	D	(x)		x
PF2	**Fuhrparkverwaltung**	-	-	-	-	x		x
UC7	Neues Fahrzeug einrichten	3	1	**3,16**	C	x		
UC8	Fahrzeugdaten ändern	2	2	**2,83**	D	(x)		x
UC9	Fahrzeug aus dem Bestand nehmen	3	1	**3,16**	D	(x)		x
PF4	**Fahrzeugreservierungen**	-	-	-	-	x		
UC13	Fahrzeug reservieren	4	2	**4,47**	A	x		
UC14	Reservierung ändern	3	1	**3,16**	C	x		
UC15	Reservierung stornieren	3	1	**3,16**	C	x		
PF6	**Fahrzeugdisposition**	-	-	-	-	x		
UC19	Fahrzeug umparken	3	2	**3,61**	C	x		
UC20	Fahrzeug sperren	3	1	**3,16**	C	x		
UC21	Fahrzeug entsperren	3	1	**3,16**	C	x		
PF7	**Fahrtdatenverarbeitung**	-	-	-	-	x		
UC22	Neue Fahrtdaten erfassen	4	2	**4,47**	A	x		
UC23	Fahrdaten nachträglich ändern	3	1	**3,16**	C	x		
PF8	**Rechnungserstellung**	-	-	-	-	x		
UC24	Monatsrechnungen erstellen	3	3	**4,24**	B	x		
UC25	Rechnungsreklamation bearbeiten	3	1	**3,16**	C	x		
PF9	**Tarifsystemanbindung**	-	-	-	-	x		
UC26	Tarifdaten synchronisieren	2	4	**4,47**	A	x		
UC27	Preis ermitteln (sekundär)	4	3	**5,00**	A	x		
PF10	**Buchhaltungssystemanbindung**	-	-	-	-	x		
UC28	Rechnungsdaten übermitteln (sekundär)	3	3	**4,24**	B	x		
PF13	**Altdatenübernahme**	-	-	-	-	x		
UC31	Altdaten übernehmen	4	3	**5,00**	A	x		

Abb. 4.1-8: Anwendungsfallpriorisierung (klassifiziert)

Und wenn wir ehrlich zu uns selbst sind, überrascht uns der Blick auf die Anwendungsfälle mit Rang A oder B nur wenig: Wir reservieren Fahrzeuge, erfassen Fahrdaten und rechnen ab. Was sonst? Das ist das Kerngeschäft. Und wir kümmern uns auch frühzeitig um die Altdatenübernahme, ein für uns hohes Risiko, vielleicht weil wir die Qualität der bestehenden Datenstrukturen nicht kennen.

4.1.4 Iterationsfeatures planen

Nachdem wir nun durch die Priorisierung die als ideal betrachtete Entwicklungsreihenfolge bestimmt haben, können wir uns ans Werk machen und überlegen, was genau wir in welcher Iteration fertig haben wollen.

Vielleicht passen die vorliegenden Prioritäten aus Abb. 4.1-8 nicht mit Ihrem bisherigen Weltbild zusammen, denn möglicherweise sind Sie gewohnt, erst einmal die grundlegende Datenbasis zu schaffen. Wir hören an dieser Stelle oft: „Um Fahrzeuge zu reservieren, brauche ich erst einmal die Stammdaten der Fahrzeuge und der Kunden. Sollte ich nicht besser damit beginnen?" Viele Projekte beginnen daher klassisch mit einer Stammdatenverwaltung und machen die Altdatenübernahme zum Schluss. Das wirkt sich dann so aus, dass zunächst das Datenmodell vollständig spezifiziert vorliegen muss, bevor mit der Entwicklung der Geschäftslogik begonnen werden kann.

Wir haben über viele Jahre in unzähligen Projekten die Erfahrung gemacht, dass nahezu alle Projekte, die so vorgegangen sind, früher oder später gravierende Umstellungen im Datenmodell vornehmen mussten, weil die späte Erkenntnis über den wirklichen Ablauf der Geschäftslogik sie dazu gezwungen hat. In vielen dieser Fälle war das ohne erheblichen Aufwand gar nicht mehr möglich, sodass verzweifelte Verschlimmbesserungen im Datenmodell durchgeführt wurden, die nie wirklich bereinigt wurden (weil die Zeit dafür fehlte). Sie erschweren bis heute noch das Leben der Fachbereiche und Entwickler.

Verschlimmbesserungen im Datenmodell

Dabei können wir mit den heutigen technischen Möglichkeiten auch anders: Wenn wir die Geschäftslogik als Schicht sauber von der Datenhaltung trennen, können wir sie unabhängig von der Datenbank entwickeln und die Speicherung von Daten nachrangig bewerkstelligen. Auf diese Weise gewinnen wir vielmehr Sicherheit über die Daten, wie wir sie tatsächlich benötigen. Wir fangen also ganz bewusst nicht mit der Stammdatenverwaltung der Kunden an, auch wenn diese Daten eine Grundvoraussetzung für viele nachgelagerte Prozesse sind.

Orientierung an Nutzen und Risiko

Vor diesem Hintergrund wirken die nachfolgend vorgestellten Iterationsfeatures möglicherweise etwas revolutionär, sie orientieren sich aber streng an den Prioritäten aus Nutzen und Risiko – der richtigere Weg, wie wir finden.

Für die Produktfeatures aus Abb. 4.1-8, die gemäß der Priorisierung wichtige und häufige geschäftliche Abläufe beinhalten, z.B. *Fahrzeug reservieren* und *Neue Fahrdaten erfassen,* schlagen wir hier vor, zunächst erste Oberflächen-Prototypen zu bauen, um ein Gefühl für die damit verbundene Geschäftslogik zu bekommen. Diese können wir dann frühzeitig mit dem Fachbereich durchgehen und Feedback einholen, um uns zu vergewissern, dass wir auf dem richtigen fachlichen Weg sind.

Die Lösung muss dazu weder vollständig noch technisch angebunden sein. Für andere als riskant eingestufte Vorhaben, wie die Altdatenübernahme oder die Anbindung an ein Tarifsystem, werden technische Prototypen gebaut, um mögliche Lösungswege und deren Tücken zu evaluieren.

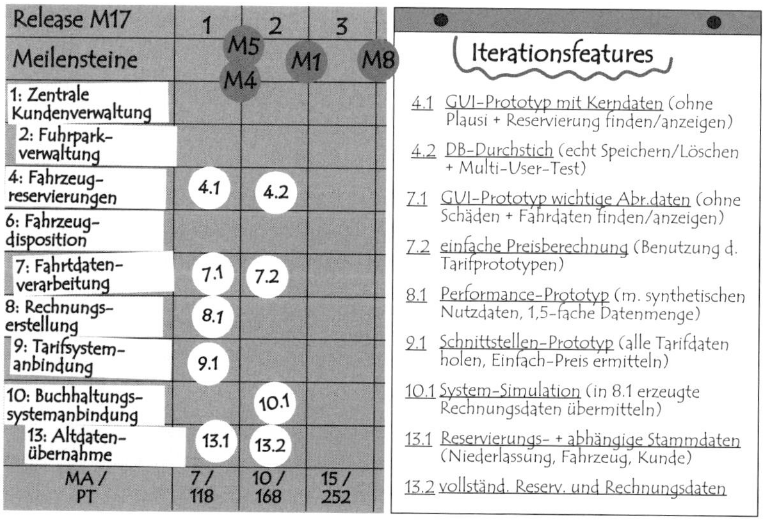

Abb. 4.1-9: Iterationsfeatures im Iterationsplan

Für diejenigen Produktfeatures, die hoch priorisierte Anwendungsfälle beinhalten, planen wir bereits in der ersten Iteration Iterationsfeatures ein. Pinnen Sie im gemeinsamen Planungsworkshop hierzu einfach einen Kreis in das entsprechende Kästchen, nummerieren Sie das Iterationsfeature (z.B. mit vorangestellter Produktfeature-Nummer und einer fortlaufenden Ziffer), und diskutieren Sie mögliche Inhalte dieser Ausbaustufe am danebenstehenden Flipchart.

Iterationsfeatures immer wieder prüfen

Stellen Sie die gebildeten Iterationsfeatures (IF) immer wieder auf den Prüfstand: „Handelt es sich dabei stets um zusammengehörige, kaufentscheidende Anforderungen? Könnten wir flexibel reagieren, wenn der Kunde plötzlich umpriorisiert?“ Versuchen Sie also stets ein ganzes Produktfeature zu erstellen, aber nehmen Sie im ersten Iterationsfeature mehr Inhalte vom hoch priorisierten Anwendungsfall rein. Und nehmen Sie nur so viele Iterationsfeatures in einer Spalte auf, wie Sie voraussichtlich schaffen können.

Iteration 1 im Detail

Das Iterationsfeature 4.1 beinhaltet zunächst nur die Kerndaten einer neu zu erfassenden Reservierung (Wann? Welcher Fahrzeugtyp? Für welchen Kunden? An welcher Station?). Komfortfunktionen sind großzügig ausgespart, und auf Plausibilitätsprüfungen wird auch verzichtet. Eine erfasste Reservierung wird erst einmal im Speicher gehalten und kann gesucht und wieder angezeigt werden. Das Ändern wie auch das Stornieren sind nur angedeutet, aber man kann schon erahnen, wie sich das anfühlen wird.

Parallel wird in derselben Iteration am Iterationsfeature 13.1 gearbeitet, in dem zunächst nur Kerndaten echter Reservierungen sowie die für eine Reservierung notwendigen Daten, wie Stationen, Kunden und Fahrzeuge, aus den Altdaten in eine neue Datenbank übernommen werden. Am Ende der Iteration können erfasste Reservierungen in der neuen Datenbank gespeichert werden. Parallel dazu wollen wir mehr über die Fahrdatenabrechnung erfahren und bauen daher mit Iterationsfeature 7.1 ebenfalls einen ersten Oberflächen-Prototyp zum Erfassen und Ändern von Fahrdaten.

Gleichzeitig probieren wir mit einem kommandozeilenbasierten Schnittstellen-Prototyp aus, wie wir für die spätere Tarifsynchronisierung alle dafür notwendigen Daten aus dem Tarifsystem erhalten und wie wir anhand der häufigsten preisrelevanten Informationen aus einer Reservierung bzw. einer Fahrt einen einfachen Preis ermitteln können, z.B. anhand des Fahrzeugtyps und der gefahrenen Kilometer. Für die Rechnungserstellung soll ein Performance-Prototyp erstellt werden, der sicherstellt, dass das 1,5-Fache der zu erwartenden Datenmenge mit der ins Auge gefassten Technologie überhaupt in akzeptabler Zeit bewältigt werden kann. Hierzu werden typische synthetische Fahrdaten erstellt und in einem Rechnungslauf daraus Rechnungsdaten im Zielformat erzeugt.

Das neue Datenmodell entsteht anhand verifizierter Erfordernisse

Für die Iteration 2 ergeben sich ähnliche Lösungsszenarien, die wir jetzt hier nicht im Detail durchgehen wollen, aber nirgendwo wird an Stammdatenfunktionalität gebastelt. Stattdessen wenden wir uns den Altdaten zu und bauen stückweise das neue Datenmodell auf, und zwar nur anhand der zu diesem Zeitpunkt durch abgestimmte Oberflächen-Prototypen nachgewiesenen Erfordernisse.

Abhängigkeiten erkennen

Mithilfe der Visualisierung der Iterationsfeatures und den gemeinsamen (teilweise sehr anstrengenden) Diskussionen darüber, werden Sie erfahrungsgemäß auch sehr viel über die Abhängigkeiten kennenlernen und die anderen Beteiligten ebenfalls. Zum Beispiel sollen die im Performance-Prototyp zur Rechnungserstellung (IF 8.1) entstandenen Rechnungsdaten anschließend zur Simulierung der Buchhaltungssystem-Anbindung (IF 10.1) verwendet werden. Daraus ergibt sich wohl zwangsläufig eine Reihenfolge. Achten Sie also im Planungsworkshop stets auf diese Abhängigkeiten, indem Sie Beteiligte immer wieder fragen: „Wer sieht Abhängigkeiten, die diesem Entwurf widersprechen könnten?“

4.1.5 Planung justieren

Zur Justierung der Planung schauen Sie als Erstes vor allem für die kurz bevorstehenden Iterationen, ob die tatsächliche Mitarbeiterverfügbarkeit zur Planung passt. Normalerweise können Sie zumindest für die kommenden 1 – 2 Iterationen (also maximal 3 Monate im Voraus) hinreichend sicher abschätzen, welche Mitarbeiter bzw. Teams mit welchen Kapazitäten zur Verfügung stehen.

Wenn Sie sich beispielsweise das Vorhaben für die Iteration 1 im Iterationsplan in Abb. 4.1-9 noch einmal genauer ansehen und die Iterationskapazität von 118 PT mit 7 neuen Mitarbeitern dagegenhalten, beschleicht Sie möglicherweise ein Unbehagen. Die Mitarbeiter kennen sich untereinander vielleicht nicht, d.h., die internen Kommunikationsstrukturen müssen sich noch etablieren. Außerdem müssen die Mitarbeiter die Projektvision verinnerlichen und mittragen. Ist das alles wirklich in 6 Wochen leistbar?

Iterationsfeatures verschieben

Aus Ihrer Erfahrung wissen Sie wahrscheinlich, dass zu Beginn auch die Infrastruktur für die Entwicklung aufgebaut werden muss. Und wenn wir zusätzlich den Meilenstein Benutzungskonzept (M5) erreichen wollen, dann bedeutet das vermutlich mehr als einen weiteren Planungsworkshop. Also dünnen wir die Iteration 1 aus. Bei konstanter Kapazität innerhalb der Timebox bedeutet das ein Verschieben der Iterationsfeatures:

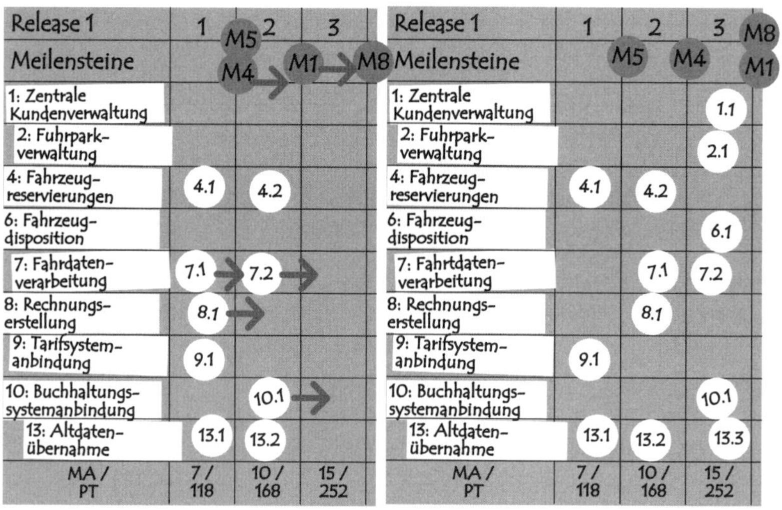

Abb. 4.1-10: Justierter und erweiterter Iterationsplan

Na gut, verschieben wir also vielleicht IF 8.1, wodurch wir wegen der Reihenfolgeabhängigkeit auch IF 10.1 verschieben müssen. Die Entwicklung der Fahrdatenverwaltung können wir eventuell auch etwas schieben (IF 7.1 und IF 7.2). Natürlich lösen wir durch das Verschieben das Problem nicht ganz, aber wir gewinnen Zeit und können uns überlegen, ob wir es durch zusätzliche Mitarbeiter (also Kostensteigerung), durch Umfangsreduzierung, durch Projektverlängerung oder durch Eskalation lösen möchten.

Nicht alle Aufgaben sind parallelisierbar

Wenn aber die Kapazitäten in einem halbwegs vernünftigen Verhältnis zum Planvolumen stehen, dann überlegen Sie im zweiten Justierungsschritt, welcher Mitarbeiter bzw. welches Team für die Umsetzung der Features infrage kommen, denn manchmal ergibt sich, dass bestimmte Aufgaben nicht ohne Weiteres parallelisierbar sind, z.B. weil nur bestimmte Mitarbeiter die Qualifikation dafür haben.

Durch das Verschieben landen einige der hoch priorisierten Iterationsfeatures in Iteration 3, in der Sie sicher an weiteren Themen arbeiten wollen, zumindest so weit, dass alle Produktfeatures begonnen sind. Erst mit Ende der Iteration 3 kommen wir an einen Punkt, an dem wir sagen können: „Ja, wir kennen nun die wichtigsten Risiken und können sie kalkulieren.“ Das markiert dann das Ende der Startphase.

Die Startphase ⇨113 wird erst nach der Erstplanung wirklich klar

Dummerweise hatten wir uns das Ende der Startphase bei der Releaseplanung mit dem Meilenstein M1 anders überlegt, nämlich bereits nach 2 Iterationen. Im Klartext heißt das: Beim näheren Hinsehen stellen wir fest, dass der Meilenstein M1 um eine Iteration verschoben werden muss, um realistisch zu sein. Gleiches gilt für den Meilenstein *Technischer Prototyp* (M4). Das ist in diesem Beispiel natürlich so gewollt, aber es zeigt auch, dass die Startphase üblicherweise erst durch die Planung der Iterationsfeatures für die ersten Iterationen verifiziert wird. Erst jetzt ist klar, was der Meilenstein M6 genau beinhalten wird. Sowohl Dauer als auch Inhalt dieses Phasenmeilensteins ergeben sich erfahrungsgemäß erst im Nachhinein und nicht top-down. Sie sollten im ersten Planungsworkshop also vorrangig darauf achten, dass Sie die Iterationsfeatures der ersten Iterationen stabil bekommen. Die nachfolgenden Iterationsfeatures sollten zwar vollständig sein, können aber zunächst ruhig etwas oberflächlich bleiben.

4.1.6 Features beschreiben

Welche Beschreibungsform ist angemessen?

Nachdem wir Features identifiziert und deren Inhalte festgelegt haben, fragen Sie sich vielleicht, welche Form für eine Beschreibung die angemessene ist. Sie hängt sehr von der Größe des Projektes ab und von den formalen Notwendigkeiten. In kleinen Projekten mit wenigen Mitarbeitern reicht vielleicht schon ein Fotoprotokoll der Metaplanwand und des Flipcharts dafür aus. In größeren Projekten umfassen die Iterationsfeatures oftmals ein viel größeres Volumen, weil viel mehr Personen beteiligt sind, sodass dann auch die Beschreibung in einem Textdokument oder besser in einem Wiki angemessen sein kann (ca. ½ DIN-A4-Seite/Feature). Je nach Art des Features sind unterschiedliche Informationen bedeutsam.

Produktfeatures beschreiben

Die Produktfeatures brauchen Sie im Grunde nicht weiter zu beschreiben, denn die Inhalte sind im Wesentlichen durch die gruppierten Anwendungsfälle bzw. nicht funktionalen Anforderungen bestimmt und dort beschrieben. Lediglich folgende Informationen sind von Belang:

- Art und eindeutige Nummer
- Name
- Enthaltene Anwendungsfälle bzw. nicht funktionale Anforderungen
- Verantwortliche Person (bzw. Team) [11]
- Gegebenenfalls geplanter Aufwand und Fertigstellungstermin

Im Grunde brauchen Sie also nur vorhandene Anforderungen zu gruppieren, nummerieren und benennen sowie eine verantwortliche Person zu bestimmen. Der Planungsaufwand entspricht der Summe der Einzelaufwände für die gruppierten Anforderungen, und den Fertigstellungstermin entnehmen Sie aus dem Iterationsplan, es ist das Iterationsende des letzten Iterationsfeatures.

Iterationsfeatures beschreiben

Um Iterationsfeatures wirkungsvoll zu beschreiben, brauchen Sie neben den Metainformationen wie Nummer, Name usw. eigentlich nur die getroffene Entscheidung über den Inhalt so weit zu dokumentieren, dass diese auch in ein paar Wochen noch nachvollziehbar ist. Und es reicht völlig aus, wenn dies für die am Planungsworkshop Beteiligten nachvollziehbar ist. Für das nächste Fachbereichstreffen oder den kommenden Lenkungskreis werden Sie ohnehin eigene, geeignete Präsentationen anfertigen. Verwenden Sie zur Beschreibung also höchstens folgende Informationen:

- Eindeutige Nummer und Name
- Erwartete Ergebnisse
- Verantwortliche Person (bzw. Team)
- Gegebenenfalls geplanter Aufwand

Auf das Wesentliche beschränken

Die geplante Iteration können Sie dem Iterationsplan entnehmen. Die erwarteten Ergebnisse formulieren Sie am besten als *zukünftige* Eigen-

[11] Oft wird in der Praxis ein Team als Verantwortlicher zugeordnet. Das ist okay, dennoch ist es hilfreich, wenn hier vor allem ein Personenname steht.

schaft, die erreicht sein *wird*. Das passt im Normalfall handschriftlich alles auf eine Karteikarte, was übrigens den Vorteil hat, dass Sie sich durch den begrenzten Platz auf das Wesentliche konzentrieren müssen.

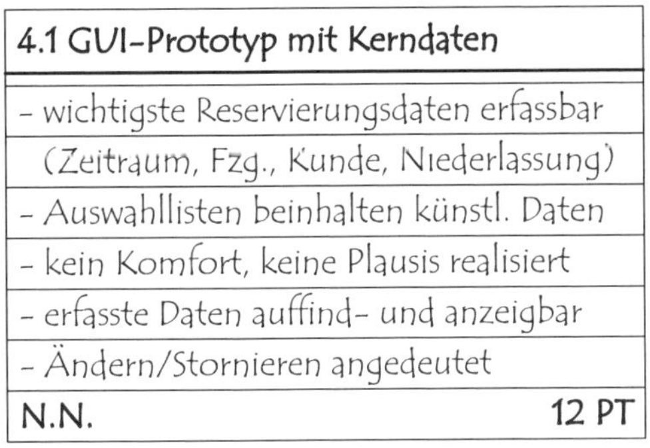

Abb. 4.1-11: Iterationsfeature als Karteikarte

Einfache Dokumentationsmittel verwenden

An dieser Stelle erscheint uns ein kleiner Appell ratsam: Bleiben Sie beweglich! Das heißt, denken Sie daran, dass Features lediglich der Planung dienen und nicht etwa der Anforderungsbeschreibung, denn dafür haben wir bereits Beschreibungsformen (nämlich Anwendungsfälle und nicht funktionale Anforderungen). Seien Sie daher sparsam mit dieser Dokumentation und verwenden Sie ausschließlich einfache Mittel (Metaplanwand, Flipchart, Karteikarten, Digitalkamera, Wiki, Tabellenkalkulation o.Ä.). Es kommt nicht auf die Beschreibung selbst an, sondern darauf, wen Sie an der Entstehung beteiligen.

4.1.7 Der Iterationsplan als Zielvereinbarung

Das Ziel ist funktionierende Software

Sie erkennen: Wir schreiben nirgendwo im Iterationsplan, dass irgendwelche Dokumente, Konzepte oder UML-Modelle erstellt sein sollen. Natürlich sind dies alles Ergebnisse bzw. Artefakte, die im Rahmen üblicher Softwareprojekte entstehen, aber sie sind in der Regel nur Mittel zum Zweck. Der Zweck selbst ist funktionierende Software, und das ist es, worauf wir uns ausrichten.

Der Iterationsplan sagt also nichts darüber aus, *wie* wir zu dem geplanten Funktionsumfang gelangen, sondern er zeigt lediglich auf, *was* am Ende der jeweiligen Iteration laufen soll und gegebenenfalls dem Fachbereich zur Begutachtung vorgelegt werden kann. Die Menge der Iterationsfeatures einer Iteration (also eine Spalte im Iterationsplan) nennen wir **Inkrement**.

Startphase ⇨113

„Wann entsteht der Iterationsplan eigentlich?“, mögen Sie fragen. Unsere Antwort: Erfahrungsgemäß ist der Iterationsplan erst am Ende der Startphase halbwegs stabil, davor ist er noch unvollständig.

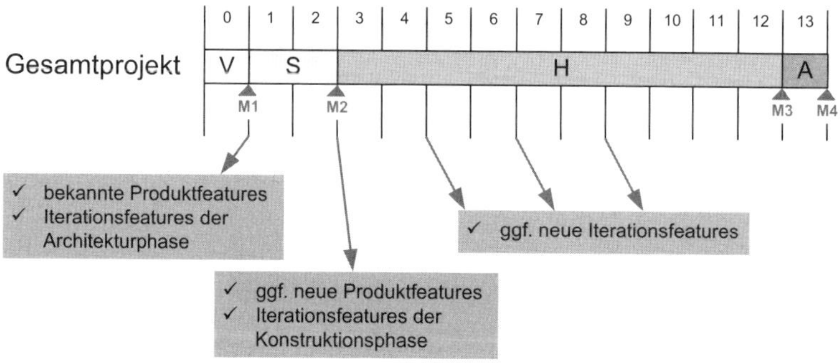

Abb. 4.1-12: Entstehung des Iterationsplans

Vorbereitungsphase ⇨63

Während der Vorbereitungsphase des Gesamtprojektes schneiden Sie die Releases und machen den Releaseplan, d.h., Sie identifizieren alle bis dahin bekannten Produktfeatures. Idealerweise haben Sie gegen Ende der Vorbereitungsphase, also rechtzeitig für den Projektauftrag, wenigstens die Iterationsfeatures für die Startphase des Gesamtprojektes geplant.

Vollständiger Iterationsplan erst am Ende der Startphase

Während der Startphase ergeben sich unter Umständen weitere Produktfeatures. In jedem Fall planen Sie in dieser Phase die restlichen Iterationsfeatures für die Hauptphase zu Ende, sodass Sie am Ende der Startphase einen vollständigen Plan bis zum Projektende vorlegen können (aber eben auch nicht viel früher).

Hauptphase ⇨118

Auch im Verlauf der Hauptphase werden sich weitere Änderungen ergeben, z.B. durch neue Erkenntnisse oder Umpriorisierungen, sodass neue Iterationsfeatures entstehen. Im Übrigen sollten Sie auch damit rechnen, dass sich auch die Featureinhalte selbst im Laufe der Zeit ändern.

Der Iterationsplan ist eine regelmäßig angepasste Zielvereinbarung

So gesehen stellt der Iterationsplan im Grunde eine regelmäßig angepasste Zielvereinbarung dar, die wir untereinander mit uns selbst ausmachen. Er schafft eine herrliche Transparenz, was gerade in größeren Projekten mit mehreren Teams extrem hilfreich ist, weil jeder die Entstehung des Gesamtproduktes nachvollziehen kann. Sie sollten den Iterationsplan daher als zentrales Dokument für alle Projektmitglieder veröffentlichen. Und wenn er inhaltlich verständlich und optisch halbwegs ansprechend gestaltet ist, können Sie sogar darüber nachdenken, ihn regelmäßig mit dem Fachbereich durchzusprechen, damit auch er sieht, wie das Projekt voranschreitet.

4.1.8 Projektinhalt mit Features strukturieren

Die vom Projekt zu realisierenden Anforderungen können in verschiedener Weise strukturiert werden. Mithilfe eines **Projektstrukturplans** (PSP, englisch: *work breakdown structure*) kann man beispielsweise die Elemente eines Projektes hierarchisch darstellen. In der Praxis sind dazu verschiedene Darstellungsformen gebräuchlich:

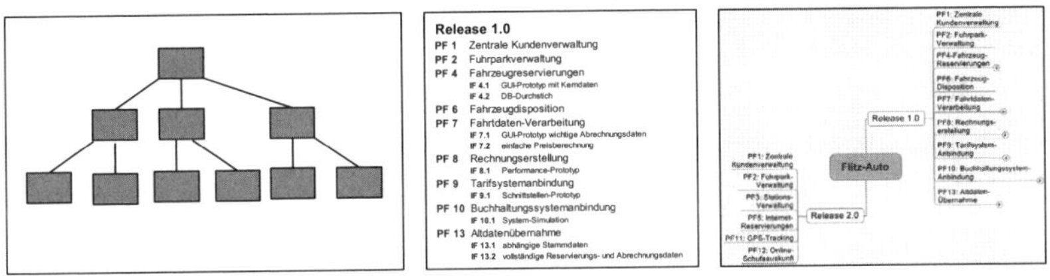

a) Hierarchisches Strukturdiagramm — b) Nummerierte Liste mit Einrückungen — c) Mindmap

Abb. 4.1-13: Darstellungsformen eines Projektstrukturplans

Auf diese Art versucht man den Gesamtprojektumfang zu strukturieren, was ja auch für das Inhaltsmanagement von zentraler Bedeutung ist, d.h. Elemente, die im Projektstrukturplan nicht auftauchen, gehören halt nicht zum Projektumfang. Üblicherweise brechen Sie dazu die Elemente höherer Ebenen auf handhabbare Elemente einer Unterebene herunter („divide et impera" ...).

Elemente eines Projektstrukturplans

Zu der Frage, was man am besten als Elemente des Projektstrukturplans nimmt, gibt es in der Literatur kaum methodische Unterstützung[12]. Nehme ich Anwendungsfälle? Projektphasen? Zu erstellende Dokumente? Aktivitäten?

Die Verwendung von Beschreibungsstrukturen, die sich an den geschäftlichen Abläufen orientieren (also Anwendungsfälle, Geschäftsprozesse, Aktivitätsdiagramme, Benutzergeschichten), haben allgemein eine große Verbreitung. So sehr diese Mittel zur Erhebung und Strukturierung von Anforderungen gut sind, so sind sie doch als Planungseinheit innerhalb eines Projektes wenig brauchbar.

Teams sind meist nach Komponenten organisiert

Die projektinterne Planung wie auch die Projektorganisation folgen meistens nicht der ablauforientierten Anforderungsstruktur (jedenfalls haben wir leider selten Teams beobachten können, die zusammengehörige Anwendungsfälle komponentenübergreifend bearbeiten). Vielmehr folgen Planung und Organisation der fachlichen und technischen Systemarchitektur, also beispielsweise der Gliederung in Komponenten und Subsysteme (das Team *Kunde*...).

[12] In PMI kennt man immerhin den Begriff des *Liefergegenstandes* (engl.: *deliverable*), der dem hier dargestellten Feature recht nahe kommt.

User Stories in Großprojekten

In einem geschäftlichen Ablauf sind üblicherweise mehrere Komponenten involviert und damit auch mehrere Teams. Das erschwert die Projektplanung zumindest in größeren Projekten. In kleinen Projekten können wie in Scrum oder XP beispielsweise User Stories (Benutzergeschichten) als Planungsbasis dienen. In größeren Projekten gelingt dies nicht mehr.

Die Lösung dieses Dilemmas liegt in der Verwendung von Features als Bindeglied zwischen den ablauforientierten Anforderungen, der projektinternen Arbeitsplanung und dem Projektstrukturplan.

Produktfeatures als Elemente höchster Ebene

Nun ahnen Sie vermutlich schon, worauf wir hinaus wollen: Nehmen Sie Produktfeatures als Elemente der höchsten Ebene Ihres Projektstrukturplans! Dann haben alle Beteiligten schon bei der Strukturierung des Projektumfangs stets die wirklich kaufentscheidenden Leistungsmerkmale ganzheitlich im Blickfeld. Und ganz nebenbei ähnelt die Struktur der Produktfeatures denen der fachlichen und technischen Systemarchitektur, sodass sich ein Produktfeature auch viel besser genau einem Team ergebnisverantwortlich zuordnen lässt. Auf diese Weise können Sie sehr wahrscheinlich Kommunikationsschnittstellen reduzieren und damit die Planung vereinfachen.

Mit einer Mindmap dargestellt sehen die bisher diskutierten Produktfeatures für unser Beispiel einer Kfz-Vermietung etwa so aus:

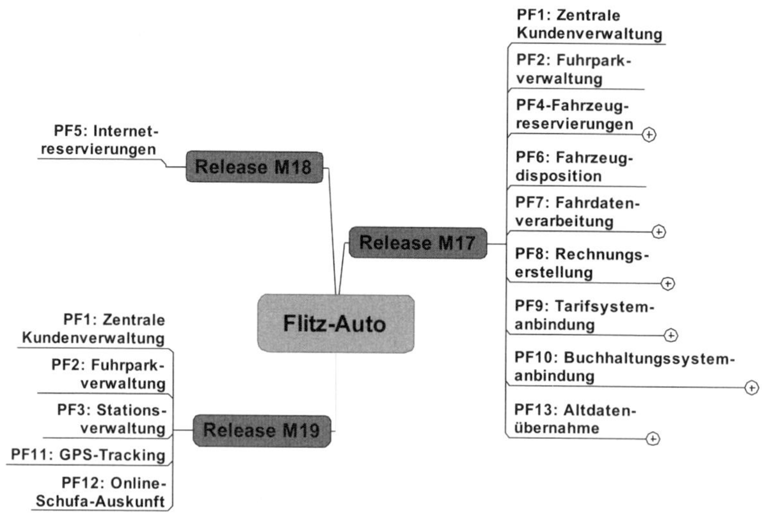

Abb. 4.1-14: Erster Projektstrukturplan mit den Produktfeatures der drei Releases

Beachten Sie, dass die Produktfeatures PF1 und PF2 sowohl in Release M17 als auch in Release M19 vorkommen. Das liegt daran, dass diese im Release M19 um weitere Anwendungsfälle ergänzt werden.

Für die Iterationsfeatures können Sie diesen Plan sehr einfach fortführen, da diese ja immer zu genau einem Produktfeature gehören und auch einem Release zuordenbar sind:

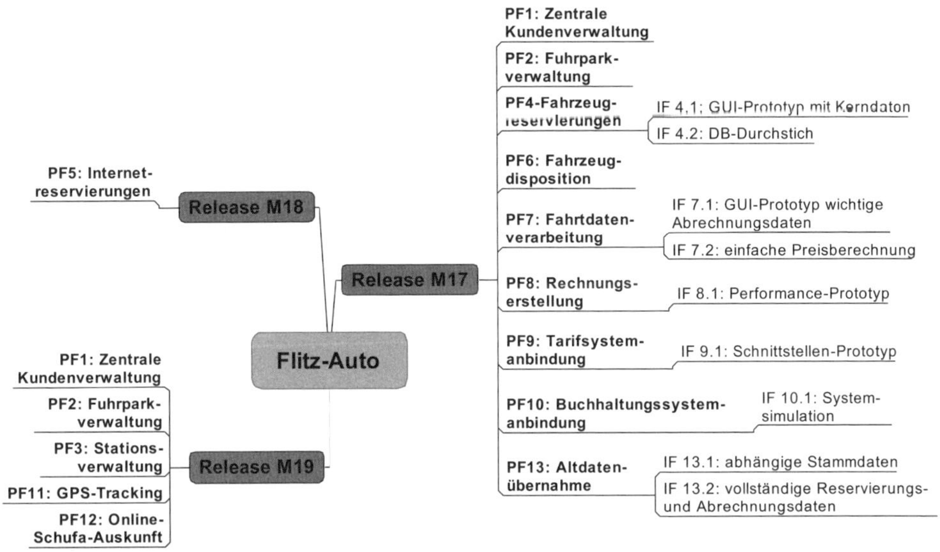

Abb. 4.1-15: Projektstrukturplan mit Produktfeatures und Iterationsfeatures von Release M17

Wenn Sie ein handelsübliches Mindmap-Werkzeug zur Strukturierung verwenden, können Sie beispielsweise die Mindmap in ein Textverarbeitungs- oder Tabellenkalkulationprogramm importieren oder die Zweige und Unterzweige mit externen Dokumenten oder Wikiseiten verlinken und damit auf einfache Weise eine zentrale Stelle zum Auffinden und Navigieren von Informationen schaffen.

5 Iterationsvorbereitung

Ich taste mich voran.

Albert Einstein

Worum geht es in diesem Kapitel?

- Wie wird eine Iteration im Detail vorbereitet?
- Wie bereiten die Teams ihre Arbeitsaufträge für eine Iteration vor?
- Wie erfolgt die Qualitätssicherung und Klärung teamübergreifender Ressourcenkonflikte?

5.1 Grundsätzlicher Aufbau einer Iteration

In diesem Abschnitt geht es darum, wie eine Iteration aufgebaut und strukturiert ist, aus welchen einzelnen Elementen sie besteht und wie diese inhaltlich und zeitlich zusammenhängen.

Retrospektive ⇨201
Wöchentliches Feedback

Ganz grob betrachtet (vgl. Abb. 5.1-1) ist eine Iteration ein kurzer Zeitraum von wenigen Wochen (zur Iterationsdauer ⇨56), an dessen Ende ein Soll-Ist-Abgleich und eine Retrospektive stehen. Während einer Iteration findet einmal pro Woche ein systematisches projektweites Feedback statt, um die Steuerung und Kontrolle innerhalb eines Iterationszeitraumes zu unterstützen. Darüber hinaus sind permanente bzw. möglichst häufige Builds und Smoke-Test vorgesehen.

Tägliches Teamsteuerungstreffen ⇨182

Innerhalb der einzelnen Projektteams können außerdem tägliche Steuerungstreffen stattfinden (Teamsteuerungstreffen ⇨182, ⇨363, in Scrum das *Daily-Scrum-Meeting*).

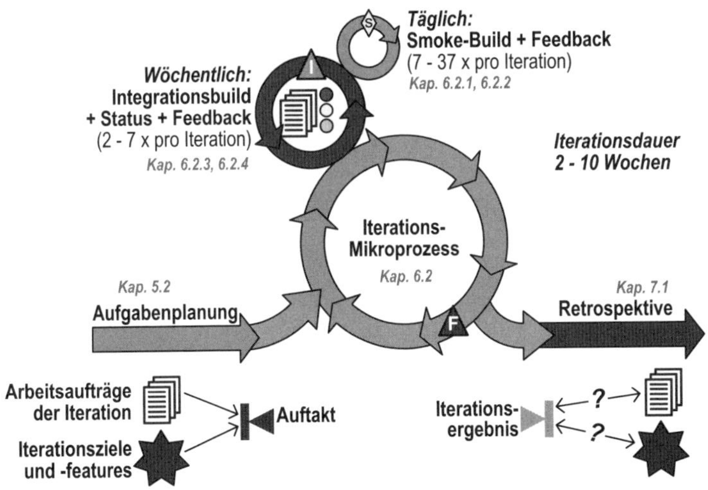

Abb. 5.1-1: Mikrozyklen innerhalb einer Iteration (farbige Abbildung im PPT- und PDF-Format herunterzuladen unter www.oose.de/apm/download)

Stabilisierungsiteration ⇨323

In Abb. 5.1-2 ist der prinzipielle Ablauf einer Iteration skizziert, der nun näher erläutert wird. Wie Abb. 5.1-2 andeutet, sind alle Iterationen gleichartig aufgebaut und folgen demselben Schema (wobei es auch noch sogenannte Stabilisierungsiterationen geben kann, die später beschrieben werden ⇨323).

Eine Iteration wird zunächst einmal in einen **Fortschrittsabschnitt** und einen **Orientierungsabschnitt** unterteilt.

Im Fortschritts- oder auch Arbeitsabschnitt findet die eigentliche Entwicklung statt. Hier werden Anforderungen abgestimmt und umgesetzt, Lösungen entwickelt etc.

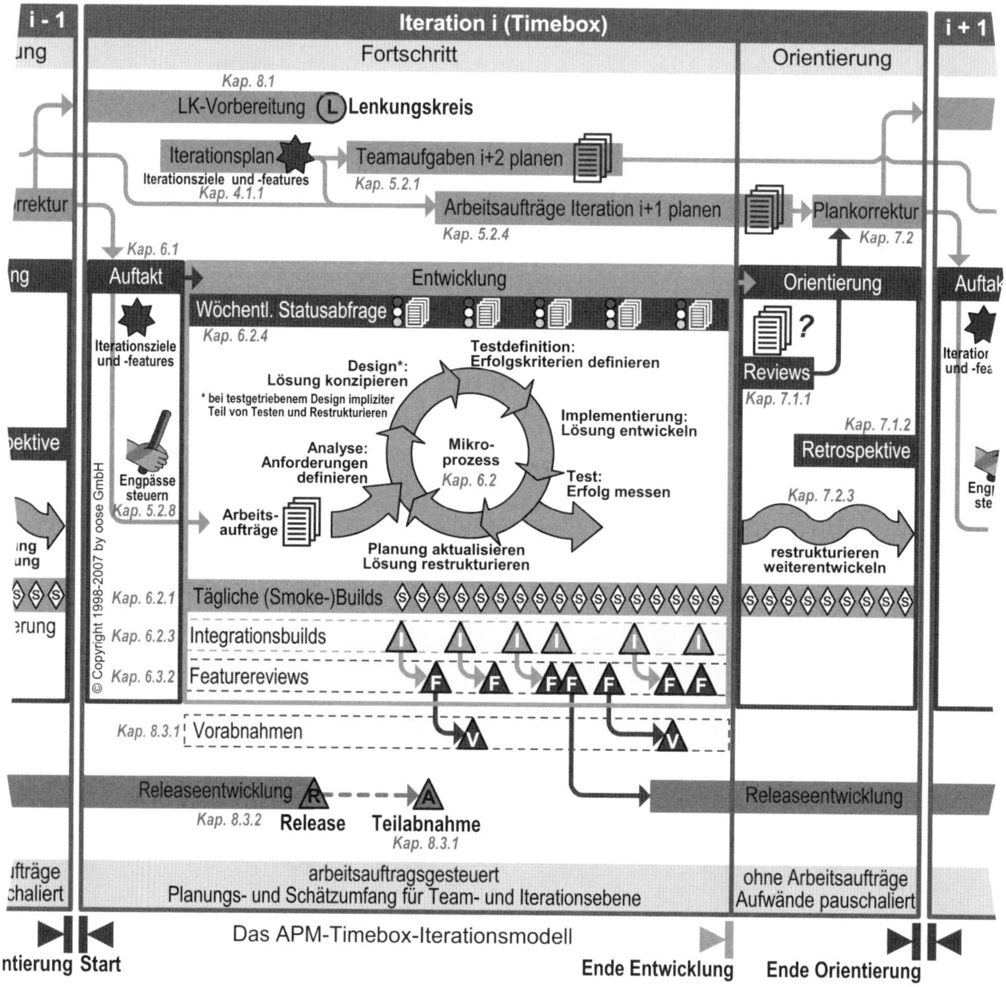

Abb. 5.1-2: Prinzipieller Aufbau einer Iteration nach dem APM-Timebox-Iterationsmodell von oose (farbige Abbildung im PPT- und PDF-Format herunterzuladen unter www.oose.de/apm/download, Legende siehe Abb. 1.1-6 ⇨9)

Retrospektive ⇨201

Im Gegensatz dazu entwickelt sich das Projekt im Orientierungsabschnitt inhaltlich nicht weiter. Im Orientierungsabschnitt geht es um einen systematischen Rückblick auf die in der Iteration getane Arbeit. Was sollte erreicht werden? Was wurde tatsächlich erreicht? Darauf aufbauend werden dann Antworten zu folgenden Fragen gesucht: Was lernen wir daraus? Was können wir zukünftig besser machen? Was bedeuten die Erkenntnisse des Rückblicks für die weitere Planung und das weitere Vorgehen? Ein wichtiger Teil dieses Abschnittes ist also eine **Retrospektive**. Erst danach beginnt dann die nächste Iteration.

Was genau in diesen beiden Abschnitten passiert und zu tun ist, wird im Folgenden detailliert erläutert.

5.2 Arbeitsvorbereitung

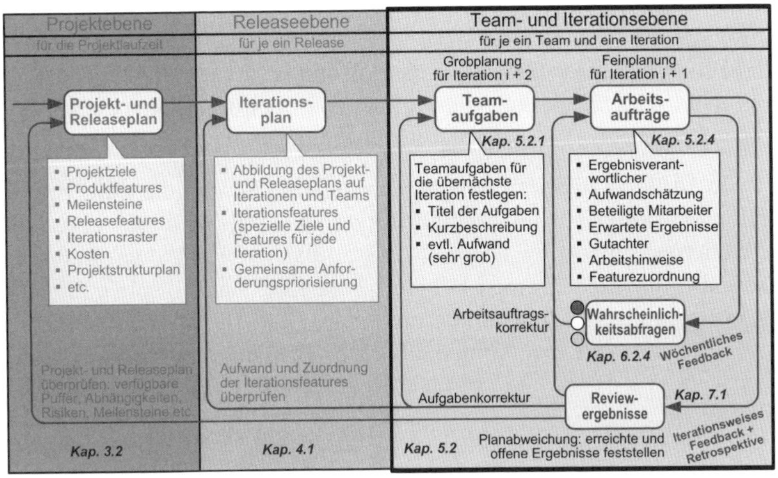

Abb. 5.2-1: Die Planungsebenen (Wiederholung von Abb. 1.1-3 ⇨4 mit hervorgehobener Team- und Iterationsebene)

Kontinuierliche Planfortschreibung

Wir gehen davon aus, dass bereits zu Anfang des Projektes ein oberflächlicher, aber zeitlich vollumfänglicher initialer **Projekt- und Releaseplan** (⇨122, 133, vgl. auch Abb. 3.2-2 ⇨126) erarbeitet wird. Wir betrachten diesen Plan als initialen Plan, da das iterative Verfahren anders als das Wasserfallmodell von einer kontinuierlichen Plananpassung und -entwicklung anstelle eines Einmal-planen-und-dann-so-umsetzen-Ansatzes ausgeht.

Iterationsziele, Iterationsfeatures ⇨146, 151, 155

Aus dem Projekt- und Releaseplan wurde in Kapitel *4 Releaseplanung* (⇨133, Abb. 4.1-10 ⇨148) ein Iterationsplan abgeleitet, aus dem hervorgeht, welche grundsätzlichen Ergebnisse in welcher Iteration erzielt werden sollen.

Damit werden iterationsspezifische und für den Auftraggeber nachvollziehbare und an seinem geschäftlichen Nutzen orientierte Ziele (Iterationsziele genannt) und Features (Iterationsfeatures genannt) beschrieben.

Diese Planung ist nun so weit herunterzubrechen, dass jeder einzelne Mitarbeiter in einer Iteration genau weiß, was er zu tun hat und wie die Ergebnisse aussehen sollen. Diese Detaillierung erfolgt in zwei Schritten,

⇨162

- der **Grobplanung** (Teamaufgaben) für die jeweils übernächste Iteration (i+2) und der

⇨166

- **Feinplanung** (Arbeitsaufträge) für die jeweils direkt folgende Iteration (i+1, die im Kapitel *5.2.4 Arbeitsaufträge für Iteration i+1 planen (Feinplanung)* beschrieben wird, ⇨166).

Die Planung verläuft also insgesamt beginnend mit den Projektzielen und Produktfeatures über die Releasefeatures zu den Iterationsfeatures und dann schließlich über die Aufgaben zu den konkreten Arbeitsaufträgen.

Sprintplanungssitzung

Im Unterschied zu Sprintplanungssitzungen in Scrum, die zwar zeitlich ähnlich positioniert sind, ist die Planung im APM-Verfahren etwas differenzierter (zweistufig i+2, i+1 und primär auf Iterationsfeatures basierend). Wir planen einen höheren Zeitbedarf ein, beispielsweise für (gegebenenfalls auch teamübergreifende) Rückfragen und Klärungsprozesse, die sich nicht innerhalb einer Planungssitzung entscheiden lassen.

5.2.1 Aufgaben für Iteration i+2 planen (Grobplanung)

Zwei-Bugwellen-Planung

Bereits zwei Iterationen vor dem Start einer Iteration werden die Arbeitsaufträge einer Iteration allmählich identifiziert und vorsortiert. Identifiziert heißt, sie werden angelegt, bekommen einen Titel, sind durch eine Nummer eindeutig zu identifizieren, werden gegebenenfalls bereits einem Team zugeordnet und mit 1 – 2 Stichworten beschrieben. Möglicherweise wird auch der Aufwand bereits grob geschätzt. Wir verwenden in diesem Zusammenhang die Begriffe Teamaufgabe und Arbeitsauftrag.

Arbeitsauftrag ⇨274

> ⊙ Ein **Arbeitsauftrag** ist eine Vereinbarung von und für ein oder mehrere Projektmitglieder, ein Ergebnis zu erzielen. Er beschreibt Voraussetzungen, Rahmenbedingungen und erwartete Ergebnisse.

> ⊙ Eine **Teamaufgabe** ist ein grober Arbeitsauftrag oder eine grobe Beschreibung einer Menge inhaltlich zusammenhängender Arbeitsaufträge.

Während wir einen Arbeitsauftrag gleich noch (*5.2.4 Arbeitsaufträge für Iteration i+1 planen (Feinplanung)* ⇨166) etwas konkreter fassen, belassen wir den Begriff Teamaufgabe bewusst etwas unschärfer.

Die Iterationsfeatures werden jetzt in besser überschaubare Einzelaufgaben zerlegt. Während Iterationsfeatures an für den Auftraggeber noch halbwegs nachvollziehbaren Inhalten orientiert sind, werden diese Einzelaufgaben nun in die Innenperspektive des Entwicklungsteams übersetzt. Während ein Iterationsfeature noch „Anzeige der Vertragsdaten“ lauten kann, geht es jetzt beispielsweise um die Klärung, welche einzelnen technischen Teilaufgaben hierzu notwendig sind. Beispielsweise „Programmierung der Benutzungsoberfläche“, „Integration in den Workflow“, „Datenbankanbindung“ oder „Konfiguration der Berechtigungen“.

Wie entsteht ein Arbeitsauftrag?

Die Arbeitsaufträge für eine Iteration werden an einem zentralen Ort gesammelt. Dies kann die Planungswand (⇨272) sein oder ein elektronisches Werkzeug (Wiki, Datenbank etc.).

Teamaufgaben werden vom Team identifiziert und weiter ausgearbeitet, in größeren Projekten gegebenenfalls auch von der Teamleitung oder Teilprojektleitung, soweit damit noch ein selbstverpflichtender Planungsansatz praktizierbar ist.

Vgl. Projektorganisation ⇨30, 35

Teamaufgaben und Arbeitsaufträge sollen soweit möglich aus priorisierten Iterationsfeatures oder anderen priorisierten Anforderungen abgeleitet werden. Die Gründe für die Priorisierung werden unter anderem im Kapitel *1.5.5 Beweglichkeit systematisch maximieren* (⇨52) erläutert.

Release- und Iterationsfeatures

Priorisierung der Anforderungen

Neben den Prioritäten sind Abhängigkeiten der Arbeitsaufträge untereinander zu beachten, sie entscheiden maßgeblich, welche Arbeitsaufträge in welcher Iteration bearbeitet werden sollten. Hierbei ist zu berücksichtigen, dass der Iterationsplan eher die Ziele darstellt und daher lediglich zeigt, an welchem Iterationsende welches Iterationsfeature fertig sein soll. Um dies zu bewerkstelligen, kann es notwendig sein, mit entsprechenden Teamaufgaben bereits einige Iterationen früher zu beginnen.

Diese einzelnen Aufgaben können noch relativ abstrakt beschrieben sein und werden erst im nächsten Schritt weiter in einzelne konkrete Arbeitsaufträge zerlegt. Sie können aber auch schon als Entwürfe solcher Arbeitsaufträge konkreter formuliert werden, sofern dies inhaltlich möglich und sinnvoll ist. Oder auch als konkrete Arbeitsaufträge, deren Umsetzungszeitpunkt noch offen ist. Solche Arbeitsaufträge sammeln wir in einem sogenannten Warteraum.

Arbeitsauftrags-Warteraum vgl. ⇨173

Jede Teilaufgabe muss so bemessen sein, dass sie innerhalb einer Iteration realistisch zu bewältigen ist. Aufgaben und Arbeitsaufträge, deren Dauer eine Iteration überschreiten, sind in kleinere Einheiten zu unterteilen. Eine gute Größe ist, pro Projektmitarbeiter mindestens 2 – 3 Arbeitsaufträge in einer Iteration vorzusehen. Noch kleinteiligere Arbeitsaufträge sind sinnvoll, wenn die betroffenen Projektmitarbeiter dies wünschen oder damit besser klarkommen. Am besten findet eine solche Verfeinerung aber möglichst spät statt. In jedem Fall sollte die Teamleitung darauf achten, dass die Anzahl der Planungseinheiten für das Team handhabbar bleibt. Bis zu 25 Arbeitsaufträge pro Iteration sind unserer Erfahrung nach völlig unkritisch, bis 50 sind normalerweise noch zu verkraften, bei mehr als 50 Arbeitsaufträgen pro Iteration wird es allmählich kritisch.

Featureabschlussauftrag

Sofern mit Iterationsfeatures gearbeitet wird, was nur in großen Projekten zwingend ist, ist jeder Arbeitsauftrag auch einem Iterationsfeature zuzuordnen. Vor allem für die Ermittlung der Featurekosten und des Fertigstellungsgrades ist diese Zuordnung hilfreich. Die Arbeitsaufträge, mit denen ein Iterationsfeature vollständig abgeschlossen wird, sollten entsprechend markiert werden, um einen Indikator zu haben, nicht nur über den Status des Arbeitsauftrages, sondern auch um den Status des Iterationsfeatures besser verfolgen zu können. Wir nennen solche Arbeitsaufträge Featureabschlussauftrag.

Ziel der Grobplanung (i+2) ist es,

- alle **Teamaufgaben** zu **identifizieren**, d.h. mit einem Namen zu versehen,
- das erwartete Ergebnis jeder einzelnen Aufgabe ganz grob mit 1 – 2 Sätzen zu benennen,
- den mit der Aufgabe verbundenen **Aufwand grob** zu **schätzen** (denn der Zweck ist nur, die Iteration mengenmäßig mit Arbeit zu füllen),
- gegebenenfalls bereits einen Verantwortlichen und weitere Mitarbeiter benennen, die die Aufgabe umsetzen sollen.

Status von Arbeitsaufträgen ⇨274

Teamaufgaben können wie Arbeitsaufträge behandelt werden und befinden sich am Ende dieser Planungsaktivität im Status *Entwurf*, d.h., der Arbeitsauftrag ist noch unvollständig oder noch nicht abschließend abgestimmt.

Verantwortlich für die Grobplanung ist die Teamleitung, die aber das Team maßgeblich einzubeziehen hat. Wer genau in die Planung mit welchen Teilverantwortungen involviert ist, hängt von der konkreten Projektorganisation ab. Als Daumenregel hierzu lässt sich sagen,

- der Kunde liefert die Ziele fürs Projekt,

Iterationsfeatures ⇨146, 151, 155

- die Projektleitung verfeinert die Projektziele mittels Releaseplan und Releasefeatures zu teamspezifischen Zielen (Iterationsfeatures),

- die Teams leiten daraus kurzfristig ihre konkreten Aufgaben und Arbeitsaufträge ab.

In Groß- und Megaprojekten ist gegebenenfalls als weitere Ebene die Gruppe der Teilprojektleitungen vorzusehen, um (teamübergreifende) Abhängigkeiten früher zu identifizieren und zu klären (vgl. 5.2.7 ⇨171).

5.2.2 Arbeitsaufträge für Folgeiterationen auswählen

Warteraum ⇨173

Alle vorliegenden Aufgaben und Arbeitsaufträge werden von der Teamleitung oder von der Teamleitung und Teilprojektleitung daraufhin geprüft, ob sie in der nächsten oder übernächsten Iteration sinnvoll bearbeitet werden können, beispielsweise ob alle Ressourcen und andere Voraussetzungen vorhanden sind und ob die noch unverplante Kapazität der Projekt- bzw. Teammitglieder ausreicht, um den Arbeitsauftrag in der Iteration erfolgreich abzuschließen. Die Arbeitsaufträge werden daraufhin der nächsten oder übernächsten Iteration zugeordnet. Dies ist auch eine erste Form der Qualitätsicherung der Mikroplanung.

5.2.3 Arbeitsvorbereitung der Teams

Nachdem Aufgaben bzw. Arbeitsaufträge bereits zwei Iterationen im Voraus (Iteration i-2) identifiziert und grob skizziert wurden, werden diese in der unmittelbar vorangehenden Iteration (i-1) so weit von den Teams konkretisiert, dass diese dann damit praktisch arbeiten können.

Die erwarteten Ergebnisse sind eindeutig, unmissverständlich und soweit möglich objektiv überprüfbar zu beschreiben. Das ist in der Praxis schwieriger, als es sich anhört. Die beteiligten Mitarbeiter sind zu benennen, welche Verantwortung bzw. Teilaufgabe sie haben und mit welchem Aufwand sie eingeplant sind. Daraus ergibt sich dann auch der zu planende Gesamtaufwand des Arbeitsauftrages.

Jede Teamleitung organisiert hierzu ein spezielles Arbeitsvorbereitungstreffen, in dem jedes Team für sich die für die nächste Iteration zu erledigenden Aufgaben bespricht. Für jeden Arbeitsauftrag wird ein verantwortliches Teammitglied benannt und um anschließende Detaillierung des Auftrages gebeten. Mögliche Widersprüche, Inkonsistenzen, Abhängigkeiten, Fehler und Defizite bezüglich der Arbeitsauftragsplanung werden gesucht, besprochen und gegebenenfalls geklärt, die Planung falls notwendig konsolidiert.

Planungswand

Für die Planung wird entweder die *Planungswand* (⇨272) direkt oder zumindest als Metapher verwendet.

5.2.4 Arbeitsaufträge für Iteration i+1 planen (Feinplanung)

Wer, was, wie, ...

Die zuvor benannten Arbeitsauftragsverantwortlichen detaillieren nun ihre Arbeitsaufträge. Die Beschreibung eines Arbeitsauftrages umfasst mindestens:

Arbeitsauftrag ⇨274

- Geschätzter Aufwand in Personentagen (PT)

  Die Aufwandschätzung kann der Arbeitsauftragsverantwortliche, wenn er möchte, gerne gemeinsam mit den übrigen Beteiligten machen. Die Schätzung soll in jedem Fall die konkret geplanten Personen und deren Produktivität berücksichtigen.
- Muss der Arbeitsauftrag aus besonderen Gründen vor Ende der Iteration fertig werden? Warum?
- Für das Ergebnis verantwortliche Person (Arbeitsauftragsverantwortlicher oder Ergebnisverantwortlicher genannt).
- Weitere beteiligte Personen und gegebenenfalls ihre jeweiligen Rollen, Aufgaben und Teilaufwände.
- Benennung (mindestens) einer Person, die nach Ausführung des Arbeitsauftrages den Erfolg bewertet und feststellt (Gutachter genannt).
- Beschreibung des erwarteten Ergebnisses (Form und Inhalt) nach möglichst objektivierbaren Kriterien.
- Falls featurebasiert gearbeitet wird: Zuordnung eines Iterationsfeatures und Markierung des letzten Arbeitsauftrages, mit dem ein Iterationsfeature abgeschlossen wird.
- Hinweise zu verwendenden Hilfsmittel, Werkzeuge, Besonderheiten und Abhängigkeiten, die zu beachten sind.

Task-Cards

Weitere Informationen zu Inhalten und Form von Arbeitsaufträgen siehe *9.5.6 Arbeitsauftrag* (⇨274) und *7.1.1 Arbeitsauftragsreviews* (⇨198).

Arbeitsaufträge sollten schriftlich formuliert werden, wobei dies sehr einfach gehandhabt werden kann, beispielsweise mit Karteikarten, auf einem Flipchart oder auf Pinnwandkarten, oder etwas aufwendiger mit speziellen Werkzeugen (Datenbank, Tabellenkalkulationsprogramm, Wiki, Textverarbeitung, spezielle Software).

Eigenverantwortung

Das Team, insbesondere der Arbeitsauftragsverantwortliche, bestimmt vorrangig, wer an welchem Arbeitsauftrag mitarbeitet. Das Team kann diese Zuordnung während einer Iteration dynamisch ändern. Eine Einmischung seitens der Projekt- oder Teilprojektleitung ist zu vermeiden, Hinweise auf kritische Abhängigkeiten, Ressourcenengpässe etc. seitens der Leitung sind aber erwünscht.

Planungswand ⇨272

Siehe hierzu auch die *Planungswand* (⇨272), die die hier beschriebene Art der Planung gut illustriert, selbst wenn die konkrete Projektplanung ohne Planungswand stattfindet.

Wichtig bei der Planung ist, dass die Arbeitsaufträge sinnvoll, realistisch und innerhalb der Iteration umsetzbar sind. Arbeitsaufträge gehen grundsätzlich nicht über eine Iteration hinaus. Größere Aufgaben müssen also in Teilaufgaben zerlegt werden, die innerhalb einer Iteration zu bewältigen sind.

Vgl. Aufwandschätzungen ⇨74

Schätzungen sind stets Analogieschlüsse und basieren auf Erfahrungen und Kennzahlen der Vergangenheit und stellen in der Regel Durchschnittswerte dar.

AA 6.4.12 [2]	**Dialog Zahlungseingänge erfassen**	Status: **Entwurf**	
(Teil-)Projekt:	Flitz-Auto-Reservierungssystem	Team: Rechnung & Tarif	
Iterationsfeature:	IF8.3 Zahlungseingänge komplett	Iteration: 3	
Gutachter	Rudolf Richtig	geschätzt optimal:	7,5 PT
Verantwortlich	Marion Macher	realistisch:	12,5 PT
Beteiligt	Hubert Hurtig, Ludwig Lustig	pessimistisch:	22,0 PT
Istaufwand		Schätzwert:	13,3 PT
Erwartetes Ergebnis	Zahlungseingänge zu einer Rechnung können erfasst werden. Der Erfassungsdialog und die Testdaten wurden mit dem Fachbereich abgestimmt. Für den fertigen Dialog wurde auf Basis spezifizierter Tests eine Vorabnahme durch den Fachbereich erzielt.		
Tatsächliches Ergebnis			
Offene Ergebnisse			

Abb. 5.2-2: Beispiel eines offenen Arbeitsauftrages (vgl. auch abgeschlossener Arbeitsauftrag in Abb. 7.1-2 ⇨200)

Dreipunktschätzung ⇨278

Wir empfehlen, Aufgaben und Arbeitsaufträge grundsätzlich als Dreipunktschätzung (⇨278) zu schätzen (vgl. Abb. 5.2-2).

Schätzung inklusive Störungszeiten. Wichtig ist auch, dass der Bezugsrahmen und -kontext bei einer Schätzung übertragbar ist. Hierzu gehört die Festlegung, welche Tätigkeiten in die Schätzung einbezogen werden sollen und welche nicht. Üblicherweise wird die Arbeit immer wieder unterbrochen durch Störungen, Fragen von Kollegen, Hilfestellungen für Kollegen etc.

Die Aufwände für solche Ablenkungen sind entsprechend zu berücksichtigen, sodass genau so viele Arbeitsaufträge für eine Iteration geplant werden, wie wahrscheinlich tatsächlich geleistet werden können.

Load-Faktor
Gummibärchen
Ideale Tage
Planungseinheiten ⇨265

In einigen agilen Verfahren, bspw. Extreme Programming, wird mit einem Korrekturfaktor (Load-Faktor) oder mit abstrakten Größen (Ideale Tage, Gummibärchen etc.) gearbeitet. So liegt ein typischer Load-Faktor in großen Unternehmen zwischen drei und fünf [Wolf-2005]. Das heißt, der größte Teil der Arbeitszeit entfällt auf andere Tätigkeiten als die reine Programmierung. Da uns diese Konzepte zu einseitig auf die Programmiertätigkeit abzielen (bezogen auf die als „produktiv" anzusehende Arbeitszeit), halten wir diese Konzepte nicht für zielführend (beispielsweise finden wir die Zeit für die Retrospektive durchaus produktiv). Wir bevorzugen die Schätzung von Bruttowerten, in denen die für das Projekt notwendigen Zeiten zur Abstimmung, Koordination, Dokumentation, Arbeitsvorbereitung etc. enthalten sind. Nicht eingerechnet werden sollten projektfremde Zeiten, also solche die nicht das Budget des Projektes belasten (üblicherweise Urlaub, Fortbildung, Zeiten für Linienaufgaben etc.). Siehe hierzu *Planungseinheiten* (⇨265).

Entscheidend ist lediglich, dass Einigkeit und Klarheit darüber besteht, welche Tätigkeiten bzw. Zeiten in der Schätzung enthalten sein sollen und dass diese Prämissen auch mit den gemessenen Referenzwerten und Analogieschlüssen zu früheren Projekten korrespondieren.

Hinzu kommt, dass die Produktivität eines speziellen Programmierers nicht auf jeden beliebigen anderen Programmierer übertragen werden kann. Die Produktivität von Programmierern schwankt gewöhnlich um den Faktor 1 – 10. Entsprechendes gilt für Unternehmen bzw. Organisationen insgesamt. Die Produktivität einer Organisation lässt sich nur bedingt auf eine andere übertragen. Deswegen funktionieren Schätzungen nur dann gut, wenn auch der Bezugskontext vergleichbar ist.

Fortschrittsabschnitt vs. Orientierungsabschnitt

Vgl. Kap. 4.1.2 ⇨139 und Planungseinheiten ⇨265

Mit den Arbeitsaufträgen beschreiben wir nur die geplanten Tätigkeiten im sogenannten *Fortschrittsabschnitt* (vgl. Abb. 5.1-2 ⇨160) einer Iteration. Diesen versuchen wir auch weitgehend vollständig mithilfe von Arbeitsaufträgen für alle Projektmitglieder zu beschreiben und zu füllen. Die Aufwände für den sogenannten *Orientierungsabschnitt*, also die Zeit für Reviews, Planungskorrektur, Retrospektiven etc. schätzen wir einfach pauschal. Wenn dieser Abschnitt beispielsweise 6 Arbeitstage dauert und wir 25 Projektmitglieder haben, dann rechnen wir (ausgehend von den Basiswerten in Abb. 9.5-2 (⇨266) mit 862,5 h (= 25 MA * 6 Tg. * 5,75 h) bzw. 107,8 PT (= 862,5 / 8) Aufwand.

Im APM-Verfahren lassen wir Aufwände und Termine für konkrete Arbeitsaufträge möglichst immer von derjenigen Person schätzen, die bei der Umsetzung auch dafür verantwortlich ist. Sofern diese Person noch keine vergleichbaren Arbeitsaufträge bearbeitet hat und daher keine Vergleichwerte ansetzen kann, sollte sie zusammen mit einer oder mehreren Personen schätzen, die einen vergleichbaren Arbeitsauftrag schon einmal bearbeitet haben. Schätzungen haben bei dieser Vorgehensweise die größte Zuverlässigkeit, allerdings sind Arbeitsaufträge auch immer dann neu zu schätzen, wenn sie auf andere Personen übertragen werden sollen.

Diese konkrete, personenspezifische Form der Schätzung kann gewöhnlich nur auf der Mikroebene, d.h. für einzelne Arbeitsaufträge, angewendet werden. Zur Schätzung größerer Aufgaben (Makroebene) oder des Gesamtprojektes ist dieses Verfahren ungeeignet, weil es Wissen über die Detailstruktur, das Personal u.a. voraussetzt. Bei iterativen Vorgehensweisen, in denen keine komplette Anforderungserhebung und Planung zu Beginn stattfindet, ist dieses Wissen erst am Projektende bekannt.

Da die Festlegung und Schätzung der Arbeitsaufträge einer Iteration aber erst unmittelbar vor der Iteration stattfinden, können die an einem Arbeitsauftrag beteiligten Personen zu diesem Zeitpunkt auch bereits festgelegt und die Aufwände somit personenspezifisch geschätzt werden. Ein weiterer Vorteil der personenspezifischen Schätzung ist eine höhere intrinsische Motivation der Mitarbeiter. Die meisten Menschen fühlen sich an die eigenen Schätzungen und Aussagen stärker gebunden als an Fremdschätzungen oder Vorgaben von außen.

5.2.5 Qualitätssicherung durch die Teamleitung

Alle fertig detaillierten Arbeitsaufträge werden anschließend von der Teamleitung gesichtet und geprüft.

Erwartungskonformität und Plausibilität prüfen

Hierzu gehört zum einen eine Überprüfung, ob der Auftrag inhaltlich richtig und so wie ursprünglich gedacht detailliert wurde. Mögliche Missverständnisse über den Inhalt eines Auftrages werden erkannt. Immer wenn beispielsweise der geschätzte Aufwand erheblich über oder unter der (impliziten) Annahme der Team- oder Projektleitung liegt, ist zu hinterfragen, ob der Auftrag möglicherweise ganz andere, sehr viel weitergehende oder sehr viel einfachere Ergebnisse verfolgt. In diesem Fall besprechen Teamleitung und Auftragsverantwortlicher das weitere Vorgehen.

Formulierungen

Die erwarteten Ergebnisse eines Arbeitsauftrages sind so zu formulieren, dass auch ein Dritter sie unmissverständlich verstehen und anhand objektiver Kriterien überprüfen kann, was gar nicht so einfach ist. Formulierungen wie „Schnittstelle fertiggestellt" oder „Code liegt vor" sagen nichts aus. Im Zweifelsfall heißt dies nur, dass auf dem PC des Entwicklers eine Datei existiert. Code muss im Versions- und Konfigurationsmanagementsystem einen definierten Stand haben, er muss testbar sein und es ist (soweit jetzt schon möglich) anzugeben, welche Tests erfolgreich laufen sollen.

Die Teamleitung überarbeitet gegebenenfalls die Formulierungen, bespricht sie mit dem Arbeitsauftragsverantwortlichen oder gibt sie ihm zur Überarbeitung mit Kommentaren zurück.

Außerdem werden eventuelle offene Punkte und Fragen, auf die der Arbeitsauftragsverantwortliche beim Detaillieren gestoßen ist, geklärt.

Ziel dieses Vorgehens ist nicht die reine Verwaltung und formal korrekte Beschreibung oder Dokumentation von Arbeitsaufträgen, sondern die Auseinandersetzung mit den Inhalten und die Kommunikation zwischen den Hierarchieebenen.

Ressourcenkonflikte

Die Teamleitung ergänzt außerdem die Arbeitsaufträge um Informationen über potenzielle Ressourcenkonflikte, besondere Risiken und andere Themen, die übergeordnet besprochen oder entschieden werden müssen. Hierzu gehören auch Abweichungen von den existierenden Iterationszielen und -features. Bei Aufteilung der Aufgaben auf die Arbeitsaufträge kann darauf geachtet werden, dass erst Schnittstellen festgelegt und durch Tests abgedeckt werden, bevor die eigentliche Funktionalität entwickelt wird. Im Eclipse-Projekt wird dieses Vorgehen *API first* genannt.

5.2.6 Projektleitung sichtet detaillierte Arbeitsaufträge

Die Projektleitung (oder in Großprojekten die zur Teamleitung nächsthöhere Hierarchieebene, bspw. Teilprojektleitung) sichtet die detaillierten Arbeitsaufträge für die folgende Iteration.

Interessenkonflikte

Dabei liegt der Fokus nicht auf dem Studium der Details der einzelnen Arbeitsaufträge, sondern auf den von den Teamleitungen gemeldeten Interessenkonflikten, Abweichungen, Risiken etc.

Diese Aufgabe kann bei einer mehrköpfigen Projektleitung von einer Person erledigt werden, die damit die folgende Besprechung (*5.2.7 Klärung kritischer Arbeitsaufträge durch die Projektleitung* ⇨171) zur Klärung kritischer Arbeitsaufträge vorbereitet. Hierzu werden die zu besprechenden Arbeitsaufträge thematisch gruppiert und für die Besprechungsreihenfolge in eine sinnvolle Reihenfolge gebracht (zuerst die hoch priorisierten, zuletzt die nachrangig priorisierten). Die Priorisierung sollte folgende Aspekte in folgender Reihenfolge berücksichtigen:

- Abhängigkeiten von anderen Arbeitsaufträgen (mit dem Risiko zusätzlicher Wartezeiten), Arbeitsaufträge auf dem kritischen Pfad
- Ressourcenengpässe (zeitweise Überlastung einer Ressource mit dem Risiko längerer Bearbeitungszeiten), Arbeitsaufträge auf der kritischen Kette
- Besondere inhaltliche (fachlich-technische) Risiken, Schwierigkeitsgrad der Anforderungen, Featureabschlussaufträge

Im Einzelfall kann eine Rückfrage bei der Teamleitung oder beim Arbeitsauftragsverantwortlichen sinnvoll sein. Alle Arbeitsaufträge, die keinen besonderen Klärungsbedarf erfordern, werden aussortiert.

Chritical-Chain-Projektmanagement

Soweit mit Chritical-Chain-Projektmanagement gearbeitet wird, können die dafür notwendigen Informationen über Engpässe, kritische Kette, Puffer etc. ermittelt werden.

5.2.7 Klärung kritischer Arbeitsaufträge durch die Projektleitung

Die in Kapitel 5.2.6 als kritisch und zu klärend eingestuften Arbeitsaufträge werden in einer gemeinsamen Sitzung der Projektleitung und aller Teamleitungen besprochen und geklärt.

Abhängigkeiten

In großen Projekten und in Projekten mit starken Abhängigkeiten zwischen den einzelnen Teams kann es passieren, dass Dutzende von Arbeitsaufträgen zu besprechen sind. Entsprechend anstrengend und langwierig können solche Besprechungen werden.

Am besten wird die Sitzung von einem inhaltlich nicht involvierten Moderator geführt, um systematisch und effizient vorzugehen. Sonst passiert es, dass alle Anwesenden zu jedem Arbeitsauftrag ihre Meinung sagen, auch wenn sie inhaltlich nichts Neues hinzufügen, dass zu lange geredet, aber nicht entschieden wird oder dass Entscheidungen unsystematisch wieder revidiert werden, d.h., man sich im Kreis dreht.

Inhaltlich geht es zumeist darum, Abhängigkeiten und Widersprüche sowie die Verfügbarkeit von Mitarbeitern und anderen Ressourcen, insbesondere bei teamübergreifenden Arbeitsaufträgen, aufzudecken und zu klären. Als Ergebnis der Sitzung sind nun einige Arbeitsaufträge geändert, verschoben, geteilt oder zusammengeführt worden. Gegebenenfalls sind auch neue Arbeitsaufträge entstanden. Die Zwei-

Bugwellen-Planung führt zu frühzeitigeren Erkenntnissen über mögliche Abhängigkeiten und Engpässe (vgl. 5.2.1 ⇨162).

Eine der ersten Besprechungen dieser Art in einem nach dem APM-Verfahren arbeitenden Projekt im Jahre 1996 ist uns noch immer in negativer Erinnerung. Alle wichtigen Leute, ca. 10 Personen, saßen den ganzen Tag zusammen. Die Sitzung war schlecht vorbereitet und der Gesamtprojektleiter verstand sich als Moderator. Zu jedem einzelnen (der leider nicht vorstrukturierten und priorisierten) ca. 80 Arbeitsaufträge wurde ewig diskutiert. Die meisten Teilnehmer fühlten sich berufen, zu jedem Auftrag etwas zu sagen, auch wenn sie inhaltlich nichts Neues beitragen konnten. Sie können das leicht nachrechnen: Wenn zu 80 Arbeitsaufträgen nur jeweils 4 Teilnehmer für 2 Minuten sprechen, dann dauert die Sitzung schon über 10 Stunden! Am Ende waren alle müde, lustlos und genervt und hatten nicht das Gefühl, alle kritischen Punkte angemessen geklärt zu haben. Seitdem wissen wir: Vorbereitung und strenge Moderation sind absolut wichtig.

Look-ahead-Plan

Vgl. hierzu auch den Look-ahead-Plan in Scrum [Cohn-2005].

5.2.8 Engpassanalyse

Während traditionelle Vorgehensmodelle darauf basieren, bestimmten Aktivitäten in einer bestimmten Reihenfolge nachzugehen, weil sich dies bewährt hat, wird beim agilen Vorgehen jeweils nach dem Zweck gefragt, d.h. danach, wer wann welche Ergebnisse benötigt. Ergebnisse werden in einem agilen Prozess immer nur in der Weise erstellt, wie und wann sie benötigt werden.

Insofern sollte für jeden Arbeitsauftrag klar sein, wozu das zu erstellende Ergebnis gebraucht wird, von wem, wann und in welcher Form. Die Planung des Gesamtprojektes erfolgt daher rückwärts von den Projektzielen zu den Produktfeatures, zu den Releasefeatures, zu den Iterationsfeatures und schließlich zu den konkreten Arbeitsaufträgen.

Die Planung insgesamt ist dabei nie auf einheitlichem Detaillierungsniveau. Für spätere Iterationen sind nur Iterationsfeatures geplant, für die unmittelbar folgende werden konkrete Arbeitsaufträge geplant. Soweit die konkrete Planung aber vorliegt, sollte auch stets zu erkennen sein, welche Abhängigkeiten zwischen den einzelnen Arbeitsaufträgen bestehen.

Critical-Chain-Projektmanagement
Staffelholzträger ⇨303

Auch wenn ansonsten kein oder kein konsequentes Critical-Chain-Projektmanagement betrieben wird, kann dieses Abhängigkeitswissen im Sinne eines Critical-Chain-Projektmanagements genutzt werden.

Hierzu ermittelt jedes Team für die bevorstehende Iteration die vermutlich kritische Kette der Arbeitsaufträge und sorgt mithilfe des aktuellen Staffelholzträgers (⇨303) dafür, dass die Engpassressourcen auf der kritischen Kette optimal und vorrangig arbeiten können. Die Arbeitsaufträge auf der (vermutlichen) kritischen Kette können als kritisch gekennzeichnet werden und die betroffenen Mitarbeiter zum Staffelholzträger gekürt werden.

5.2.9 Der Warteraum

Viele Arbeitsaufträge können unmittelbar aus der Iterations- und Releaseplanung abgeleitet werden. Manchmal entsteht aber auch spontan die Erkenntnis über einen noch notwendigen Arbeitsauftrag. Oder ein für eine bestimmte Iteration vorgesehener Arbeitsauftrag wird aufgrund einer neuen Erkenntnis anders bewertet oder priorisiert. In solchen Fällen existiert zwar ein Arbeitsauftrag, aber es ist noch unklar, in welcher Iteration dieser zu bearbeiten ist. Diese Arbeitsaufträge werden im sogenannten Warteraum geparkt, bis sie für eine konkrete Iteration verplant werden können.

Der Warteraum ist also ein Ort, an dem alle Arbeitsaufträge abgelegt werden, die noch nicht vollständig beschrieben, noch keiner bestimmten Iteration zugeordnet oder die vorübergehend ausgesetzt sind. Siehe hierzu auch das Werkzeug *Planungswand* (⇨272).

5.2.10 Weiter gehende Qualitätssicherungsmaßnahmen

Was ist zu tun, wenn weiter gehende Tests, Untersuchungen, Qualitätssicherungsmaßnahmen etc. aufgrund ihres Zeitbedarfs nicht im Rahmen der Reviews geleistet werden können?

Die Möglichkeit innerhalb des Orientierungsabschnittes weitere QS- und Testaktivitäten einzuplanen, verbietet sich, da der Zeitbedarf unter Umständen zu groß sein kann. Wenn solche Tests innerhalb von 1 – 2 Tagen abgewickelt werden können, erscheint diese Möglichkeit noch praktikabel. Bei längerer Dauer wäre zu klären, was die übrigen Projektbeteiligten, die nicht in die Tests involviert sind, tun sollen. Eine große Unsicherheit bezüglich der Dauer für die Tests wäre ein noch gewichtigeres Argument gegen diese Möglichkeit, da damit das Timeboxing infrage gestellt würde.

Im Übrigen dient der Orientierungsabschnitt vorrangig der Bestandsaufnahme, also eher der objektiven Feststellung des tatsächlichen Projektfortschritts und nicht der Qualitätssicherung an sich. Also werden solche Aktivitäten als normale Arbeitsaufträge in einer Iteration vorgesehen. Damit wird die größte Flexibilität und die Möglichkeit zu sehr weitgehenden Tests etc. erreicht.

Sprint-Rückschau-Sitzung

Die in Scrum üblichen Sprint-Rückschau-Sitzungen, die einen deutlich anderen Schwerpunkt haben als die Arbeitsauftragsreviews im APM-Verfahren, weil sie das Gesamtergebnis eines Teams in einer Iteration behandeln und hierzu gegebenenfalls den Kunden einbeziehen, würden wir zumindest in großen Projekten, d.h. bei mehr als drei parallel arbeitenden Teams, ebenfalls innerhalb des Fortschrittsabschnittes als eigene Aktivität einplanen.

6 Iterationsdurchführung

Unsere Hauptaufgabe ist nicht, zu erkennen, was unklar in weiter Entfernung liegt, sondern zu tun, was klar vor uns liegt.

Thomas Carlyle

Worum geht es in diesem Kapitel?

- Wie ist der Mikroprozess einer Iteration beschaffen?
- Wie erhalten Teammitglieder, Teams, Team- und Projektleitungen täglich, wöchentlich und iterationsweise genau das Feedback, das sie für die Steuerung der Iteration benötigen?
- Wie koordinieren sich die Beteiligten innerhalb einer Iteration?

6.1 Iterationsauftakt

Iterationsauftakttreffen

Eine Iteration wird durch eine spezielle Auftaktveranstaltung demonstrativ eingeläutet. Die Projektleitung stellt dar, was in der Iteration konkret erreicht werden soll. Die einzelnen Mitarbeiter und Teams erfahren dadurch, wie sich ihre konkreten Aufgaben (die sie durch die eigene Arbeitsvorbereitung schon kennen ⇨166) in das Ganze einfügen und welche Bedeutung ihre Arbeit im Gesamtkontext hat. Außer dem Projektteam sollten auch Benutzer und Vertreter des Auftraggebers dabei sein, damit sie erfahren, welche Ergebnisse sie am Ende der Iteration erwarten dürfen. Außerdem lernen sich somit die verschiedenen beteiligten Parteien frühzeitig kennen bzw. haben regelmäßig Gelegenheit zum persönlichen Gespräch. Die Auftaktveranstaltung kann häufig gut mit einem Prosecco-Event (⇨355) kombiniert werden.

Arbeitsaufträge für Iteration i+1 planen (Feinplanung) ⇨166

Prosecco-Event

Auf gemeinsame Ziele einschwören

Iterationsziele aktiv kommunizieren. Beim Auftakt sollen alle Beteiligten auf gemeinsame Ziele eingeschworen werden. Dazu werden die aktuellen Iterationsziele und Iterationsfeatures vorgestellt sowie aufgezeigt, welche wichtigen Arbeitsaufträge für die kommende Iteration daraus resultieren. Alle Beteiligten erhalten Gelegenheit, sich zur Planung zu äußern. Mit der Auftaktveranstaltung wird die Planung transparent gemacht, für deren Akzeptanz geworben und die Motivation positiv beeinflusst.

Ziele festlegen und aktiv mitteilen

Druck ⇨60

Motivation aufbauen. Durch die Festlegung von Zielen in Gegenwart des Kunden und der zukünftigen Systembenutzer wird diesen ein Versprechen gegeben: *„In x Wochen, am Ende der Iteration, werden wir folgende Features realisiert haben."* Durch dieses Versprechen und der damit verbundenen Erwartungshaltung entsteht auch ein wichtiger psychologischer Ergebnisorientierungsdruck auf das Projektteam.

Ohne Ziele keine Teams

ZAK-Karten ⇨241

Zielbeschreibungsschema ⇨243

Es reicht nicht aus, dass die Projektleitung und der Auftraggeber sich über die Ziele und Teilziele des Projektes einig sind und austauschen. Ziele sind wichtig für die Arbeit aller Projektmitglieder und müssen immer wieder allen Projektbeteiligten deutlich gemacht werden. Mitarbeiter, die keine Projektziele kennen, legen sich ersatzweise ihre eigenen Ziele zurecht. Oftmals sind dies Ziele über eine gute Arbeitsqualität. Die meisten Entwickler haben den Ehrgeiz, technisch und konzeptionell eine exzellente Software zu entwickeln. Dabei könnten andere mögliche Ziele, wie sie Auftraggeber und Projektleitung abgestimmt haben, beispielsweise Termine, wirtschaftliche Ziele und inhaltlich-fachliche Prioritäten unbeachtet bleiben. Das Projekt würde dann gegebenenfalls die Ziele des Auftraggebers verfehlen oder gar konterkarieren.

Ziele lehren

Zielbeschreibungsschema ⇨243

Ziele landen nicht automatisch beim Team. Die Kommunikation von Zielen sollte nicht dem Zufall überlassen werden. Ziele sollten aktiv vermittelt, möglicherweise sogar gelehrt werden.

Während einer laufenden Iteration sollten die Ziele und Arbeitsaufträge der Iteration stabil gehalten werden, die Teams sind gegenüber Änderungen abzuschirmen, mehr hierzu siehe *6.3.3 Störungsfreie Iteration* (⇨193).

Eclipse-Way

Im Eclipse-Way, dem Vorgehensmodell des Eclipse-Projektes, gibt es für den Auftakt einen eigenen kleinen Iterationsabschnitt. Dort reicht eine einfache Auftaktveranstaltung nicht aus, weil es ein weltweit verteiltes Softwareentwicklungsprojekt ist. Außerdem sind dort in diesem Vorbereitungsabschnitt auch teilweise Aufgaben ähnlich der Planungskorrektur enthalten, die im APM-Verfahren im Orientierungsabschnitt angesiedelt sind. Die Aufteilung und Terminologie ist also etwas anders, inhaltlich besteht aber eine große Ähnlichkeit.

6.2 Der Iterations-Mikroprozess

Nach dem Iterationsauftakt werden die vorbereiteten Arbeitsaufträge umgesetzt, d.h. die eigentliche Entwicklung betrieben. Hier finden jetzt alle elementaren Entwicklungsaktivitäten statt:

- Analyse: Anforderungen definieren
- Design: Lösungen konzipieren
- Testdefinition: Erfolgskriterien definieren
- Implementierung: Die Lösungen erstellen
- Test: Den Erfolg messen, die Lösung evaluieren
- Die Evaluierungserkenntnisse verarbeiten, d.h. gegebenenfalls die Lösungen restrukturieren und die Planung aktualisieren

Phasen im Wasserfall ⇨45

Wasserfall. Während die Bezeichnungen Analyse, Design, Implementierung und Test im Wasserfallmodell die Phasen darstellten, sind dies im iterativen Vorgehen nur noch abstrakte Bezeichnungen für Aktivitäten im Mikroprozess.

Mit Entwicklung sind selbstverständlich nicht nur unmittelbare Softwareentwicklungsaktivitäten gemeint. Die Erarbeitung und Abstimmung von Konzepten u.Ä. gehört ebenfalls dazu.

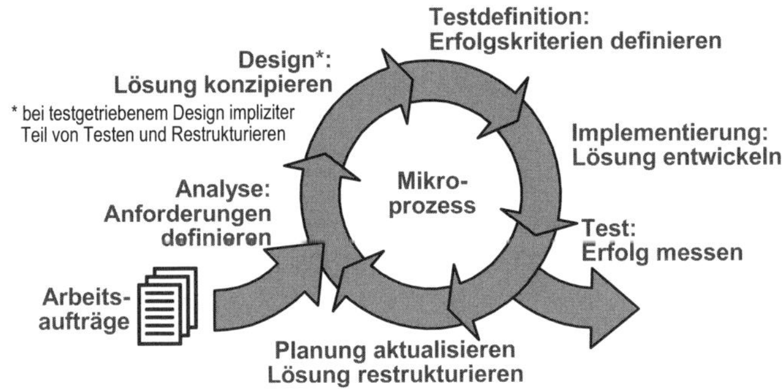

Abb. 6.2-1: Mikroprozessmodell (Wiederholung von Abb. 1.1-2 ⇨4)

Waschmaschinenmodell: wie viele Umdrehungen/Iteration?

Waschmaschinenmodell. Wie der Mikroprozess konkret ausgestaltet wird, bleibt den einzelnen Teams und Mitarbeitern überlassen. Das Mikroprozessmodell (auch Waschmaschinenmodell genannt) in Abb. 6.2-1 soll lediglich die prinzipiellen Aktivitäten anzeigen. Es ist nicht notwendig, dass für jeden Arbeitsauftrag dieser Zyklus genau einmal (d.h. eine Umdrehung) durchlaufen wird. Dies hängt vielmehr vom konkreten Arbeitsauftrag ab.

Wenn es sinnvoll ist, besteht ein Arbeitsauftrag beispielsweise ausschließlich in der Anforderungsdefinition und -abstimmung oder dient ausschließlich dem Test. Ebenso gut kann es im Rahmen eines Arbeitsauftrages sinnvoll sein, mehrere vollständige Zyklen zu durchlaufen oder täglich eine Runde zu drehen.

Vertrauen

Die Projektleitung sollte hier den einzelnen Teams einfach vertrauen, dass sie schon das Richtige und Sinnvolle tun werden. Die Teams sollten als Ergebnis einer Iteration stets ein objektiv messbares Teilergebnis in Form funktionierender Software anstreben. Soweit dies aber im Einzelfall nicht sinnvoll oder möglich ist oder es andere gute Gründe dafür gibt, kann davon aber selbstverständlich abgewichen werden.

Testgetriebenes Vorgehen

Testgetriebenes Vorgehen. Das Mikroprozessmodell kann außerdem auch variiert werden, es zeigt nur eine gängige Abfolge elementarer Aktivitäten. Bei einem testgetriebenen Design beispielsweise wird es die Aktivität Design nur bedingt geben. Bei dieser Vorgehensweise ist das Design quasi ein Abfallprodukt der Testdefinition sowie möglicher Restrukturierungen.

Testgetriebene Anforderungsdefinition. Ebenso ist es denkbar, Anforderungsdefinition und Testdefinition als dasselbe aufzufassen. Ein Test ist letztendlich nichts anderes als eine zu erfüllende Anforderung. Statt in natürlicher Sprache ist es prinzipiell auch vorstellbar, für jede Anforderung sofort den entsprechenden Test zu programmieren. Dann sind diese Tests die Spezifikation der Anforderungen. Auch diese Vorgehensweise ist mit dem hier beschriebenen Iterationsmodell vereinbar. In dem Mikroprozessmodell ist dies lediglich nicht dargestellt, da diese Vorgehensweise in der Praxis selten anzutreffen ist. Meistens werden Anforderungen in natürlicher Sprache sowie mithilfe von Dialogentwürfen und Anforderungsmodellen, beispielsweise in UML, definiert.

Erfolg messen. Ein wichtiger Erfolgsfaktor für die Softwareentwicklung ist die regelmäßige und objektive Überprüfung des Erreichten und eine starke Ergebnisorientierung. Der zeitliche Abstand vom Erkennen einer Anforderung bis zum Nachweis ihrer akzeptablen Umsetzung soll möglichst kurz sein.

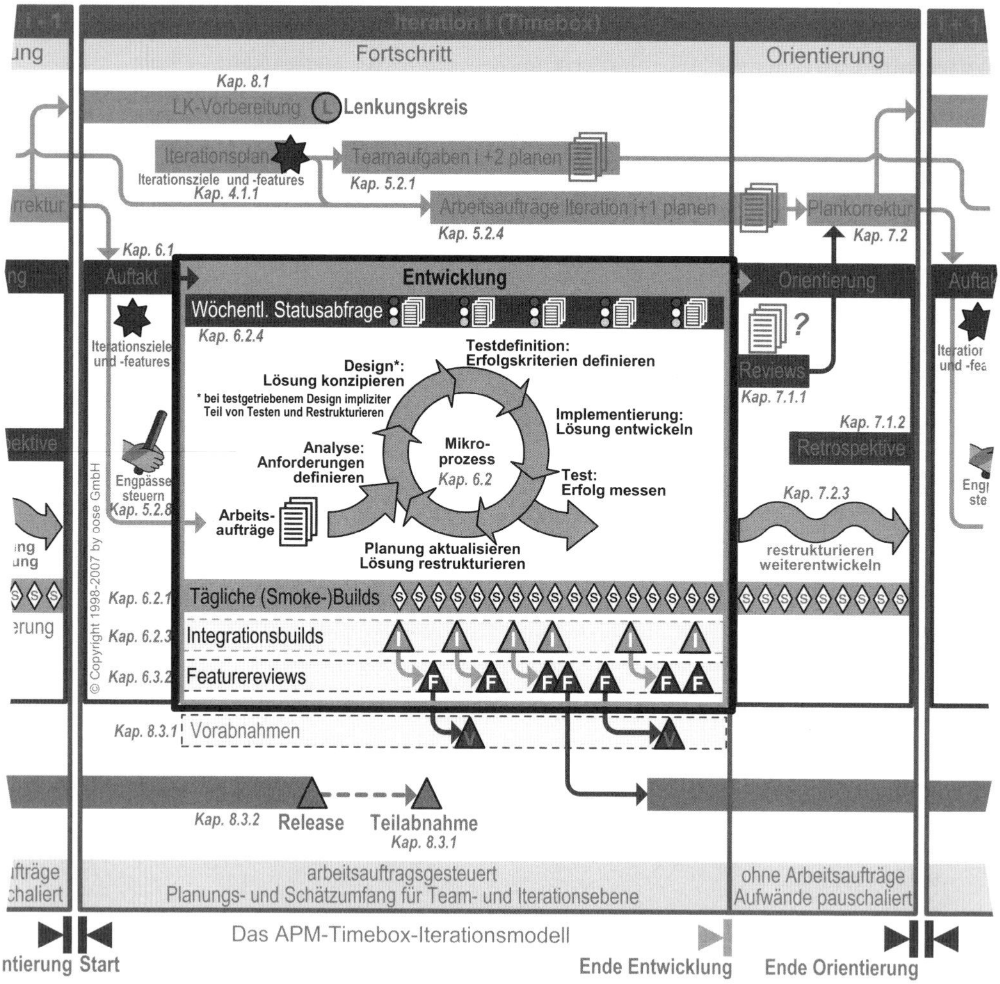

Abb. 6.2-2: Hervorgehoben: Der Entwicklungsabschnitt im Iterationsmodell (Ausschnitt aus Abb. 5.1-2 ⇨160)

6.2.1 Tägliches Smoke-Build

Builds. Der Aufwand, um eine neue lauffähige Version eines Systems zu erstellen, kann projektspezifisch sehr unterschiedlich sein. Es gibt Projekte, die können täglich bzw. quasi permanent neue Systeme bauen, und es gibt andere, die benötigen Wochen oder Monate dafür. Ein wesentlicher Einflussfaktor hierfür ist die Softwarearchitektur. Wenn Testautomatisierung und ein effizienter Buildprozess nicht von Anfang an geplant und berücksichtigt werden, also insbesondere auch durch die Softwarearchitektur unterstützt werden, kann es sehr schwierig werden, dies nachträglich umzusetzen.

Buildmanagement

⊙ Ein **Build** ist eine gewöhnlich unvollständige und vorübergehende, aber ausführbare Version eines in Entwicklung befindlichen Systems, die sich in der Entwicklungsumgebung oder gegebenenfalls in einer entwicklungsnahen Testumgebung befindet.

⊙ Ein **Release** ist ein Build, das dahingehend weiterentwickelt wurde, dass es an den Kunden ausgeliefert werden bzw. in seiner Zielumgebung laufen *kann,* d.h., es sind die notwendigen Freigabeverfahren zu durchlaufen. Ein Release ist immer auch ein Meilenstein.

⊙ Ein **Smoke-Test** überprüft, ob ein Build so weit stabil läuft, dass es überhaupt getestet werden kann. Ein Smoke-Test ist normalerweise ein automatisierter Test, der möglichst alle Hauptfunktionen eines Testobjekts auslöst, ohne die Ausgaben des Testobjekts mit vorgegebenen Sollergebnissen zu vergleichen, mit dem Ziel, die grundsätzliche Testbarkeit und Robustheit (z.B. Absturzfreiheit) zu prüfen.

Daily Build and Smoke-Test. Im Idealfall läuft der Buildprozess nach jeder größeren Änderung oder einmal täglich, beispielsweise als sogenannter Daily Build oder Nightly Build.

Daily Build and Smoke-Test

Dies kann beispielsweise so aussehen, dass die Entwickler jeweils morgens von ihnen zu bearbeitenden Code auschecken, tagsüber in einer eigenen Umgebung und mit sogenannten privaten Builds arbeiten und abends die Änderungen wieder einchecken. Alle Änderungen und Entwicklungen eines Tages werden beim Daily Build and Smoke-Test (Smoke-Build) einmal täglich zu einem neuen Build zusammengeführt und anschließend dahingehend getestet, dass es überhaupt stabil läuft. Ein Smoke-Test gibt keine Antworten darauf, ob Tests mit positivem Ergebnis laufen, sondern darauf, ob das System überhaupt testbar ist und beispielsweise nicht gleich beim Starten wieder abstürzt.

Private Builds

Objektive Fortschrittskontrolle

Mit diesem Verfahren wird sichergestellt, dass es jeden Tag eine neue lauffähige Version des Systems gibt. Selbstverständlich enthält diese Version noch Fehler und viele fachliche Tests werden mit negativem Ergebnis beendet. Wesentlich ist jedoch, dass es überhaupt einen objektiv messbaren Stand gibt, d.h. der Projektfortschritt täglich objektiv überprüfbar wird.

Wird der Projektplan gehalten?

Mit den Smoke-Builds wird sichergestellt, dass das, was erstellt wurde, auch nachweisbar und messbar wird. Das Projekt erhält in sehr kurzen Zeitabständen Rückmeldungen zum inhaltlichen Erfolg und Fortschritt.

Feedback für Entwickler

Die Smoke-Builds sind in erster Linie ein Feedback für die Entwickler. Oftmals scheitern die Smoke-Builds (sog. (ab-)*gebrochene Builds*). Die Fehler werden in diesem Fall nicht unmittelbar behoben, d.h., der Zweck ist nicht, ein absolut fehlerfreies Build zu erzielen, sondern die Fehler und Ursachen zu identifizieren, die das Build scheitern lassen, um diese dann am folgenden Tag bzw. bis zum nächsten Smoke-Build beheben zu können.

6.2.2 Tägliches Teamsteuerungstreffen

Das Team ist die kleinste Organisationseinheit in einem größeren Projekt und die einzige in einem kleinen Projekt. Auf dieser Ebene arbeiten alle Beteiligten täglich und unmittelbar zusammen. Am besten sollte ein Team auch in einem gemeinsamen Raum arbeiten, damit die Kommunikation miteinander möglichst einfach und effizient gestaltet werden kann, nämlich durch direkte Gespräche, durch Zuhören und Zurufen.

Planungswand ⇨272

Im Teamraum sollten in irgendeiner Form die aktuellen Aufgaben für alle deutlich sichtbar gemacht werden. Beispielsweise durch eine *Planungswand* (⇨272).

Während die Organisationsstruktur eines größeren Projektes nach Möglichkeit so gestaltet wird, dass die einzelnen Teilprojekte und Teams möglichst entkoppelt und wenig abhängig voneinander sind, ist es eine wesentliche Eigenschaft eines Teams, dass gemeinsam an einem Teilergebnis gearbeitet wird und somit zwischen den einzelnen Teammitgliedern deutliche Abhängigkeiten existieren. Daraus resultiert ein erhöhter Koordinations- und Abstimmungsaufwand innerhalb eines Teams.

Detailkoordination

Diese notwendige Koordination kann normalerweise der Selbstorganisation eines Teams überlassen werden. Je besser sich die Teammitglieder kennen, je eingespielter sie zusammenarbeiten, desto besser funktioniert die notwendige Detailkoordination der Arbeit.

Daily-Scrum-Meeting

Tägliche Teamtreffen haben verschiedene positive Effekte, vor allem wenn sich die Teammitglieder noch nicht so gut kennen, wenn sehr viele neue oder unerfahrene Mitarbeiter dabei sind, der Aufgabenbereich des Teams gerade vollständig neu definiert wurde oder wenn es soziale Spannungen im Team gibt.

Stehung ⇨345

In Scrum wird dies *Daily-Scrum-Meeting* genannt. Damit das Treffen zeitlich nicht ausufert und inhaltlich konzentriert stattfindet, ist es hilfreich, es als *Stehung* (⇨345, Standup-Meeting) vor der *Planungswand* (⇨272) durchzuführen und auf eine Dauer von 15 Minuten zu beschränken. Die Standardfragen lauten:

- Welche Arbeitsaufträge wurden abgeschlossen?
- Welche sind neu begonnen worden?
- Welche sind in Arbeit?
- Was steht mir im Weg?
- Was will ich bis zum nächsten Treffen erreichen?

Abb. 6.2-3: Tägliches Teamsteuerungstreffen (hier: die IT-Azubis von oose zusammen mit ihrem Ausbilder bei ihrer Aufgabenkoordination)

Krisenmanagement
Undiszipliniertes Arbeiten

Gut funktionierende Teams brauchen gegebenenfalls keine täglichen Treffen. In Krisensituationen hingegen sind sie geradezu zwingend. Wenn ein Team keine Ziele hat oder Mitarbeiter sehr undiszipliniert sind, also nicht das tun, was vereinbart wurde, dann sind Tagestreffen wichtig. Gegebenenfalls sind Tagestreffen am Anfang der Zusammenarbeit bzw. eines Projektes erforderlich, wenn sich das Team noch nicht gut kennt.

Besondere Herausforderungen bewältigen

Tagestreffen sind auch dann absolut empfehlenswert, wenn eine sehr unklare Aufgabe, eine ganz besondere Herausforderung zu bewältigen ist oder wenn ganz extreme Abhängigkeiten innerhalb des Teams bestehen, was aber jeweils die Ausnahme sein sollte. Ansonsten reichen gegebenenfalls wöchentliche Teamtreffen aus.

Jedes Team findet seinen eigenen Rhythmus

Grundsätzlich ist jedes Team aber frei, seinen eigenen Rhythmus und Bedarf zu finden. Wenn es sein muss, sogar mehrfach täglich und wenn das Team es für richtig hält, dann eben deutlich seltener. Jedes Team sollte dies individuell handhaben.

6.2.3 Wöchentliches Integrationsbuild

Während die täglichen (oder nächtlichen) Smoke-Builds dazu dienen, Build- und Integrationsfehler zu finden und ein Smoke-Build prinzipiell scheitern darf, ist das Ziel des Integrationsbuild ein anderes.

Alle Unit Tests erfolgreich absolvieren

Mindestens einmal pro Woche sollte es dem Projekt gelingen, ein Build zu erstellen, bei dem alle bis dahin vorhandenen automatisierten Tests, also vor allem Unit Tests, erfolgreich absolviert werden. Das Ziel ist also, eine lauffähige und vollständig fehlerfreie Version zu erhalten. Im Gegensatz zum Smoke-Build darf der Buildprozess nicht scheitern. Allerdings ist es nicht zwingend, wirklich alle Unit Tests fehlerfrei zu absolvieren. Dies ist das Ziel, also ein Ideal. Wenn die Ursachen für scheiternde Unit Tests unmittelbar behoben werden können, werden diese korrigiert. Wenn der Aufwand zu hoch ist, sind die Fehler bis zum nächsten Integrationsbuild zu beheben.

Warnschilder

Außerdem ist es legitim, bestimmte gerade in einer komplexen Entwicklung befindliche Systemteile ganz bewusst auszusparen und dort sozusagen Warnschilder aufzustellen, dass diese Teile momentan nicht benutzbar sind.

Always Beta

Im Regelfall wird auch ein Smoke-Build zu einer lauffähigen Version führen, spätestens jedoch erzeugt das Integrationsbuild eine vorführbare, benutzbare Version. Somit liegt immer eine recht aktuelle lauffähige Version vor.

Im Eclipse-Projekt, in dem ebenfalls so vorgegangen wird, wird dieses Prinzip *Always Beta* genannt [Gamma-2007].

Als Beta-Version wird eine vorläufige Softwareversion bezeichnet, die durch repräsentative Kunden oder Anwender in der Einsatzumgebung des Kunden bzw. Anwenders benutzt werden kann. Als Alpha-Version bezeichnet man hingegen vorläufige Softwareversionen, die noch in der Testumgebung des Herstellers bzw. der Entwickler laufen.

Alpha, Beta und Eclipse

Da das Eclipse-Projekt Entwicklerwerkzeuge herstellt, die die Entwickler selbst wiederum benutzen, erfüllen diese Versionen die Definition von Beta. Übertragen auf die Entwicklung von Software für fremde Benutzer bzw. andere Benutzer als die Entwickler selbst, ist der Begriff Beta-Version aber nicht mehr zutreffend, sodass das gleiche angewendete Build-Prinzip entsprechend (etwas weniger cool, aber zutreffender) *Always Alpha* zu nennen wäre.

6.2.4 Wöchentliches Mikrocontrolling

Die Projektmitglieder melden während der Entwicklungszeit auftragsbezogen ihre Aufwände, d.h. den Stundenverbrauch, um Arbeitszeiten abzurechnen und Metriken sowie künftige Schätzungen damit erstellen zu können.

Sinnloses Unterfangen: Restaufwandschätzung

Zusätzliche Restaufwandschätzungen haben sich dagegen in der Praxis als mehr oder weniger sinnlos herausgestellt. Meistens wird der rechnerisch verbleibende Restaufwand so lange als „Schätzwert" genannt, bis ca. 80 Prozent des geplanten Aufwandes verbraucht sind. Danach werden die verbleibenden 20 Prozent immer wieder als „Rest" gemeldet.

Wahrscheinlichkeitsabfragen. Deutlich vorteilhafter ist es stattdessen, wöchentlich bei den Ergebnisverantwortlichen nachzufragen, wie hoch sie die Wahrscheinlichkeit einschätzen, das Ergebnis wie geplant zum vereinbarten Termin zu erreichen. Solange dieser Wert zwischen 75 und 95 Prozent liegt, ist gewöhnlich alles in Ordnung. Wenn der Wert von Woche zu Woche stark schwankt oder plötzlich absackt, kann die Projektleitung dies als Indikator sehen und gezielt nachhaken. Gegebenenfalls muss dann ein neues (Teil-)Ergebnis vereinbart werden.

Mit dieser Vorgehensweise erreichen Sie, dass ausreichend viele Arbeitsaufträge (mehr als 90 Prozent) zum vereinbarten Stichtag mit einem definierten Ergebnis abschließen. Das Ergebnis ist vielleicht geringer als ursprünglich geplant, aber es hat (immerhin bzw. stattdessen) einen definierten und überprüfbaren Zwischenstand.

Ein Statusbericht beschreibt den aktuellen Zustand einer in Entwicklung befindlichen Sache, beispielsweise was erreicht wurde, was offen ist, welche Probleme vorliegen und wie es weitergeht. Eine effiziente und vereinfachte Form der Wahrscheinlichkeitsabfrage besteht darin, die Abfrage auf drei verschiedene Status zu reduzieren und diesen die Ampelfarben Rot, Gelb und Grün zuzuordnen. Ein *Ampelstatus* (⇨347) reduziert die Statusaussage auf die drei möglichen Aussagen:

Ampelstatus ⇨347

- **Rot, mangelhaft** (unter 50 Prozent Wahrscheinlichkeit)
  Die Entwicklung ist ungenügend, wesentliche Teile wurden nicht erreicht. Der Plan kann nicht mehr eingehalten werden.
- **Gelb, unbefriedigend** (50 – 75 Prozent Wahrscheinlichkeit)
  Einige Punkte laufen nicht so wie geplant. Der aktuelle Zustand ist unbefriedigend.
- **Grün, in Ordnung** (über 75 Prozent Wahrscheinlichkeit)
  Alles läuft im Wesentlichen wie geplant. Der aktuelle Zustand ist befriedigend oder besser.

Bequeme Indikatoren für die Projektleitung

Der Vorteil bei der Ampelstatusabfrage besteht darin, dass die Projektleitung in sehr einfacher Form Interventionssignale erhält: Alle Arbeitsaufträge, die im grünen Bereich sind, können einfach weiterlaufen. Es besteht für die Projektleitung kein Handlungsbedarf. Bei den beiden anderen Farben ist dies jeweils ein Signal an die Projektleitung, dass hier interveniert werden sollte.

Die Projektleitung erhält also einmal wöchentlich Hinweise darauf, um welche Arbeitsaufträge sie sich kümmern muss und um welche nicht.

Abstrakt formuliert geht es bei den gelben Aufträgen darum herauszufinden, was die Projektleitung tun kann, um den Auftrag wieder in den grünen Bereich zu bringen. In vielen Fällen gibt es unmittelbare Handlungsmöglichkeiten für die Projektleitung. Wenn beispielsweise eine Zulieferleistung eines Dritten nicht eintrifft, kann die Projektleitung hier den Druck auf den Zulieferer erhöhen oder extern eskalieren. Wenn ein Projektmitarbeiter beispielsweise wegen Krankheit ausgefallen ist, kann die Projektleitung gegebenenfalls andere Mitarbeiter diesem Auftrag zuordnen. Dies kann quasi sofort oder noch am gleichen Tag passieren, anderenfalls aber auch länger dauern.

Folgenabschätzung

Diese Maßnahmen können wiederum negative Folgen für andere Arbeitsaufträge haben: Wenn also zur Stabilisierung und Unterstützung eines Arbeitsauftrages Mitarbeiter von anderen Arbeitsaufträgen abgezogen werden, ist es sehr wahrscheinlich, dass in der nächsten Woche die anderen Arbeitsaufträge auf Gelb oder Rot springen. Die Projektleitung sollte deswegen das Team bzw. die betroffenen Personen in die Analyse und Entscheidungen einbeziehen, deren Empfehlungen weitgehend berücksichtigen und entsprechend den Risikobewertungen und Prioritäten handeln.

Letzte Handlungsoption: Abweichung akzeptieren

Wenn ein Auftrag länger als eine Woche auf Rot steht oder wenn keine unterstützenden Maßnahmen möglich oder sinnvoll erscheinen, es also keine realistische Möglichkeit gibt, einen roten Auftrag wieder in den grünen Bereich zu bringen, dann gibt es eine letzte Möglichkeit: den Zustand zu akzeptieren und mit ihm zu rechnen, d.h., die Realität zumindest angemessen zu berücksichtigen. Die Planung ist dann anzupassen. Konkret bedeutet dies, dass der betroffene Arbeitsauftrag korrigiert wird. Er wird so weit vereinfacht, dass er ein unter den gegebenen Umständen wieder realistisches Iterationsziel beschreibt. Oder anders ausgedrückt: Der Arbeitsauftrag wird inhaltlich so weit reduziert, dass er in den nächsten Wochen wieder im grünen Bereich sein wird.

Wie auch immer, die Projektleitung sorgt also dafür, dass alle Arbeitsaufträge schnellstmöglich wieder in den grünen Bereich kommen.

Feedback in kurzen Zyklen

Durch eine Dauer von beispielsweise sechs Wochen pro Iteration reduzieren wir den Planungsaufwand auf ein handhabbares Maß. Und trotzdem sind in jedem Fall wöchentliche Rückmeldungszyklen oberhalb der Teamebene möglich. Mithilfe der wöchentlichen Wahrscheinlichkeitsanfragen erhalten wir also einen *projektweiten* Rückmeldungs- und Regelkreis. Innerhalb der Teams gibt es durch den Buildzyklus und die Teamtreffen tägliche Rückmeldungen. Für ein Großprojekt sind tägliche Rückmeldungszyklen jedoch nicht sinnvoll.

Delegation und Vertrauen

In einem Projekt mit 25 Projektmitarbeitern und 6 Wochen Iterationsdauer ist mit durchschnittlich 3 – 5 Arbeitsaufträgen pro Mitarbeiter zu rechnen, d.h. mit insgesamt ungefähr hundert Arbeitsaufträgen pro Iteration. Durch Delegation und Vertrauen in die Arbeitsauftragsverantwortlichen kann der Informationsbedarf und die notwendige Kommunikation reduziert werden. Nur echte Probleme werden nach oben mitgeteilt oder eskaliert.

Während die Team- und Teilprojektleitungen ihren Anteil daran noch halbwegs auch in detaillierter Form handhaben können, ist für die Gesamtprojektleitung die Reduzierung auf Wahrscheinlichkeitsabfragen oder Ampelstatus ein guter Weg, ebenfalls wochengenau alle Arbeitsaufträge im Blick zu haben. Wenn beispielsweise 5 – 10 Prozent der Arbeitsaufträge in einer Woche gelb oder rot wären, würde dies auch in Groß- und Megaprojekten nur etwa 10 – 40 interventionswürdige Arbeitsaufträge bedeuten. Von denen wiederum kann typischerweise ein großer Teil unterhalb der Gesamtprojektleitungsebene unterstützt werden werden, sodass nur wenige akute Probleme der vollen Aufmerksamkeit der Gesamtprojektleitung bedürfen. Wesentlich ist dennoch, dass auch diese Führungsebene wöchentlich absolut aktuelle und projektweite Statusinformationen bekommt. Soweit Interventionen und unterstützende Maßnahmen zu bestimmten Arbeitsaufträgen durch diese Führungsebene notwendig sind, werden nur für diese weitere Informationen eingeholt. In der Regel erfolgt dies durch das persönliche Gespräch mit den Betroffenen.

Toyota-Produktionssystem
Lean-Management

Managementtechniken wie Kaizen bzw. das Toyota-Produktionssystem [Ohno-2005, S. 76ff.] und ähnliche Lean-Management-Lehren fordern, dass immer nur genau die Informationen (und Ergebnisse) entstehen und bereitgestellt werden sollen, die zu einem Zeitpunkt wirklich benötigt werden. Überflüssige Informationen sind zurückzuhalten.

Teamweite und projektweite Feedback-Zyklen

Zu kurze Rückmeldezyklen auf projektweiter Ebene würden ein Projekt überfordern, da die Menge an Informationen nicht sinnvoll zu verarbeiten ist. Aus diesem Grunde beschränken wir im APM-Verfahren den detaillierten projektweiten Rückmeldezyklus mithilfe von Arbeitsauftragsreviews (⇨198) und Retrospektiven (⇨201) auf den Iterationszyklus.

Für die Zeit dazwischen reicht uns der wöchentliche Ampelstatus, aus dem dann die akuten teamübergreifenden Interventionsanforderungen (gelbe und rote Arbeitsaufträge) abgeleitet werden können.

Die wöchentlichen Rückmeldungen, auch wenn sie projektweit erfolgen, führen zunächst zu einer Planungsanpassung und Realitätsberücksichtigung auf der Mikroebene, was dort zwar auch viel Arbeit macht, aber letztendlich noch gut handhabbar ist. Die Iterationsplanung insgesamt belassen wir im Iterationsrhythmus, weil hier ein deutlich höherer Planungsaufwand herrscht!

Erkenntnisgewinn maximieren, Planungsaufwand minimieren

Insofern existieren bezüglich des Erkenntnisgewinns bzw. der Verarbeitung entsprechender Informationen von der untersten detailliertesten Ebene bis zur höchsten und abstraktesten Planungsebene bewusste zeitliche Verzögerungen. Nicht jede Erkenntnis über ein Problem oder möglichen Terminverzug wird sofort in der Gesamtplanung berücksichtigt. Stattdessen werden diese Detailerkenntnisse pro Iteration gesammelt und dann einmal pro Iteration in der Gesamtplanung berücksichtigt.

Gesetzmäßigkeiten kleiner Teams auch im Großen herstellen

Dieses Verfahren ermöglicht es, die Vorteile und Gesetzmäßigkeiten kleiner Teams bezüglich Planung, Steuerung und Kontrolle auch in größeren und sehr großen Projekten operativ anwendbar zu machen, ohne in Details zu versinken oder an der schieren Menge der Planungs- und Steuerungseinheiten zu scheitern.

Die Reißleine ziehen?

Im Toyota-Produktionssystem hat jeder Arbeiter an einer Fertigungsstraße die Möglichkeit, diese zu stoppen, wenn ein Problem oder Fehler vorliegt. Damit wird verhindert, dass überhaupt Fehler produziert werden, und vor allem dafür gesorgt, dass die Ursachen nachhaltig beseitigt werden, da der Produktionsstopp auch für das Management nicht zu übersehen ist.

Im APM-Verfahren haben wir dies in der Weise umgesetzt, dass Signale über nachhaltig problematische (also rote) Arbeitsaufträge auch über das Team hinaus systematisch an das übergeordnete Management übermittelt werden.

Software, Planungswand oder mündlich?

Ob diese Rückmeldung über ein zentrales softwaregestütztes Verwaltungssystem für Arbeitsaufträge organisiert wird, die Planungswand (⇨272) mit den entsprechenden Statusinformationen für alle (also auch teamexterne) gut sichtbar aufgehängt wird oder die Informationen mündlich von einem Läufer (siehe nächster Abschnitt) übertragen werden, ist dabei nebensächlich.

6.2.5 Der Läufer

Der Läufer ⇨349

Eine Möglichkeit, noch mehr Nutzen mit diesem Iterationsverfahren zu erzielen, ist die Kombination des wöchentlichen Ampelstatus mit dem Konzept des *Läufers* (⇨349).

Stimmungsbild aufnehmen und weitergeben

Hierbei wird auf Rotationsbasis im Projekt wöchentlich ein Läufer bestimmt, der alle Teammitglieder an ihren Arbeitsplätzen besucht und den Status ihrer Arbeitsaufträge abfragt. Der Läufer agiert daher als Mediator, der neben den Status auch Stimmungen aufgreift und die explizite Aufgabe hat, alles an das Projektmanagement weiterzuleiten.

6.3 Ergebnisse abschließen

Arbeitsaufträge mit Ergebnis beenden

Bereits zu Beginn der Iteration stehen die Termine sowohl für das Ende der Iteration als auch für das Ende des Fortschrittsabschnittes innerhalb der Iteration fest („Ende Fortschritt“ in Abb. 6.2-2). Zu diesem letzten Termin sind alle Arbeitsaufträge mit einem definierten Ergebnis zu beenden, damit anschließend die Ergebnisüberprüfung in Form von Reviews stattfinden kann.

Voraussetzung für ein gutes Funktionieren des Timebox-Verfahrens sind tägliche Smoke-Builds und die Wahrscheinlichkeitsabfragen mit bedarfsweiser Arbeitsauftragskorrektur (wie zuvor beschrieben).

Wenn sowieso täglich ein neues Build entsteht, ist es kein besonderer Aufwand jetzt einfach das letzte Build aufzugreifen und auf dieser Basis die Arbeitsaufträge der ablaufenden Iteration zu bewerten.

Der wichtigste Unterschied zu den täglichen Builds besteht in der Verwendung für eine objektivierbare Bewertung des Projektfortschritts. Neben den Smoke-Tests werden gegen dieses Build also möglichst viele weitere funktionale und nicht funktionale Tests gefahren. Am besten erfolgt dies automatisiert.

6.3.1 Timeboxing

Erreicht die Iteration ihre Ziele?

Liegen die Arbeitsaufträge im Plan, d.h., werden sie wie geplant umgesetzt werden können? Wird die Iteration die geplanten Ergebnisse bringen? Diese Fragen lassen sich spätestens am Ende einer Iteration beantworten (siehe *7.1.1 Arbeitsauftragsreviews* ⇨198). Um jedoch bereits in einer laufenden Iteration Hinweise hierzu zu erhalten, sind weitere Mechanismen notwendig, beispielsweise wöchentliches Feedback bzw. wöchentliche Wahrscheinlichkeitsabfragen (⇨185).

Typischerweise werden die geplanten Aufwände vieler Arbeitsaufträge überschritten bzw. die geplanten Termine nicht eingehalten. Manchmal liegt das an einer mangelhaften Aufwandschätzung, manchmal an der Qualifikation oder Motivation der beteiligten Projektmitarbeitenden. In den meisten Fällen werden Termin- und Aufwandsüberschreitungen jedoch durch unvorhersehbare Erkenntnisse oder Situationen verursacht. Es entstehen beispielsweise spontan technische Probleme, es werden auf einmal bisher unentdeckte Abhängigkeiten oder zusätzliche Voraussetzungen identifiziert, Zulieferleistungen oder Entscheidungen der Fachabteilungen verzögern sich etc.

Unabhängig von den Ursachen und Auslösern sind solche Verzögerungen geeignet, den gesamten Entwicklungsprozess zu stören. Teaminterne Ursachen kann ein Team im Rahmen seiner täglichen Steuerungstreffen selbst handhaben. Liegen die Ursachen jedoch außerhalb eines Teams, ist die nächsthöhere Hierarchieebene des Projektes zu informieren und einzubeziehen.

Es wird geliefert – egal was!

Angenommen ein Arbeitsauftrag für ein Team von drei Personen dauert plangemäß den gesamten Fortschrittsabschnitt einer Iteration, also beispielsweise knapp fünf Wochen. Nach ca. drei Wochen stellen die Beteiligten fest, dass der geplante Aufwand wegen einer teamexternen Ursache (z.B. mangelhafte Zulieferung) nicht ausreicht, der Termin also nicht zu halten ist, und melden dies der Projektleitung. Wie soll die Projektleitung damit umgehen?

Die Projektleitung wird über diesen Sachverhalt ebenso wenig erfreut sein wie das Team, andererseits jedoch erleichtert sein, diese Meldung frühzeitig zu erfahren. Leider gibt es immer wieder Projektmitglieder, die erst einen Tag vor dem geplanten Endtermin ankommen und Aufwand und Zeit nachfordern. Auch wenn dies beim iterativen Vorgehen tatsächlich seltener vorkommt, wäre eine solche Situation kaum noch zu retten.

Restaufwandschätzung? Die falsche Frage

Sofern die Verzugsmeldung aber frühzeitig eintrifft, fragt die Projektleitung typischerweise: *"Okay, wie viel zusätzlichen Aufwand schätzt ihr, und wann ist der Auftrag voraussichtlich abzuschließen?"* Diese Frage ist die falsche Frage.

Es liegt auf der Hand, dass die Festlegung von Iterationsterminen sinnlos ist, wenn ein gewisser Teil der Arbeitsaufträge Terminverlängerungen notwendig macht. Ein iteratives Vorgehen, bei dem die Iterationsendtermine regelmäßig unter Druck geraten, funktioniert nicht.

⊙ Ein **Meilenstein** definiert einen Termin, zu dem eine Menge von Ergebnissen in einer bestimmten Detaillierung und Vollständigkeit nachprüfbar und formal dokumentiert vorliegen muss. Liegen die Ergebnisse zum geplanten Termin nicht vor, wird der Meilenstein verschoben. Ein Meilenstein ist ein Hilfsmittel zur Planung und Überwachung eines Entwicklungsprozesses.

⊙ Eine **Timebox** definiert einen unverückbaren Zeitrahmen, an dessen Ende eine Menge von Ergebnissen in einer bestimmten Detaillierung und Vollständigkeit nachprüfbar und formal dokumentiert vorliegen soll. Liegen die Ergebnisse nicht wie geplant vor, werden die offenen Teile in eine nachfolgende Timebox verschoben. Hierzu werden zum geplanten Endtermin die tatsächlich erreichten Ergebnisse bestimmt. Eine Timebox ist ein Hilfsmittel zur Planung und Überwachung eines Entwicklungsprozesses.

Timeboxing ist Erfolgsfaktor für iteratives Vorgehen

Iteratives Vorgehen kann unserer Erfahrung nach nur in Verbindung mit Timeboxing sinnvoll funktionieren. Beim Timeboxing hat der Endtermin eine höhere Priorität als das gelieferte Ergebnis. Das heißt, an dem vereinbarten Termin wird geliefert – egal was!

Die richtige Frage

Sofern die Projektleitung also erfährt, dass ein Arbeitsauftrag nicht wie geplant abgeschlossen werden kann, fragt sie: *"Okay, was könnt Ihr stattdessen bis zum vereinbarten Termin liefern?"* Projektleitung und Team vereinbaren also einen reduzierten Lieferumfang.

Dies ist fast immer möglich, es gibt kaum Aufgaben, die es nicht erlauben, innerhalb einer Frist von bis zu sechs Wochen ein Zwischenergebnis zu erzeugen.

Während der ca. fünfwöchigen Entwicklungszeit innerhalb einer Iteration gilt es also, rechtzeitig herauszufinden, ob und wieweit die geplanten Ergebnisse termingerecht erreicht werden können.

Meilenstein und Timebox sind zwei sehr ähnliche, aber komplementäre Verfahren, Projekte zu planen, zu steuern und zu überwachen. Auf die plangerechte Umsetzung der Arbeitsaufträge haben beide Mechanismen keinen direkten Einfluss. Die entscheidenden Effekte entstehen indirekt. Beim Meilenstein erfährt man, wann bestimmte Ergebnisse erreicht wurden. Bei der Timebox erfährt man, was zu einem bestimmten Zeitpunkt erreicht wurde. In beiden Fällen entstehen Erkenntnisse, die es ermöglichen, bei entsprechenden Planabweichungen die möglichen Ursachen zu prüfen und im Sinne einer besseren Zielerreichung zu intervenieren und zu unterstützen.

Der Vorgang des Planens ist sehr viel wichtiger als der Plan (das Ergebnis) selbst, das wussten schon Graf von Moltke, Ike Eisenhower und andere immer wieder gern zitierte militärische Befehlshaber.

6.3.2 Iterationsfeaturereviews

Iterationsfeatures sind die Bausteine, aus denen sich Releasefeatures und somit Releases zusammensetzen. Aus Sicht der Teams beschreiben die Iterationsfeatures iterationsspezifische inhaltliche Ziele und werden von diesen zur Feinplanung in Arbeitsaufträge heruntergebrochen. Nicht alle, aber viele Arbeitsaufträge sind direkt einem Iterationsfeature zuzuordnen. Sobald der letzte offene Arbeitsauftrag zu einem Iterationsfeature erfolgreich abgearbeitet wurde, sollte auch das Iterationsfeature vollständig realisiert worden sein.

Iterationsabschlussauftrag

Um diesen Zeitpunkt einfacher registrieren zu können, kann dieser letzte Arbeitsauftrag als Iterationsabschlussauftrag gekennzeichnet werden (vgl. Arbeitsauftrag ⇨274).

Dennoch ist mit der Abarbeitung des Iterationsabschlussauftrages noch nicht bewiesen, dass das Iterationsfeature auch vollständig und korrekt realisiert wurde. Um diesen Nachweis zu erbringen, wird daher ein explizites, abschließendes Iterationsfeaturereview durchgeführt. Für jedes Iterationsfeature ist eine Person bzw. ein Team verantwortlich, auch wenn gegebenenfalls Zulieferleistungen von anderen Teams existieren. Mit diesem Abschlussreview lässt sich das verantwortliche Team bestätigen, das Iterationsfeature erfolgreich realisiert zu haben, und kommt somit wieder aus der Ergebnisverantwortung heraus. In diesem Sinne ist das Review ein Signal gegenüber der Projektleitung oder Teilprojektleitung und eine Art projektinterne Abnahme. Die Projektleitung bestätigt dem Team nach dem Review die erfolgreiche Featurerealiserung.

Anstelle der Projektleitung können gegebenenfalls auch andere querschnittliche Teams (Prozessteams, Featureteams, Architekturteams, Migrationsteams etc., vgl. Abb. 1.4-5) das Review durchführen und die interne Abnahme erteilen, dies hängt von den Inhalten der Iterationsfeatures und der gewählten Organisations- und Verantwortlichkeitsstruktur ab.

Die Iterationsfeaturereviews sind ein wichtiges Element zur objektiven inhaltsbasierten Fortschrittsmessung. Projektfortschritt messen

6.3.3 Störungsfreie Iteration

Vermeiden Sie Störungen in einer laufenden Iteration. Neue Anforderungen oder Änderungen bestehender Anforderungen sowie veränderte Rahmenbedingungen werden grundsätzlich nicht in eine laufende Iteration eingebracht, sondern erst mit der nächsten Iteration berücksichtigt. Die dadurch eventuell entstehenden (meistens marginalen oder lokalen) Fehlentwicklungen sind hinnehmbar. Sofern während einer Iteration die Aufgaben und Ziele öfter geändert würden, litten die Geradlinigkeit, die Motivation und der Arbeitsrhythmus, wodurch meistens ein viel höherer Verlust entstünde. Nur äußerst gravierende Umstände sollten eine laufende Iteration tangieren.

Wir sprechen daher auch von einer Tiefpassfilter-Funktion: Alle hochfrequenten (kleinen) Störungen werden vom Projekt ferngehalten, gedämpft oder zeitlich verzögert, nur die tieffrequenten (gravierenden) Störungen werden durchgelassen. Tiefpassfilter

Im Normalfall kommen die relevanten Informationen dennoch bei den betroffenen Projektmitarbeitern an. Wenn beispielsweise eine bereits realisierte Anforderung geändert werden soll, dann wird dieser Wunsch nicht direkt an das Entwicklungsteam weitergegeben, sondern zunächst werden von verschiedenen Instanzen in der Projektorganisation die Implikationen des Änderungswunsches untersucht. Hierzu gehört vor allem auch, dass das betroffene Entwicklungsteam hierzu Stellung nimmt und beispielsweise Kosten, Risiken, Dauer etc. der gewünschten Änderung abschätzt und gegebenenfalls eine Empfehlung zur Annahme oder Ablehnung des Wunsches abgibt. Insofern erhalten alle Beteiligten sowieso frühzeitig Kenntnis von solchen Sachverhalten. Wenn dann entschieden wird, wie mit dieser Änderung umgegangen werden soll, ist dies für die Beteiligten gewöhnlich nicht sehr überraschend.

Neben den Arbeitsinhalten sollten auch die Teams mindestens für die Dauer einer Iteration stabil gehalten werden, d.h., personelle Veränderungen sollten möglichst nur an den Iterationsgrenzen erfolgen. Personelle Veränderungen

7 Iterationsnachbereitung

Es gibt Menschen, die, wenn sie das Licht am Ende des Tunnels sehen, ein neues Stück Tunnel kaufen.

Johannes Rau

Worum geht es in diesem Kapitel?

- Was passiert am Ende einer Iteration?
- Wie werden wann welche Ergebnisse gemessen und ausgewertet?
- Wie fließen die Erkenntnisse aus der ablaufenden Iteration in die fast fertige Planung für die nächste Iteration ein?
- Wie kann der Prozess kontinuierlich verbessert werden?

7.1 Iteration auswerten

Der Orientierungsabschnitt einer Iteration dient vorrangig dazu, die objektiven erreichten Ergebnisse der zurückliegenden Iteration festzustellen und den Projektfortschritt zu messen. Hierzu werden die Arbeitsaufträge begutachtet, Retrospektiven durchgeführt und die neuen Erkenntnisse in die überordnete Planung eingebracht.

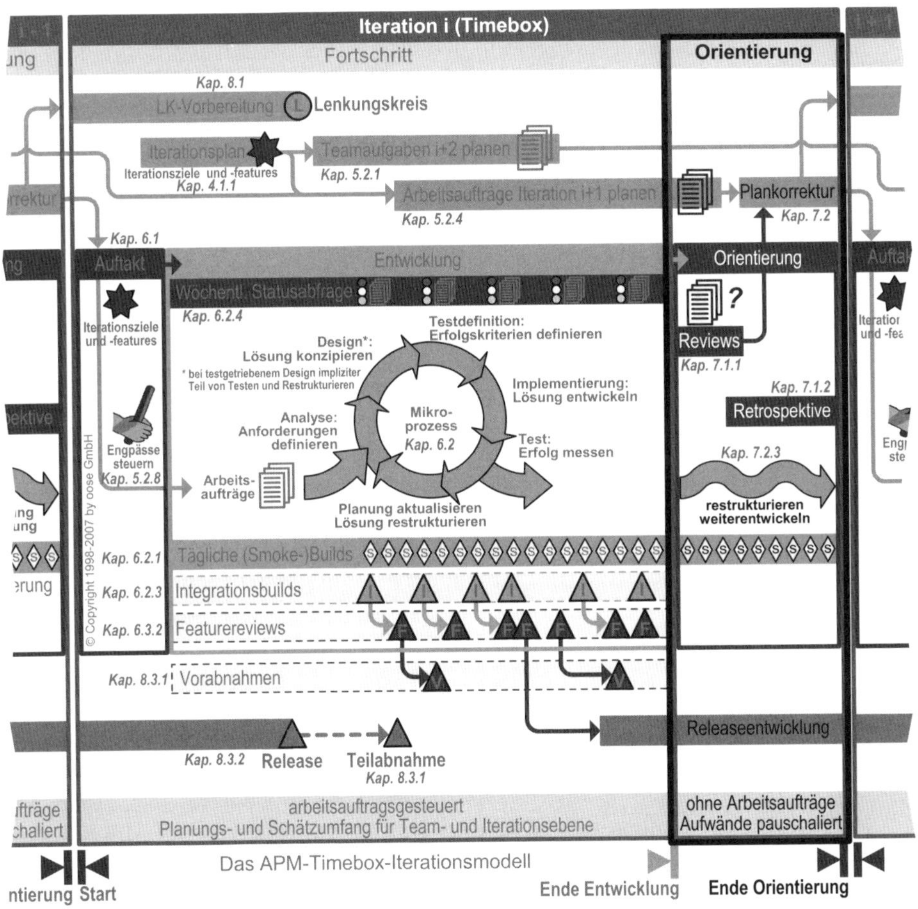

Abb. 7.1-1: Hervorgehoben: Aktivitäten im Orientierungsabschnitt (Ausschnitt aus Abb. 1.1-6 ⇨9)

7.1.1 Arbeitsauftragsreviews

Für jeden Arbeitsauftrag wird nach der Ergebnisablieferung ein kurzes Review durchgeführt. Die Reviewbeteiligten wurden bereits mit der Formulierung des Arbeitsauftrages festgelegt. Gewöhnlich wird das Review von einer am Arbeitsauftrag unbeteiligten Person durchgeführt, die jedoch das Ergebnis zu beurteilen vermag.

Grundsätzlich begutachten die Mitarbeiter ihre Arbeitsaufträge gegenseitig. Ansonsten, falls beispielsweise die Projektleitung oder spezielle Gutachter dafür eingesetzt werden, werden diese aufgrund der Menge gegebenenfalls punktuell überlastet, außerdem könnte dies von den Mitarbeitern als Gängelung, Kontrolle oder Misstrauen wahrgenommen werden.

Qualitätssicherung durch die Teamleitung ⇨169

Beim Review zeigt sich auch, ob ein Arbeitsauftrag präzise genug beschrieben wurde, ob also für die Form, den Inhalt und die Qualität des erwarteten Ergebnisses objektive Kriterien genannt wurden oder alles butterweich und beliebig interpretierbar formuliert wurde. Hierfür sind sprachliche Fähigkeiten notwendig, die normalerweise sehr unterschiedlich ausgeprägt sind. Gefordert ist eine nominalstilarme Sprache mit aktiven Verben, die überprüfbare Eigenschaften beschreibt. Formulierungen im Stil „Anforderung XY soll fertig sein" wären von geringem Nutzen. Auf die Qualitätssicherung der Formulierungen wird in Kapitel 5.2.5 (⇨169) näher eingegangen.

Resultate der Arbeitsauftragsreviews:

- Stichwortartige Beschreibung des tatsächlich erreichten Ergebnisses
- Stichwortartige Beschreibung der offen gebliebenen Punkte
- Gegebenenfalls Anmerkungen und Hinweise
- Sofern featurebasiert gearbeitet wird, ist eine Schätzung des notwendigen Aufwandes für die offengebliebenen Punkte hilfreich

Kurze Reviews

Für die Reviews müssen Sie in Projekten mit über 20 Mitarbeitern insgesamt ca. 2 – 3 Tage vorsehen, bis 20 Mitarbeiter ca. 1 – 2 Tage. Die Reviews sollten möglichst kurz sein und jeweils 10 – 20 Minuten dauern. Sofern dieser Zeitraum nicht ausreicht, wird das Ergebnis zwar entsprechend ungenauer festgehalten, dies jedoch angemerkt. Der Zweck der Reviews ist keine tiefgehende oder umfassende Qualitätskontrolle, sondern lediglich ein einfacher Soll-Ist-Abgleich: Was sollte erreicht werden? Was wurde tatsächlich erreicht? Was ist offengeblieben?

Selbstorganisation

Die Arbeitsauftragsreviews sollten weitgehend der Selbstorganisation der Teams überlassen werden. Das gilt vor allem für die Güte der Aussagekraft der Reviewergebnisse. Wir vertrauen den Arbeitsauftragsverantwortlichen und den Gutachtern.

Die Reviewteilnehmer sollten ihre Termine und Treffpunkte selbst verabreden. Eine zentrale Organisation der Termine, beispielsweise durch das Projektbüro, sind alternativ möglich und können den Zeitbedarf für die Gesamtheit der Reviews gegebenenfalls geringfügig verkürzen.

Da die Projektmitarbeiter ihre Arbeitsaufträge gegenseitig begutachten, skaliert dieses Verfahren sehr gut. Der gesamte Zeitbedarf ist bei 50 Mitarbeitenden nicht grundsätzlich anders als bei 200.

Objektive Bestandsaufnahme aber keine QS

Arbeitsaufträge und Ergebnisse von besonderer Wichtigkeit oder mit ungewöhnlichen Abweichungen können bedarfsweise später genauer untersucht werden. Hierzu wird jeweils ein separater Arbeitsauftrag vorgesehen, der dann in der folgenden Iteration (als ganz normaler Arbeitsauftrag) bearbeitet wird. Auf diese Weise werden auch alle über diese Bestandsaufnahme hinausgehenden Qualitätssicherungsmaßnahmen eingeplant und bearbeitet. Die Reviews haben nicht den Zweck einer Qualitätssicherung, sondern dienen wirklich nur einer ganz einfachen Bestandsaufnahme der Istsituation gegenüber der Sollsituation.

Status des Arbeitsauftrages *fertig* oder *teilfertig*

Als Ergebnis des Review wird auch der Status des Arbeitsauftrages von *angefangen* oder *abnahmebereit* in *fertig* oder *teilfertig* geändert. Der Status *teilfertig* wird zugewiesen, wenn nicht alle geplanten Ergebnisse erreicht wurden und die offenen Punkte in einem neuen Arbeitsauftrag oder als Teil eines noch folgenden Arbeitsauftrages aufgenommen werden müssen.

Optional können an den Arbeitsauftragsreviews auch zukünftige Benutzer oder Vertreter des Auftraggebers teilnehmen. Dadurch verändert sich jedoch in der Regel der Charakter der Reviews erheblich, weil die qualitativ-inhaltliche Bewertung meistens die reine Fortschritts- und Bestandsaufnahme überlagert. Auch der Zeitbedarf sowie der Organisationsaufwand (Einladung, Protokoll etc.) sind gewöhnlich erheblich höher.

Eigene Arbeitsaufträge für Reviews durch Fachabteilung oder Auftraggeber

Zur Abstimmung und Abnahme von Teilergebnissen, wie sie durch einzelne Arbeitsaufträge möglicherweise entstehen, durch die Fachabteilung oder den Auftraggeber sollten daher separate Arbeitsaufträge eingeplant werden, die ganz normal wie andere Arbeitsaufträge auch innerhalb der Iteration abgearbeitet werden.

Unproblematischer hingegen ist die Teilnahme der Projektleitung, eines Architekturverantwortlichen oder eines externen technischen Auditors bei *einzelnen* Reviews.

Eine Restaufwandschätzung für die offengebliebenen Punkte eines Arbeitsauftrages sollte nur dann durchgeführt werden, wenn der Zweck und die weitere Verwendung einer solchen Schätzung klar ist. Dies ist beispielsweise der Fall, wenn featurebasiert geplant wird und auf dieser Basis Featurekosten oder Fertigstellungsgrad ermittelt werden sollen.

AA 6.4.12 [4]	**Dialog Zahlungseingänge erfassen**	Status: **teilfertig**	
(Teil-)Projekt:	Flitz-Auto-Reservierungssystem	Team: Rechnung & Tarif	
Iterationsfeature:	IF8.3 Zahlungseingänge komplett	Iteration: 3	
Gutachter	Rudolf Richtig	geschätzt optimal:	7,5 PT
Verantwortlich	Marion Macher	realistisch:	12,5 PT
Beteiligt	Hubert Hurtig, Ludwig Lustig	pessimistisch:	22,0 PT
Istaufwand	14,5 PT	Schätzwert:	13,3 PT
Erwartetes Ergebnis	Zahlungseingänge zu einer Rechnung können erfasst werden. Der Erfassungsdialog und die Testdaten wurden mit dem Fachbereich abgestimmt. Für den fertigen Dialog wurde auf Basis spezifizierter Tests eine Vorabnahme durch den Fachbereich erzielt.		
Tatsächliches Ergebnis	Der Dialog wurde mit dem Fachbereich abgestimmt, Dialog und Tests wurden umgesetzt. Alle abgesprochene Testfälle funktionieren.		
Offene Ergebnisse	Der Fachbereich hat keine Vorabnahme erteilt, da Umgang mit Zahlungseingangsdifferenzen bei Skonto und bei fehlender Zahlung von Verzugszinsen noch offen ist und erst von Fachbereich geklärt werden muss.		

Abb. 7.1-2: Beispiel eines Arbeitsauftrages inkl. Reviewergebnis (vgl. Abb. 5.2-2 ⇨167)

Sprint-Rückschau-Sitzung

Im Vergleich zur Sprint-Rückschau-Sitzung in Scrum hat das Arbeitsauftragsreview im APM-Verfahren einen deutlich anderen Zweck und Charakter. Eine Sprint-Rückschau-Sitzung ist eine im Vergleich zum Arbeitsauftragsreview große und lange Sitzung für das Teamergebnis einer Iteration und hat einen größeren Teilnehmerkreis (Einbeziehung des Kunden). In einem Arbeitsauftragsreview hingegen wird ein einzelner Arbeitsauftrag von wenigen Personen sehr kurz behandelt.

Iterationsfeaturereviews ⇨192

Autor-Kritiker-Treffen⇨315

Die mit einer Sprint-Rückschau-Sitzung angestrebten Effekte verfolgen wir im APM-Verfahren in anderer Weise, vor allem durch Iterationsfeaturereviews (vgl. Kapitel 6.3.2 ⇨192). Auch ein Autor-Kritiker-Treffen (⇨315) kommt gegebenenfalls infrage.

Unserer Erfahrung nach ist es in größeren Projekten gar nicht so einfach, die Verfügbarkeit und Teilnahme aller Beteiligten, vor allem der Kundenvertreter, genau zum Iterationsende (bzw. innerhalb des Orientierungsabschnittes) zu gewährleisten. Vor allem dann nicht, wenn drei oder mehr Teams parallel arbeiten und teilweise konkurrierend die Beteiligten anfordern. Aus diesem Grunde finden die Iterationsfeaturereviews als eigene und zeitlich flexiblere Aktivitäten während einer Iteration statt, oftmals auch erst zu Beginn der Folgeiteration. Außerdem führen nicht alle Arbeitsaufträge direkt zu Ergebnissen mit wahrnehmbaren geschäftlichen Nutzen. Aus diesem Grunde orientieren wir die Reviewinhalte ausschließlich an den Iterationsfeatures, die sehr viel deutlicher den geschäftlichen Nutzen repräsentieren.

Es hindert Sie bzw. die Teams allerdings auch nichts daran, in kleineren Projekten alternativ und in großen zusätzlich Scrum-ähnliche Sprint-Rückschau-Sitzungen zu veranstalten. Wir würden diese dann in APM-Terminologie *Iterationsreviews* nennen.

Iterationsreview

7.1.2 Retrospektive

Mit den zuvor beschriebenen Arbeitsauftragsreviews wird eine objektive Bestandsaufnahme erreicht, was das Projekt in der letzten Iteration erreicht hat und was nicht.

Anders als beim Review von Arbeitsaufträgen geht es bei der Retrospektive weniger darum, einen Fortschrittsgrad oder eine Zielerreichung zu bestimmen, sondern aus der bisherigen Arbeit zu lernen. Eine Retrospektive ist eine ganzheitliche und übergreifende Betrachtung.

Das heißt, die Ergebnisse und die aktuelle Istsituation sind dahingehend kritisch zu hinterfragen, was zukünftig besser laufen könnte, was sich bewährt hat, was nicht gut funktioniert hat usw. Entsprechend lauten auch die Kernfragen:

Mehr ⇨319

- Was lief gut? Was hat sich bewährt?
- Was hat nicht richtig funktioniert? Was hat sich nicht bewährt?
- Was und wie wollen wir zukünftig verbessern?

Retrospektiven können auf verschiedenen Organisationsebenen stattfinden: innerhalb der Teams, in der Teamleiterrunde, in der Gesamtprojektleitung, innerhalb von Querschnittsteams, beispielsweise eines Architekturteams, usw.

Mehr Informationen siehe *Retrospektivenworkshop* (⇨319).

7.2 Planungskorrektur

Erkenntnisse verarbeiten

Innerhalb der laufenden Iteration hat die Projektleitung bereits die Arbeitsaufträge der nächsten Iteration geplant und vorbereitet. Die gerade abgeschlossenen Reviews führen jedoch zu zahlreichen Erkenntnissen, die eine Anpassung der Planung notwendig oder sinnvoll werden lassen. Die geplanten Arbeitsaufträge sind daher noch einmal zu korrigieren.

Um den Korrekturaufwand zu minimieren, ist es zweckmäßig, wenn bei der Vorbereitung und Planung der Arbeitsaufträge nicht die *geplanten* Ergebnisse der laufenden Iteration als Basis genommen werden, sondern die zu *erwartenden* Ergebnisse.

Erwartete Realität ist Planungsbasis

Bei der Vorbereitung der Arbeitsaufträge für die Folgeiteration sollte also soweit möglich und vorhersehbar die tatsächlichen Ergebnisse vorweggenommen werden, also erwartet werden, dass nicht alle Arbeitsaufträge vollständig erreicht werden. Dazu ist es hilfreich, wenn die Projektleitung die betroffenen (auftragsausführenden) Mitarbeiter angemessen in die Planung einbezieht bzw. die Planung gemeinsam stattfindet. Hierzu finden Sie weitere Ausführungen in Kapitel *5.2 Arbeitsvorbereitung* (⇨161).

Trotz aller Voraussicht wird jedoch ein gewisser Anpassungsbedarf nach Abschluss der Reviews übrig bleiben. Dieser ist nun zu leisten. Die aus den Reviews resultierenden Erkenntnisse müssen nun in kürzester Zeit (ca. 2 – 3 Tage) in die Planung einfließen, d.h., die Arbeitsaufträge und Iterationsziele sind anzupassen. Anschließend kann die nächste Iteration beginnen.

Sorry, wir verschieben die Iteration ...?!

Die Projektleitung steht hier unter besonderem Druck. Wenn sie diese Planungskorrektur nicht in der vorgesehenen Zeit leisten kann und dann dem Projektteam mitteilen muss: *„Sorry, wir haben die Arbeitsaufträge nicht fertig bekommen, die Iteration fängt deswegen 2 Tage später an"*, wird das Timeboxing nicht funktionieren. Die Glaubwürdigkeit der Projektleitung ist hier von besonderer Bedeutung. Wenn die Projektleitung signalisiert, dass sie sich nicht an die Termine einer Timebox gebunden fühlt, warum sollte sich dann irgendein anderes Projektmitglied daran halten?

Planen Sie als Projektleitung also ausreichend Zeit ein, besonders, wenn Sie mit dem iterativen Vorgehen noch nicht so geübt sind. In Kapitel *5.2 Arbeitsvorbereitung* (⇨161) wird ausführlich darauf eingegangen, wie die Arbeitsaufträge für eine Iteration entstehen, wer wann in welcher Weise daran beteiligt ist. Daraus kann dann auch abgeleitet werden, welche Aufwände und Zeitbedarfe welche Beteiligten haben – dies sollte unbedingt im Detail berücksichtigt und geplant werden.

7.2.1 Auswertung der Reviewergebnisse

Die Teamleitungen sichten jeder für sich die Ergebnisse der Arbeitsauftragsreviews ihres Teams und klären die Auswirkungen auf die bestehende Projekt- und Iterationsplanung.

Arbeitsauftragsreviews ⇨198

Je nach Projektgröße und Anzahl der projektweiten Arbeitsaufträge kann auch die Projektleitung alle Ergebnisse sichten. Soweit irgendwie machbar sollte die Projektleitung sich zumindest einen Überblick verschaffen.

Im Anschluss daran setzen sich die Teamleitungen und die Projektleitung zusammen, informieren sich über die wichtigsten notwendigen Planungsänderungen und entscheiden über sie. Hierzu ist es hilfreich, wenn jeder Teamleiter zuvor eine Entscheidungsvorlage vorbereitet. In dieser sollte unterschieden werden zwischen

- Änderungsentscheidungen, die der Teamleiter selbst vornimmt und verantwortet (dienen nur zur **Information**),
- konkreten **Empfehlungen**, denen die Projektleitung zustimmen soll, und
- zu diskutierenden **offenen Fragen.**

Zuerst informieren dann die Teamleitungen reihum über ihre Änderungsentscheidungen, dann werden reihum die Empfehlungen vorgetragen. Die Projektleitung sollte die Entscheidungsvorlagen der Teamleitungen vorher gesichtet und möglicherweise eine Entscheidung vorbereitet oder sich eine Meinung gebildet haben. Zuletzt werden dann nach Wichtigkeit die offenen Punkte durchgegangen.

Anschließend werden die Arbeitsaufträge von den Teamleitungen entsprechend den Sitzungsergebnissen angepasst.

Hört sich aufwendig an ...

Dies hört sich jetzt alles aufwendig und bürokratisch an. In kleinen und mittleren Projekten lässt sich dies alles jedoch sehr einfach handhaben. Im einfachsten Fall stellen sich alle Beteiligten kurz vor die Planungswand und klären alle wichtigen Punkte in sehr kurzer Zeit.

In größeren Projekten werden aber zunehmend klare Abläufe, Verantwortlichkeiten und Regelungen sinnvoll. Wie genau Sie in Ihrem Projekt die Arbeitsvorbereitung und Mikroplanung organisieren, müssen Sie selbst entscheiden und verantworten. Die hier beschriebenen Abläufe sollen Ihnen lediglich wichtige Hinweise und Anregungen geben.

7.2.2 Interne Beauftragung der Arbeiten für die nächste Iteration

Jede Teamleitung erläutert ihrem Team alle nun für die nächste Iteration vorgesehenen Arbeitsaufträge. Dies kann beispielsweise an der Planungswand (⇨272) passieren.

Im Wesentlichen kennen die Mitarbeiter die Arbeitsaufträge bereits, denn sie haben sie ja selbst erst kürzlich im Detail ausformuliert. Die zwischenzeitlichen Änderungen sind explizit zu erwähnen. Außerdem kann die Teamleitung auf die besonderen Schwerpunkte, Herausforderungen, Risiken, Prioritäten hinweisen und die Arbeitsaufträge in den Kontext der Iterationsziele und -Features stellen.

Iterationsauftakt ⇨177

In der Auftaktveranstaltung(⇨177), die normalerweise am ersten Tag einer jeden Iteration stattfindet, wird dies teilweise wiederholt, wenn die Projektleitung teamübergreifend Ziele und zu erreichende Ergebnisse vorstellt.

7.2.3 Restrukturierung und planlose Weiterentwicklung

Refactoring

Während die Reviews laufen und die Projektleitung die Planung anpasst, sollen die Entwickler natürlich nicht die Däumchen drehen. Sie haben in dieser (kurzen) Zeit die Möglichkeit, die entstandenen Ergebnisse zu restrukturieren (Refactoring). Ist zuvor in der Entwicklung vor allem neue Funktionalität entstanden und am Ende möglicherweise unter dem Druck des Abschlusstermins stellenweise mit der heißen Nadel gestrickt worden, so können die Ergebnisse nun konsolidiert und wieder etwas aufgeräumt werden.

Weiterentwicklung

Sofern Arbeitsaufträge nicht wie geplant fertig wurden, haben die Beteiligten außerdem die Möglichkeit, an den Aufträgen einfach weiterzuarbeiten.

Sollte im Einzelfall weder eine Restrukturierung noch eine Weiterentwicklung sinnvoll sein, haben die Projektmitarbeitenden die Möglichkeit, einfach schon mit den geplanten Arbeitsaufträgen für die nächste Iteration anzufangen.

Sowohl bei der Weiterentwicklung als auch beim vorzeitigen Beginn neuer Arbeitsaufträge bewegen sich die Mitarbeiter in einem planungsarmen Raum, schließlich liegen hierfür keine vollständigen oder keine endgültig abgestimmten Arbeitsaufträge vor. Dennoch hat sich dies in der Praxis als völlig unproblematisch erwiesen. Die Mitarbeiter wissen in der Regel recht gut, was zu tun ist. Sie gehen mit sehr großer Wahrscheinlichkeit sinnvollen und zweckmäßigen Tätigkeiten nach, auch wenn hierfür kein expliziter Arbeitsauftrag besteht. Außerdem ist der Zeitraum bis zum offiziellen Start der Folgeiteration verhältnismäßig kurz. Siehe hierzu Abb. 5.1-2 (⇨160). Bei einer Iterationsdauer von insgesamt 6 Wochen beträgt dieser Zeitraum meistens ca. 4 – 8 Arbeitstage.

Arbeitsauftrag teilfertig

Status ⇨265

fertig bis Ende Orientierung

Nach den Reviews werden auch die Status der Arbeitsaufträge angepasst. Solche Arbeitsaufträge, die nicht nicht vollständig fertig wurden, erhalten beispielsweise den Status *teilfertig*. Hierbei ist der Sonderfall möglich, dass der Auftrag zwar nicht vollständig bis zum Review fertig wurde, die Restarbeit aber so gering ist, dass diese noch vor dem Start der nächsten Iteration erledigt werden kann, ein Folgearbeitsauftrag hierfür also nicht notwendig ist. Für diesen Fall kann der Status *fertig bis Ende Orientierung* vergeben werden.

Unmittelbar nach Start der nächsten Iteration werden alle Arbeitsaufträge der vorigen Iteration mit diesem Status nochmals kurz überprüft, ob sie zwischenzeitlich wirklich abgeschlossen werden konnten. Falls nicht, was nicht vorkommen sollte und sich in der Praxis auch als sehr selten erwiesen hat, hat die Projektleitung ad hoc einen entsprechenden Arbeitsauftrag oder zumindest Aufwand einzuplanen. Andere Arbeitsaufträge werden gegebenenfalls deswegen nicht rechtzeitig begonnen werden können und sind daher sofort so zu behandeln, als wäre ihr Ampelstatus bereits gelb oder rot.

8 Release- und Projektabschluss

Entscheidend ist, was hinten raus kommt.

Helmut Kohl

Worum geht es in diesem Kapitel?

- Welche Informationen und Entscheidungen sind für die Vertragsparteien relevant?
- Was sind Vorabnahmen, Teilabnahmen und Endabnahmen und was haben sie mit Releases zu tun?
- Wie werden frühzeitig vertragsrelevante Abnahmen erzielt?
- Welche sonstigen Aspekte sind zum Projektende beachtenswert?

8.1 Vorbereitung des Lenkungskreises

Berichtswege kleiner Projekte

Der Lenkungskreis (auch Lenkungsausschuss, Steuerungskreis, Steering Committee oder Controlboard genannt) ist ein regelmäßig tagendes Managementgremium, dem vom Projekt berichtet wird und das die oberste Entscheidungsinstanz für das Projekt darstellt. Neben der Projektleitung gehören normalerweise Vertreter des Auftraggebers, des Auftragnehmers und der projektrelevanten Fachabteilungen dazu.

Informieren und Entscheiden

Lenkungskreis ⇨411

Aufgabe des Lenkungsausschusses ist es, den Projektverlauf zu kontrollieren und zu steuern sowie Entscheidungen zu treffen, die den Kompetenzbereich der Projektleitung übersteigen. Der Lenkungsausschuss wird über Status und Fortschritt des Projektes informiert sowie über mögliche und vorhandene Probleme (vgl. [OEP-2007]). Siehe hierzu auch Lenkungskreis ⇨411.

Der Lenkungskreis begleitet das Projekt vom Anfang bis Ende, insofern ist die Zuordnung des Themas in das Kapitel Projektabschluss etwas einseitig. Wir möchten an dieser Stelle jedoch eine besondere Funktion des Lenkungskreises, nämlich das Erreichen und Abschließen von Zielen, in den Vordergrund stellen.

In kleinen Projekten mit bis zu ca. 7 Projektmitarbeitenden sind die Anforderungen, die Arbeitsaufträge und auch die Reviewergebnisse überschaubar, d.h. den meisten Beteiligten unmittelbar und direkt bekannt. In einer solchen Situation ist auch in vielen Fällen kein besonderer Aufwand notwendig, den Projektfortschritt dem Auftraggeber mitzuteilen oder zu demonstrieren. Bei sehr kleinen Projekten wird im Rahmen der Reviews einfach eine (oder mehrere) Präsentation(en) des aktuellen Standes vorgesehen.

Den richtigen Zeitpunkt finden

Ansonsten ist der Berichtsweg aufwendiger. Es finden dann beispielsweise regelmäßige Lenkungskreistreffen statt, die von der Projektleitung vorzubereiten sind.

Nach Möglichkeit sollten die Termine für die Lenkungskreistreffen zu den Iterationsterminen passen und mit diesen abgestimmt werden. Am besten finden die Sitzungen kurz nach Beginn einer neuen Iteration statt, weil dann die Ergebnisse und frisch gewonnenen Erkenntnisse der vorigen und gerade abgeschlossenen Iteration präsentiert und gegebenenfalls mit entsprechenden Entscheidungsvorlagen und Empfehlungen versehen werden können.

Wenn es für die Lenkungskreistreffen vorgegebene Termine oder Intervalle gibt und die geplante Iterationsdauer in einer ähnlichen Größenordnung liegt, wäre zu prüfen, ob die Iterationsdauer nicht an den Lenkungskreiszyklus angepasst werden kann. Häufig finden Lenkungskreise monatlich statt, sodass eine Iteration dann beispielsweise ebenfalls einen Monat (oder bei einem Megaprojekt zwei Monate) dauert. Besser wäre es aber, wenn sich die Lenkungskreistermine an den Iterationen orientieren und nicht umgekehrt.

Vgl. Abb. 5.1-2 ⇨160

Je nach Projektgröße benötigt die Projektleitung 1 – 3 Wochen für die Vorbereitung, sodass die Lenkungskreise dann beispielsweise am Anfang oder der Mitte einer Iteration stattfinden. Die in diesen Sitzungen getroffenen Entscheidungen können dann auch noch rechtzeitig in die gerade anlaufende Planung der nächsten Iteration (i+1) einfließen.

Sorgen Sie dafür, dass die Lenkungskreise nach Möglichkeit entsprechend eingetaktet zu Ihren Iterationen terminiert werden.

Was tun bei asynchronen Lenkungskreisen?

Möglicherweise stoßen Sie hierbei auf Widerstand, beispielsweise weil es beim Auftraggeber üblich ist, Lenkungskreise in einem anderen Takt, beispielsweise monatlich, stattfinden zu lassen. 6-wöchige Iterationen passen dazu nicht. Wenn Sie Ihren Auftraggeber nicht überzeugen können, prüfen Sie, ob eine andere Iterationsdauer möglich und sinnvoll ist. Alternativ können Sie auch vorrechnen, welchen Zusatzaufwand der Lenkungskreis verursacht, wenn aus einer laufenden Iteration aktuelle, stichtaggenau Ergebnisse abgezogen werden müssen. Mit guter Chance finden Sie auf diesem Ohr mehr Gehör.

Wenn Sie 8-wöchige Iterationen planen, jedoch monatliche Lenkungskreise einzuhalten sind, sollten Sie statt 8-wöchiger Iterationen vielleicht 2-monatige Iterationen vorsehen, was nicht das Gleiche, aber auch nicht so grundsätzlich anders ist. Zu jedem zweiten Lenkungskreis haben Sie dann aktuelle Reviewergebnisse und einen aktuellen Plan dabei. In den Lenkungskreisen dazwischen können Sie dann andere Themen in den Vordergrund stellen.

8.2 Internes Controlling

8.2.1 Mikrocontrolling auf Arbeitsauftragsebene

Auf Basis abgeschlossener Arbeitsaufträge lassen sich verschiedene Auswertungen und Messungen durchführen, die für die weitere Planung oder für spätere Projekte hilfreich sein können. Messungen

Sofern Sie featurebasiert planen, empfehlen wir, auch das Mikrocontrolling auf Basis von Features durchzuführen. Ein Controlling auf Basis von Arbeitsaufträgen macht bei Großprojekten wegen der Anzahl der Arbeitsaufträge (100 Stück je Iteration oder deutlich mehr) keinen Sinn mehr. Voraussetzung für ein featurebasiertes Controlling ist allerdings, dass jeder Arbeitsauftrag stets genau einem Iterationsfeature zugeordnet ist (oder einer querschnittlichen Leistungseinheit, wie z.B. Projektmanagement). Nur auf diese Weise können erfasste Istaufwände für Arbeitsaufträge automatisiert zu Istaufwänden für die zugeordneten Iterationsfeatures aggregiert werden. Featurebasiertes Controlling

Jede Aufwands- und Terminschätzung eines Projektes oder einzelnen Arbeitsauftrages bedarf einer vorherigen Messung. Schätzungen basieren auf Erfahrungen, also auf mehr oder weniger scharfen Messungen der Vergangenheit, die in einem Analogieschluss auf etwas Zukünftiges projiziert werden.

Je mehr und besseres Zahlenmaterial, Messungen, Auswertungen u.Ä. aus früheren Projekten vorliegen, desto mehr und bessere Möglichkeiten existieren wahrscheinlich, Schätzungen und Prognosen abzugeben. Andererseits ist es entscheidend, die Rahmenbedingungen der gemessenen Sachverhalte zu kennen und zu dokumentieren, damit eine sinnvolle Übertragbarkeit auf neue Situationen überhaupt möglich ist. Zahlenmaterial, Rahmenbedingungen

In diesem Kapitel stellen wir drei einfache Auswertungsmöglichkeiten und ihren jeweiligen Zweck vor. Sie basieren auf einem Projekt, das nur mit Arbeitsaufträgen geplant hat. Die Grundaussagen sind jedoch auf Features übertragbar. Alle hier vorgestellten Abbildungen basieren auf dem gleichen Zahlenmaterial. Die Zahlen wurden nach Abschluss der 10. Iteration erhoben. Beispiel-Auswertungen

In Abb. 8.2-1 stellen die 10 Balken die Iterationen dar. Jeder Balken ist in verschiedene Abschnitte unterteilt, die jeweils den Anteil der Arbeitsaufträge mit einem bestimmten Status zeigen. Am Ende einer jeden Iteration wurde hierzu jeder Arbeitsauftrag mit einem abschließenden Status versehen (⇨274). Für die Auswertung relevant sind vor allem die Status der drei unteren Balkenabschnitte: Arbeitsauftragsstatus ⇨274

- **Fertig**, d.h., der Arbeitsauftrag wurde vollständig abgeschlossen.
- **Fertig (bis Ende Orientierungsabschnitt)**, d.h., der Arbeitsauftrag war zum Zeitpunkt des Reviews noch nicht ganz fertig, wird aber unmittelbar danach, jedenfalls noch vor Beginn der nächsten Iteration vollständig fertig.
- **Teilfertig** heißt, der Arbeitsauftrag wurde in der Iteration nicht ganz fertig, es sind bestimmte Teile offengeblieben, die deswegen später in neuen Arbeitsaufträgen zu berücksichtigen sind.

Nur knapp 60 Prozent erfolgreich?

Wenn man die Status *Fertig* und *Fertig (bis Ende Orientierungsabschnitt)* zusammenrechnet, ist zu erkennen, dass diese im Durchschnitt etwa 50 – 60 Prozent ausmachen. Das klingt zunächst erschreckender, als es ist: Nur knapp mehr als die Hälfte der geplanten Arbeitsaufträge sind vollständig erfolgreich.

Interessant sind nun vor allem die teilfertigen Arbeitsaufträge: Wie viel ist bei denen offengeblieben bzw. fertig geworden? Dies ist für die einzelnen Arbeitsaufträge sehr unterschiedlich. Einige standen möglicherweise sehr nahe vor der Fertigstellung, andere sind vielleicht noch weit entfernt davon.

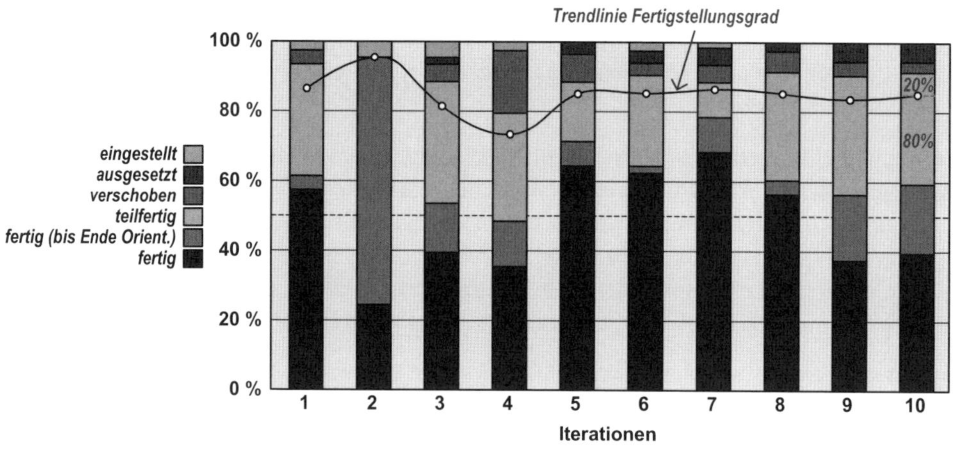

Abb. 8.2-1: Statusverteilung und Realisierungsgrad abgeschlossener Arbeitsaufträge

Fertigstellungsgrad

Um den Fertigstellungsgrad eines teilfertigen Arbeitsauftrages zu ermitteln, ist am Ende der Aufwand für die offengebliebenen Teile des Auftrages zu schätzen. Dieser Restaufwand wird zum ermittelten Istaufwand addiert und diese Summe dann in Relation zum Istaufwand des Auftrages gestellt, was den Fertigstellungsgrad ergibt.

$$Fertigstellungsgrad(\%) = \frac{Aufwand_{IST}}{Aufwand_{IST} + Aufwand_{REST}} \times 100$$

Wurden beispielsweise bisher 90 h aufgewendet und die offengebliebenen Teile nun mit 20 h geschätzt, beträgt der Fertigstellungsgrad des Auftrages 81 Prozent.

$$FG = \frac{90}{90 + 20} \times 100 = 81\%$$

Nenner = korrigierter Planaufwand

Der ursprüngliche Planaufwand spielt dabei keine Rolle. Angenommen der Planaufwand betrug 200 h, es wurden bisher 90 h aufgewendet und noch weitere 20 h Rest geschätzt, dann betragen Istaufwand und geschätzter Restaufwand zusammen 110 h. Dieser Nenner repräsentiert quasi den korrigierten Planaufwand. Wenn nun am Ende tatsächlich nur 110 h gebraucht wurden und kein Restaufwand mehr existiert, beträgt der Fertigstellungsgrad 100 Prozent, egal ob vorher mehr oder weniger geplant wurde.

Stichproben

Für die Statistik ist es völlig ausreichend, den durchschnittlichen Fertigstellungsgrad der teilfertigen Arbeitsaufträge zu ermitteln. Es ist also nicht notwendig, immer und stets für alle teilfertigen Arbeitsaufträge den Restaufwand zu bestimmen, sondern es reicht aus, eine ausreichend große Stichprobe zu nehmen und den Mittelwert zu bilden.

Für das Abb. 8.2-1 zugrunde liegende Projekt wurde ein durchschnittlicher Fertigstellungsgrad der teilfertigen Aufträge von 80 Prozent ermittelt. Innerhalb des Teilbalkens für die teilfertigen Aufträge wurde deswegen jeweils der 80-Prozent-Punkt markiert (siehe Prozentangabe im Balken der 10. Iteration) und dann darüber eine Trendlinie über die 10 Iterationen gebildet.

Trendlinie

Schwankung am Anfang

Anhand der Trendlinie ist klar zu erkennen, dass in den ersten vier Iterationen deutliche Schwankungen existieren, während die Linie danach relativ gerade verläuft. Die Schwankung am Anfang ist typisch und entsteht aufgrund zweier wichtiger Einflussfaktoren:

Einübung der Zusammenarbeit

- Zum einen muss sich das Projektteam am Anfang einspielen. Sofern das iterative Vorgehen für das Team neu ist, braucht es etwas Zeit, damit gut umzugehen. Selbst wenn es das Verfahren kennt, sind noch nicht alle Abläufe und die Zusammenarbeit im Team eingespielt, was immer mal wieder zu leichten Turbulenzen und Ineffizienzen führen kann.

Einzelne Ausrutscher

- Zum anderen ist ein Projekt zu Anfang meistens personell schwächer besetzt. Es sind weniger Personen beteiligt und dementsprechend gibt es auch deutlich weniger Arbeitsaufträge. Je weniger Arbeitsaufträge es gibt, desto mehr kann ein einzelner Ausrutscher das

Gesamtergebnis beeinflussen. In der folgenden Abb. 8.2-2 ist zu sehen, dass sich erst ab der 5. Iteration die Anzahl der Arbeitsaufträge pro Iteration auf einem hohen Niveau halbwegs stabil einpendelt.

Die Trendlinie selbst pendelt sich knapp über der 80-Prozent-Marke ein. Die Aussage der Trendlinie lautet also: Der durchschnittliche Fertigstellungsgrad in den Iterationen liegt bei rund 80 Prozent. Dieser Wert ist durchaus typisch und in vielen Projekten anzutreffen.

Puffer entsprechend dimensionieren

Der Nutzen, diese eine Kennzahl (durchschnittlicher Fertigstellungsgrad der Arbeitsaufträge) zu kennen, liegt darin, entsprechend Puffer einplanen zu können. Wenn jede Iteration 80 Prozent erreicht und stets 20 Prozent Puffer eingeplant werden (insgesamt also der Aufwand mit Faktor 1,25 (=100/80) kalkuliert wird), liegt immer alles im Plan.

Im Grunde ist es also unwichtig, ob durchschnittlich 60, 80 oder 90 Prozent erreicht werden, solange man diese Zahl kennt und einkalkulieren kann. Werte von 70 – 85 Prozent sind aber üblich.

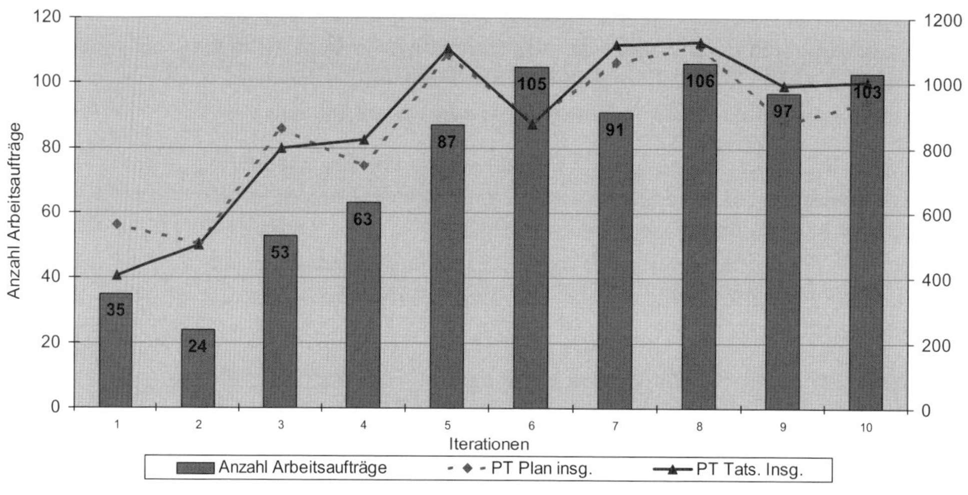

Abb. 8.2-2: Anzahl der Arbeitsaufträge und durchschnittliche Anzahl der Arbeitsstunden der Arbeitsaufträge

Aus Abb. 8.2-2 geht nicht nur hervor, wie viele Arbeitsaufträge es pro Iteration in diesem Projekt gegeben hat, sondern auch, wie groß diese durchschnittlich sind. Aus den letzten 5 Iterationen lässt sich grob Folgendes ableiten: Durchschnittlich 100 Arbeitsaufträge/Iteration mit einem Gesamtaufwand von rund 1.000 PT/Iteration ergeben ca. 10 PT pro Arbeitsauftrag. Zum Hintergrund: In diesem Beispiel liegt die Projektgröße bei ca. 30 Mitarbeitern und die Iterationsdauer bei 6 Wochen Entwicklungszeit zzgl. Auftakt und Orientierungsabschnitt.

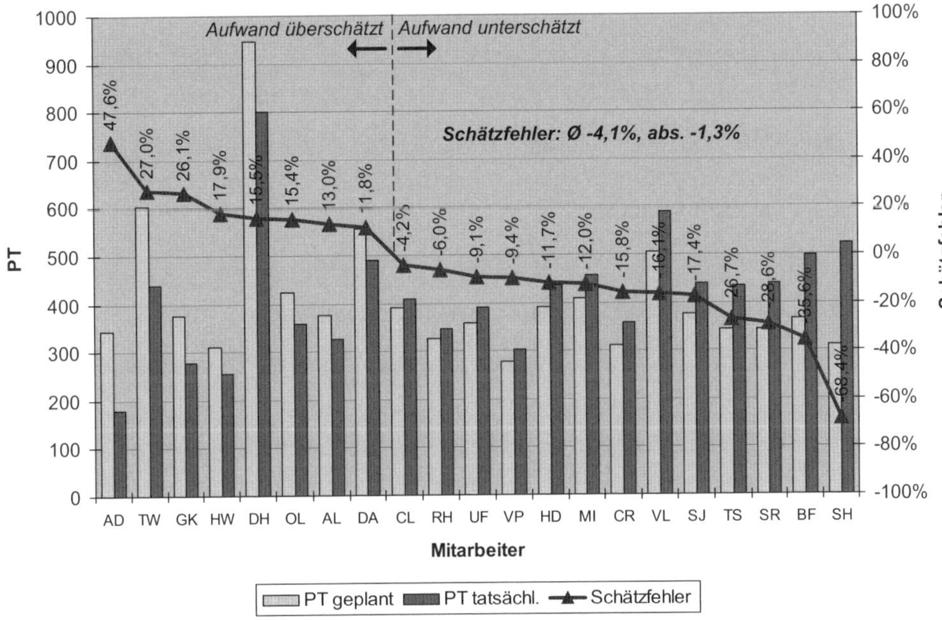

Abb. 8.2-3: Übersicht über Schätzfehler der Arbeitsauftragsverantwortlichen

In Abb. 8.2-3 sind auf der X-Achse die Projektmitarbeitenden aufgetragen, und zwar nur solche, die Arbeitsauftragsverantwortliche waren. Der jeweils linke Balken (PT geplant) zeigt die Summe der vom Mitarbeiter geschätzten Aufwände (über alle Iterationen). Der jeweils rechte Balken (PT tatsächl.) zeigt die Summe der tatsächlich benötigten Aufwände für dieselben Arbeitsaufträge.

Aus der Relation der beiden Größen kann für jeden Mitarbeiter der Schätzfehler ermittelt werden, der in der Abb. 8.2-3 durch die Linie repräsentiert wird. Schätzfehler

Je nachdem, ob man den Durchschnitt der einzelnen prozentualen Schätzfehler berechnet oder den absoluten Schätzfehler der gesamten geplanten und tatsächlichen Aufwände, kommt in diesem Fall ein Schätzfehler von -4,1 Prozent (Durchschnitt) oder -1,3 Prozent (absolut) heraus.

Auch diese Werte sind für die Projektleitung sehr hilfreich, denn es können folgende Aussagen abgeleitet werden:

- Einzelne Mitarbeiter haben teilweise erhebliche Schätzfehler, diese mitteln sich jedoch weitgehend aus, sodass sie in der Summe für die gesamte Projektlaufzeit unerheblich sind.

- Der Schätzfehler der meisten Mitarbeiter liegt innerhalb einer Bandbreite von +/- 20 Prozent, was als gut angesehen werden kann.
- Ein absoluter Schätzfehler von -1,3 Prozent ist sehr klein und ein sehr guter Wert.

Die hier gezeigten Auswertungen sind auf Basis folgender gesammelter Zahlen entstanden:

- Geschätzter Aufwand eines Arbeitsauftrages
- Tatsächlicher Aufwand eines Arbeitsauftrages
- Festlegung des Arbeitsauftragsstatus am Ende der Iteration (nach dem Review)
- Stichprobenhafte Ermittlung des durchschnittlichen Fertigstellungsgrades der Arbeitsaufträge mit dem Status *teilfertig*.

8.2.2 Die Unvergleichbarkeit von Makro- und Mikroschätzungen

Makroschätzung

Eine Makroschätzung ist ein Analogieschluss von einem früheren vergleichbaren Vorhaben auf ein neues. Dabei wird der Entwicklungsgegenstand als eine komplette Einheit geschätzt. Beispielsweise sagt man, das Produkt B ist etwa x-mal so teuer wie das Vergleichsprodukt A.

Mikroschätzung

Bei einer Mikroschätzung hingegen wird das Gesamtvorhaben in so viele Einzelteile zerlegt, bis diese jeweils unmittelbar zu schätzen sind und dann daraus die Summe gebildet. Voraussetzung für eine Mikroschätzung ist demnach Wissen über die Struktur des Produktes, um überhaupt eine entsprechende Zerlegung vornehmen zu können.

Ganz allgemein lässt sich sagen, dass vor Beginn eines Projektes die Schätzungen gröber sind, als sie während des Projektverlaufes möglich sind. Vor allem in den ersten 1 – 3 Iterationen eines Projektes entsteht sehr viel Wissen über die Struktur des Produktes, sodass dann Mikroschätzungen auf einem viel detaillierteren Niveau möglich sind als unmittelbar vor Projektstart.

Unsicherheiten

Es liegt in der Natur von Schätzungen, dass sie Unsicherheiten beinhalten (sonst wären es Messungen). Wenn aber nach 1 – 3 Iterationen detailliertere Schätzungen möglich sind, entsteht der Wunsch, auch die ursprüngliche Makroschätzung zu überprüfen, um die vorhandene Schätzunsicherheit zu reduzieren.

Hierbei stellt sich die Frage, wie diese verschiedenen Schätzungen verglichen oder in Relation gesetzt werden können. Hierzu nehmen wir an, dass es sich bei der ursprünglichen Schätzung um eine einzelne Makroschätzung handelt, bei den Mikroschätzungen um Schätzungen einzelner Arbeitsaufträge und dass sämtliche Projektarbeiten auf Basis solcher Arbeitsaufträge stattfinden.

Zusammenhang Makro- und Mikroschätzungen

Wenn die ursprüngliche Makroschätzung also richtig gewesen sein sollte, müsste der Wert exakt der Summe aller Schätzungen für die Arbeitsaufträge entsprechen (Mikroschätzung). Unter der Voraussetzung, dass der Auftrag während des gesamten Projektes unverändert bleibt, ließe sich dies am Ende eines Projektes überprüfen (in der Praxis ist dies selten der Fall).

Wie aber lässt sich bereits während des Projektes anhand der Mikroschätzungen die Richtigkeit der ursprünglichen Makroschätzung überprüfen?

Die Antwort ist zunächst ernüchternd: gar nicht! Möglicherweise ist es der allerletzte Arbeitsauftrag der erheblich mehr Aufwand kostet als geschätzt und damit eine Abweichung von der Makroschätzung bewirkt. Ebenso könnten möglicherweise die ersten Arbeitsaufträge viel zu hoch und die späteren viel zu niedrig geschätzt sein und in der Summe dann trotzdem exakt der Erstschätzung entsprechen. Hinzu kommt, dass sich niemals alle Einzelaufgaben eines Projektes im Voraus planen lassen. Es liegt in der Natur von Projekten, nur begrenzt planbar zu sein. Einige notwendige oder sinnvolle Aufgaben werden erst im Projektverlauf erkannt.

Soll-Ist-Vergleiche nach Abschluss der einzelnen Arbeitsaufträge (Mikroebene) sind zwar interessant und möglich, sagen aber leider nur begrenzt etwas über die Richtigkeit einer Makroschätzung aus.

Wetten

Im Grunde ähnelt der Vergleich der ursprünglichen Makro- zu späteren Mikroschätzungen eher einer Wette. Unsere Makroschätzung basiert auf Vergleichsmöglichkeiten und Erfahrungen und wenn die Vergleichsbasis stimmt, haben wir guten Grund zur Annahme, dass unsere Makroschätzung zutreffen wird.

Das Gleiche gilt auf anderer Ebene für die Mikroschätzungen. Wir haben daher letztendlich auch guten Grund zu der Annahme, dass die Summe aller Mikroschätzungen mit der ursprünglichen Makroschätzung korrespondieren wird. Für Zwischenbetrachtungen auf einem Teil der Mikroschätzungen gilt dies jedoch nur begrenzt, d.h., Hochrechnungen auf Basis einer unvollständigen Menge abgeschlossener Arbeitsaufträge sind mit großen Unsicherheiten behaftet.

Puffer

Üblicherweise enthalten Makroschätzungen verschiedene Puffer oder Aufschläge, beispielsweise für noch unbekannte Anforderungen und für eine bestimmte Änderungsrate zu bestehenden Anforderungen. Dies hilft, die Gesamtsumme besser vorherzusagen. Es bleibt jedoch das Problem der Vorhersage, zu welchen Zeitpunkten diese Puffer relevant werden.

Wenn wir beispielsweise auf eine Makroschätzung für ein Projekt 30 Prozent für noch unbekannte Anforderungen aufschlagen, weil wir wiederum aus Erfahrung wissen, dass dies so kommen wird, dann bedeutet dies noch lange nicht, dass sich die Bearbeitung unbekannter Anforderungen gleichmäßig über alle Iterationen verteilt.

Um diese Unsicherheiten zu reduzieren oder zu eliminieren, ist es daher sinnvoll, neben Vergleichsmöglichkeiten zu Aufwänden auch Metriken über deren Verteilung anzuwenden:

- Wie verteilen sich die Aufwände über die verschiedenen Phasen eines Projektes?
- Wie verteilen sich die Aufwände über die unterschiedlichen Disziplinen? (Vgl. *3.1.2 Entwicklungsphasen im Überblick* ⇨105, *3.1.3 Zeitliche Verteilung der Phasen* ⇨107 und [OEP-2007].)
- Zu welchen Zeitpunkten entstehen neue Anforderungen oder Anforderungsänderungen?

Kennzahlen

Hilfreich sind unter Umständen folgende Kennzahlen:

- Realisierungsgrad (RG) =
  Geplanter Aufwand – Restaufwand / Geplanter Aufwand
- Fertigstellungsgrad (FG) =
  Verbrauchter Aufwand × 100 / Verbrauchter Aufwand + Restaufwand
- Aufwandsfortschrittsindikator (AFI) =
  Verbrauchter Aufwand × 100 / Geplanter Aufwand
- Kostenfortschrittsindikator (KFI) =
  Aktueller Kostenverbrauch × 100 / Geplante Kosten
- Terminperformance (TP) =
  RG × 100 / AFI
- Kostenperformance (KP) =
  RG × 100 / KFI

8.2.3 Planungspuffer

Ergänzend zum vorigen Abschnitt über die Unvergleichbarkeit von Makro- und Mikroschätzungen möchten wir hier noch kurz auf die Verwendung von Puffern eingehen.

Im Detail folgen in einem Projekt nicht alle Arbeiten optimal aufeinander. Immer wieder kommt es zu spontanen Koordinationsaufwänden, zu Wartezeiten aufgrund von Zulieferabhängigkeiten oder zu zusätzlichen Rüstzeiten aufgrund häufiger Aufgabenwechsel (schlechtes Multitasking). Auch Ausfälle aufgrund von Krankheit, zeitliche Verzögerungen, weil Mitarbeiter gerade zum falschen Zeitpunkt im Urlaub sind, und ebenso zusätzliche Einarbeitungsaufwände aufgrund von Mitarbeiterfluktuation führen zu kaum optimal planbaren Situationen.

Schlechtes Multitasking u.Ä.

Weil dies in jedem Projekt so ist, sind diese Zusatzaufwände und -zeiten in Makroschätzungen bereits enthalten. Wo und wann genau diese Aufwände und Zeiten aber auf der Mikroebene auftauchen, also welche konkreten Arbeitsaufträge betroffen sind, das lässt sich nicht vorhersehen.

Anders ausgedrückt: Wenn wir einzelne Arbeitsaufträge planen, sind diese normalerweise so klein und überschaubar, dass solche Puffer nicht explizit eingeplant werden. Für einen 2 Wochen dauernden Arbeitsauftrag, an dem 2 – 3 Personen beteiligt sind, würden Urlaubszeiten ganz konkret bekannt sein und nicht mit Durchschnittswerten oder Pauschalen einkalkuliert werden. Ähnliches gilt für die Mitarbeiterfluktuation. Auch Krankheitsquoten würden von den Beteiligten wahrscheinlich nur in Ausnahmesituationen berücksichtigt werden, beispielsweise wenn jemand ausgerechnet die nächsten zwei Wochen zweimal wöchentlich für 2 – 3 Stunden einen bestimmten Arzt- oder Rehatermin hat.

Krankheitsquote, Fluktuationsrate

Normalerweise enthalten die Arbeitsaufträge also keine pauschalen Reserven dieser Art. Auf der Makroebene sind sie aber enthalten. Wo also bleiben diese Werte? Ganz einfach: Die Arbeitsaufträge werden im Durchschnitt nicht wie geplant fertig. Bestimmte Arbeitsaufträge sind von ungeplanten Umständen und Ereignissen betroffen und verzögern sich beispielsweise. Die Trendlinie in Abb. 8.2-1 gibt diesen Umstand wieder.

Wo bleiben die Puffer?

Aus diesem Grund ist es also gar nicht notwendig, dass alle Arbeitsaufträge pünktlich und hundertprozentig fertig werden, sondern sie dürfen genau in dem Maße ihre Planung verfehlen, wie dies aufgrund der Erfahrungswerte in der Makroschätzung berücksichtigt worden ist. Wenn wir also aufgrund von Erfahrungen wissen, dass die Zielerreichungsquote bei beispielsweise 80 Prozent liegt, heißt dies umgekehrt, dass in

Welche Zielerreichungsquote reicht?

jedem Arbeitsauftrag durchschnittlich 20 Prozent Reserve drin steckt. Aber eben nur durchschnittlich – welche Arbeitsaufträge wie viel davon nutzen, ist nicht vorhersagbar. Insofern setzen sich die an einem Arbeitsauftrag beteiligten Personen mit ihrer eigenen (Mikro-) Schätzung eigentlich viel mehr unter Druck als (makro-)kalkulatorisch notwendig.

Parkinson´s Law

Vielleicht denken Sie jetzt, oh, von diesem Phänomen sollten meine Mitarbeiter besser gar nichts wissen, sonst planen sie dies noch ein (vgl. Parkinson´s Law: Die Arbeit braucht mindestens so lange wie geplant). Unserer Erfahrung nach spielt dies keine Rolle. Die Schätzungen auf der Mikroebene werden durch dieses Wissen nicht beeinflusst.

Critical-Chain-Projektmanagement ⇨296

Staffelholzträger ⇨303

Was jedoch auf der Mikroebene berücksichtigt werden kann, um eine bessere Termintreue oder gar eine Verkürzung der Projektlaufzeit zu erzielen, ist das Critical-Chain-Projektmanagent (⇨296). Ermitteln Sie die kritische Kette, d.h. die Arbeitsaufträge auf der kritischen Kette, und minimieren Sie zeitliche Abhängigkeiten durch explizite zeitliche Puffer. Für die auf der kritischen Kette verbleibenden Engpässe wenden Sie das Staffelholzträger-Werkzeug (⇨303) an.

8.3 Abnahmen

8.3.1 Vorabnahmen und Teilabnahmen

Die vertraglich relevante Abnahme des fertig entwickelten Systems steht am Ende des Projektes und erfolgt normalerweise auf Basis des letztes Releases.

Basis für vertragsrelevante Abnahmen

Sofern nicht nur zum Projektende, sondern auch zwischendrin Releases in Produktion gehen bzw. dem Auftraggeber geliefert werden, können auch auf Basis dieser Releases Abnahmen erfolgen. Siehe hierzu auch das folgende Kapitel *8.3.2 Releaseentwicklung* (⇨221).

Um noch öfter und einfacher weitere Teilabnahmen zu erzielen, sind entsprechende vertragliche Vorkehrungen zu treffen (vgl. *Allgemeine Projekt-Geschäftsbedingungen (APGs)* ⇨394).

Vorbehaltliche Abnahmen, Reproduzierbarkeit im Release

Dort sind Möglichkeiten beschrieben, wie auf Basis ganz normaler Integrationsbuilds, also in der Entwicklungs- oder Testumgebung, Abnahmen durchgeführt werden können. Der wesentliche Unterschied besteht darin, dass alle Abnahmen auf der Basis von Integrationsbuilds vorbehaltlich einer späteren Reproduzierbarkeit in einem Release gelten. Der Vorteil liegt dennoch darin, dass für den normalen Fall der Reproduzierbarkeit im Release die Abnahme nicht mehr verweigert werden kann und auch keine neuen Abnahmekriterien mehr eingeschleust werden können.

Vorabnahmen

Wir nennen diese vorbehaltlichen Abnahmen auf Basis von Integrationsbuilds *Vorabnahmen*.

Teilabnahme, Endabnahme

Sofern eine Abnahme auf Basis eines Releases erfolgt, das nicht das letzte Release des Projektes darstellt, sprechen wir von einer *Teilabnahme*. Die Abnahme mit dem letzten Release ist dementsprechend die *Endabnahme*.

8.3.2 Releaseentwicklung

Täglich entstehen Smoke-Builds (⇨181), wöchentlich Integrationsbuilds (⇨184), und somit existiert am Ende der Iteration ein brauchbarer Zwischenstand des in Entwicklung befindlichen Systems. Zusätzlich hierzu stellt sich die Frage, wie Releases entstehen (zu den Begriffsdefinitionen von Build und Release ⇨110).

Build am Sonntag

Ein Release ist die Weiterentwicklung eines Builds. Im Gegensatz zum Build muss ein Release definierte fachliche Anforderungen erfüllen, d.h. entsprechend getestet werden, in die Zielumgebung überführt werden oder zumindest dafür bereitstehen, zuvor möglicherweise in einer Testumgebung betrieben werden, Abnahme- und Freigabeprozeduren durchlaufen und einiges mehr. Manchmal sind Testläufe notwendig, die nur nachts oder am Wochenende möglich sind.

Die dafür notwendigen Tätigkeiten können wiederum mit Arbeitsaufträgen geplant und umgesetzt werden, müssen dabei jedoch nicht mehr unbedingt dem Iterationszyklus folgen. Welche Vorgehensweise hier konkret sinnvoll ist, hängt von dem für die Releaseentwicklung notwendigen Aufwand ab.

Folgende prinzipielle Vorgehensweisen können unterschieden werden:

- *Sequenzielle Releaseteams*
  Hierbei wird ein geeignetes Integrationsbuild aus der normalen Entwicklungsorganisation herausgenommen und einem speziellen Releaseteam zur Weiterentwicklung übertragen. Ein Releaseteam ist also eine Art Subprojekt im Projekt. Sobald das Release fertig ist, wird das Releaseteam wieder aufgelöst.

  Die Entwicklung verzweigt also in zwei Richtungen. Mit dem einen Entwicklungspfad geht die iterative Entwicklung ganz normal weiter, d.h., es werden schrittweise, Build für Build, weitere Funktionalitäten und Features hinzugefügt. In dem anderen Entwicklungspfad des Releaseteams werden keine weiteren Funktionalitäten hinzugefügt, außer sie sind zur Stabilisierung oder Freigabe notwendig. Stattdessen werden alle notwendigen Voraussetzungen geschaffen, um die Software einführen bzw. ausliefern zu können.

- *Sequenzielle iterative Releaseentwicklung*
  Hierbei wird einfach ein geeignetes Integrationsbuild in der normalen Entwicklungsorganisation innerhalb einer oder mehrerer Iterationen zu einem Release weiterentwickelt. In diesen sogenannten Releaseentwicklungsiterationen werden keine weiteren Funktionalitäten mehr hinzugefügt, sodass zwar das Team immer noch dasselbe, jedoch die Zielsetzung nun eine andere ist. Üblicherweise werden diese Iterationen wie Stabilisierungsiterationen gehandhabt (siehe im nächsten Kapitel *8.3.3 Optional: Stabilisierungsiteration (Endgame)* ⇨223). Erst, wenn das Release produktiv ist, wird die Weiterentwicklung zum nächsten Release begonnen.

- *Parallele Releaseteams*
  Bei dieser Vorgehensweise arbeiten etwas zeitversetzt verschiedene parallele Releaseteams. Während ein Team beispielsweise gerade an Release 2.3 arbeitet, startet noch ein weiteres, das schon mit Release 2.4 beginnt. Diese Vorgehensweise ist zweckmäßig, sofern die Herstellung eines Releases sehr lange, also mindestens mehrere Iterationen dauert.

- *Parallele iterative Produktentwicklung*
  Anders als bei den parallelen Releaseteams arbeiten hierbei mehrere Teams von Projektbeginn an parallel an verschiedenen Produkten, die jeweils in mehreren Releases entwickelt werden.

  Schwierig wird es, wenn die zu erstellenden Produkte fachlich nicht disjunkt genug sind, d.h. sich gegenseitig bedingen oder eine Menge an gemeinsamer Funktionalität teilen müssen. Diese Vorgehensweise funktioniert also nur dann, wenn die Produkte weitgehend unabhängig sind. Trotz aller Sorgfalt werden Abhängigkeiten existieren, sonst wären es einfach nur parallele Projekte. Deswegen ist wichtig, dass alle Teams im selben Iterationstakt arbeiten, damit Synchronisationen von Zulieferleistungen reibungsarm verlaufen.

  Jedes einzelne Produkt kann wiederum in einer der drei vorbenannten Weisen entwickelt werden.

Iterationsfeaturereviews

Releases sind normalerweise durch eine ganz bestimmte Menge von Releasefeatures definiert. Da wir im APM-Verfahren Releasefeatures in team- und iterationsspezifische Iterationsfeatures verfeinern, lässt sich sehr gut bestimmen, welches Integrationsbuild aus dem Entwicklungsprozess zur Weiterentwicklung als Release verwendet werden sollte. Es ist das erste Integrationsbuild, in dem alle zu den Releasefeatures gehörenden Iterationsfeatures nachweislich korrekt umgesetzt wurden. Der Nachweis findet im Rahmen der Iterationsfeaturereviews statt (⇨192).

Stabilisierungsiterationen

Während der Weiterentwicklung des Integrationsbuilds zum Release treten gewöhnlich Fragen, Fehler und Probleme auf. Die ursprünglichen bzw. betroffenen Entwickler und Teams sollten daher etwas Zeit einplanen, um die Releaseentwicklung entsprechend unterstützen zu können. Sofern hierbei mit einem sehr hohen Unterstützungaufwand gerechnet wird, sollten gegebenenfalls von vornherein Stabilisierungsiterationen eingeplant werden.

8.3.3 Optional: Stabilisierungsiteration (Endgame)

Releaseentwicklung im Iterationsschema oder separat?

Der Begriff *Endgame* wird im Eclipse-Projekt verwendet und bezeichnet den Zeitabschnitt vor der Releaselieferung, bei dem anstelle von neuen Features nur Fehler behoben und Robustheit und Stabilität des Systems hergestellt werden. Das APM-Verfahren hat hierfür ein allgemeineres Konzept, die sogenannten Stabilisierungsiterationen.

Die mit der Releaseentwicklung verbundenen Arbeitsaufträge und Schritte nach dem gleichen iterativen Schema abzuwickeln, sie also auch Reviews zu unterziehen etc., ist in vielen Fällen nicht sinnvoll, da der Prozess der Releaseentwicklung bereits eine Bewertung beinhaltet und eine Rückmeldung darüber, wie brauchbar das Build war. Nach der Releasefreigabe gibt es dann weitere Rückmeldungen.

Ausnahmen sind möglicherweise Projekte, die mehrere Monate Zeit benötigen, um aus einem Build ein Release zu machen. Dann sind dies schon eigene kleine Projekte, die wiederum iterativ abgewickelt werden können.

Endgame
Stabilisierungsiteration ⇨323

Sofern die Releaseentwicklung jedoch maximal die Dauer einer Iteration benötigt, kann gegebenenfalls auf das normale iterative Prozedere verzichtet werden. Anstatt von einer Iteration kann man dann beispielsweise von einer Stabilisierungsiteration (siehe *Stabilisierungsiteration* ⇨323) oder einem Endspiel (Endgame) sprechen.

Wir verwenden hier den Begriff Stabilisierungsiteration, weil ein ganz ähnlicher Bedarf auch unmittelbar nach einem Release entstehen kann. Kurze Zeit nach der Auslieferung und Verwendung eines Releases durch die Benutzer, werden meistens verstärkt Fehler und Probleme gemeldet, die möglicherweise zur Stabilisierung des neu laufenden Releases sofort behoben werden müssen. Somit entstehen typischerweise unmittelbar nach einem Release verstärkt ungeplante Arbeitsaufträge. Auch diese müssen nicht notwendigerweise nach dem normalen Iterationsprozedere abgewickelt werden, sondern können ebenfalls durch eine Stabilisierungsiteration abgefangen werden.

Stabilisierungsiteration

Falls nach einem Release ganz normal iterativ weiterentwickelt wird, sollte in jedem Fall ein ausreichend großer Puffer freier Entwicklungskapazität für die Fehlerbehebung im Release eingeplant werden, d.h. eine *Stabilisierungsiteration* (⇨323) eingeführt werden.

9 Techniken, Muster, Modelle, Standards

Sätze, die nicht widerlegbar sind, liefern keinen Erkenntnisgewinn.

Karl Popper

Worum geht es in diesem Kapitel?

- Welche grundsätzlichen Wissensgebiete umfasst das Projektmanagement?
- Was beinhalten internationale methodische Projektmanagementstandards (am Beispiel PMI)?
- Welche sonstigen Einzeltechniken, Muster und Modelle sind im Kontext agiler Projekte wichtig (soweit in anderen Kapiteln darauf Bezug genommen wurde)?

9.1 Überblick

Methoden, Terminologie und Rollenverständnis

In diesem Kapitel stellen wir thematisch gegliedert verschiedene Werkzeuge, Techniken und Modelle des Projektmanagements vor.

Die Auswahl der in diesem „Werkzeugkasten“ enthaltenen Elemente ist eine Untermenge des oose-Projektmanagement-Werkzeugkastens und orientiert sich zum einen daran, inwieweit an anderer Stelle in diesem Buch darauf Bezug genommen wurde, und zum anderen, ob wir das jeweilige Werkzeug allgemein im Kontext dieses Buches für relevant halten.

Da der Projektmanagementstandard des PMI (Project Management Institute) nicht prozessorientiert ist, sondern auch eine Art Werkzeugkasten oder Projektmanagement-Rahmenwerk darstellt, haben wir dieses Kapitel entlang der PMI-Wissensgebiete thematisch gegliedert.

Jedes Unterkapitel beginnt mit einer Beschreibung des jeweiligen PMI-Wissensgebietes, gefolgt von dem Katalog der ausgewählten Techniken, Muster oder Modelle aus dem oose-Projektmanagement-Werkzeugkasten. Die allermeisten Werkzeuge sind keine Erfindungen von uns oder oose, sondern aus verschiedenen Quellen zusammengesammelt oder auch Allgemeingut.

Einige Werkzeuge sind beinahe trivial (z.B. Projektname, Planungseinheiten), aber dennoch wichtig, andere sollen einfach konkrete Beispiele oder Schablonen darstellen (z.B. Arbeitsauftrag) und wiederum andere stellen nur Zusammenfassungen anspruchvoller Themen dar und verweisen auf weiterführende Quellen (z.B. Critical-Chain-Projektmanagement, Softwaregleichung).

9.1.1 PMBoK Guide – ein De-facto-Standard

Wie bereits in Kapitel 1.2.2 (⇨14) skizziert, bieten Standards Vorteile beispielsweise durch eine einheitliche Sprache und verständlichere Kommunikation und Nachteile dort, wo sie die Beteiligten auf Mittelmaßlösungen einengen.

Normen und Standards

Im Gegensatz zu vielen anderen Disziplinen existiert im Bereich Projektmanagement keine international gültige ISO-Norm für Projektmanagement. Die verschiedenen nationalen Verbände haben jeweils eigene Normierungen entwickelt, z.B. die DIN 69900-Reihe in Deutschland oder BS 6079 in Großbritannien. Selbst die Dachorganisation vieler nationaler Verbände, die International Project Management Association (IPMA) hat es bisher nicht geschafft, für diese nationalen Alleingänge eine Harmonisierung zu bewirken.

Es ist somit kein Zufall, wenn es in Projekten immer wieder zu schwerwiegenden Missverständnissen mit negativen Folgen für die Erreichung der Projektziele kommt, insbesondere, wenn Teammitglieder aus unterschiedlichen Kulturen kommen. Diese Kulturen können national definiert sein, aber auch branchenbezogen oder sogar innerhalb einer Branche von unterschiedlichen Arbeitsweisen dominiert sein, manche vielleicht agil und andere eher klassisch. Es mag bereits problematisch sein, wenn ein Teammitglied in einem Projekt einen Begriff verwendet, der anderen fremd ist, oder eine Methode anwendet, die nicht einheitlich verstanden wird. Noch gefährlicher für den Projekterfolg wird es aber, wenn man die gleiche Terminologie verwendet, daher überzeugt ist, sich zu verstehen, dies aber gar nicht der Fall ist: Begriffe werden oft unterschiedlich interpretiert, und dies ist im Projektmanagement deutlich häufiger der Fall als in anderen Disziplinen, wie zum Beispiel im Qualitätsmanagement oder in technischen Disziplinen mit ihren stringenten Nomenklaturen.

PMBoK

Auch wenn es formal keine international vereinbarte Normierung zu Projektmanagement gibt, so hat sich doch inzwischen der *Guide to the Project Management Body of Knowledge* (kurz PMBok Guide genannt, [PMBoK-2004])[13] des *Project Management Institute* (*PMI*) als globaler De-facto-Standard etabliert. Dies hat zum einen damit zu tun, dass er von einer weltweiten Basis von über 225.000[14] Mitgliedern getragen wird. Zum anderen ist er Grundlage für den am weitesten verbreiteten und anerkannten Befähigungsnachweis im Projektmanagement, den *Project Management Professional* (*PMP*), sowie für die weiteren Zertifizierungen des PMI, den *Certified Associate in Project Management* (*CAPM*) und den *Program Management Professional* (*PgMP*).

Der PMBok Guide ist nicht branchenbezogen oder an einer bestimmten Projektgröße ausgerichtet; seine Vorgaben sollen anwendbar sein vom kleinen Forschungs- oder Entwicklungsprojekt bis hin zum Bau eines Flugzeugträgers oder vielleicht einmal einem Großprojekt zum Klimaschutz. Allerdings bilden Methoden, die im Umfeld von US-Verteidigungsministerium und NASA entwickelt worden sind, erkennbar einen gewissen Schwerpunkt, ein anderer sind Methoden aus Softwareentwicklungsprojekten. Auch ein gewisser Einfluss von Projektmanagement-Software ist erkennbar, die einen zunehmend prägenden Einfluss auf Methodik und Terminologie hat.

---

[13] PMBoK, PMI, PMP, CAPM und PgMP sind geschützte Bezeichnungen des Project Management Institute, Newtown Square, PA, USA.
[14] Stand: Ende 2006.

Im Folgenden soll im Rahmen eines Überblicks über die Inhalte des PMBoK Guide 3rd Edition eine Verbindung zwischen klassischen Methoden und APM hergestellt werden.

9.2 Der methodische Ansatz des PMBoK Guide

PRINCE2, V-Modell XT, Best-Practice-Modelle

Es gibt eine Reihe klassischer Methodiken für Projektmanagement wie PRINCE2 oder V-Modell XT sowie eine Vielzahl proprietärer Modelle in Unternehmen, die vereinheitlichte Vorgehensmodelle beschreiben. Diese beinhalten jeweils einen standardisierten Lebenszyklus – eine Abfolge von Projektphasen – und machen verbindliche Vorgaben für damit verbundene Rollen, Dokumente und Aufgaben. Je nach Vorgehensmodell sind mehr oder weniger große Abweichungen von der Norm akzeptiert, um die Methodik den immer wieder verschiedenen Anforderungen der Projekte anzupassen. Die Autoren dieser Methoden bezeichnen ihre Werke auch gerne als *Best-Practice*-Modelle, wobei die Vielzahl der Methoden natürlich die Frage aufkommen lässt, welche davon denn nun wirklich das *beste Vorgehen* – den Best Practice – beschreiben.

PMBoK ist ein Werkzeugkasten

Im Gegensatz zu diesen Ansätzen beschreibt der PMBoK Guide 3rd Edition eher einen losen Werkzeugkasten mit unterschiedlichen Werkzeugen und Verfahren (*Tools and Techniques*), die je nach Bedarf eingesetzt werden können oder auch nicht. Die Autoren des PMBoK Guide nennen dies *Good practices for most projects most of the time* – gut geeignete Vorgehensweisen für die meisten Projekte über die meiste Zeit hinweg. Es wird also kein Anspruch auf Vollständigkeit erhoben, und es mag für bestimmte Situationen in Projekten geeignete Verfahren geben, die im PMBoK Guide gar nicht beschrieben sind.

Die sonst allgegenwärtigen Phasenmodelle nehmen im PMBoK Guide nur wenige Seiten ein, verbunden mit der Aussage, dass es angemessen sein kann, je nach Aufgabenstellung projekt- oder organisationsbezogen eigene Phasenmodelle zu entwickeln. Der PMBoK Guide wurde von mehreren Hundert Autoren geschrieben, die aus unterschiedlichen Nationen, Organisationen und Branchen kommen. Diese Situation hat die Ausbildung eines Best-Practice-Gedankens verhindert: Eine Vorgehensweise, die für einen Autor als vertraut und passend erscheint, mag einem anderen, der bei der Erstellung des Buches am selben Thema mitarbeitet, fremdartig und vielleicht sogar nicht zielführend vorkommen. Die Regel *„Eine Größe passt nicht für alle* (*One size doesn't fit all*)*"* zieht sich als roter Faden durch das ganze Dokument.

Der größte Teil der rund 400 Seiten des PMBoK Guide beschäftigt sich mit der Beschreibung von Prozessen, von denen diese Normenschrift 44 kennt. Prozesse sind etwas anderes als Phasen: Im Gegensatz zu Projektphasen, die korrekt interpretiert eine sequenzielle Abfolge ohne Iterationen beschreiben, wird ein Prozess vom Projektmanager und dem Team so oft angewandt, wie es für das Projekt als angemessen erscheint.

Ein Beispiel für diese Unterscheidung:

Phasenmodell, Planungsphase

- In einem Phasenmodell (einem, das diese Bezeichnung auch wirklich verdient) mag es eine *Planungsphase* geben. Wenn diese beendet ist, müsste der Plan als beschlossen und eingefroren gelten, nachträgliche Planänderungen würden ja voraussetzen, dass eine abgeschlossene Phase erneut aufgemacht werden muss. Manche Projektbeteiligten mögen sich eine solche Projektsituation herbeiwünschen, sie würde für den Projektmanager und das Team Ruhe schaffen und erlauben, sich auf die Arbeitsinhalte zu konzentrieren. Ob dieser Ansatz jedoch praxisgerecht ist, wenn sich das Projektumfeld laufend ändert, Projektentscheidungen immer wieder auf Annahmen und Schätzungen beruhen und somit später wieder überdacht werden müssen, und ein Projekt überhaupt aus Lernprozessen für alle Beteiligten besteht, mag jeder selbst entscheiden.

Prozessgruppen

- Im Gegensatz dazu beschreibt der PMBoK Guide Prozesse, die in fünf Prozessgruppen zusammengefasst werden (in Klammern die englische Bezeichnung und die Anzahl der Prozesse für jede Gruppe):
  - Initiierungsprozesse (Initiating Processes, 2)
  - Planungsprozesse (Planning Processes, 21)
  - Ausführungsprozesse (Executing Processes, 7)
  - Überwachungs- und Steuerungsprozesse (Monitoring and Controlling Processes, 12)
  - Abschlussprozesse (Closing Processes 2)

Projektmanager, die Planung eher als Gruppe von Prozessen anstatt als Phase interpretieren, sind bereit, ihren Plan bei Bedarf immer wieder anzupassen. Planung begleitet somit das Projekt bis kurz vor dessen Abschluss. Iterationsschleifen sind ein wesentliches Element eines prozessorientierten Projektmanagements.

Walter A. Shewhart, W. Edwards Deming

Das Prozessmodell des PMBoK Guide basiert auf den Arbeiten von Walter A. Shewhart und W. Edwards Deming, die die Grundlagen für die meisten modernen Methoden des amerikanischen und japanischen Qualitätsmanagements einschließlich Lean-Management und Six Sigma entwickelt haben.

Das Prozessmodell des PMBoK Guide ist abgeleitet vom *Deming-Zyklus,* auch als *PDCA-Zyklus* bezeichnet, für Qualitätsmanagement[15]: PDCA-Zyklus

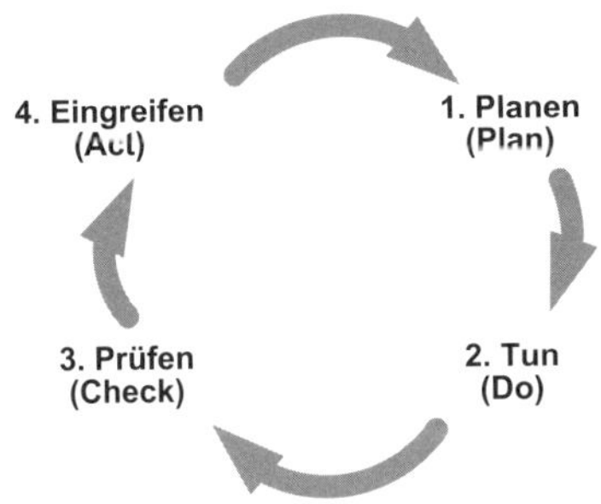

Abb. 9.2-1: Der PDCA-Zyklus

Die Prozesse von Prüfen und Eingreifen wurden zusammengefasst zu der Prozessgruppe *Überwachen und Steuern von Prozessen* (*Monitoring and Controlling*). In Anpassung an die temporäre Natur eines Projektes wurden zwei Prozessgruppen *Initiierungsprozesse* und *Abschlussprozesse* hinzugefügt:

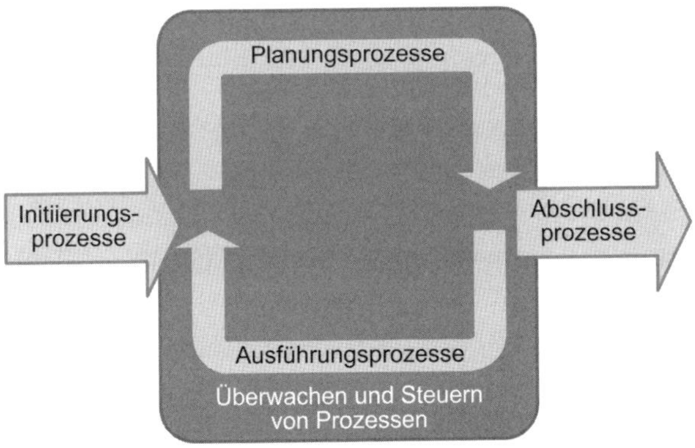

Abb. 9.2-2: Zusammenspiel der fünf Prozessgruppen

Anders als bei Phasen impliziert der Prozessbegriff, dass die Prozessgruppen sich beliebig überlappen dürfen. Zu bestimmten Zeiten im Projekt wird aber jeweils eine bestimmte Prozessgruppe dominieren, wie in Abb. 9.2-3 dargestellt.

Der Prozessansatz passt zu einem klassisch durchgeplanten Projekt genauso wie zu einem agilen Ansatz, der Schnittstellen bereithält, um Lernprozesse frühzeitig und gezielt in die voranschreitende Planung zu übernehmen.

[15] Siehe ASQ Handbook, Seiten 13-14, American Society for Quality, 1999.

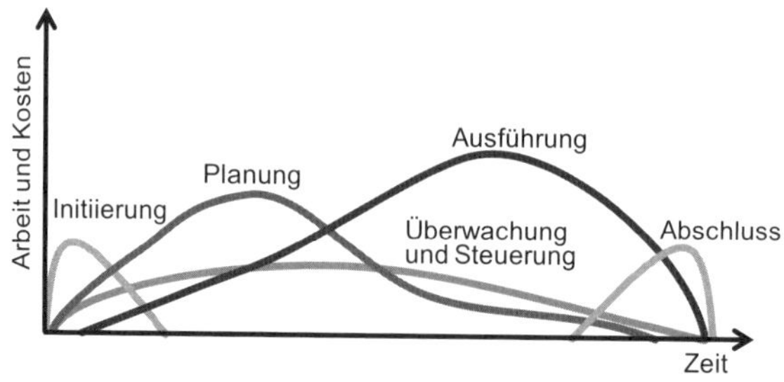

Abb. 9.2-3: Überlappung von Prozessgruppen

Disziplinlosigkeit?

Was dem Denken des PMBoK Guide jedoch zuwiderläuft ist Disziplinlosigkeit. Stattdessen sind folgende Elemente wesentlich für ein Projektmanagement:

- **Integrierte Planung**: Die verschiedenen Komponenten einer Planung, im PMBoK Guide als *Wissensgebiete* (*Knowledge Areas*) bezeichnet, müssen ein Ganzes ergeben, indem sie untereinander und mit dem Projektumfeld konsistent sind; ansonsten kann ein Plan nicht funktionieren. Auch das Änderungswesen muss die Konsistenz der Planungskomponenten aufrechterhalten.
- **Managementplanung**: Ein besonderes Element der Methodik nach PMBoK Guide sind die Managementpläne: Beschreibungen, wie ein Projektmanager oder ein Projektmanagementteam ihrer Aufgabe nachkommen werden, welche Mittel ihnen dafür zur Verfügung stehen, wie berichtet, dokumentiert und kommuniziert wird, wann bzw. wie oft dies geschehen soll, wie Änderungsprozesse beschaffen sein sollen etc. Managementpläne können sich in Projekten als „Blitzableiter" für den Projektmanager bewähren, wenn es Diskussionen darüber gibt, was sie tun dürfen und was nicht.
- **Teamorientierung** mit klarer Autorisierung, Rollen und Verantwortlichkeiten: Es gibt kein standardisiertes Rollenmodell, aber projekt- oder organisationsbezogen soll frühzeitig festgelegt sein, was ein Projektmanager, Projektsponsor (meist interner Auftraggeber), Änderungsgremium (*Change Control Board*) und andere Projektbeteiligte und -betroffene (*Stakeholder*) tun müssen und dürfen, und wann es notwendig ist, Entscheidungen auf eine höhere oder niedrigere Ebene zu verlagern.
- **Dokumentation**: Projektmanager setzen Ressourcen der ausführenden Organisation(en) ein. Dies muss geeignet dokumentiert werden, um im Problemfall nachvollziehbar zu sein.[16] Wichtig ist dies insbe-

[16] Das ist nicht als Zwang zur Bürokratisierung zu verstehen, sondern wörtlich zu nehmen. Nachvollziehbarkeit kann gegebenenfalls auch durch das Fotoprotokoll eines Flipcharts erzielt werden.

sondere in Ländern wie den USA, in denen es kaum gesetzliche Schutzmechanismen für die Arbeitsplatzsicherheit von Mitarbeitern gibt. Die klare Beauftragung und Dokumentation ist ein Schutzmechanismus für den Projektmanager. Außerdem macht die vollständige Dokumentation von Planung und Verfolgung ein Projekt erst auditierbar.

- **Aktives Risikomanagement**: Als jedes Mal neue, zeitlich befristete und zu einem gewissen Grad einmalige Anstrengungen beinhalten Projekte Unsicherheiten und daraus resultierend Risiken, die – frühzeitig identifiziert und analysiert – durch diverse Maßnahmen behandelt werden können.
- **Stakeholder-Orientierung**: Im Mittelpunkt des Projekterfolgs bzw. -misserfolgs stehen die betroffenen und beteiligten Personen und Gruppen, diese sollen frühzeitig identifiziert, ihre Anforderungen analysiert und darauf aufbauend Maßnahmen zur Sicherung ihrer Unterstützung und Vermeidung von Widerständen getroffen werden.
- **Kommunikation**: Viele Projektmanagementexperten sind überzeugt, dass Kommunikationsschwierigkeiten zu den wichtigsten Ursachen für Projektkrisen gehören. Der PMBoK Guide bietet ein Glossar zur Vereinheitlichung häufig verwendeter Abkürzungen und Begriffe. Es beschreibt Dokumente, Werkzeuge und Methoden in einer Form, dass man oft darauf verweisen kann.
- **Metriken**: Wo anwendbar, vereinfachen Metriken die Kommunikation und machen den Projekterfolg bewertbar. Die wichtigste Projektmetrik ist dabei der Fortschrittswert (*Earned Value*). An Zahlensystemen orientierte Leistungsmessung kann aber auch Auslöser für Fehlverhalten von Projektbeteiligten und -betroffenen sein.

Earned Value

- **Führung**: Auch wenn sich Projektmanager oft formal in einer schwachen Einflussposition (*Weak Matrix*) im Vergleich zu Linienverantwortlichen befinden, sollten sie durch Verhandlungs- und Kommunikationsfähigkeit, Expertenwissen und vielleicht so etwas wie Charisma in der Lage sein, Projektziele in Kooperation mit anderen anzustreben. Ein Werkzeug dafür ist übrigens die Zertifizierung.
- **Integrität**: Während in manchen Branchen, wie IT oder Organisationsentwicklung, der wahrgenommene Grad an Korruption, Diskriminierung und Vertuschung von Fehlern niedrig ist, gibt es eine Reihe anderer Berufszweige, für die ein hohes Maß an Intransparenz und Fehlverhalten von Projektbeteiligten eher typisch ist. Ohne Integrität gibt es jedoch keine Projektqualität. PMI-Mitglieder und zertifizierte Personen unterwerfen sich übrigens einem veröffentlichten

und strafbewehrten Verhaltenscodex mit Verpflichtungen gegenüber dem Kunden, dem Berufsstand und der Allgemeinheit.

Der PMBoK Guide ordnet die 44 Prozesse zusätzlich zu den fünf Prozessgruppen in neun Wissensgebiete, die in den folgenden Unterkapiteln erläutert werden.

9.3 Integrationsmanagement

Projektintegrationsmanagement beinhaltet im Wesentlichen die Integration der Prozesse aus den anderen acht Wissensgebieten untereinander und mit dem Projektumfeld.

Abb. 9.3-1: Integrationsmanagement und die anderen acht Wissensgebiete des Projektmanagements

Das Ziel von Projektintegrationsmanagement besteht darin, die Konsistenz der Projektplanung und -verfolgung über alle Wissensgebiete und mit dem Umfeld des Projektes, einschließlich der ausführenden Organisation, dem Kunden und anderen Stakeholdern sicherzustellen. Schwerpunkte liegen dafür im Bereich Projektinitiierung – vor allem Beauftragung des Projektmanagers – und Projektplanung, aber auch im Änderungswesen, der Produktabnahme und dem Projektabschluss.

Prozesse des Integrationsmanagements sind:

Projektauftrag

- **Entwickeln des *Project Charter*** – Der Begriff Project Charter ist mit dem deutschen *Projektauftrag* nur unzureichend übersetzt. Dieses erste, zentrale Dokument des Projektmanagements hat auch die Funktion einer Gründungsurkunde des Projektes. Ein Project Charter autorisiert das Projekt, Ressourcen der ausführenden Organisation für die Erreichung der Projektziele einzusetzen. Es wird von einer ausreichend hoch in der Linie positionierten Person, dem Projektsponsor, abgezeichnet. Im Gegensatz zu anderen Dokumenten, die eher funktional und technisch ausgerichtet sind, beschreibt der Project Charter vor allem organisatorische Anforderungen zwischen Projekt und ausführender Organisation.

- **Entwickeln des vorläufigen Pflichtenhefts**[17] – Dieser Initiierungsprozess geht der Erstellung des vollständigen Pflichtenhefts voraus. In Verbindung mit dem Project charter hilft dieser Prozess, frühzeitig ein gemeinsames Verständnis zu erzeugen, worum es in diesem Projekt geht.

Pflichtenheft

- **Entwickeln des Projektmanagementplans**[18] – Der Projektmanagementplan ist die Integration aller Planungsdokumente. Er entspricht somit am ehesten der in deutscher Methodik bekannten Projektakte. Der Projektmanagementplan beinhaltet acht Managementpläne, je einen für jedes der acht Wissensgebiete, die im Rahmen von Integrationsmanagement zusammengeführt werden, und außerdem die anderen Planungsdokumente, wie Projektstrukturplan, Terminplan, Verantwortlichkeitsmatrixen, Personalbedarfsplanung und viele mehr.

  In der Abfolge der Wissensgebiete steht Integrationsmanagement an erster Stelle. Tatsächlich begleitet der Prozess *Erstellen des Projektmanagementplans* jedoch die anderen Planungsprozesse, da in ihm deren jeweilige Ergebnisdokumente zusammengeführt und integriert werden. Der Prozess wird besonders wichtig, wenn die Planungsbestandteile zum ersten Mal vollständig integriert werden, und fällt jedes Mal neu an, wenn die Planung verfeinert oder verändert wird.

Projektmanagementplan
Projektakte

- **Lenken und managen der Projektausführung** – Dieser Prozess integriert die anderen Ausführungsprozesse auf dem Weg zur Erreichung der Projektziele. Im Verständnis des PMBoK Guide ist die zentrale Aufgabe des Projektmanagers übrigens weniger die, alles selbst zu tun, sondern die Dinge gemacht zu bekommen. Dieser Prozess wird am stärksten von der Branche beeinflusst, in der das Projekt ausgeführt wird, und von den Besonderheiten der beteiligten Organisationen und des Produkts.

- **Überwachen und steuern der Projektarbeit** – In diesem Prozess werden Daten aus dem Projekt gesammelt, in angemessener Form aufbereitet und aufbewahrt. Außerdem werden Korrekturmaßnahmen und Änderungsanträge entwickelt und Prognosen erstellt.

---

[17] Die Übersetzung des *Scope statement* mit Pflichtenheft (gemäß DIN 69905) findet sich in der deutschsprachigen Übersetzung des PMBoK Guide nicht. Wir meinen aber, dass die Gemeinsamkeiten der beiden Typen von Dokumenten ausreichend dafür ist, diese Übersetzung anzuwenden.

[18] In früheren Versionen des PMBoK Guide als *Projektplan* oder *integrierter Projektplan* bezeichnet.

- **Integrierte Änderungssteuerung** – Isolierte Änderungen, die zum Beispiel nur Inhalt und Umfang betreffen, aber Auswirkungen auf Zeit und Kosten ignorieren, werden zwar oft verlangt, Projektmanager sollten diesen Forderungen aber nicht nachgeben. Änderungen kann es nur integriert geben.
- **Abschließen des Projektes** – Projektmanagement leidet oft auch darunter, dass Projektarbeit zwar beendet wird, ein formaler Abschluss einschließlich Fertigstellung und Archivierung der Dokumentation und Entlastung des Projektmanagementteams jedoch nicht genügend ernst genommen wird und deshalb aus Zeit- und Ressourcenmangel oft unterbleibt.

9.4 Inhalts- und Umfangsmanagement

9.4.1 PMBoK-Rahmenwerk

Scope

Für die Verwendung des englischen Begriffs *Scope* im Projektmanagement gibt es keine direkte deutsche Entsprechung. Er wird in der deutschen Übersetzung des PMBoK Guide etwas umständlich als *Inhalt und Umfang* bezeichnet. Tatsächlich beschreibt dieser Begriff alle Aspekte der Projektarbeit und ihrer Ergebnisse. *Project Scope* beschreibt die Menge an Arbeit und ihre Inhalte, während *Product Scope* Inhalt und Umfang – die Eigenschaften und Funktionen – des zu liefernden Produkts, der Befähigung zur Dienstleistung oder eines sonstigen Ergebnisses beschreibt.

Inhalts- und Umfangsmanagement

Inhalts- und Umfangsmanagement beinhaltet Prozesse zur Beschreibung, Zerlegung, Abstimmung und Änderung der Projektarbeiten und Abgrenzung dessen, was nicht zu leisten ist, außerdem den Nachweis der Korrektheit der Arbeiten und des Ergebnisses. Das Ziel ist, dass die Arbeit im Projekt zu einem Ergebnis führt, das die Kundenanforderungen optimal erfüllt, und dass dies zu einem vorhersehbaren Aufwand geleistet wird, der in einem günstigen Verhältnis zum Ergebnis steht.

Der Scope wird zu Beginn der Planungsarbeiten festgelegt. Während es bei uns durchaus üblich ist, dass ein Projektleiter seine Planung mit der Erstellung eines Terminplans beginnt, erfolgt dies bei den Prozessen des PMBoK Guide erst recht spät. Zunächst müssen sich alle Beteiligten erst einmal darüber klar werden, was eigentlich in dem Projekt zu tun beziehungsweise zu erzeugen ist. Angesichts der großen Anzahl von Projekten, die aufgrund von Missverständnissen über den Projektinhalt und -umfang in Probleme geraten, ist dieses Ansatz leicht nachvollziehbar.

Prozesse des Inhalts- und Umfangsmanagements sind:

- **Planung des Inhalts und Umfangs** – Output des Prozesses ist der Inhalts- und Umfangsmanagementplan, einer von 8 Managementplänen des PMBoK Guide. Er erläutert, wie die Prozesse zur Beschreibung, Änderung und zum Nachweis des *Scope* durchzuführen sind.
- **Definition des Inhalts und Umfangs** – Aufbauend auf dem vorläufigen Pflichtenheft, das während eines Initiierungsprozesses erstellt wurde, wird das umfangreiche Projektpflichtenheft entwickelt, in dem der geplante und vereinbarte Projektinhalt und -umfang beschrieben ist.
- **Erstellen des Projektstrukturplans** (*Work Breakdown Structure, WBS*) – Der Projektstrukturplan entsteht durch Herunterbrechen des Projektscope in kleinere, leichter zu handhabende Elemente. Das Herunterbrechen ist beendet, wenn diese Elemente einen Umfang haben, der ein leichtes Schätzen und Steuern ermöglicht.

Work Breakdown Structure

Eine WBS wird an Liefergegenständen (*Deliverables*) orientiert. Aufbauend auf einem eher traditionellen Verständnis der WBS wird übrigens definiert, dass dieses Dokument auch zur Abgrenzung des Scope eines Projektes dient: Arbeiten, die nicht in der WBS stehen, sind nicht Teil des Projektes.

Liefergegenstände

In manchen Branchen ist es normal für Projekte, die unter Vertrag für einen externen Kunden durchgeführt werden, dass eine WBS von der ausführenden Organisation und ihrem Kunden verabschiedet wird und dadurch zum Vertragsbestandteil wird. Sie wird dann als *CWBS* (*Contractual Work Breakdown Structure*) bezeichnet.

Contractual Work Breakdown Structure

- **Verifizieren des Inhalts und Umfangs** – Die Arbeitsergebnisse und Liefergegenstände des Projektes werden daraufhin gemessen, geprüft und verifiziert, ob sie die Anforderungen und Abnahmekriterien erfüllen. In diesen Prozess fällt das Abnahmewesen für die Liefergegenstände des Projektes.

Abnahmewesen

- **Steuerung des Inhalts und Umfangs** – Dieser Prozess beinhaltet die Teile des Änderungswesens, die mit Änderungen an Inhalt und Umfang des Projektes und seiner Liefergegenstände befasst sind.

9.4.2 Produktkarton

Kurzbeschreibung

Ein Produktkarton dient als Metapher für ein zu erstellendes Produkt und beschreibt in wenigen Sätzen, die grundlegende Systemidee, die hinter dem Produkt steht.

Stichworte und verwandte Themen

Auftrag, Projektauftrag

Indikationen

- Unklare Ziele
- Fehlendes Teamgefühl

Beschreibung

Die Verwendung eines Produktkartons hilft zum einen, sich auf das Wesentliche zu konzentrieren, da der Platz auf einem Karton begrenzt ist. Zum anderen hilft er, die Formulierung plastisch zu halten, da allen Beteiligten die zu verwendende Sprache aus realen Produktkartons bekannt ist.

Der Produktkarton hilft dem Team, erste Features und Anforderungen an das System zu erkennen und dessen Grenzen grob abzustecken. Unterschiedliche Ansichten können als Ursache verschiedene, konträre Zielvorstellungen haben. Solche Konflikte werden daher frühzeitig erkannt, sodass die Möglichkeit besteht, mit ihnen umzugehen. Unterschiedliche Meinungen lassen sich so schnell erfassen, und es kann entschieden werden, ob externe Hilfe angefordert werden muss, um das Problem zu lösen. Viele Konflikte lassen sich durch zusätzliche Informationen und Klärungen des Auftraggebers an dieser Stelle beheben.

Es empfiehlt sich, den Produktkarton gut sichtbar in den Räumen des Entwicklungsteams zu platzieren. Er eignet sich gut, das Zusammengehörigkeitsgefühl zu stärken. Er verfügt über einen hohen symbolischen Wert, da er schon frühzeitig ein plastisches Endprodukt repräsentiert, auf welches das Team hinarbeitet. Es lassen sich auch gut Änderungen am Projekt oder der Projektziele am Produktkarton erkennen, da dieser dann auch entsprechend angepasst werden soll.

Ganz ähnlich einem realen Produktkarton, in dem sich außer einer CD oftmals nicht mehr als heiße Luft befindet, sollte auch auf Ihrem Produktkarton ein Minimum an Informationen zu finden sein:

- **Name:** Wie heißt Ihr Produkt?
- **Systemvoraussetzungen:** Welche Hard- und Software muss bereits vorhanden sein, damit die neue Software einwandfrei funktioniert (Betriebssystem, Speicherkapazität etc.)?
- **Featureliste:** Die 5 – 15 wichtigsten Eigenschaften und Leistungsmerkmale Ihres Produktes werden aufgelistet. Was leistet die Software für den Benutzer?
- **Voraussetzungen – welcher Art auch immer:** Hardware, Softwarearchitektur, Systemumgebung/Nachbarsysteme, Entwicklungswerkzeuge, organisatorische und personelle Voraussetzungen etc.
- **Preis**: Was kostet Ihr System?

Abb. 9.4-1: Beispiel eines Produktkartons

Sie können diese Informationen natürlich auch als einfaches Textdokument ablegen – ein realer Produktkarton hat jedoch verschiedene Vorteile:

- Angesichts der begrenzten Fläche sind Sie gezwungen, sich wirklich kurz zu fassen.
- Sie nehmen gedanklich die Fertigstellung des Produktes vorweg und preisen es bereits vorab an. Damit formulieren Sie ein Ziel, und klare Ziele sind eine wesentliche Voraussetzung, um die Handlungen der Projektbeteiligten auszurichten und ergebnisorientiert zu bündeln.

- Der Karton, als materialisiertes Ziel, schafft eine Identifikationsmöglichkeit und hat einen hohen symbolischen Wert. Wenn jemand von außen in das Projekt kommt und fragt, „was macht ihr eigentlich?“, dann geht man zum Produktkarton und zeigt ihn: „Das machen wir: ein XY-System. Es kann [...] leisten.“ Der Produktkarton sollte möglichst dort stehen, wo das Projektteam sich regelmäßig trifft.
- Auch spätere mögliche Änderungen an den grundlegenden Leistungsmerkmalen und Voraussetzungen werden auf dieser Ebene konkret wahrnehmbar, weil der Karton gegebenenfalls geändert werden muss. Anstatt dem Produkt immer weitere Eigenschaften hinzuzufügen und damit alleine durch die Größe den Projekterfolg zu gefährden, was auch eine entsprechende störende Überarbeitung des Produktkartons notwendig macht, kann es vorteilhafter sein, die zusätzlichen Features in entsprechende Zusatzprodukte auszugliedern, d.h. in separate Projekte mit eigenem Produktkarton. So wie die Freisprecheinrichtung für ein Mobiltelefon ein Zusatzprodukt ist, so ist dann vielleicht auch die SAP-Schnittstelle einer Software ausgegliedert.

Checkliste

- ☑ Beträgt der Umfang der Systemidee etwa eine halbe Seite?
- ☑ Beschreibt die Systemidee, was mit dem zu entwickelnden System erreicht werden soll?
- ☑ Ist die Systemidee so formuliert, dass die Fertigstellung des Produktes geistig vorweggenommen wurde? Ist die Formulierung für die Verwendung auf einem Produktkarton geeignet?
- ☑ Enthält die Systemidee eine Auflistung der 5 – 15 wichtigsten Eigenschaften und Leistungsmerkmale Ihres Produktes?
- ☑ Enthält die Systemidee eine Auflistung der wichtigsten Voraussetzungen und Rahmenbedingungen (Hardware, Software, Organisation, Entwicklungs- und Zielumgebung, Finanzen, Termine)?
- ☑ Enthält die Systemidee eine Abgrenzung, welche Eigenschaften und Leistungsmerkmale erwartet werden könnten, jedoch explizit nicht oder erst in späteren Versionen enthalten sein werden?
- ☑ Haben Sie als symbolischen, psychologisch wirksamen Akt für Ihr Projekt einen realen Produktkarton gestaltet und hergestellt?
- ☑ Ist die Systemidee dem Auftraggeber, den Produktempfängern (z.B. Fachabteilungen), der Projektleitung und dem Projektteam bekannt und wird sie von diesen Parteien explizit akzeptiert? Welche Vorbehalte existieren gegebenenfalls?

Weiterführendes

[Oestereich-2006]
B. Oestereich: *Analyse und Design mit der UML 2*, 8. Auflage, Oldenbourg-Wissenschaftsverlag, 2006.

9.4.3 Zieldefinition mit ZAK-Karten

Kurzbeschreibung

ZAK-Karten sind eine strukturierte Beschreibungsform zur Setzung oder Vereinbarung von Zielen mit nach Möglichkeit objektivierbaren Erfolgskriterien bzw. Kennzahlen.

Stichworte und verwandte Themen

Auftragsklärung, Balanced Scorecards

Indikationen

- Unklare Ziele

Beschreibung

In der einfachsten Form werden Ziele mit jeweils einer sogenannten ZAK-Karte beschrieben, die

- das **Ziel**,
- die notwendigen **Aktionen** oder Maßnahmen dazu sowie
- eine **Kennzahl** zur Messung der Zielerreichung

enthalten.

ZAK: Ziel, Aktion, Kennzahl

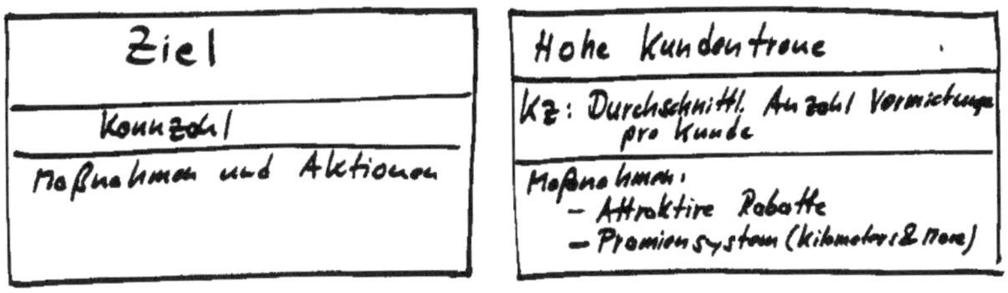

Beispiel 9.4-2: ZAK-Karte (Ziel, Aktion, Kennzahl)

Wenn Sie einen Workshop zur Zielfestlegung veranstalten, verwenden Sie Kartei- oder Pinnwandkarten, die Sie in drei Bereiche teilen: Oben geben Sie dick und fett den Namen des Ziels an, darunter die Kennzahl und unten etwas kleiner geschrieben die 1 - 3 wichtigsten Maßnahmen. Die übrigen Maßnahmen, Kennzahlen und Anmerkungen können Sie auf der Rückseite notieren.

Hilfreich ist gegebenenfalls die Verwendung verschiedener Farben für die unterschiedlichen Zieltypen, beispielsweise

- Rot für das Projektleitziel,
- Grün für die operativen oder sekundären Ziele,

- Gelb für die strategischen oder primären Ziele.

Wenn nicht nur eine einfache Zielklärung, sondern eine systematische Zielverfolgung wichtig ist, reichen einfache ZAK-Karten meistens nicht aus. In diesem Fall empfehlen wir folgendes detailliertes Beschreibungsschema, das wir anhand eines Beispiels in Abb. 9.4-3 darstellen:

Ziel #1	**Umsatzrendite**
Zielart	Primäres Ziel
Erläuterung	Die Umsatzrendite wird als das Verhältnis des erwirtschafteten Überschusses des Projektes zum Gesamtumsatz des Projektes definiert. Bei einem Auftragsvolumen von 620.000 € soll nach vollständiger Vertragserfüllung eine Gewinn von 62.000 € (10 Prozent) übrig bleiben.
Kennzahl	Umsatzrendite
Zielwert	10 Prozent oder mehr
Zielgewicht	0,7
Rahmenbedingungen	▪ Durch regelmäßige Abschlagzahlungen soll sichergestellt werden, dass zu jedem Zeitpunkt die bislang geleistete, aber noch nicht bezahlte Arbeit den Wert von 150.000 € nicht übersteigt. ▪ Der interne Kosten-Tagessatz beträgt durchschnittlich 600 €.
Mögliche generelle Maßnahmen	▪ Spätestens alle 2 Monate abrechnungsrelevante Teilabnahmen vorsehen. ▪ Abschlagzahlungen und kurzes Zahlungsziel aushandeln.
Risiken und Erfolgsfaktoren	(kommt später)

Abb. 9.4-3: Beispiel einer Zieldefinition

Einige Beschreibungselemente bedürfen einer näheren Erläuterung:

- Der Zielwert wird stets in Bezug zur Kennzahl formuliert, d.h., es soll (a) ein bestimmter Wert erreicht werden, (b) ein möglichst hoher oder (c) ein möglichst niedriger Wert.

- Das Zielgewicht ist eine Zahl zwischen 0,0 und 1,0, die ausdrückt, wie wichtig das Ziel ist. Hier ist vor allem darauf zu achten, dass die Zielgewichte aller Ziele zueinander im gewünschten Verhältnis stehen. Ein Zielgewicht von 1,0 beschreibt ein Ziel von höchster Wichtigkeit, ein Zielgewicht von 0,0 ein praktisch bedeutungsloses Ziel.

- Rahmenbedingungen beschreiben die Möglichkeiten und Grenzen, innerhalb derer sich die Maßnahmen bewegen sollen. Der Aufwand, der zu Erreichung eines Zieles betrieben wird, muss in einem vertretbaren Verhältnis zum Nutzen des Ziels stehen, ebenso das dabei eingegangene Risiko. Außerdem ist wichtig festzulegen, ob eine kurz-, mittel- oder langfristige Zielerreichung geplant ist. Bestimmte Ziele lassen sich mittel- und langfristig vielleicht mit vertretbarem Aufwand erreichen, eine kurzfristige Zielerreichung erfordert aber möglicherweise unvertretbare hohe Anstrengungen. Ein Ziel zu erreichen, wenn die Mittel nicht begrenzt sind, ist keine Kunst. Üblicherweise sind die Mittel jedoch beschränkt und deswegen ist die Festlegung dieser Rahmenbedingungen von großer Bedeutung zur späteren Bewertung der Maßnahmen.

- Mögliche generelle Maßnahmen sind eine Ideensammlung, wie das Ziel grundsätzlich erreicht oder unterstützt werden kann.

Weiterführendes

[Oestereich-2004]
B. Oestereich, C. Weiss et al.: *Objektorientierte Geschäftsprozessmodellierung mit der UML*, 1. korr. Nachdruck, dpunkt.verlag, 2004.

[Friedag-2002]
H. R. Friedag, W. Schmidt: *Balanced Scorecard,* Haufe Verlag, 2002.

9.4.4 Zielbeschreibungsschema

Kurzbeschreibung

Eine Standardbeschreibungsstruktur für Ziele

Stichworte und verwandte Themen

Auftragsklärung, Balanced Scorecards, Zieldefinition mit ZAK-Karten

Indikationen

- Unklare Ziele

Beschreibung

Grundsätzlich sind operative und strategische Ziele zu unterscheiden:

- **Strategische Ziele** (bzw. primäre Ziele)

  Was soll mit dem Projekt insgesamt erreicht werden? Strategische Ziele im Kontext von Projektmanagement beziehen sich auf den Zeitraum des gesamten Projektes oder die Lebenszyklen der Projektergebnisse. Welche Ziele sollen am Ende des Projektes grundsätzlich erreicht sein? Welche gehen zeitlich sogar über das Ende des Projektes hinaus?

Beispiele:

- Am Ende des Projektes wollen wir als Auftragnehmer eine Umsatzrendite von 10 Prozent erzielt haben.
- Am Ende des Projektes wollen wir einen zufriedenen Auftraggeber haben, der an uns gerne weitere Aufträge vergibt.

- **Operative Ziele** (bzw. sekundäre Ziele)

  Was soll während des Projektes erreicht werden? Operative Ziele im Kontext von Projektmanagement sind solche, die noch vor Ende der Projektlaufzeit erreicht werden können. Operative Ziele unterstützen normalerweise strategische Ziele direkt oder durch Verbesserung der Rahmenbedingungen für strategische Ziele.

  Beispiele:

  - Wir möchten die Nutzungsrechte an dem Projektergebnis (also der Software) behalten.
  - Wir möchten die Rahmenbedingungen für unsere Projektarbeit optimieren.
  - Wir wollen die Mitarbeiterfluktuation niedrig halten (um Kosten und Zeit zu sparen und damit letztendlich das strategische Ziel der Umsatzrendite zu unterstützen).

Beschreibungsschema für Ziele. Die Ausarbeitung der Ziele vereinfacht sich, wenn dreistufig vorgegangen wird:

- **Ziel benennen**

  Suchen Sie nach einem kurzen Satz oder wenigen Worten, die das Ziel einfach, aber verwechselungsfrei (in Bezug auf andere Ziele) beschreiben, z.B. „Hohe Kundentreue". Sammeln Sie verschiedene Formulierungen und Vorschläge und wählen Sie die beste Formulierung aus. Sie sollte von allen Mitarbeitern verstanden werden können.

  Noch besser ist die Formulierung als einfache und kraftvolle Überzeugung in der Gegenwartsform: „Unsere Kunden sind uns treu", „Unsere Umsatzrendite beträgt 10 Prozent" etc. Die Aussage „wenn Du ein Schiff bauen willst, dann lehre die Männer nicht den Umgang mit Hammer und Nagel, sondern erzähle ihnen von der Sehnsucht nach dem Meer" (Antoine de Saint Exupéry) auf Ziele übertragen würde beispielsweise lauten: „Unser Schiff bringt uns um die Welt!"

- **Indikator bzw. Kennzahl festlegen**

  Suchen Sie nach einer einfachen Kennzahl, mit der die Zielerreichung am besten gemessen werden kann. Maßgeblich ist nicht alleine die genaueste oder dem Ziel am weitesten gerecht werdende Zahl, sondern sie soll auch möglichst objektiv und einfach zu ermitteln sein. Bei weichen Zielen wie „zufriedener Kunde“ helfen gewöhnlich nur Kundenbefragungen, externe Gutachter u.Ä. Je komplizierter eine Kennzahl zu ermitteln oder zu interpretieren ist, desto geringer ist ihr Nutzen. Häufig lassen sich Zielerreichungen nur mit mehreren Kennzahlen optimal beschreiben, wählen Sie dann eine einzige Kennzahl aus, die zwar nicht mehr optimal ist, aber die Messung der Zielerreichung vereinfacht.

- **Mögliche Maßnahmen und Aktionen festlegen**
  Anschließend sammeln Sie mögliche Maßnahmen und Aktionen, die durchgeführt werden können, um das Ziel zu erreichen oder ihm näher zu kommen. Wenn Sie mehr als drei mögliche Maßnahmen finden, wählen Sie nur die wichtigsten aus. Vergleichen Sie die Maßnahmen beispielsweise nach ihrem Kosten-Nutzen-Verhältnis und ihren Erfolgsaussichten.

Die Bestimmung der eigenen Ziele ist keine akademische Arbeit und das Ergebnis kann ebenso einfach wie wichtig sind. Im Zweifelsfall gibt es nur ein einfaches wirtschaftliches Ziel, gewöhnlich eine bestimmte Umsatzrendite.

Alternativ kann die Zielsetzung auch auf die aktuelle Phase, in diesem Fall also die Vorbereitungsphase, bezogen werden. Da in der Vorbereitungsphase alle wichtigen Rahmenbedingungen und Weichenstellungen für das Projekt entstehen, ist die Vorbereitungsphase auch die wichtigste Phase zur Erreichung der Gesamtziele.

Weiterführendes

Siehe auch *Zieldefinition mit ZAK-Karten* (⇨241).

9.4.5 Projektstrukturplan

Kurzbeschreibung

Der Projektstrukturplan (PSP) ist die Darstellung der Projektstruktur, also die vollständige hierarchische Anordnung aller Elemente eines Projektes.

Stichworte und verwandte Themen

Projektplanung, featurebasierte Planung, Work Breakdown Structure (WBS)

Indikationen

- Übersicht erlangen
- Aufgaben in Teilaufgaben gliedern

Beschreibung

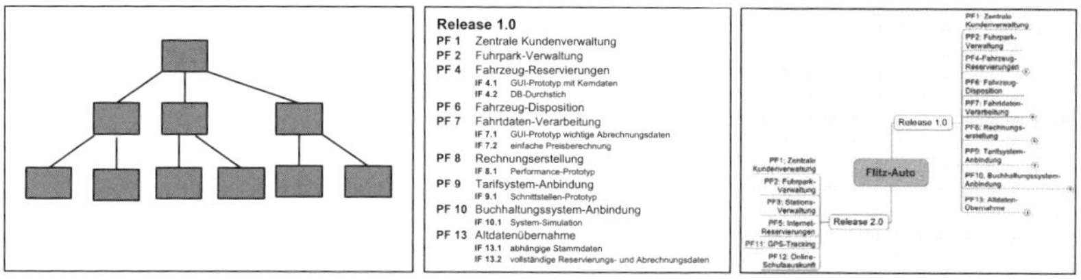

a) Hierarchisches Strukturdiagramm b) Nummerierte Liste mit Einrückungen c) Mindmap

Abb. 9.4-4: Darstellungsformen eines Projektstrukturplans

Projektstrukturpläne eignen sich als Werkzeug, um ein Projekt in geordneter Form darzustellen. Hierbei sind verschiedene Darstellungsweisen etabliert, so zum Beispiel Baum, Liste oder Mindmap. Den Darstellungsformen ist gemeinsam, dass sie eine Hierarchie darstellen und über die Elemente, die in den Plan aufgenommen sind, auch den Gültigkeitsbereich des Projektes definieren. Elemente, die im PSP nicht aufgenommen wurden, sind nicht Bestandteil des Projektes.

Über die Gliederungseinheiten herrscht in der Literatur zu den Projektstrukturplänen (bzw. engl. *Work Breakdown Structure*) Uneinigkeit. Gängig ist eine Unterteilung bis auf Arbeitspakete, aber es ist auch eine Unterteilung in Releases und Features möglich.

Weiterführendes

MindManager und Freemind sind Werkzeuge zum Erstellen von Mindmaps, sie sind zum Teil frei erhältlich.

9.4.6 Anforderungsworkshop

Kurzbeschreibung

Der Anforderungsworkshop dient der frühen und raschen Aufnahme grundlegender Anforderungen für eine zu erstellende Software oder ein anderes Produkt. Innerhalb von max. 2 Tagen werden diese zusammen mit den wichtigsten Anforderungsbeitragenden identifiziert und in kurzer und abstrakter Form dokumentiert.

Stichworte und verwandte Themen

Stakeholder-Analyse, *Produktkarton* ⇨238, Systemanwendungsfall

Indikationen

- Für die initiale Projektplanung, d.h. zur Auftragsklärung oder zum Projektbeginn soll ein erster Anforderungsüberblick erstellt werden.

Beschreibung

Der erste Anforderungsworkshop wird mit allen wichtigen Anforderungsbeitragenden innerhalb von maximal 2 Tagen durchgeführt. Während des Workshops werden die wichtigsten Anforderungen gesammelt und grob dokumentiert. Die daraus resultierenden Ergebnisse bilden die Basis für den Projektauftrag sowie für die initiale Projektplanung und werden in späteren Phasen weiterentwickelt und detailliert.

Bei der Anforderungssammlung sollte so vorgegangen werden, dass das zu beschreibende Produkt als Ganzes von außen betrachtet wird. Um dies zu erreichen, wird zunächst ein Systemkontext erstellt, der die zukünftigen Anwender und Nachbarsysteme aufzeigt. Anschließend werden daraus die wichtigsten Systemanwendungsfälle sowie weitere funktionale wie nicht funktionale Anforderungen identifiziert und gruppiert. Soweit möglich werden die wichtigsten gefundenen Anforderungen essenziell beschrieben und es wird ein erstes Klassenmodell für die wesentlichen fachlichen Begriffe angefertigt.

Der Workshop wird von einem erfahrenen Systemanalytiker mit Metaplanwand, Whiteboard und Flipchart moderiert. Die einzelnen Aktivitäten werden in festgelegten Timeboxen durchgeführt. Ziel des Workshops ist es, kurze prägnante Ergebnisse zu erzielen. Langatmige und zeitraubende Detaildiskussionen sind zu vermeiden. Der Moderator ist für die Vorgehensweise und zielführende Moderation verantwortlich.

Folgende Aktivitäten werden in dieser Reihenfolge in begrenzten Zeitabschnitten durchgeführt:

- *Gegebenenfalls geschäftliches Überblicksszenario erstellen*

  Dieser Schritt wird am besten mit allen Beteiligten gemeinsam zum Beispiel am Whiteboard entwickelt. Dabei werden folgende Fragen diskutiert und vom Moderator visualisiert: Wie läuft das Kerngeschäft grob ab? Welche externen Geschäftspartner und internen Organisationseinheiten sind wie involviert? Was ist das fachliche Problem?

  Ergebnis: Eine Grafik mit wichtigen Akteuren (externen Geschäftspartnern wie internen Organisationseinheiten) und Linien zwischen diesen, die wichtige fachliche Transaktionen mit übermittelten fachlichen Objekten darstellen. Die Transaktionen sind gegebenenfalls nummeriert, um typische Reihenfolgen darzustellen, z.B. ein Kunde übermittelt dem Callcenter einen Bestellwunsch, das Callcenter schickt dem Kunden eine Bestätigung zurück und übergibt die Bestellung an die interne Disposition.

- *Systemkontext definieren*

  Dieser Schritt wird ebenfalls mit allen Beteiligten gemeinsam zum Beispiel am Whiteboard entwickelt. Dabei werden folgende Fragen diskutiert und vom Moderator visualisiert: Was ist die grobe Systemidee? Welches sind zukünftige Anwenderrollen? Was wollen Nachbarsysteme von dem System? Von welchen Nachbarsystemen möchte das System etwas? Welche Daten werden übermittelt?

  Ergebnis: Eine Grafik mit dem zu erstellenden System als Viereck in der Mitte. Zukünftige Anwender (Strichmännchen) und Nachbarsysteme (Würfel) werden mit dem System verbunden und auf den Linien werden wichtige Datenflüsse notiert.

- *Systemanwendungsfälle identifizieren*

  Dieser Schritt eignet sich gut für eine Aufteilung in mehrere Gruppen. Jede Gruppe bearbeitet jeweils eine andere Menge der gefundenen Anwender und Nachbarsysteme aus dem Systemnkontext und diskutiert untereinander folgende Fragen: Welchen alltäglichen Ereignissen sind die Anwender ausgesetzt? Was wollen Anwender oder Nachbarsysteme mit dem System tun? Welche Ergebnisse erwarten sie?

  Anschließend sammelt der Moderator die Karten auf einer Metaplanwand, lässt die Ergebnisse erläutern und diskutiert Verständnisfragen. Die Systemanwendungsfälle werden daraufhin begrifflich geschärft und Dubletten eliminiert.

  Ergebnis: Eine Sammlung von konsolidierten Metaplankarten (je Systemanwendungsfall eine Karte)

- *Weitere Anforderungen identifizieren*

  Anschließend werden gemeinsam weitere Anforderungen gesammelt und vom Moderator auf Karten notiert, die sich in Form oder Farbe von denen der Systemanwendungsfälle unterscheiden sollten. Dabei werden folgende Fragen diskutiert: Welche besonderen nicht funktionalen Anforderungen sind wichtig? Welche weiteren funktionalen Anforderungen haben eine große Bedeutung?

  Ergebnis: Eine Sammlung von Metaplankarten (je weiterer Anforderung eine Karte)

- *Anforderungen gruppieren*

  Die gesammelten Systemanwendungsfälle und weiteren Anforderungen werden vom Moderator nach folgenden Gesichtspunkten gruppiert: Welche der gefundenen Anforderungen bearbeiten den Lebenszyklus desselben fachlichen Objekttyps? Welche ändern sich nur gemeinsam?

  Ergebnis: Gruppierte Systemanwendungsfälle und weitere Anforderungen auf der Metaplanwand. Jede gebildete Gruppe erhält einen aussagekräftigen Namen.

- *Anforderungen essenziell beschreiben*

  Der Moderator verteilt die zu beschreibenden Anforderungen gleichmäßig auf mehrere Kleingruppen. Jede zugeteilte Anforderung wird dann kurz mit 1-3 Sätzen auf einem kleinen Formblatt beschrieben, für jeden Systemanwendungsfall werden zusätzlich das auslösende Ereignis und erwartete Ergebnisse im Gutfall benannt und die einzelnen Ablaufschritte als Intentionen aufgelistet.

  Dabei auftauchende offene Punkte oder Unklarheiten werden nicht diskutiert, sondern nur mit aufgeschrieben. Anschließend werden die Gruppenergebnisse vorgestellt.

  Ergebnis: Je Anforderung ein kleines ausgefülltes Formblatt.

- *Gegebenenfalls fachliches Begriffsmodell erstellen*

  Dieser Schritt wird am besten wieder gemeinsam am Whiteboard durchgeführt. Der Moderator listet wichtige Substantive z.B. anhand der Systemanwendungsfallnamen und der essenziellen Schritte auf, hinterfragt deren Beziehung zueinander und entwickelt daraus ein erstes Klassenmodell.

  Ergebnis: Ein UML-Klassenmodell mit je einer Klasse für jeden wichtigen Fachbegriff sowie gegebenenfalls wichtigen Attributen je Klasse. Assoziationen verbinden die Klassen und zeigen die Multiplizitäten auf.

Am Ende des Workshops fertigt der Moderator ein Fotoprotokoll von allen erstellten Ergebnissen an und verteilt dies an die Beteiligten.

9.4.7 Featurebasiertes Planen

Kurzbeschreibung

Ein Feature ist eine Sammlung zusammengehöriger Anforderungen, die eigenständig ausführbar sind und ein sinnvolles Ganzes sowie einen geschäftlichen Nutzen für den Anwender ergeben. Verwenden Sie beim iterativen Vorgehen *Features* als Planungseinheiten (statt Anwendungsfälle), um den Produktgedanken zu verstärken und um die Liefereinheiten am Iterationsende ganz flexibel an Anforderungsänderungen anpassen zu können.

Stichworte und verwandte Themen

Systemanwendungsfall, Projektstrukturplan, *Kosten-Nutzen-Priorisierungsmatrix* ⇨309

Indikationen

- Es wird iterativ vorgegangen und die Anforderungen werden hauptsächlich in Form von Anwendungsfällen spezifiziert und geplant.
- Die geplanten Anwendungsfälle sind i.d.R. zu komplex, um innerhalb einer Iteration umgesetzt zu werden.
- Erkenntnisse aus Folgeiterationen über Anwendungsfalldetails führen zu permanenten Korrekturen der eigentlich schon fertiggestellten Anwendungsfälle. Es entsteht das Gefühl, mit einem Anwendungsfall nie fertig zu werden, und das erzeugt Unglaubwürdigkeit.
- Eigentlich ist nie wirklich klar, was denn genau am Iterationsende laufen soll.
- Am Iterationsende entsteht selten etwas, was für den Anwender bereits einen fachlichen Wert darstellt oder zumindest schnell zu einem veredelt werden könnte.

Beschreibung

Anwendungsfälle sind gut, um gewollte Benutzer-System-Interaktionen zu verstehen, zu spezifizieren und um Testfälle daraus abzuleiten. Als planbare Fertigstellungseinheiten für ein iteratives Vorgehen sind sie jedoch oft ungeeignet:

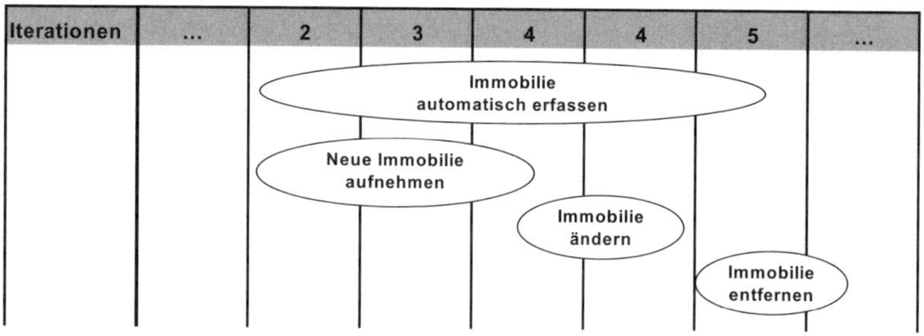

Abb. 9.4-5: Anwendungsfälle überspannen mehrere Iterationen

Am Ende der Iteration 4 in Abb. 9.4-5 ist nichts entstanden, was eigenständig benutzbar wäre – dies ist erst am Ende der Hauptphase der Fall. Gehen Sie daher wie folgt vor:

- Bilden Sie für ein zu erstellendes Produkt bzw. eine Software zunächst iterationsunabhängige Produktfeatures, indem Sie zusammengehörige Anwendungsfälle gruppieren, Schnittstellen betrachten, GUI-Masken ansehen, Fachkonzepte lesen und Softwareproduktkartons im Kaufhaus ansehen. Diese werden dann als Substantiv formuliert, z.B. *Immobilien-Ersterfassung* usw.

Produktfeatures' ⇨138, 143, 154

- Zerlegen Sie die Produktfeatures in kleinere Iterationsfeatures, sodass sie voraussichtlich gut innerhalb einer Iteration erstellt werden könnten.

Iterationsfeatures ⇨146, 151, 155

- Ordnen Sie jedes Iterationsfeature einer Iteration zu, an deren Ende es lauffertig sein soll. Dabei sind vor allem inhaltliche Abhängigkeiten (was muss vor wem fertig sein?), ROI (je früher ein hoher Nutzen entsteht, desto besser) und Mitarbeiterkapazität (was ist überhaupt schaffbar?) zu berücksichtigen.
- Beschreiben Sie jedes Iterationsfeature detailliert (spätestens innerhalb derjenigen Iteration, die der geplanten Iteration für das Feature vorausgeht).
- Kontrollieren Sie am Iterationsende das tatsächlich erreichte Ergebnisse und planen Sie notwendige Korrekturen ein.

Schablone

Für ein Produktfeature sind folgende Informationen bedeutsam:

Produktfeatures ⇨138, 143, 154

- Art und eindeutige Nummer
- Name
- Enthaltene Anwendungsfälle bzw. nicht funktionale Anforderungen
- Verantwortliche Person (bzw. Team)
- Gegebenenfalls geplanter Aufwand und Fertigstellungstermin

Ein Iterationsfeature kann durch folgende Attribute beschrieben werden:

- Eindeutige Nummer und Name
- Erwartete Ergebnisse
- Verantwortliche Person (bzw. Team)
- Gegebenenfalls geplanter Aufwand

Weiterführendes

Projektcontrolling, Ergebnisreview

9.4.8 Priorisierungsworkshop

Kurzbeschreibung

Aufgaben, Features, Anwendungsfälle, Stakeholder, Risiken o.Ä. werden nach bestimmten Priorisierungskriterien geordnet.

Weiterführendes

Vgl. *9.6.3 Kosten-Nutzen-Priorisierungsmatrix* (⇨309). In Abwandlung davon können statt Nutzen und Kosten auch beliebige andere Aspekte verwendet werden, um Dinge zu priorisieren.

Siehe außerdem nachfolgend Großgruppen-Priorisierung.

9.4.9 Großgruppen-Priorisierung

Kurzbeschreibung

Die Großgruppen-Priorisierung ermöglicht es einer großen Gruppen von 50 – 1000 Teilnehmern, in kurzer Zeit gemeinsam Inhalte zu sammeln und zu priorisieren.

Indikationen

- Eine sehr große Gruppe von Menschen möchte gemeinsam als Kollektiv etwas priorisieren.

Beschreibung

- Jeder Teilnehmer erhält 1 – 3 Karten und benötigt einen Stift.
- Es wird eine Frage vorgegeben bzw. formuliert. Beispielsweise „Was ist das größte Problem im Straßenverkehr?“
- Jeder Teilnehmer schreibt seine Antworten auf jeweils eine Karte. Den Teilnehmern wird eine Zeit vorgegeben, beispielsweise 2 – 4 Minuten (je größer die Gruppe, desto mehr Zeit ist zu geben).
- Die Teilnehmer werden aufgefordert, sich einen anderen Teilnehmer als Partner zu suchen. Dafür wird den Teilnehmern 1 Minute Zeit gegeben. Nach Ablauf der Zeit werden alle Teilnehmer, die noch keinen Partner haben, gebeten, ihre Karten hochzuhalten, damit sich die verbliebenen Personen finden können.
- Die Teilnehmer werden aufgefordert, ihrem Partner kurz ihre Karten inhaltlich zu erläutern. Ein Partner fängt an und hat 3 Minuten Zeit. Dann wird angesagt, dass nun der andere Partner seine Karten erläutern soll. Dafür stehen wieder 3 Minuten zur Verfügung.

- Nun werden die Teilnehmer aufgefordert, zusammen mit ihrem jeweiligen Partner über die Wichtigkeit der Karten zu entscheiden und hierfür gemeinsam 7 Punkte auf ihre Karten zu verteilen. Die Punkte dürfen beliebig verteilt werden. Die Teilnehmer sollen die Punktzahl als Zahl auf die Rückseite der Karte schreiben. Die Teilnehmer bekommen hierfür 3 Minuten Zeit.
- Jetzt werden die Teilnehmer aufgefordert, ihre Karten zu tauschen, d.h., jeder Teilnehmer erhält die Karten, die sein Partner mitgebracht hatte.
- Jetzt sollen sich die Teilnehmer neue Partner suchen und das Ganze wird dann 4-mal wiederholt.
- Nach der also insgesamt 5. Runde werden alle Teilnehmer aufgefordert, pro Karte die Gesamtpunktzahl zu berechnen und als Summe auf die Kartenvorderseite zu schreiben. Dafür werden 2 Minuten Zeit gegeben.
- Der Moderator fragt nun ab, welche die punkthöchsten Karten sind. Bei max. 7 Punkten pro Karte und 5 Runden beträgt die maximale Punktzahl also 35. Der Moderator fragt also absteigend: Wer hat eine Karte mit 35 Punkten? Wer mit 34 Punkten? Mit 33? Und so weiter. Sobald sich eine oder mehrere Karten mit der gefragten Punktzahl finden, soll diese zum Moderator gebracht werden und wird für alle sichtbar auf eine Pinnwand geheftet (nach Punktzahl geordnet). Der Moderator entscheidet, wann die Abfrage beendet wird. Beispielsweise nach 10 oder 20 Karten.
- Die Karten werden absteigend in der Reihenfolge ihrer Punktzahlen vorgestellt und gegebenenfalls vom Moderator interpretiert.

9.4.10 Meilenstein

Kurzbeschreibung

Ein Meilenstein ist ein Planungs-, Steuerungs- und Kontrollinstrument im Projektmanagement und definiert eine Menge von Ergebnissen in bestimmter Beschaffenheit und Vollständigkeit, die zu einem bestimmten Termin erreicht werden müssen.

Stichworte und verwandte Themen

Timebox, Phase, Release, Vorgehensmodell, Iteration

Indikationen

- Planung und Überwachung des Projektfortschrittes

Beschreibung

Bei dem Termin handelt es sich um ein konkretes in der Zukunft liegendes Kalenderdatum, wahlweise kann auch die Uhrzeit definiert werden.

Die zu erreichenden Ergebnisse sind so zu beschreiben, dass ihr Erreichen objektiv beurteilt und festgestellt bzw. gemessen werden kann. Hierzu sind Angaben über die Beschaffenheit, vor allem Vollständigkeit und Qualität, notwendig.

Zu dem definierten Termin wird überprüft, ob die Ergebnisse vollständig vorliegen und alle geforderten Eigenschaften erfüllen. Ist dies der Fall, gilt der Meilenstein als erreicht. Andernfalls gilt der Meilenstein als verfehlt und es wird ein neuer Termin festgelegt, für den die Erreichung nunmehr realistisch erscheint. Man spricht in diesem Fall davon, dass der Meilenstein verschoben wurde.

Sollten die Ergebnisse bereits vor dem vereinbarten Termin vorliegen, kann die Ergebnisprüfung und damit das Erreichen des Meilensteines vorgezogen werden.

Wird schon vor dem vereinbarten Termin offensichtlich, dass der Termin nicht erreicht werden kann, kann der Meilenstein (d.h. der Termin) bereits vorher auf einen nunmehr realistischen Zeitpunkt verschoben werden.

Die Kriterien zur objektiven Beurteilung über die Meilensteinerreichung sind von vornherein zu spezifizieren. Werden sie geändert, bedeutet dies eine Veränderung des Meilensteines.

Werden vor Erreichen des Meilensteines die mit ihm verknüpften Ergebnisse geändert, bedeutet dies eine Veränderung des Meilensteines.

Meilensteine haben stets auch außerhalb des Projektes eine Relevanz, d.h., sie dienen vor allem dem Auftraggeber, dem Lenkungsausschuss und anderen wichtigen Stakeholdern als Planungs- und Kontrollmöglichkeit.

Releases und Projektphasen werden gewöhnlich mithilfe eines Meilensteines definiert.

Zum Zeitpunkt der Definition eines Meilensteines ist auch festzulegen, wer über das Erreichen des Meilensteines entscheidet. Diese Person oder Instanz wird Meilenstein-Gutachter genannt. Im Normalfall ist der Gutachter kein Mitglied der Projektorganisation, sondern ein Außenstehender/Projektexterner, beispielsweise der Lenkungskreis oder ein neutraler externer Gutachter.

Weiterführendes

Die meisten Vorgehensmodelle beschreiben in abstrakter bzw. generischer Form Meilensteine. Projektpläne beinhalten gewöhnlich Meilensteine. Eine Timebox ist ein ähnliches, komplementäres Instrument.

9.4.11 Meilensteinvereinbarung

Kurzbeschreibung

Ein Meilenstein ist ein formales und vertragsrelevantes Ergebnis über den Projektfortschritt und dementsprechend formal eindeutig und belastbar zu spezifizieren und zu dokumentieren. In der Meilensteinvereinbarung wird beschrieben, welche Inhalte in welcher Form hierbei zu beachten sind.

Stichworte und verwandte Themen

Meilenstein, Projektauftrag

Indikationen

- Für jeden Meilenstein ist eine separate Meilensteinvereinbarung abzuschließen und zu führen.

Beschreibung

Eine Meilensteinvereinbarung sollte folgende Inhalte bzw. Gliederung haben:

- *Termin*

  Wann soll der Meilenstein erreicht sein?

  Alle im Folgenden genannten Ergebnisse müssen zu diesem Zeitpunkt entsprechend den genannten Kriterien vollständig vorliegen und geprüft worden sein. Das heißt, die Unterschriften der Meilenstein-GutachterInnen müssen zu diesem Termin vorliegen.

- *Ergebnisse und Prüfkriterien*

  Die Ergebnisse müssen vollständig entsprechend den genannten Kriterien vorliegen. Für jedes Ergebnis ist anzugeben:

  - Inhaltliche Beschreibung des Ergebnisses
  - Nachweis der Vollständigkeit

  Hier ist zu beschreiben, wie die inhaltliche, fachliche und technische Vollständigkeit dieses Ergebnisses ermittelt und bewertet werden soll. Unter welchen Bedingungen ist das Ergebnis vollständig? Folgende Phrasen sind typisch: „Das Ergebnis muss folgende Punkte umfassen", „Wenn folgende Punkte nicht erreicht wurden, gilt der Meilenstein als nicht erreicht", „Folgende Anforderungen müssen [eingeführt | abgenommen | ohne große Mängel] sein".

- *Nachweis der Qualität*

  Hier ist zu beschreiben, wie die Qualität und Güte dieses Ergebnisses ermittelt und bewertet werden soll. Unter welchen Bedingungen ist das Ergebnis qualitativ ausreichend? Typische Phrasen: „Folgende Mindeststandards müssen erfüllt sein", „Wenn folgende Punkte nicht erreicht wurden, gilt der Meilenstein als nicht erreicht".

- *Prüfungsablauf*

  Wer muss das Ergebnis prüfen? Gegebenenfalls mit der Unterscheidung, wer inhaltlich prüft und wer über das Ergebnis entscheiden darf. Es ist zu beschreiben, welche Vorbereitungen stattfinden und welche Rahmenbedingungen vorliegen sollen, wie geprüft werden soll und in welcher Form die Prüfung dokumentiert werden soll.

- *Meilenstein-Controlling*

  Die Versuche, die Erreichung des Meilensteines nachzuweisen, werden Meilenstein-Audit genannt und jeweils dokumentiert.

- *Zusammenfassung der Ergebnisse*

  Welcher Termin war für den Meilenstein vorgesehen? Wann wurde die Prüfung des Meilensteines durchgeführt? Es wird festgestellt, ob der Meilenstein erreicht wurde oder nicht. Falls nicht, wird aufgelistet, welche Ergebnisse nicht ausreichend erzielt werden konnten. Es wird festgehalten, wann, wo und wem die Ergebnisse des Meilenstein-Audits präsentiert bzw. vorgestellt wurden. Falls der Meilenstein nicht erreicht wurde, ist ein neuer Termin festzulegen, wann die Ergebnisse nunmehr vorliegen sollen. Die GutachterInnen unterschreiben das Audit-Protokoll.

Weiterführendes

Siehe OEP-Muster *Meilensteinvereinbarung* [OEP-2007].

9.4.12 Änderungsantrag

Kurzbeschreibung

Ein Änderungsantrag formalisiert gewünschte Änderungen an ein System in Bezug auf den Gegenstand der Änderung und die Auswirkungen auf das Vertragswesen.

Stichworte und verwandte Themen

Preismodelle, Kulanzrechnung

Indikationen

- Anforderungen an das System ändern sich.
- Schwierige Vertragsverhandlungen erfordern Protokollierung der Änderungen an erwarteten Anforderungen des zu liefernden Systems.

Beschreibung

Zu Beginn eines Projektes liegt gewöhnlich eine abgestimmte grobe Anforderungsspezifikation und ein abgestimmter Projektauftrag vor, die den Umfang und Inhalt des Projektes definieren. Im weiteren Verlauf eines Projektes werden diese Anforderungen konkretisiert und verfeinert. Währenddessen können Anforderungen sich ändern oder neue Anforderungen hinzukommen. Zum einen durch äußere Einflüsse, beispielsweise

- durch Änderungen in der Gesetzgebung, in Verordnungen etc.,
- durch veränderte Markt- und Wettbewerbssituationen,
- durch technische Weiterentwicklungen,

Zum anderen aus dem Projekt heraus, beispielsweise

- durch Anforderungen, die in der Vorbereitungsphase übersehen wurden,
- durch nachträglich entstandene Wünsche des Auftraggebers oder der Anwender.

Änderungsanträge sind insbesondere dann relevant, wenn das Projekt nach einem Festpreismodell abgewickelt wird. Bei Bezahlung nach Aufwand sind die Auswirkungen auf die vertraglichen Parameter oft vernachlässigbar.

Änderungsanträge können von Auftraggeber und -nehmerseite eingebracht werden. Stets müssen Sie Einigkeit über die Auswirkungen einer

Änderung erzielen, bevor Sie diese akzeptieren, und zwar in Bezug auf funktionale, zeitliche und vertragliche Aspekte.

Vereinbaren Sie bereits vor oder zu Beginn des Projektes das Formular und die Abläufe, wie Änderungen beantragt werden sollen.

Ein Änderungsantrag sollte zumindest folgende Informationen beinhalten:

- wer den Antrag stellt,
- wann der Antrag gestellt wurde,
- um welches Projekt es sich handelt,
- die Beschreibung der Änderung,
- eine Begründung für den Änderungswunsch.

Ergänzt werden kann das Formular um Felder, bis wann eine Entscheidung über diesen Antrag herbeigeführt werden muss.

Ein striktes Änderungsmanagement hat den Vorteil, dass Änderungen am Projekt stets über die Projektleitung eingebracht werden müssen und sich nicht über andere Projektmitglieder einschleichen. Die Änderungen müssen klar ausformuliert sein und die Partner über die Auswirkungen ein Einverständnis erreicht haben. So wird vermieden, dass sich Parteien später herausreden, indem sie auf vage (mündliche) Formulierungen verweisen oder meinen, „nichts gewusst“ zu haben.

9.4.13 Kano-Innovationsmodell

Kurzbeschreibung

Das Modell von Dr. Noriaki Kano beschreibt einen Zusammenhang zwischen dem Erfüllungsgrad bestimmter Anforderungen und der Kundenzufriedenheit. Es eignet sich, um gezielt nach Innovationen zu suchen und ein Produkt so maßzuschneidern, dass unter gegebenen Rahmenparametern maximale Kundenzufriedenheit erreicht werden kann.

Stichworte und verwandte Themen

Kundenzufriedenheit, Qualitätskontrolle, Produktentwicklung

Indikationen

- Den Kunden begeistern wollen

Beschreibung

Das Innovationsmodell nach Kano (1984) geht davon aus, dass sich Anforderungen, die Kunden an ein Produkt haben, in 3 Bereiche unterteilen lassen. So wird zwischen Basis- und Leistungsanforderungen sowie zwischen Anforderungen unterschieden, die eine Begeisterungsqualität besitzen.

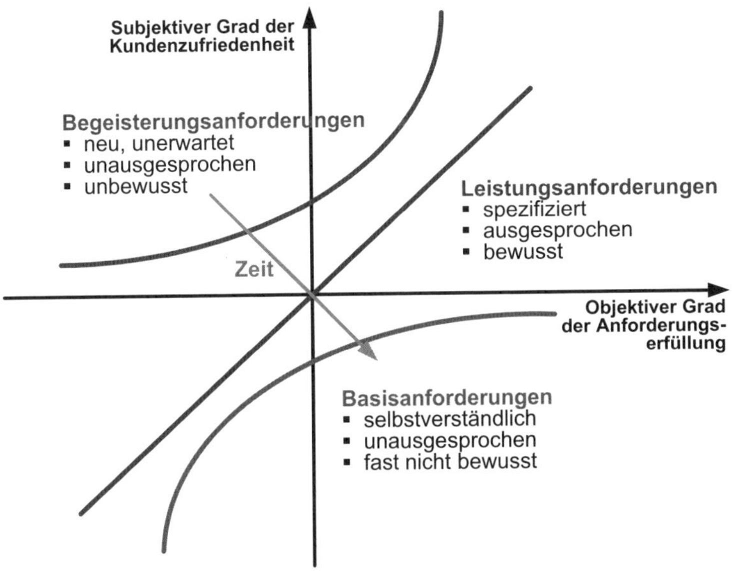

Abb. 9.4-6: Innovationsmodell von Kano

Kunden reagieren auf den Grad der Erfüllung dieser Anforderungen unterschiedlich. Der Grad der Anforderungserfüllung ist in der Grafik auf der x-Achse eingetragen. Der Grad der Kundenzufriedenheit auf der y-Achse. Es ergibt sich, dass Kunden keinen hohen Grad an Zufriedenheit entwickeln, wenn ein Produkt nur Basisanforderungen abdeckt. Diese gelten als selbstverständlich und werden oftmals auch nicht explizit kommuniziert. Es ist daher wichtig, die latent vorhandenen **Basisanforderungen** an das Produkt zu ermitteln, und es ist sinnlos, die Basisanforderungen überzuerfüllen, weil sie das subjektive Zufriedenheitsempfinden des Kunden nicht steigern.

Leistungsanforderungen werden hingegen oftmals ganz bewusst kommuniziert und stellen Anforderungen dar, an denen häufig auch eine Kaufentscheidung festgemacht wird. Sie sind für die gefühlte Kundenzufriedenheit extrem wichtig und müssen mindestens erfüllt sein. Je mehr Leistungsanforderungen erfüllt sind, desto zufriedener ist der Kunde.

Begeisterungsanforderungen sind den Kunden oftmals nicht bekannt. Daher senkt ihre Nichterfüllung auch nicht den Zufriedenheitsgrad des Kunden. Andererseits können sie den Kunden sehr an das Produkt binden, wenn er sie erfährt. In diesen Bereichen erfolgt die eigentliche Innovation.

Kano stellt als Methode eine Fragetechnik vor, die helfen soll, die Kundenwünsche und Anforderungen näher zu ermitteln. Zu jeder möglichen Ausprägung des Produktes werden mindestens 2 mögliche Fragen generiert, und zwar die Abfragen, wie sich der Kunde bei Vorhandensein und Abwesenheit der Ausprägung verhält. Dies ermöglicht es, die Anforderungen besser zu priorisieren.

Anforderungen an Produkte erleben mit der Zeit aber auch einen Wandel. Mit der Zeit werden aus Begeisterungsanforderungen Leistungsanforderungen und aus Leistungsanforderungen Basisanforderungen, da ihr jeweiliges Vorhandensein als Selbstverständlichkeit vorausgesetzt wird.

Weiterführendes

[Kano-1984]
N. Kano: *Attractive Quality and Must-be Quality*. In: Journal of the Japanese Society for Quality Control, 4/1984.

9.4.14 Abnahmespezifikation

Kurzbeschreibung

Die Abnahmespezifikation beinhaltet Regeln für das Erstellen der Abnahmeerklärung und hilft den Vertragspartnern, Konflikte bei der Abnahme der erstellten Leistung zu vermeiden.

Stichworte und verwandte Themen

Abnahmeerklärung, Vertragsgestaltung, Abschlussphase

Indikationen

- Kunde besteht auf Abnahme.
- Unscharfe Anforderungen an das System bedingen unterschiedliche Sichtweisen auf das zu liefernde Ergebnis.
- Widerstand gegen Abnahme wird befürchtet.

Beschreibung

Nach Lieferung eines Produktes durch den Auftragnehmer ist es oft gängige Praxis, dass der Auftraggeber eine Abnahmeerklärung ausstellt. Das zu erstellende Produkt ist allerdings zum Zeitpunkt des Vertragsabschlusses oftmals noch nicht hinreichend bekannt.

Es empfiehlt sich, zu vereinbaren, dass zu Beginn des Projektes eine Abnahmespezifikation erstellt wird, die einvernehmlich regelt, welche Kriterien und Bedingungen beim Erstellen der Abnahmeerklärung anzuwenden sind. Gerade zu Projektbeginn sind die gemeinsamen Erwartungen an das Projekt oft noch hinreichend deckungsgleich, sodass das Erstellen einer gemeinsamen Spezifikation konfliktfrei bewerkstelligt werden kann. Gleichzeitig dient dieser Schritt dem Verständnisgewinn über die erwartete Leistung.

Eine gemeinsam erstellte Abnahmespezifikation kann später helfen, Konflikte zu vermeiden, da die Abnahmeerklärung oftmals aus verschiedenen (auch politisch-taktischen) Gründen verweigert wird:

- Die erstellte Leistung ist grob fehlerhaft, und die Abnahme wird zu Recht verweigert.
- Zahlungen werden hinausgezögert, da sie erst nach erfolgter Abnahme fällig werden.
- Das System ist korrekt, aber liefert aufgrund geänderter Anforderungen auf Kundenseite nicht das, was gewünscht ist. Die Erklärung hat nun nicht mehr verifizierenden Charakter.

Weiterführendes

[Zahrnt-2005]
C. Zahrnt: *Richtiges Vorgehen bei Verträgen über IT-Leistungen*, 2. Auflage, dpunkt.verlag, 2005.

9.4.15 Exploratives Prototyping

Kurzbeschreibung

Dialogprototypen ermöglichen die Modellierung von Eingabemasken und die Überprüfung der ermittelten Anforderungen gemeinsam mit dem Kunden.

Stichworte und verwandte Themen

Horizontaler Prototyp, T-Stich-Prototyp, Architektur, Design, Anwendungsfall, Widget-Point-Verfahren, Spike

Indikationen

- Vereinfachung der Kommunikation mit dem Auftraggeber
- Klärung offener Fragen in Bezug auf die fachliche Realisierung
- Anwendungsfalldetaillierung
- Ermittlung von Projektkennzahlen

Beschreibung

Nutzer interagieren mit dem zu erstellenden System in aller Regel über Eingabemasken und Dialoge. Die Präsentation des Programms ist daher ein ausschlaggebender Faktor für die Akzeptanz des Systems aus Anwenderperspektive. Dialogprototypen können erstellt werden, um bereits in einer frühen Phase des Projektes festzulegen, wie ein Anwender mit dem System umgehen soll. Dialogprototypen, die aus Kundensicht oft sehr vertraut wirken, sind häufig auch dazu geeignet, Anforderungen an das System zu verifizieren und genauer zu spezifizieren. Da die Dialogprototypen aus Anwendersicht sehr konkret sind, helfen sie, abstrakte Anforderungsbeschreibungen verständlich darzustellen.

T-Stich-Prototypen

Dialogprototypen sind sogenannte horizontale Prototypen (im Gegensatz zu T-Stich-Prototypen ⇨387). Der Name bezieht sich auf das Schichtenmodell. Dialogprototypen sind dadurch gekennzeichnet, dass sie in aller Regel nur eine Schicht simulieren.

Es gibt mehrere Möglichkeiten, Dialogprototypen zu realisieren. Oftmals ist es ausreichend, die Dialoge grob auf Papier zu skizzieren. Zusammen mit einer Anwendungsfallbeschreibung liefern sie schon genügend Anhaltspunkte, um die Spezifikation auf Korrektheit zu überprüfen. Den Entwicklern wird so auch schon eine klare Richtung aufgezeigt, wie das Programm sich dem Nutzer präsentieren soll. Auf diese Art und Weise wird der berüchtigte *Feature Creep* eingedämmt.

Komplexere GUI-Anwendungen werden häufig mittels werkzeuggestützter Dialogprototypen modelliert. Die Realisierung anhand realer Fenster hat den Vorteil, dass tiefer liegende Schichten der Architektur simuliert werden können. Zum Beispiel können Dummydatensätze eingelesen und in den Masken präsentiert werden. Denkbar ist auch die Simulation von dynamischem Verhalten, in etwa um aufzuzeigen, welche Masken wann in Abhängigkeit von bestimmten Daten oder Vorgängeraktionen aktivierbar sind.

Für die Ermittlung der Projektgröße und diverse Schätzverfahren, wie dem Widget-Point-Verfahren, spielen Dialogprototypen ebenfalls eine wichtige Rolle zur Berechnung der benötigten Eingangsgrößen.

9.4.16 Projektname

Kurzbeschreibung

Jedes Projekt sollte einen Namen haben.

Stichworte und verwandte Themen

Projektmarketing, *Produktkarton* ⇨238

Indikationen

- Steigerung der Identifikation der Beteiligten mit dem Projekt

Beschreibung

Die Wichtigkeit und Bedeutung eines Projektnamens sollte nicht unterschätzt werden. Der Name ist wichtig, damit sich die Mitarbeiter mit ihrem Projekt identifizieren können und um Außenstehende einen Bezugs- und Identifikationspunkt zu bieten.

Der Projektname erfüllt also eine wichtige soziale und psychologische Funktion und unterstützt das Projektmarketing.

Der Projektname sollte einprägsam sein und eine positive Bedeutung oder Ausstrahlung besitzen.

Eine noch weiter gehende Möglichkeit stellt die Herstellung eines Produktkartons (⇨238) dar. Eine andere Variante ist die Entwicklung eines Projektlogos.

9.5 Zeitmanagement

9.5.1 PMBoK-Rahmenwerk

Projektzeitmanagement beinhaltet die Planung, Verfolgung und Anpassung von Aktivitäten[19]. In dieses Wissensgebiet fällt auch die Festlegung von Meilensteinen als Markierungen für Ergebniserreichungen auf einer Zeitachse. Das Ziel der Prozesse des Projektzeitmanagements ist die termingerechte Fertigstellung der Liefergegenstände des Projektes.

Netzplantechnik
Kritischer Pfad
Chritical-Chain-Projektmanagement

Vielen Projektmanagern erscheint ein einfacher Terminkalender als Zeitplanungswerkzeug im Grunde als ausreichend. Die Netzplantechnik, die als *Critical-Path*-Methode in den späten Vierzigerjahren des zwanzigsten Jahrhunderts entwickelt worden ist und im Moment sozusagen runderneuert als *Critical-Chain*-Projektmanagement eine Renaissance erfährt, ist jedoch deutlich leistungsfähiger und erlaubt einen frühen Blick darauf, ob vorgegebene Termine mit den gegebenen Ressourcen und deren Verfügbarkeit realistisch zu erreichen sind, und welche Konsequenzen Abweichungen und Änderungen auf den weiteren Verlauf des Projektes haben.

Die Planungsprozesse des Projektzeitmanagements gelten als fürs Erste abgeschlossen, wenn ein realistischer Terminplan vorliegt. Dieser wird aber häufige Anpassungen und Änderungen erfahren, was jeweils Iterationen mit den Prozessen bedeutet, die Ínput für die Terminplanerstellung geliefert haben.

Prozesse des Zeitmanagements sind:

- **Definition der Aktivitäten** – Die Elemente der untersten Ebene der WBS (im PMBoK Guide als Arbeitspakete bezeichnet), werden weiter heruntergebrochen, und dadurch werden die Aktivitäten des Terminplans definiert. Dieser Prozess ist so auszuführen, dass alle Aktivitäten definiert werden, die notwendig sind, die Projektziele zu erreichen.

In diesem Prozess werden auch die Meilensteine des Projektes definiert und in einer Meilensteinliste zusammengefasst.

- **Festlegung der Vorgangsfolgen** – Unter Verwendung manueller Techniken oder Software werden Projektnetzpläne erstellt, die die Voraussetzung für später erstellte Terminpläne bilden. Es gibt mehrere Verfahren für die Netzplantechnik, unter denen Critical-Chain-Projektmanagement das modernste und leistungsfähigste ist. Es ist

[19] Die deutsche Übersetzung des PMBoK Guide spricht in Übereinstimmung mit der DIN-69900-Reihe von *Vorgängen*. Uns erscheint die Übersetzung *Aktivitäten* für das englische *Activities* präziser und besser.

die Methodik, die heutigen Anforderungen – enge Terminpläne, knappe Ressourcen und hohe Unsicherheiten hinsichtlich Schätzungen und Ressourcenverfügbarkeit – am ehesten gerecht wird.

- **Ressourcenbedarfsschätzung für die Aktivität** – Der Prozess beinhaltet die Festlegung, welche Ressourcen (Personal, Sachmittel, Material) benötigt werden, um das Projekt durchzuführen, und die Planung von Verfügbarkeitszeiten und der *RBS* (*Resource Breakdown Structure*), einer hierarchisch gegliederten Ressourcenstrukturplanung.

Resource Breakdown Structure (RBS)

- **Schätzung der Vorgangsdauer** – Die vorhandenen Informationen zu den Aktivitäten und den zugehörigen Ressourcen und ihrer Verfügbarkeit werden zusammengetragen und für die Schätzung von Aktivitätsdauern verwendet. Auch für die Schätzung gibt es verschiedene Verfahren, von denen insbesondere die Dreipunktschätzung geeignet ist, sichere Terminpläne bei hoher Schätzunsicherheit zu erstellen.

Dreipunktschätzung

- **Entwickeln des Terminplans** – Die Entwicklung des Terminplans ist ein Prozess, der wiederholt mit den anderen Prozessen iteriert werden muss, die Input für ihn liefern. Die Iterationen sind Teil der Planungsaktivitäten und werden im Verlauf der Ausführung weiter notwendig bleiben.
- **Steuerung des Terminplans** – Dieser Prozess beinhaltet die Teile des Änderungswesens, die mit Änderungen am Terminplan des Projektes befasst sind.

9.5.2 Planungseinheiten

Kurzbeschreibung

Die Einheiten für die Planung und eine pragmatische Bewertung der Planungseinheiten und ihrer Zusammenhänge werden beschrieben.

Stichworte und verwandte Themen

Planung, Einheiten, Kapazität, Personenmonat, Personentag

Indikationen

- In jeder Planung werden bestimmte Planungseinheiten verwendet.
- Über die verwendeten Einheiten sollte bei allen Projektbeteiligten eine einheitliche Sicht und Meinung herrschen.

Beschreibung

Die Planungseinheiten sind unternehmensspezifisch und richten sich nach

- regulärer Arbeitszeit (Wochenarbeitszeit) sowie
- gesetzlichen und sonstigen Feiertagen.

Abb. 9.5-1 zeigt, welche Planungseinheiten voneinander abgeleitet werden.

Ph	Personenstunde	
PT	Personentag	1 PT = 8 Ph
PW	Personenwoche	1 PW = 5 PT = 40 Ph
PM	Personenmonat	1 PM = 4 PW = 20 PT = 160 Ph
PJ	Personenjahr	1 PJ = 52 PW = 260 PT = 2.080 Ph

Abb. 9.5-1: Planungseinheiten

Anmerkung: Durch die unterschiedliche Monatslänge zwischen 28 und 31 Tagen ergibt sich bei einer 5-Tage-Woche eine mittlere Anzahl von Arbeitstagen pro Monat von 20,83 (gerundet 21) Tagen.

Diese Planungseinheiten werden im Zusammenhang mit Aufwand und Kapazität benutzt. Die Kapazität ergibt sich aus einer realistischen Betrachtung der Kapazität eines Mitarbeiters bzw. der Summe der Mitarbeiterkapazitäten.

Die Mitarbeiterkapazität berücksichtigt z.B. Urlaub und andere projektfremde Zeiten:

Art	Pro Tag	Pro Woche	Pro Monat	Pro Jahr
Reguläre Arbeitszeit (unternehmensspez.)	8,0 h	5 Tg. 40,0 h	21 Tg. 168,0 h	252 Tg. 2.016,0 h
Projektfremde Zeiten, z.B. 20 % (Urlaub, Fortbildung,...)	-1,6 h	- 1,0 Tg. - 8,0 h	- 4,2 Tg. - 33,6 h	- 50,4 Tg. - 403,2 h
Auslastungsgrad, z.B. 90 % (-10%) (↓ Krankheit, ↑ Überstunden)	- 0,64 h	- 0,4 Tg. - 3,2 h	- 1,68 Tg. -13,44 h	- 20,16 Tg. -161,28 h
Nominale Mitarbeiterkapazität pro Mitarbeiter	5,75 h	3, 5 Tage 29,0 h	15 Tage 121,0 h	181 Tage 1.450,0 h

Abb. 9.5-2: Berechnung der durchschnittlichen nominalen Mitarbeiterkapazität

Unproduktive Projektarbeitszeiten wie Berichte, Reisekostenabrechnungen oder E-Mails können, soweit sie durch das Projekt entstehen, einfach pauschal berücksichtigt werden, z.B. mit 1,5 Prozent.

Die projektfremden Zeiten können je nach Umfeld nach Erfahrungen von oose in einzelnen Unternehmen bis zu 35 Prozent (!) ausmachen.

Wichtig: Die nominale Projektkapazität hat starken Einfluss auf die Projektlaufzeit, weniger auf die Aufwände.

Der *Personenmonat* ist ein künstliches Produkt. Der Einfluss des einzelnen Mitarbeiters wird dabei außer Acht gelassen. Damit suggeriert der Begriff *Personenmonat* leicht die Austauschbarkeit und beliebige Variabilität von Mitarbeitern.

Weiterführendes

[Brooks-1995]
F. Brooks: *The Mythical Man-Month*, Addison-Wesley, 1995.

Softwaregleichung und ihre Faustformeln ⇨287

Zum Konzept sogenannter *idealer Entwicklertage* und dem *Load-Faktor*, die wir im APM-Verfahren nicht verwenden, siehe Diskussion in *5.2.4 Arbeitsaufträge für Iteration i+1 planen* (Feinplanung) (⇨166).

9.5.3 Planungsworkshop

Kurzbeschreibung

Der Planungsworkshop ist ein im Ablauf und in der Rollenverteilung speziell gestalteter Workshop, mit dem es möglich wird, sehr systematisch und mit vertretbarem Aufwand überdurchschnittlich viel Wissen über einen zu planenden Gegenstand zu gewinnen.

Stichworte und verwandte Themen

Projektplan

Indikationen

- Es existiert noch wenig Wissen über den zu planenden Gegenstand (typischerweise also die ersten beiden Versionen eines Plans am Anfang eines Projektes).
- Es sollen mehr als 1 – 2 Personen gemeinsam planen.

Motivation

Wenn man alleine ein bevorstehendes Projekt planen will, kommt es leicht vor, dass man ein paar wichtige Sachverhalte übersehen hat, die den ganzen Plan obsolet machen.

Beim Planen ist die Gesamtaufgabe in überschaubare Teilaufgaben zu zerlegen („teile und herrsche"). Planen ist ein Vorgang, bei dem Wissen über die Struktur der Aufgabe erzeugt wird. Der Vorgang des Planens ist dabei wichtiger als das Ergebnis, da am Anfang vor allem der Erkenntnisgewinn im Vordergrund steht.

Dabei sind immer wieder folgende sich widersprechen könnende Aspekte auszubalancieren:

- Abhängigkeiten in der Reihenfolge der gefundenen Teilaufgaben
- Grenzen zwischen den Teilaufgaben
- Vorgegebene Prioritäten (vgl. *Kosten-Nutzen-Priorisierungsmatrix* ⇨309)
- Verfügbare Personen und Ressourcen

Sind mehrere Personen beim Planen dabei, entdecken sie viel mehr von diesen Aspekten und kreieren wahrscheinlich auch mehr Lösungsideen hierzu. Andererseits kostet eine Planung im Team sehr viel Zeit und ist stellenweise sehr ineffizient und ineffektiv. Die Beteiligten haben noch kein gemeinsames Bild, keine gemeinsame Sprache, sondern müssen dies erst mühevoll entwickeln. Einige Beteiligte sind in Gedanken schon viel weiter, haben bestimmte Aspekte schon berücksichtigt, während andere gedanklich hängen geblieben sind oder einfach nur über eine ganz andere Teilaufgabe nachdenken.

Die Planung wird deutlich besser, wenn Einzel- und Teamplanung kombiniert werden.

Vorgehen

- **Ausgangsbasis klären**

  Das Planungsteam trifft sich kurz und tauscht alle vorliegenden Informationen über den Planungsgegenstand aus. Sofern also der Auftraggeber des Projektes bereits Informationsmaterial zur Verfügung gestellt hat, wird dies allen Planungsteilnehmern bekannt und zugänglich gemacht. Ebenso sind alle Beteiligten über alle vorangegangenen Gespräche mit dem Auftraggeber zu informieren. Außerdem wird das weitere Vorgehen für die Planung festgelegt.

■ **Parallel ersten Plan erstellen**

Parallel und unabhängig voneinander nimmt sich jeder Planungsbeteiligte eine gewisse Zeit, die vorher festgelegt wurde, und versucht einen ersten Projektplan zu erstellen. Dabei wird jeder der Beteiligten unabhängig voneinander auf kritische und wichtige Aspekte stoßen, beispielsweise Abhängigkeiten, und verschiedene Lösungsideen und -varianten erfinden und teilweise auch wieder verwerfen. Jeder arbeitet sich also auf seine Weise in die Aufgabenstellung ein und kreiert Wissen und Lösungsideen zum Plan. Das Ziel dieser Einzelarbeit ist es, einen ersten groben, aber möglichst vollständigen Plan zu entwickeln.

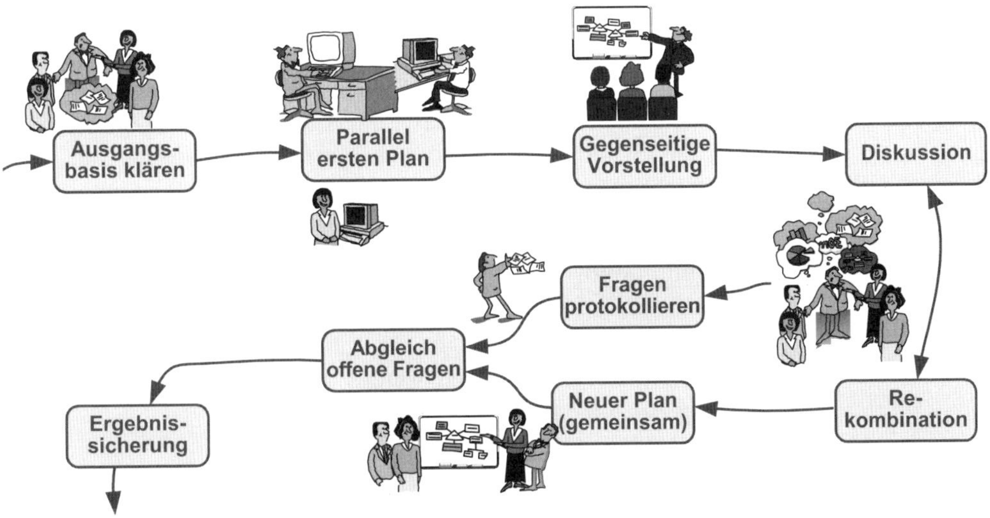

Abb. 9.5-3: Ablauf der initialen Projektplanung mit dem APM-Planungsworkshop

■ **Gegenseitige Vorstellung**

Die Teilnehmer treffen sich schließlich wieder und stellen nacheinander ihre Ergebnisse vor, wobei die jeweils übrigen Teilnehmer ähnlich wie beim Werkzeug *Autor-Kritiker-Treffen* (⇨315) noch keine Kritik üben, sondern sich lediglich Notizen machen und allenfalls Verständnisfragen stellen. Aufgabe des Workshop-Moderators ist es, auf die Einhaltung dieser Regel zu achten. Außerdem sollte die Möglichkeit bestehen, dass die vorgestellten Ergebnisse während der nachfolgenden Workshop-Zeit sichtbar bleiben, beispielsweise indem zu jeder Lösung eine Papierunterlage verteilt wird oder zu den Lösungen Pinnwände und Flipcharts für alle sichtbar aufgestellt sind.

- **Diskussion**

  Anschließend findet eine freie Diskussion statt. Durch die Vorstellung der anderen Lösungen hat jeder Beteiligte wahrscheinlich wieder neue Ideen zum Ausbau und zur Weiterentwicklung seiner eigenen Lösung erhalten, Ideen zur Verbesserung anderer Lösungen entdeckt, ganz neue Fragen und Erkenntnisse gewonnen oder auch eine Idee zu einem völlig neuen Lösungsansatz bekommen. Die Vor- und Nachteile der einzelnen Lösungsideen werden diskutiert, neue Ideen kreiert und teilweise wieder verworfen, Fragen und Möglichkeiten geklärt.

- **Fragen protokollieren**

  Im Eifer der Diskussion gehen dabei manche Aspekte verloren oder werden überhört. Hier kommt eine weitere Rolle ins Spiel, der Protokollant. Seine Aufgabe ist es, nicht selbst mitzudiskutieren, sondern einfach nur alle diskutierten Punkte stichwortartig aufzuschreiben. Vor allem Fragen zu den Planungsaspekten Abhängigkeit, Priorität und Ressourcenverfügbarkeit, aber ebenso auch Lösungsideen, Aufgabengrenzen etc.

- **Rekombination**

  Typischerweise werden von den Diskussionsteilnehmern die verschiedenen Ausgangslösungen rekombiniert, d.h., Aspekte aus verschiedenen Lösungsansätzen werden zu einer neuen gemeinsamen Lösung zusammengeführt.

- **Neuer Plan (gemeinsam)**

  Irgendwann im Laufe der Diskussion und Rekombination, wenn die Teilnehmer alle wichtigen Sachverhalte ausgetauscht haben und ganz grob eine gemeinsame Sprache und ein gemeinsames inneres Bild gefunden haben, versucht der Moderator den Workshop dahin zu lenken, die Diskussion abzuschließen und stattdessen nun eine gemeinsame Lösung auszuarbeiten und zu formen. Aufgabe des Moderators ist es, diesen Prozess zu führen.

- **Abgleich offener Fragen**

  Sobald der gemeinsame Plan über eine deutlich sichtbare Kontur verfügt, beginnt der Moderator den Protokollanten abzufragen, welche Aspekte er während der vorangegangenen Diskussion aufgenommen hat, die in dem neuen Ergebnis möglicherweise noch nicht oder nicht ausreichend berücksichtigt sind. Der Moderator beginnt mit den aus seiner Sicht bedeutendsten Punkten, soll aber im Laufe der Zeit alle notierten Punkte vollständig vortragen. Die übrigen Teilnehmer diskutieren die Bedeutung des jeweiligen Punktes, einigen sich darüber, ob und wie er berücksichtigt werden soll, und entwickeln gegebenenfalls die gemeinsame Lösung dahingehend weiter. Dabei müssen nicht alle Punkte abschließend geklärt werden. Alle Punkt, die nicht zufriedenstellend geklärt werden können, werden von dem Moderator in einer neuen Liste, der Liste der offenen Punkte, festgehalten.

- **Ergebnissicherung**

  Ergebnis des Workshops ist ein neuer Plan und eine Liste der noch offenen Punkte und Fragen zu diesem Plan. Das gemeinsame Ergebnis wird mit sehr großer Wahrscheinlichkeit deutlich besser sein als jedes Einzelergebnis. Wegen der vorangegangen Einzelplanarbeit ist die gemeinsame Planung jedoch deutlich effizienter verlaufen, als wenn alle gemeinsam bei null gestartet wären.

Folgende Rollen sind für den Workshop zu besetzen:

- 1 Moderator
- 1 Protokollant
- 2 – 7 Planer

Je nach Projektgröße und Teilnehmerzahl sollten Sie für diesen Workshop 1 – 2 Tage Dauer einkalkulieren.

9.5.4 Planungsspiel

Kurzbeschreibung

Ein Planungsspiel ist ein Workshop des Projektteams mit dem Kunden bzw. Auftraggeber, in dem die in der kommenden Iteration zu realisierenden Anforderungen bzw. Ergebnisse gemeinsam festgelegt werden.

Stichworte und verwandte Themen

Extreme Programming, Planning Game

Indikationen

- Den Kunden zur Priorisierung und Strukturierung seiner Anforderungen bewegen.

Beschreibung

Bei dem Planungsspiel hat der Kunde die Aufgabe, seine Anforderungen zu priorisieren und dem Projektteam in priorisierter Reihenfolge zu nennen.

Das Projektteam schätzt den Aufwand für jede Anforderung und plant die Umsetzung für die kommende Iteration ein, solange bis das Projektteam die komplette verfügbare Kapazität für die Iteration verplant hat. Jede (weitere) Anforderung, für die das Projektteam nicht mehr ausreichend Zeit hat, wird abgelehnt. Der Kunde muss dann entweder eine weitere Iteration abwarten oder die abgelehnte Anforderung gegen eine bereits geplante tauschen.

Dieses Spiel wird zu jeder Iteration wiederholt, bis alle Anforderungen des Kunden erfüllt wurden.

Weiterführendes

[Wolf-2005]
H. Wolf, S. Roock, M. Lippert: Extreme Programming, 2. Auflage, dpunkt.verlag, 2005.

9.5.5 Planungswand

Kurzbeschreibung

Eine Planungswand ist ein Hilfsmittel zur Projektplanung innerhalb eines Teams.

Stichworte und verwandte Themen

Mikroplanung, Arbeitsaufträge, Features

Indikationen

- Einbeziehung der Teammitglieder in die Planung
- Transparente und einfache Arbeitsplanung und -verfolgung

Beschreibung

Die Planungswand besteht aus folgenden Bereichen:

Iterationsfeatures ⇨146, 151, 155

- Die Ziele (oder geplanten Iterationsfeatures) der Iteration
- Die für eine Iteration geplanten Arbeitsaufträge
- Die aktuell bearbeiteten Arbeitsaufträge. Diese können weiter untergliedert werden entsprechend ihrem aktuellen Ampelstatus (⇨347):
  - ok
  - unbefriedigend
  - mangelhaft
- Die fertigen Arbeitsaufträge

- Der Warteraum genannte Ort, an dem alle Arbeitsaufträge abgelegt werden, die noch nicht vollständig beschrieben, noch keiner bestimmten Iteration zugeordnet oder ausgesetzt sind.

Jede Planungswand gehört genau einem Team. Die Planung erfolgt gewöhnlich iterationsweise, sodass Anfang und Ende der Iteration angegeben werden. Die Planungswand kann gut kombiniert werden mit einem täglichen (oder wöchentlichen) Teamtreffen. ⇨182, 272

Arbeitsaufträge, die in einer Iteration nicht vollständig abgearbeitet werden konnten, werden nicht in die nächste Iteration verschoben, sondern verbleiben in der ursprünglichen Iteration. Die verbliebene Arbeit wird dann Teil eines neuen Arbeitsauftrages in einer folgenden Iteration.

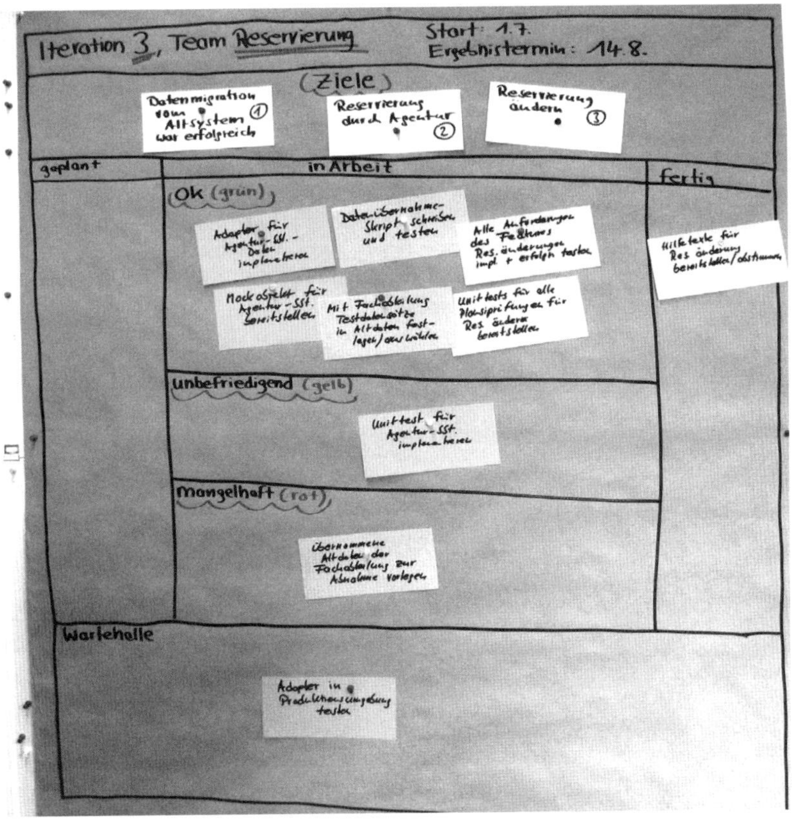

Abb. 9.5-4: Beispiel einer Planungswand

9.5.6 Arbeitsauftrag

Kurzbeschreibung

Beispiele ⇨167, 200

Ein Arbeitsauftrag ist eine Vereinbarung für ein oder mehrere Projektmitglieder, ein Ergebnis zu erzielen. Er beschreibt Voraussetzungen, Rahmenbedingungen und erwartete Ergebnisse.

Stichworte und verwandte Themen

Task-Card, Planungswand (⇨272)

Beschreibung

Die Beschreibung eines Arbeitsauftrages umfasst mindestens Folgendes:

- Geplante Iteration, in der der Arbeitsauftrag bearbeitet werden soll.
- Geschätzter Aufwand (möglichst als Dreipunktschätzung ⇨278).
- Für das Ergebnis verantwortliche Person.
- Weitere beteiligte Personen und gegebenenfalls ihre jeweiligen Rollen oder Aufgaben.
- Eine oder mehrere Personen, die nach Ausführung des Arbeitsauftrages den Erfolg bewerten und feststellen (Gutachter genannt).
- Beschreibung des erwarteten Ergebnisses (Form und Inhalt) nach möglichst objektivierbaren Kriterien.
- Falls featurebasiert gearbeitet wird: Zuordnung des Arbeitsauftrages zu einem Iterationsfeature und zusätzliche Markierung, falls damit ein Iterationsfeature abgeschlossen wird (vgl. Abb. 9.5-5).
- Hinweise auf zu verwendende Hilfsmittel, Werkzeuge etc.

Vor dem Start der Aktivität wird der Arbeitsauftrag mit der verantwortlichen Person abgestimmt und gegebenenfalls angepasst. Der Verantwortliche zeichnet als Allein- oder Mitautor des Arbeitsauftrages.

Werkzeug

Arbeitsaufträge sollten schriftlich formuliert werden, wobei dies sehr einfach gehandhabt werden kann, beispielsweise mit Karteikarten, auf einem Flipchart oder auf Pinnwandkarten oder mit speziellen Werkzeugen (Datenbank, Tabellenkalkulationsprogramm, Wiki, spezielle Software).

Mikro-Timebox

Manchmal ist es sinnvoll, einen Arbeitsauftrag selbst als Timebox anzusetzen, d.h., der Aufgabe nur eine bestimmte maximale Bearbeitungszeit oder einen festen Endtermin innerhalb der Iteration zu geben, auch auf die Gefahr hin, dass das Ergebnis unvollständig bleibt. Beispielsweise käme dies infrage, wenn nur bestimmte Lösungsalternativen untersucht werden sollen. Solche Arbeitsaufträge nennen wir Mikro-Timebox (vgl. Abb. 9.5-5).

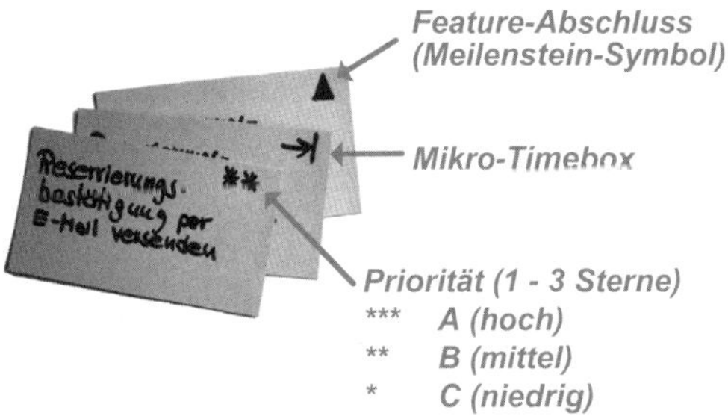

Abb. 9.5-5: Spezielle Kennzeichen auf einer Arbeitsauftragskarte (vgl. auch Abb. 7.1-2 ⇨200)

Arbeitsaufträge sind typischerweise Gegenstand von Priorisierungsverfahren. Eine einfache Möglichkeit, die Priorität eines Arbeitsauftrages zu kennzeichnen, ist ein Hinweis in der rechten oberen Ecke der Arbeitsauftragskarte.

Gutachter

Der Gutachter überprüft nach Abschluss des Arbeitsauftrages die Zielerreichung. Der Gutachter wird vor Arbeitsbeginn festgelegt und sollte möglichst nicht an der Ergebniserstellung beteiligt sein. Die Begutachtung kann in Form einer kurzen gemeinsamen Besprechung mit den Auftragsverantwortlichen durchgeführt werden. Für dieses Treffen gilt folgende Standardagenda:

Agenda

- Was waren die vereinbarten Inhalte und Ziele des Arbeitsauftrages (Erfolgskriterien)?
- Was sind die tatsächlich erreichten Ergebnisse? (Zusammenfassung)
- Welche Ergebnisse sind offengeblieben und warum?
- Protokollierung der Diskussionsergebnisse, Zielerreichung, offene Punkte und Konsequenzen

Team- oder Projektleiter werden über das Begutachtungsergebnis informiert.

Status

Die Erledigung eines Arbeitsauftrages kann mit verschiedenen Status verfolgt werden, beispielsweise:

- *Entwurf*
  Der Arbeitsauftrag wird noch formuliert und ist noch unvollständig oder noch nicht abgestimmt.
- *Bereit*
  Der Arbeitsauftrag kann begonnen werden.

- *Angefangen*
  Der Arbeitsauftrag wurde begonnen, ist aber noch nicht fertig.
- *Abnahmebereit*
  Der Arbeitsauftrag ist nach Meinung des Auftragsverantwortlichen fertig, er wurde jedoch noch nicht abschließend begutachtet.
- *Fertig*
  Der Arbeitsauftrag wurde begutachtet und für vollständig erfolgreich befunden.
- *Teilfertig beendet*
  Der Arbeitsauftrag wurde begutachtet, das geforderte Ergebnis wurde teilweise erreicht. Es wurde dokumentiert, welche Teile erreicht und welche offengeblieben sind.
- *Vorübergehend ausgesetzt*
  Der Arbeitsauftrag wurde ausgesetzt und soll zu einem späteren Zeitpunkt wieder fortgesetzt und abgeschlossen werden.
- *Ergebnislos abgebrochen*
  Der Arbeitsauftrag wurde abgebrochen und soll auch zu einem späteren Zeitpunkt nicht mehr weiterbearbeitet werden.

Weiterführendes

Arbeitsauftragsbeispiele in diesem Buch finden sich in Abb. 5.2-2 ⇨167 und Abb. 7.1-2 ⇨200).

Im OEP (oose Engineering Process, www.oose.de/oep) und ähnlichen Vorgehensmodellen gibt es Muster und Beispiele für Arbeitsaufträge.

[OEP-2007]
B. Oestereich, C. Schröder, M. Klink, G. Zockoll: *OEP – oose Engineering Process, Vorgehensleitfaden für agile Softwareprojekte*, dpunkt.verlag, 2006.

9.5.7 Delphi-Methode (Schätztechnik)

Kurzbeschreibung

Gruppen-Schätztechnik über eine doppelte Mittelwertbildung

Stichworte und verwandte Themen

Schätzen, Dreipunktschätzung, Schätzkurve, Wetter-von-gestern

Indikationen

- Grundsätzliche Schätztechnik, die in jedem Verfahren bzw. in verschiedenen Schätzmethoden eingesetzt werden kann.
- Schätzungen durch eine Gruppe von Experten.
- Die Teilnehmer der Schätzung sollten möglichst unterschiedliche Erfahrungen einbringen können (heterogene Gruppe).

Beschreibung

In einer moderierten Sitzung schätzen geeignete Experten verschiedene Schätzobjekte nach festgelegten Regeln. Das gemeinsame Schätzergebnis für ein Schätzobjekt ist der Mittelwert der Einzelschätzungen.

Das genaue Vorgehen im Einzelnen:

- Ein Moderator wird ernannt.
- Das Gesamtschätzobjekt wird in möglichst kleine, einzeln zu schätzende Teile z.B. Arbeitspakete zerlegt.
- Es folgt die Diskussion der Aufgabenstellung:
  - Was soll geschätzt werden?
  - Was soll nicht geschätzt werden?
- Die Experten schätzen die einzelnen Schätzobjekte getrennt und voneinander unabhängig. Dabei sind Rückfragen an den Moderator erlaubt, aber keine weitere Diskussion mehr zwischen den Experten.
- Die Experten nennen der Reihe nach ihre Schätzwerte, der Moderator bildet den Mittelwert und fasst die Abweichungen zusammen.
- Die Experten diskutieren die Ergebnisse und möglichen Gründe für die Abweichungen.
- Der Moderator notiert öffentlich sichtbar (Flipchart o.Ä.) gegebenenfalls Prämissen, Annahmen und Randbedingungen.
- Nachdem alle Einzelschätzungen und der Mittelwert bekannt sind, erfolgt ein zweiter Schätzdurchgang.
- Der Mittelwert der neuen Schätzwerte wird als Schätzwert für ein Schätzobjekt genommen.
- Die Summe aller Schätzwerte der Schätzobjekte ergibt die Gesamtschätzung.

9.5.8 Dreipunktschätzung

Kurzbeschreibung

Einfache Schätztechnik unter Berücksichtigung der Wahrscheinlichkeiten von Schätzwerten.

Stichworte und verwandte Themen

Schätzen, Delphi-Methode, Schätzkurve, Wetter-von-gestern

Indikationen

- Die Wahrscheinlichkeiten für Schätzwerte stellen sich vom Mittelwert in eine Richtung verschoben dar. Dies kann durch die Dreipunktschätzung näherungsweise berücksichtigt werden.
- Der Schätzwert soll bewusst eine andere Wahrscheinlichkeit als 50 % haben, um z.B. Risiken definiert zu berücksichtigen.

Beschreibung

- Ein Moderator wird ernannt.
- Das Gesamtschätzobjekt wird in möglichst kleine, einzeln zu schätzende Teile z.B. Arbeitspakete zerlegt.
- Es folgt die Diskussion der Aufgabenstellung:
  - Was soll geschätzt werden?
  - Was soll nicht geschätzt werden?

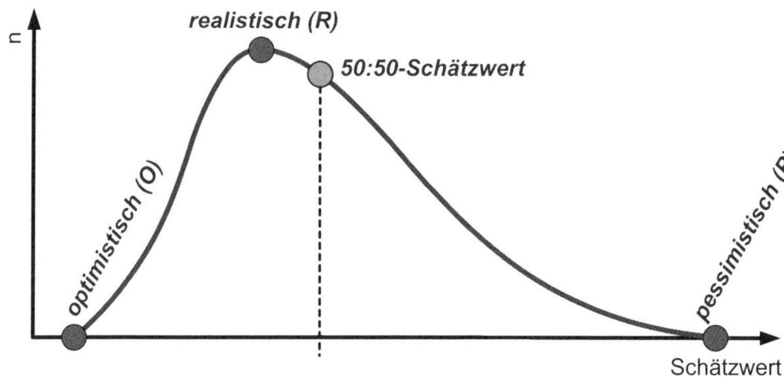

Abb. 9.5-6: Schema der Dreipunktschätzung

- Es werden für jeden zu ermittelnden Schätzwert nicht nur einer, sondern drei Werte geschätzt (Abb. 9.5-6):
  - Optimistischer Wert: der Idealfall, der minimal notwendige Aufwand bzw. kürzeste Dauer.

- Realistischer Wert (modal): der Wert mit der höchsten Wahrscheinlichkeit, häufigster Aufwand bzw. häufigste Dauer.
- Pessimistischer Wert (Worst Case): höchster Aufwand bzw. längste Dauer.

Der Schätzwert (Mittel in Abb. 9.5-6) ist der Wert mit einer Wahrscheinlichkeit von 50 Prozent. Er halbiert die unter der Kurve liegende Fläche in zwei gleich große Teile. Der Schätzwert, seine Standardabweichung und die Unsicherheit lassen sich über die folgenden drei Formeln aus den drei Ursprungsschätzwerten näherungsweise bestimmen.

Der 50:50-Schätzwert:

$$Schätzwert = \frac{optimistisch + (4 \times realistisch) + pessimistisch}{6}$$

Die Standardabweichung für jeden Schätzwert:

$$StdAbw = \frac{pessimistisch - optimistisch}{6}$$

Die Unsicherheit für alle Schätzwerte aus der Summe der Quadrate ihrer Standardabweichungen:

$$Unsicherheit = \sqrt{\sum (StdAbw)^2}$$

Die Dreipunktschätzung ist eine Geradennäherung einer β-Verteilung (Abb. 9.5-7). Durch eine unterschiedliche Aufteilung der Fläche unterhalb der Kurve können Schätzwerte mit geringerer oder höherer Wahrscheinlichkeit abgeleitet werden.

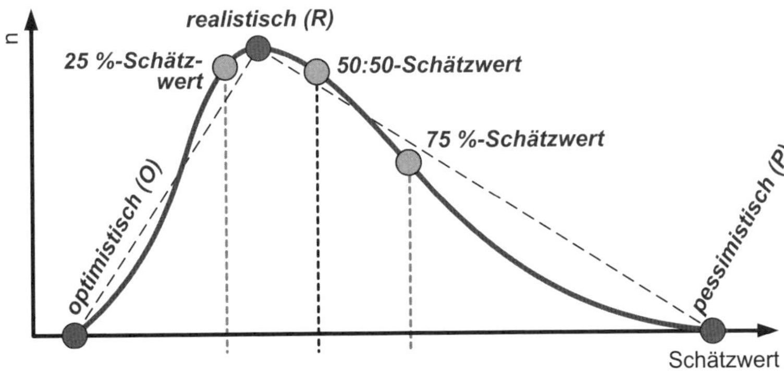

Abb. 9.5-7: Unterschiedliche Wahrscheinlichkeiten

Weiterführendes

PERT: Programming Evaluation and Review Technique.

9.5.9 Schätzkurve

Kurzbeschreibung

Schätztechnik für Gruppen mit stark voneinander abweichenden Ansichten.

Stichworte und verwandte Themen

Delphi-Methode, Dreipunktschätzung, Schätzkurve, Wetter-von-gestern

Indikationen

- In einer Schätzgruppe herrschen stark unterschiedliche Ansichten, die über die Delphi-Methode nur unbefriedigend ausgeglichen werden können.
- Schätzungen auf Basis von Eintrittswahrscheinlichkeiten.
- Visualisierung von Schätzungen.

Beschreibung

Jeder Teilnehmer in der Schätzgruppe schätzt für jedes Schätzobjekt die Eintrittswahrscheinlichkeiten auf vorher festgelegten Intervallen. Die Werte der Gruppenmitglieder für jedes Intervall werden summiert und durch die Anzahl der Teilnehmer dividiert. Das Ergebnis bildet den Gruppenschätzwert für die Eintrittswahrscheinlichkeit des Schätzobjekts im betrachteten Intervall.

Die Verbindung der Ergebnisse erzeugt die gemeinsame Schätzkurve. Der gemeinsame Schätzwert kann auf der Kurve anhand der unterhalb der Kurve liegenden Flächen links und rechts vom Schätzwert ermittelt werden.

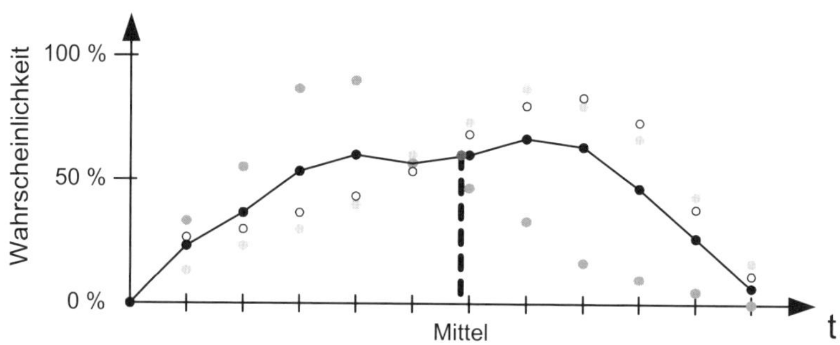

Abb. 9.5-8: Beispiel einer Schätzkurve

Das Vorgehen im Einzelnen:

- Ein Moderator wird ernannt
- Das Gesamtschätzobjekt wird in möglichst kleine, einzeln zu schätzende Teile z.B. Arbeitspakete zerlegt.
- Es folgt die Diskussion der Aufgabenstellung:
  - Was soll geschätzt werden?
  - Was soll nicht geschätzt werden?
- Die Gruppe einigt sich auf die Gesamtspanne möglicher Schätzwerte und unterteilt diese in angemessene Intervalle.
- Jeder Teilnehmer schätzt die Eintrittswahrscheinlichkeit für die Fertigstellung eines einzelnen Schätzobjekts für jedes Intervall.
- Die Werte aller Teilnehmer für jedes Intervall werden addiert und gemittelt.
- Aus den Intervall-Mittelwerten wird die gemeinsame Schätzkurve erstellt (Abb. 9.5-8).

Tipp: Die Aufsummierung und Mittelwertbildung kann einfach in einer Tabellenkalkulation erfolgen. Die Akkumulation der Werte für die Intervalle ist proportional zur Fläche unterhalb der Kurve und kann daher gut für die Bestimmung einzelner Gruppenschätzwerte mit bestimmten Wahrscheinlichkeiten herangezogen werden.

9.5.10 Widget-Point-Verfahren

Kurzbeschreibung

Das Widget-Point-Verfahren ist eine Schätzmethode, die über das Abzählen von GUI-Elementen (Widgets) auf die Größe des Produkts schließt.

Stichworte und verwandte Themen

Schätzen, Widget Points, Function Points, Widget

Indikationen

- Abschätzung der Produktgröße funktioniert gut für dialoglastige Anwendungen.
- Das Verfahren ist einfach und automatisierbar.
- Die Ermittlung der einzelnen Widget Points ist relativ einfach.

■ Die Widget Points werden nicht weiter gewichtet.

Beschreibung

Unter einem Widget (Kunstwort aus *window* und *gadget*) versteht man ein Fensterelement einer GUI, für dessen Erstellung eine Programmiertätigkeit notwendig ist.

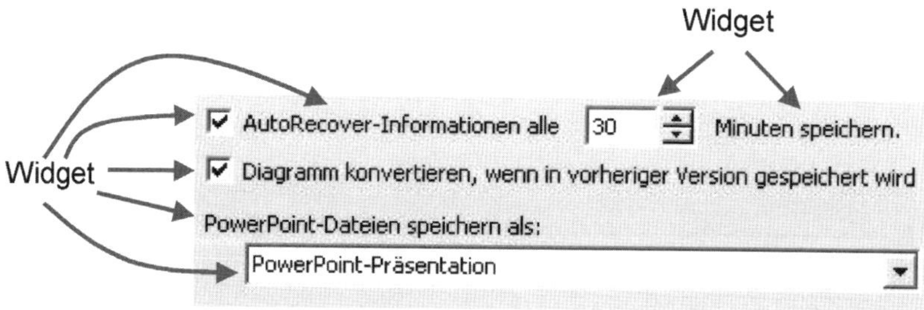

Abb. 9.5-9: Beispiele für Widgets in Masken

Die Anzahl der Widgets wird als Widget Points bezeichnet und stellt ein Maß für die Produktgröße dar. Die Widget Points bleiben ungewichtet.

Die unterschiedlichen Widgets aller programmierten Fenster werden gezählt. Wiederverwendete Widgets werden nur einmal gezählt.

Als Basis für die Zählung kann bereits die Maskenspezifikation dienen. Als Unterstützung für die Zählung ist ein Zählformular hilfreich (s.u.).

Über die folgende empirische Formel kann aus den Widget Points (WP) direkt auf die Produktgröße in Function Points (FP) geschlossen werden:

$$1\ FP = (2{,}28 \pm 0{,}34) \times WP$$

Schablone

Widget-Point-Erfassungs- und Umrechnungsschablone	
Art des Widget	**Anzahl**
Ein- / Ausgabe Ein- /Ausgabefelder Aktionsknöpfe Comboboxen Menüknöpfe Radioknöpfe Checkboxen Texteditoren	
Beschreibend Fenster Fensterüberschrift Beschriftungen	

Knopfbeschriftungen Gruppierungskästchen Trennlinien	
Zusammengesetzt Freie Rollbalken Listen Tabellen Spaltenüberschriften Notizbücher	
Menü Menüs Menüeinträge	
Weitere Widgets	
Widget Points insgesamt	
Function Points (FP = 2,28 × WP)	

Weiterführendes

[Krasemann-2001]
H. Krasemann: *Messen und Schätzen*. In: B. Oestereich (Hrsg.): Erfolgreich mit Objektorientierung, Oldenbourg, 2001.

9.5.11 Use-Case-Point-Methode

Kurzbeschreibung

Die Use-Case-Point-Methode ist eine Schätzmethode, die über das Abzählen und Gewichten von Use Cases auf einen Aufwand (in PT oder Ph) schließt.

Stichworte und verwandte Themen

Schätzen, Widget-Point-Verfahren, Function Points

Indikationen

- Abschätzung eines Aufwandes funktioniert gut für Anwendungen, die mit Use Cases arbeiten.
- Die Ermittlung der einzelnen Use Case Points ist relativ einfach und zu einem frühen Zeitpunkt möglich.
- Es liegt ein halbwegs vollständiges Use-Case-Modell vor.
- Die Use Case Points werden gewichtet, d.h., spezielle Einflussfaktoren werden berücksichtigt.

Beschreibung

Der Projektaufwand wird mithilfe folgender Formel abgeschätzt:

$$Personenstunden = UUCP \times TCF \times ECF \times PF$$

Zur Ermittlung der Faktoren wird wie folgt vorgegangen:

- *UUCP (Unadjusted Use Case Points) ermitteln:*

  Hierzu addiert man für alle zu schätzenden Use Cases jeweils deren Komplexität (UUCW) sowie die mit ihnen assoziierten Akteure (UAW).

  - UUCW (Unadjusted Use Case Weight) ermitteln:

  Die Bewertung der Komplexität von Use Cases erfolgt nach vorgegebenen Kriterien und festen Gewichtungszahlen:

Use-Case-Typ	Beschreibung	Gewicht	Anzahl	Ergebnis
einfach	Einfache Benutzerschnittstelle. Tangiert nur eine einzige Datenbank-Entität. Der Gutfall-Ablauf hat nur 3 Essenzschritte oder weniger. Die Implementierung betrifft weniger als fünf Klassen.	5	7	35
durchschnittlich	Mehr Schnittstellendesign notwendig. Berührt zwei oder mehr Datenbank-Entitäten. Zwischen vier und sieben Essenzschritte. Implementierung betrifft zwischen fünf und zehn Klassen.	10	13	130
komplex	Komplexe Benutzerschnittstelle oder Verarbeitung. Tangiert drei oder mehr Datenbank-Entitäten. Mehr als sieben Essenzschritte. Implementierung betrifft mehr als zehn Klassen.	15	3	45
			Gesamt UUCW	210

  - UAW (Unadjusted Actor Weight) ermitteln:

  Die Bewertung der Akteure der zu schätzenden Use Cases erfolgt nach einem ähnlichen Prinzip:

Akteur-Typ	Beschreibung	Gewicht	Anzahl	Ergebnis
einfach	Der Akteur repräsentiert ein anderes System mit einer definierten API.	1	0	0
durchschnittlich	Der Akteur repräsentiert ein anderes System, das über ein Protokoll wie TCP/IP interagiert bzw. angesprochen wird.	2	0	0
komplex	Der Akteur ist eine Person, die über eine Schnittstelle (z.B. eine GUI) interagiert.	3	4	12
			Gesamt UAW	12

  Zur Berechnung der UUCP werden die beiden ermittelten Größen einfach addiert $UUCP = UUCW + UAW$

- *TCF (Technical Complexity Factor) ermitteln:*

  Die technische Komplexität wird projektweit, also nur einmal, nach folgendem Muster bewertet:

Technischer Faktor (TF)	Beschreibung	Gewicht	vermutliche Komplexität	Ergebnis
T1	verteiltes System	2	1	2
T2	Performance	1	3	3
T3	Endbenutzer-Effizienz	1	3	3
T4	komplexe interne Verarbeitung	1	3	3
T5	Wiederverwendbarkeit	1	0	0
T6	einfache Installation	0,5	0	0
T7	einfache Benutzbarkeit	0,5	5	2,5
T8	Portierbarkeit	2	0	0
T9	einfache Änderbarkeit	1	3	3
T10	Nebenläufigkeit	1	0	0
T11	spezielle Sicherheitsfeatures	1	0	0
T12	bietet Direktzugriff für Dritte	1	3	3
T13	spezielle Benutzerausbildung erforderlich	1	0	0
			Technischer Gesamtfaktor (TGF)	19,5

Die vermutliche Komplexität wird dabei wie folgt eingestuft:

- 0: TF hat keine Auswirkung
- 3: TF hat durchschnittliche Auswirkung
- 5: TF hat starken Einfluss

Zur Berechnung des TCF wird folgende Formel angewendet:

$TCF = 0{,}6 + (0{,}01 \times TGF)$

- *ECF (Environmental Complexity Factor) ermitteln:*

  Auch die Einflussfaktoren der Umgebung werden nur einmal berücksichtigt:

Umgebungsfaktor (EF)	Beschreibung	Gewicht	vermutlicher Einfluss	Ergebnis
E1	Vertrautheit mit UML	1,5	5	7,5
E2	Teilzeitmitarbeitende	-1	0	0
E3	Analysten-Fähigkeit	0,5	5	2,5
E4	Anwendungserfahrung	0,5	0	0
E5	OO-Erfahrung	1	5	5
E6	Motivation	1	5	5
E7	schwierige Programmiersprache	-1	0	0
E8	stabile Anforderungen	2	3	6
			Umgebungsgesamtfaktor (EGF)	26

  Der vermutliche Einfluss wird wie beim TCF eingestuft.

  Zur Berechnung des ECF wird folgende Formel angewendet:

  $ECF = 1{,}4 + (-0{,}03 \times EGF)$

- *PF (Productivity Factor) ermitteln:*

  Der Produktivitätsfaktor wird in Stunden pro Use Case Point angegeben und spiegelt die unternehmensindividuelle Produktivität wider. Der Wert muss daher aufgrund von eigenen Erfahrungen kalibriert werden. Erfahrungen in der Literatur schanken zwischen 20 h und 36 h / Use Case Point.

In Kombination mit dem featurebasierten Planen lassen sich mit dieser Methode vor allem Produktfeatures und Releasefeatures gut abschätzen, da diese meistens zusammengehörige Use Cases bündeln. Somit erhält man frühzeitig eine Makroschätzung, was einzelne Features kosten werden.

Weiterführendes

[Frohnhoff-2006]
S. Frohnhoff et al.: *Use Case Points in der industriellen Praxis*, sd&m, 2006.

[Caroll-2005]
E. R. Caroll: *Estimating Software based on Use Case Points*, OOPSLA 2005.

[Mohaghegi-2005]
A. Mohaghegi et al.: *Effort Estimation of Use Cases for Incremental Large-Scale Software Development*, ICSE 2005.

9.5.12 Wetter-von-gestern

Kurzbeschreibung

Analogie-Schätzmethode für Arbeitskapazitäten auf Basis der zuletzt geleisteten Arbeiten.

Stichworte und verwandte Themen

Schätzen, Delphi-Methode, Dreipunktschätzung, Schätzkurve

Indikationen

- Schätzen von Kapazitäten für einen aktuell anstehenden, kurzen Zeitraum (Woche bis Monat)
- Plausibilitätsprüfung anders ermittelter Schätzungen

Beschreibung

Wir nehmen als Grundlage für die Planung des kommenden Zeitabschnitts an, genau so viel zu schaffen, wie wir im letzten Zeitabschnitt geschafft haben (Analogieschluss).

Dieses Verfahren ist weitgehend selbstkorrigierend, da es sich stets auf den gerade abgeschlossenen Zeitabschnitt bezieht. Kommt es zu Änderungen unserer Leistungsfähigkeit, z.B. durch eine abgeschlossene Einarbeitung, unterschätzen wir einmal unsere Kapazitäten. Für den nächsten Zeitabschnitt wird die tatsächliche Leistungssteigerung korrekt berücksichtigt.

Die geeigneten Zeitabschnitte sind relativ kurz und liegen zwischen einer Woche und einem Monat. Es sind immer direkt zusammenhängende Zeitabschnitte zu betrachten: Der erste ist gerade abgeschlossen, der zweite steht aktuell an.

Voraussetzung ist eine aktuelle und ausreichend genaue Zeiterfassung, um die tatsächliche Kapazität des gerade beendeten Zeitabschnitts ermitteln zu können.

Hintergrund: Das Wetter ändert sich statistisch nur ca. alle drei Tage. Damit hat die Wettervorhersage „Das Wetter wird morgen so sein wie heute" eine Wahrscheinlichkeit von 70 Prozent.

Jedes andere Schätzverfahren muss besser sein als dieser simple Analogieschluss.

Weiterführendes

[Beck-2001]
K. Beck, M. Fowler: Extreme Programming planen, Addison Wesley, 2001.

[Wolf-2005]
H. Wolf, S. Roock, M. Lippert: Extreme Programming, 2. Auflage, dpunkt.verlag, 2005.

9.5.13 Softwaregleichung und ihre Faustformeln

Kurzbeschreibung

Die Softwaregleichung von Lawrence Putnam beschreibt den Zusammenhang zwischen der Größe eines Programms und den dafür aufgewendeten Arbeitsstunden. Auf dieser Basis sind verschiedene, vereinfachende Faustformeln zur Abschätzung unterschiedlicher Projektfaktoren entstanden.

Stichworte und verwandte Themen

Schätzen, Putnam, Softwaregleichung, LOC, A-Team

Indikationen

- Bestimmung von Projektdauer, Anzahl der Projektmitarbeiter und des Aufwands.
- Die Softwaregleichung gilt nur für größere Projekte.

- Empirisch ermittelter Bezug zwischen Produktgröße, Dauer, Aufwand und Softwareentwicklungsumgebung (SEU)
- Für kleine Projekte erfolgt eine Adaption und Vereinfachung der Softwaregleichung.

Beschreibung

Die Softwaregleichung lautet:

$$S = E \times K^{\frac{1}{3}} \times t_D^{\frac{4}{3}} = E \times \sqrt[3]{K} \times \sqrt[3]{t_D^4}$$

mit	S	Produktgröße in LOC
	K	Aufwand bzw. Kosten ($K = Anzahl_{MA} \times Dauer$)
	t_D	Projektdauer bis zum ersten Lieferzeitpunkt
	E	SEU-Faktor ($E = AnzahlMA^{-1/3} \times Zeit^{-5/3}$)

Als Konsequenz ergibt sich daraus, vorausgesetzt der Projektablauf wurde bereits optimiert, dass eine Verkürzung der Projektlaufzeit um 1 Prozent eine Erhöhung des Aufwands um 4 Prozent bedeutet.

Für kleine Projekte wird der Zusammenhang zwischen Aufwand und Produktgröße linear:

$$S = E_{kP} \times K$$

mit	S	Produktgröße in LOC
	K	Aufwand bzw. Kosten ($K = Anzahl_{MA} \times Dauer$)
	E_{kP}	konstante Produktivität pro Person (Erster Ansatz: 10 – 12 LOC/h)

Unter vereinfachenden Annahmen können drei Faustformeln abgeleitet werden, die sich in der Praxis größerer Projekte bewährt haben:

$$Anzahl_{MA} = \frac{S[LOC]}{19.200 LOC}$$ Projektteam-Größe

$$t_D[Monat] = \left(\frac{S[LOC]}{128}\right)^{0,4}$$ Projektdauer in Monaten

$$Aufwand = Anzahl_{MA} \times t_D$$ Aufwand in Personenmonaten

Die Zählweise der Produktgröße in LOC ist dabei weniger relevant als ihre Einheitlichkeit. C. Jones hat unter der Annahme, dass alle Zeilen inkl. Kommentaren gezählt werden, den obigen Faktor 19.200 ermittelt. Auch der Wert 128 ist ein von C. Jones ermittelter, typischer Wert.

Damit die individuellen Unterschiede zwischen den Entwicklern die Anwendung der allgemeinen Faustformeln nicht verzerren, dürfen nicht zu kleine Codemengen betrachtet werden.

Die Faustformeln gehen von durchschnittlichen Projektteams aus, wie sie in Großprojekten gefunden werden. Um die Formeln an ein hochleistungsfähiges A-Team anzupassen, ohne die allgemeinen Faktoren neu bestimmen zu müssen, wird einfach der SEU-Faktor 19.200 mit einem geeigneten Wert, z.B. 1,5, multipliziert. Ein A-Team wird entsprechend weniger Code produzieren, weshalb der Wert S[LOC] entsprechend reduziert werden kann, um die wahrscheinliche Dauer zu ermitteln.

Weiterführendes

[Krasemann-2005]
H. Krasemann: *Makro-Schätzen von Projekten*, Objekt-Spektrum 04/2005.

[Jones-1996]
C. Jones: *Applied Software Management*, 1996.

9.5.14 Earned-Value-Analyse

Kurzbeschreibung

Bei der Earned-Value-Analyse (EVA) werden die geplanten Kosten, die tatsächlichen Kosten und die tatsächlich erbrachte Leistung gegenübergestellt.

Stichworte und verwandte Themen

Projektcontrolling, Fortschrittskontrolle

Indikationen

- Vorhersage möglicher Termin- und Kostenabweichungen in einem laufenden Projekt.

Beschreibung

Angenommen für ein Feature wurden 50 PT Aufwand geplant und der ermittelte Fertigstellungsgrad (FG) beträgt 81 Prozent. Dann entspricht dies einem erbrachten Wert (*Earned Value*) von etwa 40 PT.

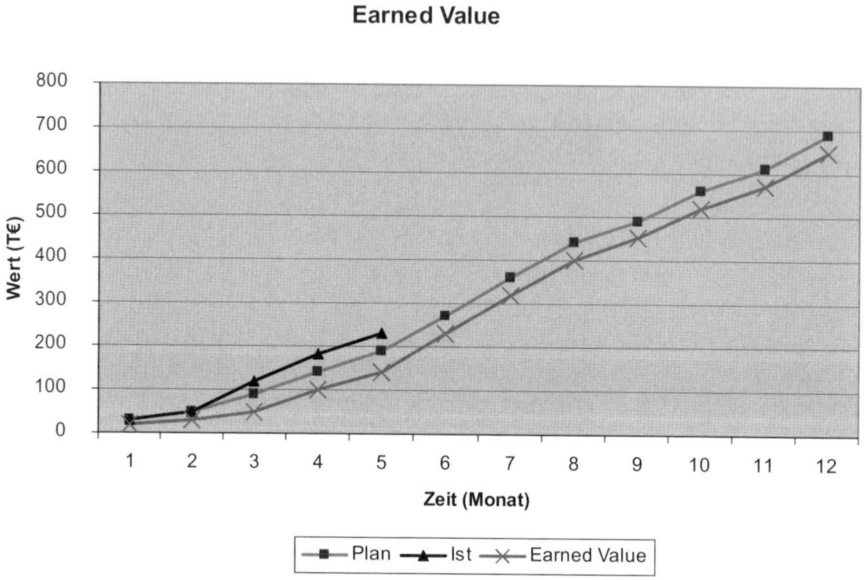

Abb. 9.5-10: Beispielgrafik zur Earned-Value-Analyse (EVA)

Eine einfache Formel dafür ist:

$$EV = FG \times Planaufwand$$

Statt Aufwand kann man natürlich auch mit monetären Größen rechnen, wenn man Kosten statt Aufwand vergleichen möchte.

Im Beispiel in Abb. 9.5-10 wird deutlich, dass ab dem 2. Monat die Istkosten deutlich höher sind als die geplanten Kosten. Dieser Sachverhalt alleine lässt noch keine Aussage über den zu erwartenden Projekterfolg zu. Wahrscheinlich wurden einfach mehr Mitarbeiter eingesetzt als geplant oder die Mitarbeiter haben mehr Stunden gearbeitet als geplant.

Kritisch ist hingegen das Verhältnis zur dritten Kurve, dem Fertigstellungswert. Diese Kurve gibt an, welcher Wert bisher tatsächlich erbracht wurde. Die Abweichung in Abb. 9.5-10 zeigt also, dass mehr Geld ausgegeben wurde als geplant und dass dafür trotzdem weniger erreicht wurde. Wenn diese Abweichung fortgeschrieben wird, d.h. nicht mehr bis zum geplanten Endtermin gut gemacht werden kann, ist ein Termin- und Budgetverzug unausweichlich.

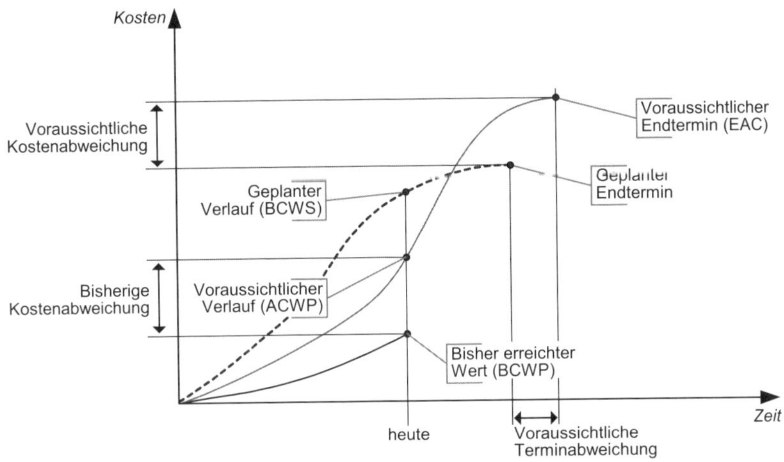

Abb. 9.5-11: Die wichtigsten Elemente der Earned-Value-Analyse (EVA)

Abb. 9.5-11 zeigt das Prinzip mit den einzelnen Kennzahlen:

- Planausgaben (BCWS – Budgeted Cost of Work Scheduled)
  Der zum Betrachtungszeitpunkt geplante Betrag.
- Fertigstellungswert (BCWP – Budgeted Cost of Work Performed)
  Die bis zum Betrachtungszeitpunkt tatsächlich erbrachten Leistungen werden unter Annahme der geplanten Ressourcenkosten berechnet.
- Istausgaben (ACWP – Actual Cost of Work Performed)
  Die bis zum Betrachtungszeitpunkt tatsächlich angefallenen Kosten.
- Planabweichung (SV – Schedule Variance)
  Die Differenz aus Fertigstellungswert und Planausgaben
  (SV = BCWP − BCWS)
- Prozentuale Planabweichung (SV% – Schedule Variance)
  (SV% = (BCWP – BCWS) / BCWP)
- Kostenabweichung (CV)
  Differenz aus Fertigstellungswert und Istausgaben
  (CV = BCWP − ACWP)
- Prozentuale Kostenabweichung (CV%)
  Differenz aus Fertigstellungswert und Istausgaben
  (CV% = (BCWP − BCWS) / BCWS)

Die Earned-Value-Analyse ist ein weltweit verbreitetes Kennzahlensystem und wurde Anfang der 1960er-Jahre von der U.S. Air Force als Ergänzung zu PERT entwickelt. Es ist heute Bestandteil vieler Projektmanagementstandards, beispielsweise dem des Project Management Institute (PMI).

Den Nutzen der Earned-Value-Analyse beurteilen wir zwiegespalten. Der kritische Punkt ist die Bestimmung des Fertigstellungswertes, d.h., die Aussagekraft in der Praxis ist nur dann gegeben, wenn dieser hinreichend sicher ermittelt werden kann. Hierzu wäre jeweils eine vollständige und realistische Restaufwandschätzung notwendig, die einen Zusatzaufwand erzeugt (vgl. *8.2.1 Mikrocontrolling auf Arbeitsauftragsebene* ⇨211).

Vorbehalte und Kritik. Projekte sind nur bis zu einem gewissen Grad planbar und es lässt sich kaum vermeiden, dass weitere notwendige oder sinnvolle Aufgaben sich erst im Projektverlauf ergeben. Wenn jeweils nur gemessen wird, mit welchem Aufwand einzelne Arbeitsaufträge abgeschlossen wurden, um daraus den Fertigstellungsgrad zu ermitteln, ignoriert dies die Möglichkeit, dass die Gesamtaufwände nicht nur deswegen abweichen, weil einzelne Teilaufgaben abweichend abgeschlossen wurden, sondern weil schlicht ganze Teilaufgaben vergessen wurden oder erst im Projektverlauf erkannt werden.

Checkliste

Um die Earned-Value-Analyse einsetzen zu können, müssen folgende Voraussetzungen erfüllt sein:

- ☑ Ist der Projektumfang definiert?
- ☑ Sind die notwendigen Teilaktivitäten ermittelt?
- ☑ Sind Abhängigkeiten und Reihenfolge der Aktivitäten geplant?
- ☑ Wurde jede Aktivität hinsichtlich Dauer und Aufwand geschätzt?
- ☑ Wurde ein Projektplan (Netzplan) mit Budgets als Basis für die Steuerung erstellt?
- ☑ Werden die bereits geleisteten Tätigkeiten hinsichtlich Aufwand und Dauer erfasst?
- ☑ Gibt es ein Verfahren bzw. eine Möglichkeit, die tatsächlich erbrachte Leistung objektiv zu messen (außer Verbrauchsmessungen)?

Die Earned-Value-Analyse kann nicht eingesetzt werden, wenn

- Fertigstellung bzw. Fortschritt der Aktivitäten nicht oder nicht korrekt gemeldet werden,
- Termine systematisch nicht eingehalten werden,
- sehr große Aktivitäten definiert werden,
- die erwarteten Ergebnisse der Aktivitäten nicht präzise beschrieben werden.

Weiterführendes

[PMBoK-2004]
Project Management Institute (PMI): *A Guide to the Project Management Body of Knowledge*, 3. Auflage, 2004.

9.5.15 Burn-down-Chart

Kurzbeschreibung

Beim Burn-down-Chart handelt es sich um eine grafische Darstellung eines Fortschritts entlang der Zeit (x-Achse). Auf der y-Achse wird dabei üblicherweise die noch zu erledigende Arbeit aufgetragen, sodass die Kurve sich entlang der Zeit nach unten entwickelt. Das Chart wird vor allem in Scrum eingesetzt, ist aber grundsätzlich auch in anderen Vorgehensweisen verwendbar.

Stichworte und verwandte Themen

Projektcontrolling, Fortschrittskontrolle, Scrum, Earned-Value-Analyse

Indikationen

- Vorhersage möglicher Termin- und Kostenabweichungen in einem laufenden Projekt.

Beschreibung

Anders als bei der Earned-Value-Analyse (EVA), bei der mit einem Burn-up-Chart gearbeitet wird, vergleicht man mit dem Burn-down-Chart den Planfortschritt mit dem tatsächlichen Fortschritt über die Menge der noch zu erledigenden Arbeit (i.d.R. Restaufwand oder andere Größen, z.B. restliche Function-Points, Use Case Points o.Ä.). Ein einfaches Beispiel sieht dann etwa so wie in Abb. 9.5-12 gezeigt aus.

Der psychologische Effekt bei dieser Betrachtung ist ein anderer als bei der Earned-Value-Analyse. Beim Burn-down-Chart wird eine Scope-Erweiterung durch einen Anstieg des tatsächlichen Restaufwands offenbar. Bei der Earned-Value-Analyse würde dies durch ein Absinken der Kurve für den erbrachten Wert deutlich, was zunächst einen Leistungsabfall des Projektteams suggeriert.

Die Vorbehalte und Kritiken gelten für das Burn-down-Chart analog zur Earned-Value-Analyse.

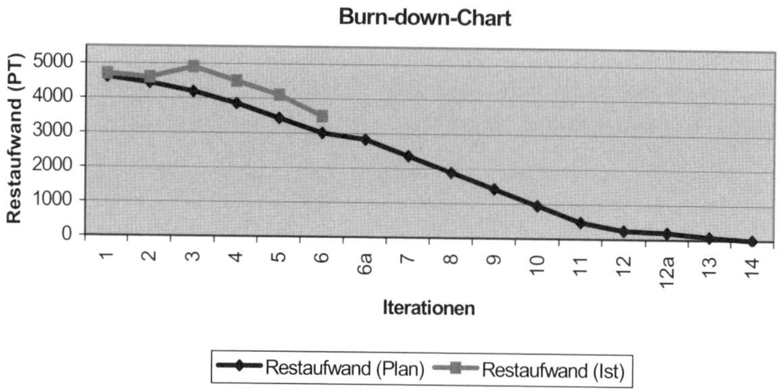

Abb. 9.5-12: Beispielgrafik eines Burn-down-Charts

Weiterführendes

[Cockburn-2004]
A. Cockburn: *Crystal Clear*, Addison-Wesley, 2004.

9.5.16 Meilenstein-Trendanalyse

Kurzbeschreibung

Die Meilenstein-Trendanalyse (MTA) hilft, aus Prognosen zu Meilensteinterminen und tatsächlichen Terminen eine Gesamtschau zu erzeugen. Bei Kenntnis der Inhalte und Abhängigkeiten der Meilensteine können daraus Maßnahmen abgeleitet werden.

Stichworte und verwandte Themen

Meilenstein, Meilensteinvereinbarung, Ampelstatus ⇨185, 347

Indikationen

- Prognosen zu Meilensteinterminen

Beschreibung

Die Meilenstein-Trendanalyse wird iterativ durchgeführt und die Daten in ein Diagramm eingefügt, sodass sich Zeitkurven ergeben. Gegenüber anderen Verfahren der Projektverfolgung, z.B. der Earned-Value-Analyse, hat sie den Vorteil der Einfachheit. MTA eignet sich auch dann als Werkzeug, wenn der Projektmanager keine Daten zu Projektkosten zur Verfügung hat.

Meilenstein-Trendanalyse wird auch in Multiprojektumgebungen eingesetzt, um den Zustand aller Projekte zu vergleichen. Gerne werden bei der Meilenstein-Trendanalyse Statusfarben wie bei Projektampeln (⇨185, 347) verwendet. MTA ist ein in Deutschland populäres Werkzeug, sonst aber eher wenig bekannt.

Eine Meilenstein-Trendanalyse wird durch folgende Schritte erzeugt:

1. Am Anfang steht eine Tabelle, in der die prognostizierten Meilensteintermine in einem regelmäßigen Rhythmus erfasst werden sollen:

Zeitpunkt der Analyse	Meilensteine				
	M1	M2	M3	M4	M5
Januar	06.06.2007	19.07.2007	21.09.2007	3.10.2007	12.11.20070

2. In regelmäßigen Zyklen werden die Meilensteintermine wieder überprüft und aufgezeichnet. Im folgenden Beispiel wurden die Meilensteintermine neun Mal – jeweils zum Monatsende – erfasst. Die kursiven Datumswerte stehen für bereits erreichte Meilensteine:

Zeitpunkt der Analyse	Meilensteine				
	M1	M2	M3	M4	M5
Januar	06.06.2007	19.07.2007	21.09.2007	03.10.2007	12.11.2007
Februar	06.06.2007	19.07.2007	21.09.2007	03.10.2007	12.11.2007
März	06.06.2007	19.07.2007	28.09.2007	03.10.2007	12.11.2007
April	07.06.2007	05.08.2007	28.09.2007	16.11.2007	12.11.2007
Mai	07.06.2007	05.08.2007	28.09.2007	16.11.2007	05.11.2007
Juni	*03.06.2007*	05.08.2007	05.10.2007	16.11.2007	05.11.2007
Juli		05.08.2007	05.10.2007	16.11.2007	05.11.2007
August		*19.08.2007*	05.10.2007	21.12.2007	05.11.2007
September			15.10.2007	21.12.2007	30.11.2007

3. Aus den Daten wird ein Liniendiagramm erstellt, in dem der Wert auf der x-Achse den Zeitpunkt der Analyse angibt; auf die y-Achse werden die Meilensteintermine eingetragen. Jede Datenreihe steht für einen Meilenstein. Die abgeschnittene Ecke (rechts unten in Abb. 9.5-13) ist typisch für die Meilenstein-Trendanalyse. Darin würde ein Zeitraum dargestellt werden, der in der Betrachtung nicht mehr relevant ist. In dem Diagramm stehen gerahmte Rauten für prognostizierte beziehungsweise geplante Meilensteintermine, ausgefüllte Rauten repräsentieren erreichte Meilensteine.

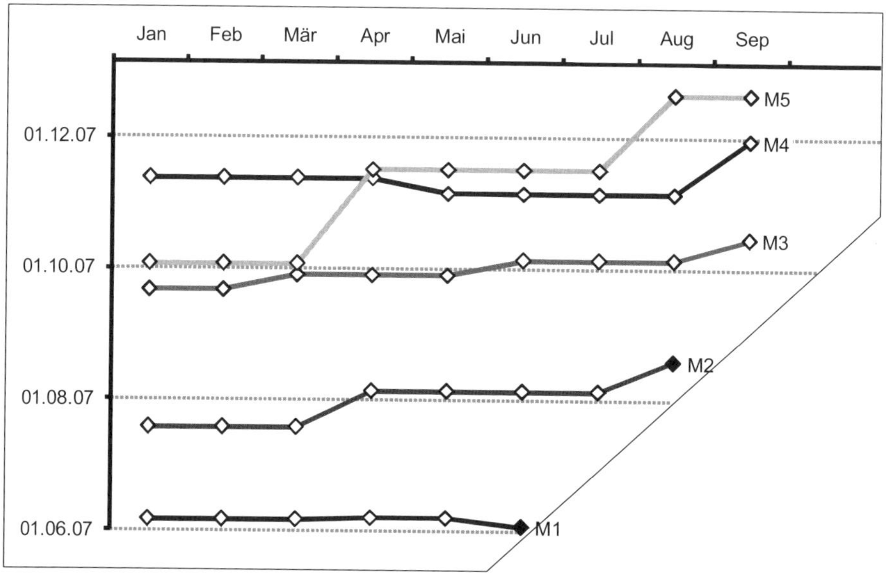

Abb. 9.5-13: Diagramm zur Meilenstein-Trendanalyse

9.5.17 Critical-Chain-Projektmanagement

Kurzbeschreibung

Netzplantechnik

Critical-Chain-Projektmanagement (auch Critical-Chain-Management genannt oder abgekürzt CCPM bzw. CCM) ist eine Anpassung der klassischen Netzplantechnik an Projektumgebungen, die von knappen Ressourcen und schwer zu schätzenden Aufwänden und Dauern für Aktivitäten bestimmt sind. Im Mittelpunkt steht die Konzentration auf eine kritische Ressource und die intelligente Einrichtung von Prozesspuffern.

Beschreibung

Dreipunktschätzung
Kritischer Pfad

Critical-Chain-Projektmanagement setzt Dreipunktschätzung voraus. Gegenüber der traditionellen Methode des kritischen Pfads (CPM, Critical Path Method), die durch Aufaddierung vieler Einzelreserven häufig zu langsamen und dennoch unrealistischen Plänen führt, sind Critical-Chain-Projekte realistischer geplant und dennoch schneller, berichtet wird von 10 Prozent bis 25 Prozent.

Eliyahu M. Goldratt

Critical-Chain-Projektmanagement wurde 1997 von Eliyahu M. Goldratt entwickelt [Goldratt-2002]. Die Methodik wurde seither erfolgreich in einer Reihe von Unternehmen eingeführt, so unter anderem von Motorola und Siemens. Auch wenn konkrete Zahlen zu Zeitgewinnen mit Vorsicht zu genießen sind, da Projekte generell nur schwer miteinander vergleichbar sind, gilt es doch als allgemein anerkannt, dass die Critical-Chain-Methode richtig angewandt zu deutlich schnelleren Projekten führt.

Die Methodik basiert auf der Theory of Constraints, die Goldratt vorher bereits erfolgreich in anderen Bereichen wie Produktion und Logistik eingeführt hat.

Theory of Constraints

Das folgende Beispiel beschreibt, wie über mehrere Schritte aus einer Terminplanung nach traditioneller Kritische-Pfad-Methode ein Critical-Chain-Plan wird:

Von Critical Path zu Critical Chain

Die Ausgangssituation

Eine Fallstudie soll die Besonderheiten der Critical-Chain-Methode zeigen. Ein kleiner Netzplan aus sechs Aktivitäten ist nach herkömmlicher Kritische-Pfad-Methode erstellt worden und mit Einpunktschätzungen, die von den jeweils ausführenden Teammitgliedern durchgeführt worden sind, versehen worden:

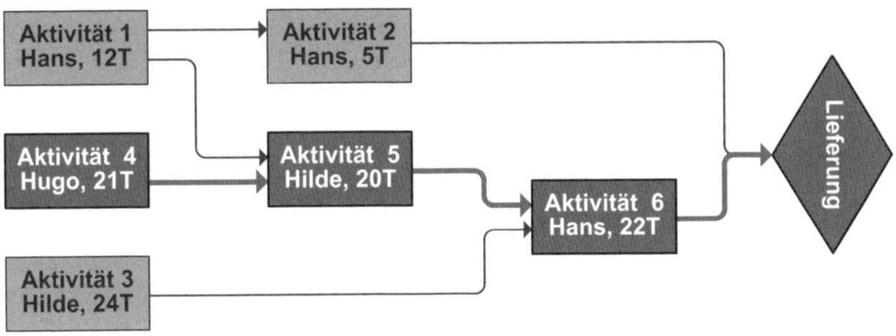

Abb. 9.5-14: Netzplan mit kritischem Pfad

Der dunkel markierte kritische Pfad verläuft über die Aktivitätsfolge 4 – 5 – 6, die Mindestdauer bis zur Lieferung ist 63 Tage, das ergibt sich aus der Summe der Einzeldauern dieser Aktivitäten. Die anderen Pfade haben eine kürzere Dauer und sind daher für die Gesamtdauer – scheinbar – nicht maßgeblich. Jedes der Teammitglieder Hilde, Hugo und Hans hätte nach dieser Rechnung eine Aktivität auf dem kritischen Pfad.

Kritischer Pfad

Wie realistisch ist die Annahme aus dem Netzplan von mindestens 63 Tagen? Tatsächlich kann der Netzplan so nicht funktionieren: Hilde müsste dazu mit Aktivität 5 am 22. Tag beginnen, ist aber bis zum Ende des 24. Tages mit Aktivität 3 beschäftigt.

Schritt 1: Dreipunktschätzung

Einpunkt- vs. Dreipunktschätzungen

Bei Einpunktschätzungen gibt es eine Neigung von Teammitgliedern, pessimistisch zu schätzen, sich also selbst Puffer zu bilden, die sich dann über die Netzplanpfade aufaddieren und Projekte langsam machen.

Eine Dreipunktschätzung mit Teammitgliedern sollte nach dem folgenden Prozess ausgeführt werden:

- Man erfragt zuerst die pessimistische Schätzung, um den Druck vom Teammitglied zu nehmen, bevor knappe Schätzungen erfragt werden. Die Frage könnte lauten: „Wenn alles so richtig schlecht läuft, …"
- Man erfragt anschließend die optimistische Schätzung: „Wenn alles ganz einfach und schnell gehen sollte ,…"
- Am Schluss erfragt man den nach Meinung des Schätzers wahrscheinlichsten Wert.

Hans gibt nun im obigen Beispiel für Aktivität 1 folgende Werte an:

Pessimistisch: 12 Tage
Optimistisch: 6 Tage
Wahrscheinlichst: 7 Tage

Nach der PERT-Formel

$$(O + 4W + P)/6$$

ergibt das näherungsweise einen 50:50-Wert – bezogen auf Über- und Unterschätzungen – von 7,67 Tagen, einen Wert, den wir auf 8 Tage aufrunden sollten.

Unsicherheiten

Wir notieren dabei noch etwas: Die Unsicherheit hinsichtlich der Dauer wird durch die Differenz P – O ebenfalls vom Schätzer kommuniziert. Für Aktivität 1 beträgt sie im Beispiel 12 – 6 = 6 Tage. Davon sind 4 Tage mögliche Verspätung gegenüber dem PERT-Wert, es könnte aber auch bis zu 2 Tage schneller gehen.

Die Dreipunktschätzung liefert also auch ein Maß für die Sicherheit oder Unsicherheit einer Schätzung, die wir dokumentieren, da wir sie später ebenfalls verwenden werden.

Die Information aus der Dreipunktschätzung für Aktivität 1 wird wie folgt notiert:

PERT-Dauer:	8 Tage
Gesamte Unsicherheit:	6 Tage
Davon möglicher Verzug:	4 Tage
Davon möglicher Zeitgewinnn:	2 Tage

Nach Anwendung der Dreipunktschätzung und Einsetzen der PERT-Werte auch für die anderen Aktivitäten kommen wir zu einem Netzplan mit einer auf 43 Tage reduzierten Mindestdauer:

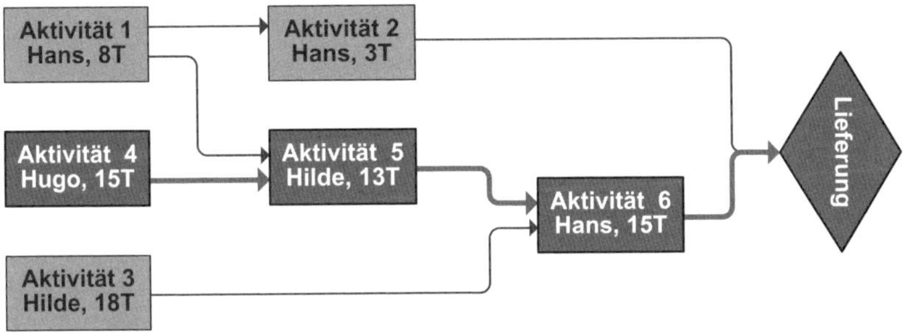

Abb. 9.5-15: Netzplan für Mindestdauer

Zu bemerken ist, dass dieser immer noch nicht realistisch ist. Das Problem mit der Verfügbarkeit von Hilde ist noch nicht gelöst.

Ein weiteres Problem: Zwar lässt uns die PERT-Formel hoffen, dass sich Über- und Unterschreitungen ausgleichen, aber sicher ist das natürlich nicht.

Schritt 2: Ressourcenabgleich

Schwimmbahnendiagramm

Zur Vereinfachung wechseln wir die Darstellungsform in ein Schwimmbahnendiagramm (Abb. 9.5-16), in dem jede Zeile für ein Teammitglied steht und Aktivitäten über eine Zeitachse gezeichnet werden.

Multitasking

In dieser Darstellung wird erkennbar dass die Mindestdauer bis zum Liefertermin mindestens 46 Tage ist, zumindest wenn wir wollen, dass die Arbeiten sauber nacheinander ausgeführt werden; Goldratt rät dringend von „schlechtem Multitasking“ ab, „gutes“ Multitasking braucht eine an den Arbeitsinhalten orientierte Begründung, die hier nicht gegeben ist.

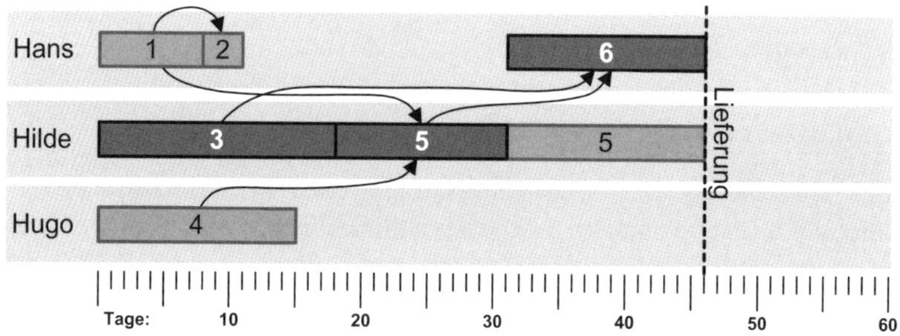

Abb. 9.5-16: Schwimmbahnendiagramm für saubere sequenzielle Aktivitätsfolge

Kritische Aktivitätsfolge

Zu der Einschränkung durch die Aktivitätslogik, die sich in der Länge des kritischen Pfads niederschlägt, kommt eine weitere Einschränkung durch die Verfügbarkeit von Hilde hinzu. Die wirklich kritische Aktivitätsfolge ist daher nicht 4 – 5 – 6, sondern 3 – 5 – 6. Diese Folge wird als kritische Kette bezeichnet. Jede Verzögerung auf der kritischen Kette bewirkt eine Verzögerung der Lieferung.

Eine Ressource, die auf der kritischen Kette arbeitet, wird als *Drum* bezeichnet, als der Trommler, der die Marschgeschwindigkeit einer Truppe bestimmt.

Schritt 3: Pufferbildung

Die Kritische-Pfad-Methode bevorzugt, Aktivitäten so früh wie möglich durchzuführen. Im Gegensatz dazu werden bei Critical-Chain-Projektmanagement die meisten Arbeiten möglichst spät ausgeführt, um Nacharbeit zu vermeiden, wenn sich später neue Erkenntnisse ergeben sollten. Dazu werden allerdings Puffer eingebaut, im Beispiel in Abb. 9.5-17 als P1 bis P4 bezeichnet:

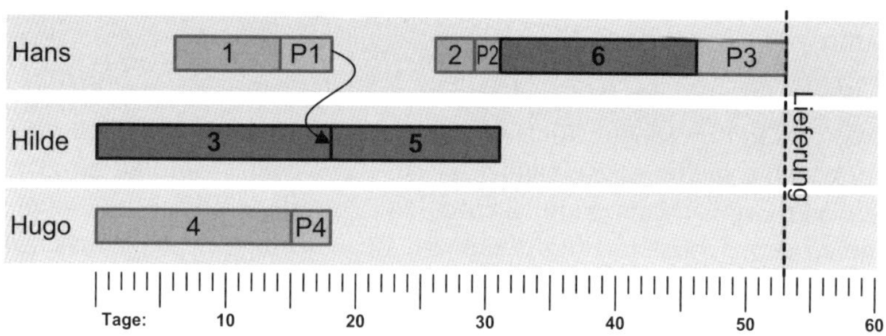

Abb. 9.5-17: Schwimmbahnendiagramm mit Puffer

In Schwimmbahnendiagrammen werden der Übersichtlichkeit halber Netzplanabhängigkeiten meist ausgeblendet. Im Beispiel haben wir lediglich die Abhängigkeit zwischen Aktivität 1 und Aktivität 5 beibehalten, um den Puffer P1 verständlich zu machen.

Mit den Puffern werden im Beispiel unterschiedliche Ziele verfolgt:

Ziele der Puffer

P1 Feeding Buffer: Schützt Aktivität 5 vor Verzögerungen bei der nicht kritischen Aktivität 1, deren Ergebnis sie braucht, um beginnen zu können.

P2 Resource Buffer: Schützt Aktivität 2 davor, dass sie nicht fertiggestellt werden kann, wenn die kritische Aktivität 6 beginnen muss, die von der gleichen Ressource ausgeführt wird.

P2 Zweite Funktion Drum Buffer: Schützt zusätzlich Aktivität 6 davor, dass sie wegen Verzögerungen bei Aktivität 2 und somit verspäteter Verfügbarkeit von Hans erst verspätet beginnen kann.

P3 Project Buffer, Deadline Buffer: Schützt den Liefertermin davor, aufgrund zu aggressiver Terminplanung verfehlt zu werden.

P4: Gleiche Funktion wie P1

Länge der Puffer

Wie wird die Länge der Puffer bestimmt? Dafür gibt es zwei Einflussgrößen:

- Wie kritisch bzw. wichtig ist der einzuhaltende Termin? Je wichtiger der Termin ist, umso mehr Puffer sollten gebildet werden.
- Wie unsicher ist die jeweilige Schätzung? Im Schritt 1 wurde Aktivität 1 mit einer Unsicherheit von 6 Tagen geschätzt, davon bis zu 4 Tage Verzug. Im letzten Schritt wurden genau diese 4 Tage als Puffer angesetzt. Je größer die Unsicherheit der Schätzung, desto größer sollte der Puffer sein.

Übrigens haben die Puffer noch einen angenehmen Effekt: Sollten im Beispiel die Aktivität 1 und 4 wie geplant fertiggestellt werden, Aktivität 3 jedoch schneller als geplant sein, erlauben die Puffer, dass Hilde früher mit Aktivität 5 beginnen kann. Es werden also nicht nur Verzögerungen aufgefangen, es werden auch Zeitgewinne genutzt. Zeitgewinne sind beim PERT-Verfahren aufgrund der 50:50-Annahme sogar recht wahrscheinlich.

Wir haben die Betrachtung mit einem unrealistischen Plan mit 63 Tagen Dauer begonnen, am Ende steht ein Plan mit einer realistischen Dauer von nur noch 53 Tagen.

Planungssicherheit, weitere Vorteile der Methodik

Da Unsicherheiten der Schätzungen im Plan berücksichtigt sind, ist er auch stabiler. Abweichungen im Rahmen der Erwartungen führen nicht zur Notwendigkeit von Planänderungen, ganz im Gegensatz zur Critical-Path-Methode oder einer Planung, die nur auf festen Terminen beruhen würde.

Außerdem wird die Gefahr von Nacharbeiten reduziert, die häufige Terminüberschreitungen als Folge haben. Dies führt letztlich zu einer Verringerung der Arbeitslast für den Projektmanager.

Critical-Chain-Projektmanager sind weniger auf Endtermine fixiert, üben daher auch weniger Druck auf Teammitglieder aus. Sie stellen eher sicher, dass Arbeiten termingerecht beginnen und ungestört ausgeführt werden können. Während der Arbeiten sind sie eher auf Qualität als auf Zeit fixiert, da sie für Verzüge ja bereits Reserven angelegt haben. Durch diese Effekte kann sich Critical-Chain-Projektmanagement auch positiv auf Kosten und Qualität und auf die Motivation im Team auswirken.

Der Critical-Chain-Planungsprozess

Eli Goldratt hat den Prozess wie folgt beschrieben:

- Identify – Identifiziere den Flaschenhals, der in einem gegebenen Moment den Fortschritt im Projekt bestimmt.
- Exploit – Schöpfe den Flaschenhals optimal aus, indem Du alle Hindernisse beiseite räumst und seinen Durchsatz optimierst.
- Subordinate – Ordne die anderen Ressourcen dem Flaschenhals unter, vor allem durch Reservenbildung.
- Elevate – Investiere in den Trommler, um seine Leistung zu erhöhen.
- Rinse and repeat – Aus der Shampoowerbung übernommen: Wiederhole diesen Prozess immer wieder.

Dazu Eli Goldratt: „Eine Stunde, die man an einem Nicht-Flaschenhals eingespart hat, ist eine Fata-Morgana."

Weiterführendes

[Goldratt-2002]
E. Goldratt: *Critical Chain, A Business Novel*; deutsch: *Die kritische Kette*, Campus, 2002.

[Goldratt-2001]
E. Goldratt, J. Cox: Das Ziel, *Ein Roman über Prozessoptimierung*. Campus, 2001.

[Lörz-2007]
H. Lörz, U. Techt: *Critical Chain, Beschleunigen Sie Ihr Projektmanagement.* Haufe, 2007.

Aktueller Staffelholzträger ⇨303

9.5.18 Aktueller Staffelholzträger

Kurzbeschreibung

Die Person, deren Arbeit sich zum aktuellen Zeitpunkt *wahrscheinlich* auf der kritischen Kette befindet, wird jeweils öffentlich als *aktueller Staffelholzträger* gekennzeichnet, damit alle anderen wissen: Von der Arbeit dieser Person hängt gerade die Gesamtdauer des Projektes ab.

Stichworte

Critical-Chain-Management, kritische Kette

Indikationen

- Terminverzug verhindern

Grundidee

Unser Konzept des aktuellen Staffelholzträgers basiert auf der Idee der kritischen Kette (vgl. *Critical-Chain-Projektmanagement* ⇨296). Die Annahme ist, dass zu jedem Zeitpunkt eine Person mit ihrer Arbeit gerade auf der kritische Kette liegt und die Abfolge aller Arbeiten auf der kritischen Kette die Projektdauer bestimmt.

Critical-Chain-Projektmanagement im Kontext agiler und iterativer Projekte ist insofern keine sehr nahe liegende Idee, als dass zum Ermitteln der kritischen Kette die genaue Abfolge der einzelnen Arbeiten mit ihren Abhängigkeiten bekannt sein muss, agiles iteratives Vorgehen jedoch nur auf der Detailebene einen kurzen Planungshorizont hat und auf der Makroebene sehr grob plant.

Unsere Idee hierzu ist, es nicht ganz so genau zu nehmen.

Anstelle des Aufwandes, die kritische Kette zu ermitteln, spekulieren wir lediglich, welche der bevorstehenden Arbeitsaufträge wahrscheinlich kritisch im Sinne der kritischen Kette sind. Diesen Arbeitsaufträgen widmen wir dann besondere Aufmerksamkeit, wir versuchen sie durch optimale Rahmenbedingungen zu unterstützen. Selbst wenn unsere Annahme darüber, welche Arbeitsaufträge kritisch sind, nicht immer stimmt, wird der Effekt höchstwahrscheinlich doch positiv sein, da sicherlich einige Annahmen zutreffend sind und diese auch nicht schlechter sein müssen als beim systematischen Ermitteln der kritischen Kette.

Die kritische Kette ist im Projektmanagement sowieso eine mehr oder weniger vage Vermutung. Projekte sind bereits per Definition (⇨424) nur begrenzt planbar. In vollständig bekannten Prozessen ließe sich die kritische Kette relativ sicher ermitteln, in Projekten beruht sie auf Annahmen und Unsicherheiten.

Konkretes Vorgehen

Vor Beginn einer neuen Iteration gibt jeder Arbeitsauftragsverantwortliche an, welche Zulieferleistung (Abhängigkeit) für ihn die zeitlich bedeutendste ist. Dieser Zulieferer ist ein möglicher Engpass. Die Projektleitung benennt aus ihrer Sicht ebenfalls mögliche Engpasskandidaten, indem sie versucht, eine kritische Teilkette zu identifizieren. Hierbei wird rückwärts von den Releasefeatures zu den Iterationsfeatures zu den Arbeitsaufträgen navigiert.

Zum aktuellen Staffelholzträger wird jeweils die Person gekürt, die von den meisten anderen als Engpasskandidat angesehen wurde. Jedes Team wählt dabei seine eigenen Staffelholzträger. Dabei ist zu beachten, dass ein Arbeitsauftrag selten eine vollständige Iterationslänge dauert, sondern normalerweise deutlich kürzere Arbeitsaufträge existieren. Da sich die Engpasskandidaturen auf Arbeitsaufträge beziehen, muss jedes Team also eine kritische Kette von Arbeitsaufträgen in der Iteration bilden. Sobald ein Arbeitsauftrag auf der kritischen Kette erledigt worden ist, wird das den Engpass symbolisierende Staffelholz an den nächsten übergeben. Sofern an einem Arbeitsauftrag mehrere Personen mitarbeiten, müssen diese sich untereinander einig werden, wer von ihnen den größten Engpass bildet.

Mit diesem Verfahren wird also pro Team jeweils eine Person zum aktuellen Staffelholzträger gekürt, wobei diese Person im Laufe der Zeit wechseln kann.

Für den aktuellen Staffelholzträger gelten folgende Regeln:

- Der betroffene Arbeitsauftrag wird für alle sichtbar markiert. Beispielsweise wird die Karte zum Arbeitsauftrag auf der Planungswand mit einem fetten roten Rahmen versehen.
- Ein aktueller Staffelholzträger darf niemals gestört und von der Arbeit abgehalten werden. Wenn es Fragen oder Hilfebedarf gibt, ist immer erst zu prüfen, ob nicht jemand anderes die Frage beantworten bzw. die Hilfe leisten kann.
- Wenn ein aktueller Staffelholzträger Unterstützung oder Hilfe anfordert, ist diese vorrangig vor allen anderen und sofort zu leisten. Auch Vorgesetzte haben sich dann gegebenenfalls zu gedulden.
- Wer einen aktuellen Staffelholzträger stört oder nicht vorrangig unterstützt, verursacht eine Verzögerung des Gesamtprojektes.
- Der aktuelle Staffelholzträger konzentriert sich ganz auf die zeitlich kritische Arbeit und stellt alle anderen Aufgaben so lange zurück, bis er kein Staffelholzträger mehr ist.

- Der aktuelle Staffelholzträger nimmt rechtzeitig mit dem nächsten Staffelholzträger auf der kritischen Kette Kontakt auf, informiert ihn regelmäßig über den aktuellen Stand und signalisiert ihm rechtzeitig, dass die Übergabe bevorsteht.
- Jeder zukünftige Staffelholzträger nimmt rechtzeitig Kontakt zum aktuellen Staffelholzträger auf und lässt sich regelmäßig informieren, wann die Übergabe bevorsteht.
- Die Übergabe erfolgt symbolisch, d.h., das gesamte Team kommt kurz für eine Minute zusammen und der alte Staffelholzträger sagt zum neuen: *„Du trägst jetzt das Staffelholz und gibst unser Tempo an."*

Damit jeder einen aktuellen Staffelholzträger erkennen kann, können diese sowohl tatsächlich ein Staffelholz als auch einen entsprechende Button tragen. Wir haben hierzu einen speziellen Stafettenstab entwickelt, der deutlich kleiner ist als ein typischer Leichtathletik-Stafettenstab und den man an einem Halsband eher wie ein Schmückstück tragen kann. Die einfache symbolische Variante ist der Button/Anstecker (vgl. Abb. 9.5-18).

Abb. 9.5-18: Anstecker als Symbol für den Staffelholzträger (ebenso wie der Stafettenstab zu bestellen unter www.oose.de/apm)

Weiterführendes

Im Critical-Chain-Management existieren die Metaphern des Trommlers und des Staffelläufers. Die Person, die gerade mit ihrer Arbeit auf der kritischen Kette liegt, wird dort der Trommler genannt, weil diese Person den Takt für das gesamte Team angibt. Kombiniert wird dies mit der Metapher des Staffelläufers: Bei der Übergabe des Staffelholzes läuft der neue Staffelholzträger rechtzeitig parallel an und übernimmt das Holz sobald er die synchrone Geschwindigkeit erreicht hat.

Lokale Ineffizienz

Übertragen auf iterative Softwareentwicklung heißt dies, dass der jeweils nächste Engpass sich rechtzeitig vor Übergabe vorbereitet, also seine bisherigen Arbeiten abschließt. Unmittelbar vor der Übergabe soll der neue Staffelholzträger nichts mehr tun außer warten und sich auf die neue Aufgabe vorbereiten. Dies steht im Widerspruch zu dem Ansatz der permanenten Beschäftigung, d.h., normalerweise sollen alle Ressourcen jederzeit möglichst vollständig ausgelastet sein, um größtmögliche Effizienz zu erzielen. Hier wird jedoch bewusst eine lokale Ineffizienz erzeugt.

[Goldratt-2002]
E. Goldratt: *Critical Chain, A Business Novel*; deutsch: *Die kritische Kette*, Campus, 2002.

[Lörz-2007]
H. Lörz, U. Techt: *Critical Chain, Beschleunigen Sie Ihr Projektmanagement,* Haufe, 2007.

9.6 Kostenmanagement

9.6.1 PMBoK-Rahmenwerk

Die meisten Projekte werden gegen Budgets gemanagt, und ein Ziel eines Projektleiters sollte es sein, Budgetüberschreitungen zu verhindern. Ein Budget kann den Charakter einer Autorisierung haben, Geldmittel für die Erreichung der Projektziele auszugeben, es kann sich aber auch um eine genehmigte Prognose handeln, die den Verlauf der Kosten über die Laufzeit des Projektes vorhersagt und als Bewertungs- und Leistungsmaßstab für den Projektfortschritt und die dabei entstehenden Kosten dient.

Die Prozesse des Projektkostenmanagements befassen sich mit der Planung, Schätzung, Budgetierung und Steuerung der Kosten sowie mit Budgetänderungen.

Fertigstellungswert (*Earned-Value-Analyse*)

Ein wesentliches Verfahren des Projektkostenmanagements ist die Analyse des Fertigstellungswerts (*Earned Value Analysis*), die einen Soll-Ist-Vergleich von Projektfortschritt hinsichtlich Arbeitsmengen und -kosten ermöglicht und als Grundlage für Prognosen dient.

Eine Aufgabe des Projektmanagers in Kundenprojekten kann auch darin bestehen, die projektbezogenen Vorleistungen der ausführenden Organisation zur Umsetzung des Projektes für den Kunden zu überwachen und in einem akzeptablen Rahmen zu halten, der verhindern soll, dass der Auftragnehmer laufend zur Bank gehen muss, um das Projekt des Kunden zu finanzieren. Auch dafür wird die Earned-Value-Analyse herangezogen.

Prozesse des Kostenmanagements sind:

- **Kostenschätzung** – Beinhaltet die Schätzung der Kosten für Ressourcen, die für die Ausführung der Projektaktivitäten notwendig sind, inklusive möglicher Abweichungen und Risiken. Der Prozess wird im Verlauf des Projektes iteriert, um mit fortschreitendem Wissenszuwachs zuverlässigere Schätzungen zu ermöglichen.
- **Kostenplanung** – Erstellung einer Kostenbaseline[20], eines über eine Zeitachse gezogenen Budgets als genehmigter Prognose für die Kostenentwicklung, gegebenenfalls Sicherstellung der Verfügbarkeit von Mitteln, Überwachung der laufenden Kosten.

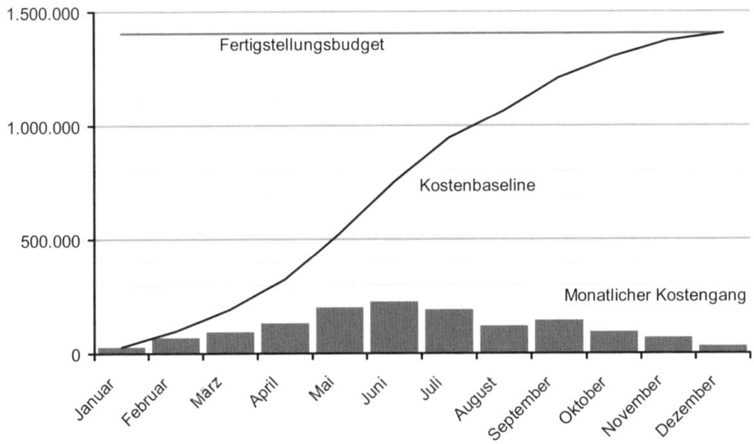

Abb. 9.6-1: Kostenbaseline eines Projektes als kumulierter Kostengang

- **Steuerung der Kosten** – Überwachen der Faktoren, die zu Abweichungen bei den Kosten und Änderungen der Kostenbaseline führen. Änderungswesen für die Kostenbaseline und das Fertigstellungsbudget.

In diesen Prozess fällt auch die Feststellung des Fertigstellungswerts (*Earned Value*) und die darauf basierende Leistungsmessung und -prognose im Rahmen der Fertigstellungswertmethode (*Earned Value Technique*). Kostenbaseline

[20] *Baseline* wird oft ins Deutsche mit *Basisplan* übersetzt, was wir für nicht sehr verständnisfördernd halten. Eine Baseline ist eine *Ausgangsbasis* für Entscheidungen. Man könnte sie als Kopie der zum Zeitpunkt der Entscheidungen gültigen Planung interpretieren, die sicher verwahrt wird. Später kann sie zu einem Soll-Ist-Vergleich der dann aktualisierten Planung und der tatsächlichen Projektleistung herangezogen werden. Die wichtigste der Baselines ist die Kostenbaseline, auf deren Basis die Earned-Value-Analyse durchgeführt wird, mit der Fortschrittsmessung für Arbeit und Kosten möglich wird.

9.6.2 Konzentrationsworkshop (Weglassworkshop)

Kurzbeschreibung

In diesem Workshop wird ermittelt, welche Ergebnisse oder Aktivitäten vermieden werden können, ohne den Projekterfolg zu gefährden.

Stichworte und verwandte Themen

Anforderungsworkshop, Kosten-Nutzen-Priorisierungsmatrix

Indikationen

- Projektumfang minimieren
- Kosten senken

Beschreibung

Ein systematischer, aber aufwendiger Weg, um herausfinden, welche Aktivitäten und Zwischenergebnisse in einem Projekt überflüssig oder von geringem Nutzen sind, ist beispielsweise eine Prozessanalyse. Dabei wird analysiert, wer braucht wann welche Ergebnisse von wem, damit er seine Arbeit erfolgreich erledigen kann. Weil hier alle relevanten Prozesse weitgehend vollständig aufzunehmen sind, ist dieser Weg sehr aufwendig.

Ein einfacher und pragmatischer Weg ist ein moderierter Workshop von 1 – 3 Stunden Dauer, in dem 3 – 8 Beteiligte verschiedener Aufgabenbereiche zusammenkommen und durch einfaches Nachdenken potenzielle einfach wegzulassende Aktivitäten, Ergebnisse oder auch Werkzeuge ermitteln und diese dann gegebenenfalls näher untersuchen.

Hierzu stellt sich jeder Workshopteilnehmer die Frage: Welche Ergebnisse, Aktivitäten, Werkzeuge, Meetings oder Ähnliches sind ohne Gefährdung des Projektziels weitgehend entbehrlich?

Die Antworten werden gesammelt und anschließend entweder der Projektleitung, den jeweiligen Verantwortlichen der gefundenen Weglassobjekte oder einem Weglass-Beauftragten zur weiteren Bearbeitung übergeben.

Konzentration auf das Wesentliche heißt zu entscheiden, was weggelassen werden kann. Das Weglassen tut gewöhnlich weh. Eine Beschränkung darauf, nur solche Dinge wegzulassen, die nicht weh tun, ist nicht weitgehend genug. Wenn es weh tut, dann hat sich der Workshop gelohnt.

Der Workshop sollte regelmäßig und mit wechselnden TeilnehmerInnen durchgeführt werden. Die Ergebnisse der einzelnen Workshops sollten jedoch von einer zentralen Person gesammelt, ausgewertet und nachverfolgt (d.h. zu Entscheidungen geführt) werden.

Häufige Weglass-Kandidaten sind Meetings, Teilnahmen bestimmter Personen bei Meetings, Dokumente, Berichte, Protokolle, Planungs- und Modellierungswerkzeuge.

Weiterführendes

Kann mit dem *Systemmodell* (⇨369) kombiniert werden.

9.6.3 Kosten-Nutzen-Priorisierungsmatrix

Kurzbeschreibung

Eine Kosten-Nutzen-Priorisierungsmatrix ist ein Verfahren zur Priorisierung nach zwei (gegebenenfalls sich widersprechenden) Aspekten, häufig einem Kosten- und einem Nutzenaspekt.

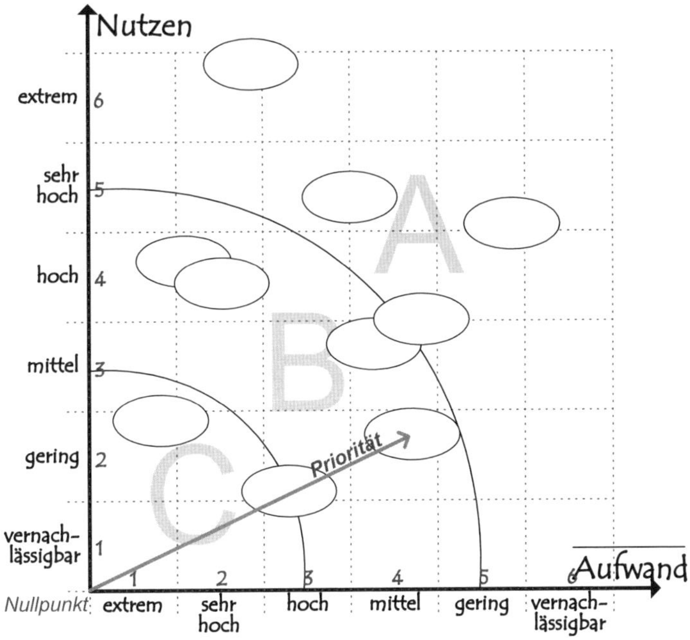

Abb. 9.6-2: Kosten-Nutzen-Priorisierungsmatrix

Stichworte und verwandte Themen

ABC-Priorisierung, Risikobewertung, Nutzenbewertung

Indikationen

- Unklarheit über Vorgehensreihenfolge
- Unklarheit über Wertschöpfung

Beschreibung

- Diagramm mit zwei Achsen erstellen, am besten auf einer Pinnwand.
- Auf der y-Achse im Zweifelsfall den positiven oder wichtigeren Aspekt auftragen, bspw. Nutzen oder Risiko.
- Auf der x-Achse den zweiten Aspekt auftragen, bspw. Aufwand oder Kosten.
- Für beide Achsen eine 3- bis 10-stufige Skala definieren. In Abb. 9.6-2 wurde eine 6-stufige, in dem Fallbeispiel in Abb. 4.1-7 (⇨143) eine 4-stufige Skala verwendet.
- Die Skalen so definieren, dass die unattraktivsten bzw. negativsten Einträge im Achsennullpunkt liegen bzw. die besten Einträge möglichst weit entfernt vom Nullpunkt zu finden sind. Falls also gewöhnlich ein niedriger Wert, wie beispielsweise der Aufwand, der bessere ist, dann ist einfach eine inverse Skala zu verwenden.
- Die zu bewertenden Sachverhalte jeweils auf eine (vorzugsweise ovale) Pinnwandkarte schreiben, bzgl. beider Aspekte/Achsen bewerten und an die entsprechende Position in der Matrix einordnen bzw. festpinnen.
- Nachdem alle Sachverhalte bewertet wurden, kann die Priorität (die Entfernung vom Nullpunkt) abgelesen werden. Sofern eine ganz grobe Einteilung ausreichend ist, können entsprechende Bereiche gebildet werden (bspw. A-B-C-Analyse, Muss-Sollte-Könnte-Analyse).

Bei mehr als 40 zu bewertenden Sachverhalten (Karten) wird es zu eng. In diesem Fall ist entweder eine Vorauswahl notwendig oder aber das Verfahren wird zweimal nacheinander angewendet. Wobei dann beim ersten Mal alle Karten aufgepinnt werden und beim zweiten Durchgang nur noch die 30 wichtigsten der ersten Runde.

Unter Umständen kann es sinnvoll sein, Vorgaben über die Verteilung zu treffen, beispielsweise dass nur maximal 20 Prozent der Karten im höchsten Segment (A) liegen dürfen oder die Verteilung über die Segmente linear oder nach der Gauß´schen Normalverteilung erfolgen soll. Wenn das auch nicht hilft und die Beteiligten alle Elemente (auf einer Achse) als gleich wichtig einschätzen, dann zwingen Sie die Teilnehmer zu einer absoluten Reihenfolge, im Zweifelsfall durch paarweisen

Vergleich („Wenn Sie sich nur für ein Element entscheiden dürfen, welches ist wichtiger: A oder B?“).

Weiterführendes

Anstelle einer Grafik kann die Bewertung auch mathematisch vorgenommen werden. Hierbei werden beide Achsen in gleicher Weise numerisch skaliert, bspw. Werte von 1 – 6. Die Priorität ergibt sich dann wie folgt:

$$Priorität = \sqrt{Wert(x)^2 + Wert(y)^2}$$

Bei einer 6-stufigen Skala wäre die höchste Priorität demnach 8,5.

Diese Art der Bewertung kann beispielsweise in Form einer Tabellenkalkulation, wie in Abb. 4.1-7 (⇨143) dargestellt, stattfinden.

Interessenhalter	Risiko	Aufwand	Priorität
Callcenteragent	5	4	6,4
Callcenterleitung	5	4	6,4
Agentur	5	3	5,8
Niederlassung	4	4	5,7
Systemadministrator	4	4	5,7
Kfz-Service	3	4	5,0
Kundensekretariat	2	3	3,6

Abb. 9.6-3: Interessenhalter mit Tabellenkalkulation priorisieren
(hoher Wert=wichtig, Interessenhalter nach Priorität absteigend sortiert)

Eine weitere Variante ergibt sich in Kombination mit der 80:20-Regel. Diese Regel besagt, dass man üblicherweise mit 20 Prozent der Mittel 80 Prozent der gewünschten Effekte erzielen kann. Sie können dies auf die Priorisierungsmatrix in der Weise anwenden, dass Sie nur die 20 Prozent der wichtigsten Sachverhalte berücksichtigen.

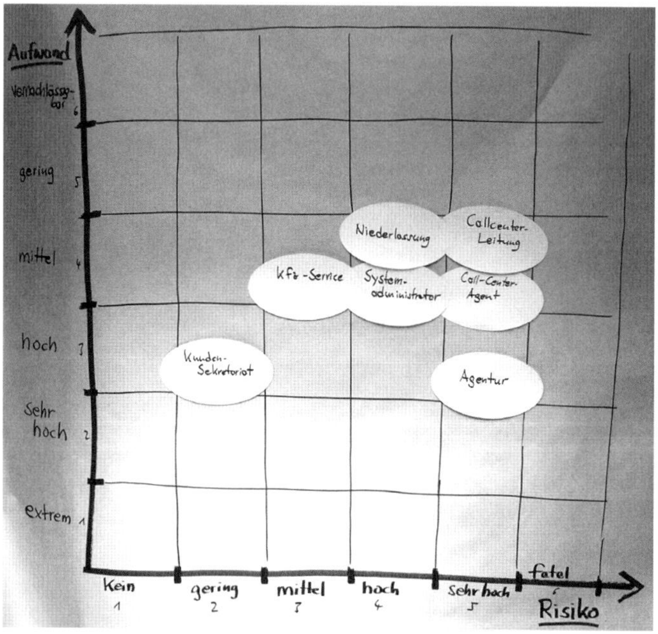

Abb. 9.6-4: Interessenhalter grafisch an Pinnwand priorisiert

In ähnlicher Form können Sie auch umgekehrt vorgehen und die 20 Prozent der unwichtigsten Sachverhalte damit aussortieren. Beispielsweise nach dem Motto „die letzten 20 Prozent der Anforderungen werden sowieso nicht benötigt".

9.6.4 Tauschobjekte sammeln

Kurzbeschreibung

Während der alltäglichen Arbeit werden nicht verpflichtende, optionale und freiwillige Leistungen gesucht und systematisch gesammelt. Diese Leistungen sollten für andere Stakeholder von Nutzen sein können, um diese dann bei Gelegenheit zum Tausch gegen selbst benötigte, jedoch formal nicht zu fordernde Leistungen anzubieten.

Stichworte und verwandte Themen

Vertragsmanagement

Indikationen

- Geringe vertragliche Spielräume
- Fairer, entgegenkommender Umgang der Vertragsparteien

- Konfliktvermeidung

Beschreibung

Erfolgreiche Projekte jenseits starrer Verträge

Verträge dienen dazu, im Streitfall über eine definierte Interessenposition zu verfügen. Um alle inhaltlichen Aspekte erschöpfend zu regeln, sind Verträge gewöhnlich wenig geeignet. Nicht alle Leistungen können bei Vertragsabschluss antizipiert und vorab geregelt werden.

Im Hinblick auf eine für alle Parteien erfolgreiche Projektdurchführung sind daher alle Vertragsparteien während der Projektlaufzeit immer wieder darauf angewiesen, Leistungen zu erbringen oder zu fordern, die vertraglich nicht vorgesehen sind. Die ein oder andere Partei tut sich damit schwerer oder leichter oder hat das Gefühl, subjektiv ungerecht behandelt zu werden.

Leistungstauschkultur

Man selbst kann durch systematisches Sammeln möglicher Tauschobjekte zu einer offenen Leistungstauschkultur beitragen. Führen Sie hierzu eine Liste mit (für andere) nützlichen/wertvollen Leistungen, die andere Parteien von Ihnen nicht erwarten können, die Sie aber sowieso aufgrund anderer Zusammenhänge erbringen müssen oder die zu erbringen Ihnen ganz wenig kostet.

Freiwillige Leistung

Wenn Sie dann eine freiwillige Leistung von einer anderen Partei benötigen, suchen Sie in der Liste nach geeigneten Tauschobjekten: „Ich geb dir dies und du mir dafür das."

In dieser Liste halten Sie auch fest, welche freiwilligen Leistungen Sie bereits ohne Gegenleistung erbracht haben, um darauf gegebenenfalls später zurückzukommen: „Von mir hast du letztens dies erhalten, ich bräuchte jetzt von dir das."

Verhandlungsoptionen

In kleinen Projekten haben die Beteiligten solche Listen im Kopf. In größeren Projekten aber ist das Wissen über Tauschobjekte und Tauschgeschäfte verteilt – in den entscheidenden Momenten fehlt den Beteiligten möglicherweise das Wissen und damit die Verhandlungsmöglichkeit. Eine einfache zentrale Liste (z.B. im Wiki) kann hier bereits hilfreich sein.

Weiterführendes

Kulanzrechnung ⇨408

9.7 Qualitätsmanagement

9.7.1 PMBoK-Rahmenwerk

Projektqualitätsmanagement erstreckt sich über zwei Ebenen: die Qualität des Projektes selbst und die des Produktes, der Befähigung zur Dienstleistung oder eines sonstigen Ergebnisses. Sie setzt die qualitätsrelevanten Richtlinien, Zielsetzungen und Verantwortungen der ausführenden Organisation um und beinhaltet dazu die Prozesse Qualitätsplanung, Qualitätssicherung und Qualitätssteuerung.

Prozesse des Qualitätsmanagements sind:

- **Qualitätsplanung** – Festlegung, welche Qualitätsstandards für das Projekt gültig sind und wie diese zu erfüllen sind. Der Prozess sollte parallel zu den anderen Planungsprozessen durchgeführt werden.

Qualitätssicherung

- **Durchführung der Qualitätssicherung** – Qualitätssicherung (*Quality Assurance*) ist die geplante und proaktive Anwendung von Maßnahmen, die sicherstellen sollen, dass alle qualitätsrelevanten Prozesse durchgeführt werden. Eines der wichtigsten Qualitätssicherungswerkzeuge ist das Qualitätsaudit.
- **Durchführung der Qualitätssteuerung** – Ziel der Qualitätssteuerung (*Quality Control*) ist, durch Überprüfung von Arbeitsergebnissen deren Übereinstimmung mit den Qualitätsnormen festzustellen und bei Abweichungen Wege zu finden, die Ursachen zu beseitigen. Im Mittelpunkt der Qualitätssteuerung stehen Überprüfungen von Arbeitsergebnissen (*Inspections*) und deren Auswertung.

9.7.2 Externe Projektreviews

Kurzbeschreibung

Entweder regelmäßig oder gelegentlich zu ausgewählten Themen werden externe Experten zur Begutachtung von Teilergebnissen herangezogen, um frühzeitig Sicherheit zur Tragfähigkeit von Lösungen zu erlangen und mögliche Schwachstellen zu entdecken und um gegebenenfalls weitere oder alternative Ideen und Lösungsansätze kennenzulernen.

Stichworte und verwandte Themen

Risikomanagement

Indikationen

- Sicherheit zur Tragfähigkeit von Lösungen erlangen
- Schwachstellen entdecken
- Neue Idee und Lösungsansätze kennenlernen

Beschreibung

Sofern regelmäßig, beispielsweise iterationsweise, der aktuelle Projektstand von externen Experten begutachtet werden soll, dann ist es eher sinnvoll, jedes Mal andere Experten zu engagieren, um immer wieder neue Ideen und Sichtweisen und neue mögliche Schwachstellen zu entdecken.

Wenn der Fokus auf einem speziellen Thema liegt, kann eine spätere erneute Begutachtung durch Externe den zwischenzeitlichen Umgang mit dem Thema kritischer würdigen.

Die externen Reviews oder Audits müssen nicht unbedingt sehr lang oder ausufernd sein. Im einfachsten Fall stellen Projektmitarbeiter den Gutachtern eine Lösung bzw. ein Arbeitsergebnis vor, die Gutachter erhalten noch ein paar Stunden oder ein bis zwei Tage Zeit, die Lösung und gegebenenfalls weiterführende Dokumente zu studieren und ihre Thesen zu hinterfragen, und präsentieren dann im unmittelbaren Anschluss ihre Erkenntnisse.

Wir kennen große Projekte, in denen regelmäßig solche externen Reviews stattfanden, für die von vornherein das Budget eingeplant war. Manchmal wurden sehr namhafte Einzelexperten geholt und manchmal haben auch namhafte Firmen ihre Experten geschickt. Selbst bei gleichen Themenbereichen wurden sehr unterschiedliche, aber meistens hilfreiche Erkenntnisse geliefert. Manchmal erkannte das Projekt auch nur, dass es selbst viel weiter ist als der sogenannte Experte, aber eine solche Bestätigung hat ja auch einen Wert.

9.7.3 Autor-Kritiker-Treffen

Kurzbeschreibung

Ein Autor-Kritiker-Treffen ist ein dreiteiliges Arbeitstreffen bei dem

- ein oder mehrere Autoren eine Lösung, ein Arbeitsergebnis o.Ä. vorstellen und dabei von den übrigen Teilnehmern (den Kritikern) nicht unterbrochen werden;

- die übrigen Teilnehmer (Kritiker) den vorgestellten Gegenstand kritisieren, d.h. ihre Eindrücke, Gedanken, Bemerkungen, Bewertungen etc. hierzu darlegen, und dabei nicht durch die Autoren unterbrochen werden;
- der oder die Autoren sich zurückziehen und das erhaltene Feedback für sich aus- und bewerten.

Stichworte und verwandte Themen

Feedback, Autor-Kritiker-Zyklus, konstruktive Qualitätssicherung

Indikationen

- Eine Person oder ein Team möchte von sachverständigen Kollegen Feedback zu einem Arbeitsergebnis erhalten.
- Aufspüren von Schwachstellen, Stärken und Schwächen eines Arbeitsergebnisses oder Produktes
- Sammlung von Ideen für die Qualitätsverbesserung eines Arbeitsergebnisses

Beschreibung

Feedback zu geben und zu nehmen ist gar nicht so einfach. Wenn man nicht aufpasst, kommt es zu Missverständnissen, emotionalen Verletzungen, Vorwürfen, Demütigungen, Demotivation und Ähnlichem.

Das Autor-Kritiker-Treffen bietet eine konstruktive Struktur, sachlich, mit Wertschätzung und frei von emotionalen Verletzungen Kritik zu erfahren und daraus zu lernen.

Vorgehensweise

Vorbereitung:

- Die Initiative zu dem Treffen geht normalerweise von den Autoren aus, die gerne Kritik erfahren möchten. Andere Personen, bspw. die Projektleitung, Vorgesetzte oder Kollegen, sollten das Treffen nicht initiieren, sondern können den Autoren lediglich einen unverbindlichen Vorschlag hierzu machen. Die Autoren legen den zu bearbeitenden Gegenstand fest.
- Ein neutraler Moderator wird festgelegt, der das Treffen leiten wird.
- Die Teilnehmer (Kritiker) werden ausgewählt und unter Angabe des Themas/Gegenstandes, Ort, Zeitpunkt und Dauer des Treffens eingeladen. Sofern es hilfreich ist, werden den eingeladenen Kritikern rechtzeitig alle relevanten Unterlagen zugestellt, damit die Kritiker sich vorab einarbeiten und vorbereiten können.

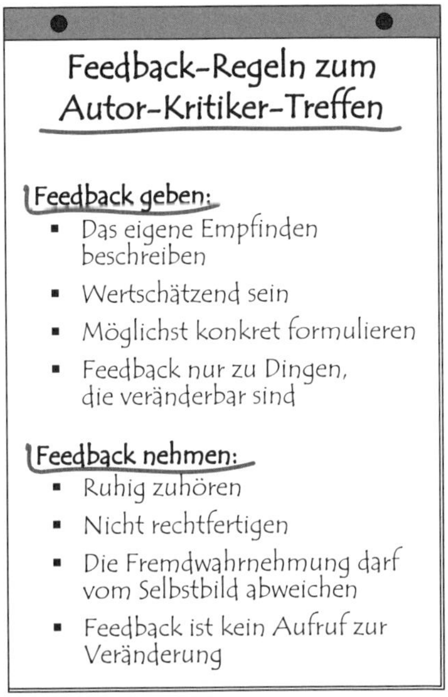

Abb. 9.7-1: Feedback-Regeln zum Autor-Kritiker-Treffen

Ablauf des Treffens:

- Der Moderator stellt die Autoren und ihr Thema vor und erläutert die Regeln sowie den geplanten Ablauf des Treffens. Vor allem hat der Moderator darauf hinzuweisen, dass die Kritiker sich zunächst nicht zur Präsentation äußern dürfen.
- Der oder die Autoren stellen ihren zu kritisierenden Gegenstand vor, bspw. ein Arbeitsergebnis. Die Kritiker hören zu, notieren sich Kritik, Anmerkungen, Fragen etc. hierzu, dürfen diese jedoch nicht äußern. Lediglich Verständnisfragen sind zulässig. Auch nonverbale Äußerungen, bspw. bewertende Gesten oder Körperhaltungen, sind zu vermeiden. Der Moderator achtet auf die Einhaltung dieser Regel und interveniert gegebenenfalls sofort.
- Der Moderator bedankt sich bei den Autoren für die Präsentation.
- Der Moderator erläutert die Feedback-Regeln. Er wiederholt diese auch dann, wenn alle Beteiligten diese bereits kennen sollten. Hilfreich ist eine kurze Zusammenfassung auf einem Flipchart, das während der Kritikphase für alle sichtbar bleibt.
- Der Moderator bittet die Kritiker ihre Bemerkungen, Kritik, Ideen und Fragen vorzutragen. Die Autoren können und sollten sich die Kritik notieren. Sie dürfen jedoch keine Stellung hierzu nehmen:

keine Rechtfertigungen, Erläuterungen, Richtigstellungen oder Widersprüche, auch dann nicht, wenn die Kritik offensichtlich falsch oder ungerecht ist. Lediglich Verständnisfragen sind zulässig. Auch nonverbale Äußerungen, bspw. bewertende Gesten oder Körperhaltungen, sind zu vermeiden. Der Moderator achtet auf die Einhaltung dieser Regel und interveniert gegebenenfalls sofort.

Um eine Fokussierung auf einzelne Kritiker zu vermeiden, ist es hilfreich, wenn die Kritiker reihum jeweils nur einen Punkt vortragen, was so lange fortgesetzt wird, bis alle Kritiker alle Kritikpunkte vorgetragen haben. Kritiker, die keine weitere Kritik mehr haben, werden in der Reihe übersprungen. Ein Kritikpunkt, der schon vorgetragen wurde, sollte von einem anderen Kritiker nur wiederholt werden, wenn dieser etwas Wichtiges hinzuzufügen oder eine andere Bewertung hierzu hat.

Je nach dem Gegenstand des Treffens kann es sinnvoll sein, von den Kritikern zu jedem Punkt explizit eine Einordnung in folgende Kategorien zu verlangen: 1. Offene Frage, 2. Verbesserungsidee, 3. Hinweis auf eine negative Eigenschaft bzw. einen Mangel, 4. Hinweis auf besonders positive Eigenschaft, 5. Hinweis auf einen Show-Stopper bzw. K.O.-Kriterium, der jede weitere Diskussion obsolet macht und den Moderator zum Abbruch des Autor-Kritiker-Treffens auffordert.

Abb. 9.7-2: Kritik-Kategorien für das Autor-Kritiker-Treffen

- Der Moderator bedankt sich bei den Kritikern und verabschiedet diese und bittet die Autoren, sobald sie wieder alleine sind, sich ausreichend Zeit zu nehmen, die erhaltene Kritik auszuwerten und zu versuchen, möglichst viel daraus zu lernen. Er bittet die Autoren abschließend, auch zu späteren Zeitpunkten gegenüber den Kritikern möglichst keine Stellung zu beziehen, sondern es einfach dabei zu belassen.

- Die Autoren werten die Kritik aus und lernen daraus.

Weiterführendes

Das Autor-Kritiker-Treffen ist eine Gruppenvariante des normalen (paarweisen) Feedbacks. Siehe *Feedback* ⇨339. Diese Technik ist auch unter dem Begriff Autor-Kritiker-Zyklus bekannt. Beispielsweise in der WAM-Methode [Züllighoven-1998].

9.7.4 Retrospektivenworkshop

Kurzbeschreibung

Eine Retrospektive ist, wie der Name sagt (lat.: *retrospectare* = rückblicken), ein Rückblick. Im hier verwendeten Kontext verbinden wir eine Retrospektive jedoch immer mit dem Ziel, etwas für die Zukunft zu lernen und zu verbessern.

Stichworte und verwandte Themen

Moderation, Verbesserungsprozess, Präparationsworkshop

Indikationen

- Ende einer Iteration
- Abschluss eines Meilensteins, eines Releases, einer Abnahme etc.
- Bedürfnis nach Verbesserung der Strukturen und Prozesse der Arbeit

Beschreibung

Die Ergebnisse und die aktuelle Istsituation werden dahingehend kritisch gewürdigt und geprüft, um herauszufinden, was zukünftig besser laufen könnte, was sich bewährt hat, was nicht gut funktioniert hat usw.

Entsprechend lauten die Kernfragen der Retrospektive: Kernfragen

- Was lief gut? Was hat sich bewährt?
- Was hat nicht richtig funktioniert? Was hat sich nicht bewährt?
- Was und wie wollen wir zukünftig verbessern?

Retrospektiven können auf verschiedenen Organisationsebenen stattfinden: innerhalb der Entwicklungsteams, in der Teamleitungsrunde, in der Gesamtprojektleitung, innerhalb von Releaseteams, Architekturteams usw. Zielgruppe, Teilnehmer

Retrospektiven sind Workshops von 20 Minuten bis ca. 2 Stunden Dauer, die moderiert werden sollten und zu denen die Teilnehmer explizit eingeladen werden.

Teilnehmerauswahl
Offenheit
Managementbeteiligung

Die Auswahl der Teilnehmer sollte stets eine bewusste Entscheidung sein. Es sollten immer ein komplettes Teams und nach Möglichkeit auch nur dieses eingeladen werden. Teamfremde Personen, außer gegebenenfalls der Moderator, gehören nicht dazu. Einzelne Personen eines Teams auszuschließen, ist in der Regel sozial destruktiv. Lediglich die Frage, ob Führungskräfte (Teamleitung, Projektleitung etc.) dabei sind, ist variabel zu beantworten. Dies betrifft die Offenheit der Teilnehmer – wenn Ängste, wenig Vertrauen oder Unbehagen existieren ist es im Zweifelsfall besser, das Team bleibt unter sich.

Ergebnissicherung und -weitergabe

Das Gleiche gilt für die Ergebnisse. Auch hier ist vorher zu entscheiden und allen mitzuteilen, ob oder welche Ergebnisse des Workshops an Dritte weitergegeben werden.

Unter Umständen ist es zweckmäßig, den Betrachtungsgegenstand einzugrenzen oder überhaupt klarer festzulegen. Die Retrospektive könnte beispielsweise eingeschränkt werden auf teaminterne Kommunikation (Metaebene, Metakommunikation), Werkzeuge, Strukturen, Verantwortungsteilung oder anderes.

Systemmodell ⇨369

Für den Fall, dass nicht die oben genannten Standardfragen verwendet werden sollen, empfehlen wir, das *Systemmodell* (⇨369) als Ausgangspunkt zu nehmen.

Eine externe Moderation ist vor allem dann wichtig, wenn Konflikte, soziale Spannungen, Ängste oder gar Aggressionen zu erwarten sind.

Dass externe Moderation nicht nur in (agilen) Projekten, sondern auch für Unternehmen insgesamt hilfreich sein kann, haben wir (oose) einmal in einem für uns ungewöhnlichen Kundenauftrag erlebt. Für ein mittelständisches IT-Unternehmen mit weit über 100 Mitarbeitern haben wir an einem Tag zeitgleich für 10 verschiedene Abteilungen jeweils eigene Workshops unter Ausschluss der Führungskräfte durchgeführt, um der Unternehmensleitung anschließend anonym eine Rückmeldung über die Situationseinschätzung und Veränderungswünsche der Mitarbeiterschaft zu geben. Ausgerüstet mit der gleichen Agenda haben dann 10 oose-Moderatoren strukturell identische Workshops durchgeführt und anschließend dem Management die Augen geöffnet.

Checkliste

- ☑ Wer soll teilnehmen?
- ☑ Was soll betrachtet werden (welcher Zeitraum, welche Arbeitsbereiche etc.)?
- ☑ Wer moderiert?
- ☑ Wer sichert und dokumentiert die Ergebnisse?
- ☑ Wann und wo soll der Workshop stattfinden?

- ☑ Was ist inhaltlich vorzubereiten? Gegebenenfalls vorher Standardfragen auf Flipchart schreiben.
- ☑ Welche Hilfsmittel und Materialien werden benötigt? In der Regel: Pinnwand , Karten, Stifte, Pinnadeln.

Weiterführendes

Bücher speziell zu Retrospektiven: [Kerth-2001] und [Derby-2006].

In folgenden Büchern finden sich kurze lesenswerte Kapitel über Retrospektiven: [Eckstein-2004, S. 92 ff.], [Cockburn-2003, S. 245 ff.] .

Mehr zu Fragetechniken, Kommunikation, sozialen und psychologischen Aspekten finden Sie in [Vigenschow-2007].

9.7.5 Präparationsworkshop

Kurzbeschreibung

Workshop zur Vorbereitung einer unmittelbar bevorstehenden oder begonnenen Phase oder Abschnittes

Stichworte und verwandte Themen

Retrospektive, Projektplanung, Risikomanagement

Indikationen

- Ein neuer grundlegender Arbeitsabschnitt beginnt, beispielsweise
  - eine neue Phase oder
  - die Arbeit an einem neuen Release.

Beschreibung

Bevor die Arbeit in einer neuen Entwicklungsphase so richtig startet, wird mithilfe eines kurzen Workshops versucht,

- die besonderen Herausforderungen der Phase zu erkennen,
- Klarheit über die eigenen Ziele, Absichten und Möglichkeiten zu erlangen
- und alle Betroffenen in diese Erkenntnisse einzubeziehen.

Der Workshop sollte moderiert werden, ein schriftlich formuliertes Thema haben („Worauf kommt es <Name des Arbeitsabschnitt> an?“), und es sollten geeignete Teilnehmer eingeladen werden.

Für die Auswahl der Teilnehmer sind folgende Kriterien relevant:

- Wer kann inhaltlich etwas beitragen?

- Wer soll die Erkenntnisse und Ergebnisse erhalten/erfahren? Direkt am Workshop teilzunehmen, auch in einer passiven Rolle, ermöglicht eine nachhaltigere Einbeziehung und ein tiefer gehendes Verständnis als eine nachträgliche Zusammenfassung oder Ergebnisprotokoll.
- Stakeholder, die inhaltliches Diskussionsobjekt sein könnten, also über die diskutiert wird, sollten möglicherweise nicht eingeladen werden.

Normalerweise ist der Präparationsworkshop eine rein projektinterne Veranstaltung.

In der einfachsten Form läuft der Workshop wie folgt ab:

- Einführung und Erläuterung des aktuelles Kontextes: Was steht jetzt an? Was ist der Betrachtungsgegenstand dieses Workshops? Welche Ziele sind von außen (bspw. durch den Auftraggeber oder Vertrag) vorgegeben?
- Es wird auf die (unten stehenden) Standardfragen hingewiesen.
- Die Teilnehmer schreiben ihre Stichworte und Antworten auf Karten. Je eine Karte pro Stichpunkt.
- Die Karten werden auf der Pinnwand thematisch gegliedert (Cluster). Gegebenenfalls werden Verständnisfragen geklärt.
- Die Gliederungsbereiche (Cluster) werden kurz priorisiert.
- In der Reihenfolge ihrer Priorität werden die Gliederungsbereiche diskutiert und mit einem Stichwort oder kurzen Satz gemeinsam neu formuliert.
- Die gering priorisierten Bereiche werden gegebenenfalls ausgelassen. Normalerweise reichen die 5 – 10 wichtigsten Punkte.

Siehe hierzu auch das Beispiel in Kapitel *2.2.2 Die Weichen richtig stellen* (⇨68).

Standardfragen

- ⊙ Was sind jetzt die typischen Herausforderungen?
- ⊙ Wer sind die wichtigsten Stakeholder in dieser Phase?
- ⊙ Was darf jetzt nicht passieren?
- ⊙ Was sollte jetzt neu eingeführt werden?
- ⊙ Was ist jetzt (viel) einfacher als in späteren Phasen?
- ⊙ Was sind *unsere* Ziele für diese Phase?
- ⊙ Wann ist die Phase beendet?
- ⊙ Welche Ergebnisse und Meilensteine sind zu erzielen?

9.7.6 Stabilisierungsiteration

Kurzbeschreibung

Eine Stabilisierungsiteration bietet ein kurzes Aussetzen des iterativen Vorgehens mit dem Zweck, jenseits der normalen Planung einen großen Berg ungeplanter Aufgaben zu bewältigen, beispielsweise allgemeine Restrukturierungs-, Stabilisierungs- oder Aufraumarbeiten.

Stichworte und verwandte Themen

Projektplanung, Makroplanung, Iterationsplanung, Releaseplanung, Arbeitsaufträge, Endgame

Indikationen

- Erwartete instabile Releases
- Punktuell viele aufwandkreierende Erkenntnisse

Beschreibung

Nach der Einführung eines größeren Releases oder in anderen Situationen, die kurzfristig außerordentlich viel Rückmeldungen und Erkenntnisse bringen, entsteht gewöhnlich ein hoher Bedarf, diese Erkenntnisse kurzfristig zu bearbeiten, beispielsweise vorhandene Fehler zu beseitigen.

Da die dafür notwendigen Arbeitsaufträge nicht frühzeitig geplant werden können, weil die relevanten Inhalte erst kurzfristig erkannt wurden, entstehen in kurzer Zeit sehr viele zusätzliche ungeplante Arbeitsaufträge in der Iteration nach dem Erkenntniszeitpunkt.

Es ist wichtig, für diese inhaltlich zwar noch unbekannten, aber grundsätzlich zu erwartenden Aufgaben Zeit und Aufwand einzuplanen. Beispielsweise könnten Sie in der Iteration nach Auslieferung eines Releases 20 – 50 Prozent der Kapazität dafür reservieren.

Eine Alternative hierzu ist die sogenannte Stabilisierungsiteration, d.h. ein eigener Zeitraum, der komplett für diese Aufgaben reserviert wird. Eine Stabilisierungsiteration sollte nur etwa 20 – 50 Prozent der Zeit einer normalen Iteration einnehmen. Außerdem kann gegebenenfalls der Orientierungsabschnitt einer Iteration verkürzt werden.

Stabilisierungsiterationen sollten nicht kurzfristig einberufen, sondern von Anfang an geplant werden. Dabei müssen Stabilisierungsiterationen die Ausnahme bleiben, höchstens jede 4. bis 5. Iteration sollte eine Stabilisierungsiteration sein. Prüfen Sie, ob Sie nach jedem Release eine Stabilisierungsiteration benötigen. Je nach Anzahl der Releases kann es unverhältnismäßig sein. Planen Sie Stabilisierungsiterationen für solche Situationen, in denen Sie erwarten müssten, deutlich mehr als ein Drittel der Kapazität einer normalen Iteration für die Restrukturierung, Fehlerbehebung und Stabilisierung aufzuwenden. Ansonsten bewältigen Sie die unplanbaren Arbeitsaufträge mit dem normalen Iterationsverfahren.

Weiterführendes

Endgame [Gamma-2007]

9.8 Personalmanagement

9.8.1 PMBoK-Rahmenwerk

Projekte werden von Menschen durchgeführt, und die Prozesse des Projektpersonalmanagements sollen helfen, Projektteams zu organisieren und zu führen.

Führung:
Menschen auf ein Ziel ausrichten
Komplexität reduzieren

Vom Personalmanagement – und Management überhaupt – abzugrenzen ist die Führung. Management beinhaltet vor allem die formale Kommunikation und Rollenzuordnung und hat die Aufgabe, eine Komplexität zu beherrschen und ein notwendiges Maß an Vorhersehbarkeit zu erzeugen. Führung beinhaltet dagegen, Menschen auf ein Ziel auszurichten, Komplexität zu reduzieren und einen oft dramatischen Wandel herbeizuführen. Projektmanager müssen sowohl über Management- wie auch Führungsfähigkeit verfügen.

Prozesse des Personalmanagements sind:

- **Personalbedarfsplanung** – In diesem Prozess werden den Teammitgliedern ihre Rollen zugewiesen, verbunden mit Verantwortlichkeiten und Berichtsverhältnissen. In dem Prozess wird außerdem der Personalmanagementplan erstellt, in dem niedergelegt ist, wie Mitglieder dem Team zugeführt und aus diesem wieder entlassen werden. Außerdem können darin weitere Regelungen, wie zum Beispiel Bonussysteme, definiert sein.
- **Zusammenstellen des Projektteams** – Die Teammitglieder werden ins Projekt geholt und den Aktivitäten des Terminplans zugeordnet. Ein wesentliches Element der damit verbundenen Verhandlungen ist die Festlegung der Verfügbarkeitszeiten.

Teambildung, Teamtraining

- **Entwickeln des Projektteams** – Die Aufgaben des Projektmanagers in diesem Prozess umfassen alle Maßnahmen, die zur Verbesserung der Einzel- und Teamleistung durchgeführt werden, wie Training, teambildende Aktivitäten und räumliche Zusammenführung (*Co-location*).

- **Leiten des Projektteams** – In diesem Prozess werden die Leistungen der Teammitglieder verfolgt und beurteilt und als Feedback an die Mitglieder zurückgegeben. Außerdem werden Teamkonflikte behandelt und Änderungen an der Personalplanung durchgeführt.

9.8.2 Produktivitätsbetrachtungen

Kurzbeschreibung

Betrachtungen und Abschätzungen der Produktivität von SoftwareentwicklerInnen

Stichworte und verwandte Themen

Schätzen, Produktivität, Softwaregleichung, Function Point, idealer Tag

Indikationen

- Die Abschätzung der Produktivität ist eine der Voraussetzungen für die Projektplanung.
- Die Produktivität ist stark individuell unterschiedlich.
- Die Produktivität hängt stark von der Softwareentwicklungsumgebung (SEU) ab.

Beschreibung

Die Produktivität hängt stark von der eingesetzten Programmiersprache ab.

Sprache	LOC/FP niedrig	LOC/FP mittel	LOC/FP hoch
Assembler	200	320	450
C	60	128	170
Fortran	75	107	160
Cobol	65	107	150
C++	30	53	125
Java		53	
Smalltalk	15	21	40

Abb. 9.8-1: Vergleich verschiedener Programmiersprachen in LOC pro Umsetzung eines Function Point

Außerdem ist sie individuell sehr unterschiedlich (Abb. 9.8-2). Auf einer Skala von 1 bis 10 (1 = geringste Produktivität, 10 = maximale Produktivität) liegt der durchschnittliche Entwickler etwa bei 3. Es kann sich also sehr lohnen, gute, teure Kräfte einzusetzen, da deren Produktivität verglichen mit den Kosten überproportional hoch sein kann.

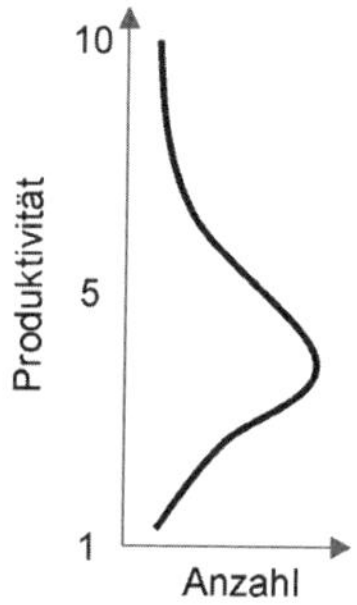

Abb. 9.8-2: Verteilung der individuellen Entwicklerproduktivität in durchschnittlichen Teams

Aus Analysen von QSM [Putnam] ergibt sich, dass ein Team von 3 bis 6 Entwicklern in einem Jahr maximal 75 KLOC Code entwickeln kann. In den modernen SEU scheint es derzeit diese Obergrenze der Produktivität zu geben. Mit der Verbesserung der SEU ist dieser Wert in der Vergangenheit kontinuierlich gestiegen und wird es voraussichtlich auch in Zukunft tun.

Weiterführendes

[DeMarco-1997]
T. DeMarco: *Warum ist Software so teuer?*, Hanser, 1997.

[Jones-1996]
C. Jones: *Applied Software Management*, 1996.

[Putnam]
D. Putnam: *How many software can be developed in a year?*, www.qsm.com.

9.8.3 Gruppendynamik

Kurzbeschreibung

Eine vollständig oder teilweise neu zusammenkommende Gruppe von Menschen, beispielsweise in einem Softwareentwicklungsprojekt, durchläuft typischerweise bestimmte Phasen. In jeder Phase sind andere Aspekte wichtig, und sie beeinflussen die Arbeitsfähigkeit und -leistung der Gruppe.

Die Kenntnis um solche gruppendynamischen Phasen ist wichtig, da sie zu berücksichtigen sind. Die Phasen können nicht künstlich herbeigeführt oder geändert werden.

Gruppendynamische Phasen

Stichworte und verwandte Themen

Teamentwicklung, Teamtraining, Leistungsfähigkeit, Konflikte, Rollenklärung

Beschreibung

Macht- und Einflussstrukturen

Die Macht- und Einflussstrukturen in Projekten sind nicht stabil und verändern sich im Laufe der Zeit. Projekte durchlaufen hier wie jede andere soziale Organisation auch gruppendynamische Prozesse. Projektleitungen sollten mit diesen vertraut sein, sie kennen und berücksichtigen. So gibt es Phasen, in denen die Projektbeteiligten vorsichtig und abwartend agieren, Phasen, in denen Machtkämpfe und Reibereien um Lösungs- und Ideenhoheit ausbrechen, Phasen, in denen alles eingespielt ist und hochproduktiv wie am Schnürchen läuft usw. Großprojekte tendieren leider dazu, aus der Normierungsphase nicht herauszukommen. Es steht gewöhnlich nicht in der Macht Einzelner, die jeweilige Phase gegen eine andere auszutauschen. Wohl aber können Projektleitungen einerseits durch geeignete Rahmenbedingungen und gezielte Interventionen die gruppendynamischen Prozesse konstruktiv unterstützen und andererseits diese Phänomene in der Planung und Steuerung angemessen und konstruktiv berücksichtigen und beispielsweise offen akzeptieren.

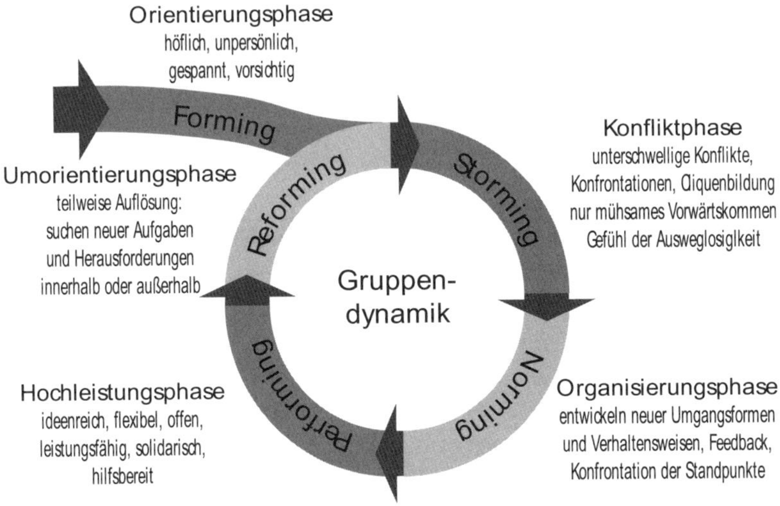

Abb. 9.8-3: Die gruppendynamischen Phasen und ihre typischen Phänomene.

Dave Francis und Don Young

Das Phasenmodell der Gruppendynamik wie in Abb. 9.8-3 dargestellt basiert auf Ideen von Dave Francis und Don Young [Francis-1996] und wurde von uns geringfügig erweitert. Die Gruppendynamik selbst geht auf Kurt Lewin (1890 – 1947) zurück, der 1933 aus Deutschland geflohen ist und sich nicht erklären konnte, warum die Deutschen so ergeben Hitler gefolgt sind. Er hat dies als ein erschreckendes Zeugnis der dynamischen Kraft von Gruppen begriffen.

Die grundlegende Kenntnis – auch abseits extremer charismatischer Führer – ist, dass bestimmte Gesetzmäßigkeiten in Gruppen jeder Art gelten und einem bestimmten zeitlichen Verlauf unterliegen. Dadurch kann es passieren, dass gestern etwas völlig in Ordnung war, was heute Konflikte in einer Gruppe auslöst.

- **Forming**

Unsicherheit, distanziertes Verhalten

In der **Orientierungsphase** herrschen Unsicherheit, distanziertes Verhalten bis hin zur Zurückgezogenheit vor. Die Gruppe ist neu gebildet oder tritt zumindest in dieser Konstellation neu zusammen, man ist höflich und eher unpersönlich. Die Gruppenmitglieder versuchen, sich an die neue Situation und die ihnen bislang fremden Menschen zu gewöhnen. Dabei sind die Gruppenmitglieder eher angespannt und verhalten sich meist vorsichtig. Die einzelnen Mitglieder haben noch keine sicheren Positionen innerhalb der Gruppe gefunden.

- **Storming**

Machtkämpfe, Cliquen

Daran schließt sich direkt die **Konfliktphase** an, in der es zu Machtkämpfen kommt. Jetzt bilden sich Cliquen, es gibt unterschwellige Konflikte bis hin zur offenen Konfrontation. Die Gruppe kommt nur mühsam voran und es macht sich ein Gefühl von Ausweglosigkeit breit. Um die einzelnen, gruppeneigenen Führungsrollen wird gekämpft, und die inneren Strukturen bilden sich heraus. Diese Phase ist die Härteprobe einer Gruppe, und es zeigt sich, wer Machtkämpfe besser durchsteht und wer weniger.

- **Norming**

Jeder findet seinen Platz

In der **Organisierungsphase** bilden sich die gruppeneigenen Umgangsformen und Verhaltensweisen heraus. Es gibt mehr oder weniger offenes Feedback und eine Konfrontation der Standpunkte. Der in der Konfliktphase vorherrschende Konkurrenzgedanke entwickelt sich weiter zu einer intensiven Zusammenarbeit. Jedes Mitglied hat seinen Platz mit seinen Aufgaben gefunden und ist damit auch innerhalb der Gruppe weitgehend akzeptiert.

- **Performing**

  Das führt die Gruppe schließlich in die **Hochleistungsphase**. Die Gruppe ist ideenreich, flexibel, offen für Neues, untereinander solidarisch und hilfsbereit. Ein richtig schlagkräftiges und eingespieltes Team. Häufig wird ein idealer Arbeitsfluss (Flow) erreicht. Dadurch wird das Team im Optimalfall bestmöglich leistungsfähig, die Gruppe hat ihren Höhepunkt erreicht.

Schlagkräftig und eingespielt

- **Reforming**

  Nach der Phase der Hochleistung kommt zumindest für einige aus der Gruppe der Aufbruch zu neuen Ufern, die **Umorientierungsphase** oder Trennungsphase. Zum einen erfolgt die Trennung irgendwann dadurch, dass das Projekt beendet wurde. Unabhängig davon werden einige Gruppenmitglieder möglicherweise bereits früher unzufrieden und suchen neue Herausforderungen. Oftmals werden diese außerhalb in anderen Gruppen (anderen Projekten, neuen Unternehmen etc.) gesucht. Die Fluktuation nimmt zu, es kommen neue Mitglieder in die Gruppe. Die Gruppenstruktur verändert sich, es entsteht Unruhe und in gewisser Weise beginnt der gruppendynamische Phasenzyklus von vorne. Die neuen Gruppenmitglieder sind erst abwartend, dann suchen sie kämpferischer ihre Position etc.

Fluktuation

Je nach Dauer und Verlauf eines Projektes kann es sein, dass eine Gruppe gar nicht alle Phasen durchläuft oder aber manche mehrfach. In großen Projekten sind die einzelnen Personen teilweise gleichzeitig Mitglieder in verschiedenen Gruppen. Dann bildet beispielsweise das Entwicklungsteam eine Gruppe. Der Teamleiter ist aber vielleicht gleichzeitig auch Mitglied in einer Projektleitungsgruppe. Die verschiedenen Gruppen werden ihre ganz eigenen Zyklen durchlaufen und selten synchron sein.

Formale und informelle Strukturen

In der Orientierungsphase ist der Blick stark auf die offiziellen und formalen Strukturen und Führungspositionen ausgerichtet. Später werden diese durch mehr oder weniger davon abweichende informelle Führungsstrukturen ersetzt.

Bezüglich der anstehenden und für die Gruppe geplanten Aufgaben sind gruppendynamische Zyklen bedeutsam. Aufgaben, die eine hohe Kooperationsfähigkeit verlangen, also typischerweise komplexe Aufgaben, sollten erst nach der Konfliktphase angegangen werden. Gerade im Hinblick auf die typische agile Strategie, Risiken frühzeitig zu bearbeiten, riskante Aufgaben vorzuziehen etc. ist dieser Widerspruch bewusst zu berücksichtigen. Bestimmte risikobehaftete Aufgaben sollten also erst nach der Konfliktphase aufgegriffen werden.

Kleine Gruppen

Kleine Gruppen, die sich weitgehend oder vollständig aus früheren Projekten kennen und nun wieder in ähnlicher Konstellation zusammenarbeiten, durchlaufen die Konfliktphase sehr wahrscheinlich schneller und sind somit für riskante Aufgaben früher geeignet.

Konflikte bewusst und frühzeitig austragen

Außerdem zeigt das gruppendynamische Modell auch, dass es sinnvoll ist, Konflikte bewusst und frühzeitig auszutragen und zu klären. Alle Versuche, Konflikte vor Ende der Konfliktphase zu unterbinden, zu unterdrücken oder klein halten zu wollen, verlangsamen den Prozess und es dauert länger, bis die Gruppe ihre optimale Arbeitsfähigkeit erreicht hat. Deswegen können gezielte Teamtrainings zu Anfang des Projektes in dem Sinne Wunder bewirken, dass sie die notwendigen Prozesse beschleunigen. Frühe Teamtrainings, für die man externe Trainer benötigt, sind normalerweise ihr Geld wert.

Grundsätzlich bietet ein iteratives Vorgehen, in dem frühzeitig und kontinuierlich messbare Ergebnisse, also lauffähige Software, produziert werden soll, eine optimale Voraussetzung für gut laufende gruppendynamische Prozesse. Die Gruppenmitglieder sind gezwungen, gemeinsam erste Ergebnisse zu produzieren, wozu sie ihre Rollen und Fähigkeiten frühzeitig klären und beweisen müssen. In stark wasserfallorientierten Entwicklungsgruppen bieten sich viel mehr Möglichkeiten, Konflikte und Klärungen zu verschleppen. Viele Großprojekte kommen deswegen beispielsweise nie richtig in die Hochleistungsphase.

Weiterführendes

[Francis-1996]
D. Francis, D. Young: *Mehr Erfolg im Team*, Windmühle, 1996.

[Vigenschow-2007]
U. Vigenschow, B. Schneider: *Soft Skills für Softwareentwickler – Fragetechniken, Konfliktmanagement, Kommunikationstypen und -modelle*, dpunkt.verlag, 2007.

[www.oose.de] Diverse Schulungen und Dienstleistungen zur Teamentwicklung.

Einige Textpassagen dieses Abschnittes stammen aus dem Buch [Vigenschow-2007], die uns der Autor und oose-Kollege freundlichst überlassen hat, sowie aus den oose-Softskill-Seminaren.

9.8.4 Newbie-Mentor

Kurzbeschreibung

Unterstützung neuer oder junger Mitarbeiter durch einen erfahrenen Projektmitarbeiter.

Stichworte und verwandte Themen

Pair-Programming

Indikationen

- Etablierung von Standards
- Unterstützung neuer und junger Projektmitarbeiter

Beschreibung

Jemand, der neu in ein Projekt kommt, muss zunächst viel lernen und hat viele Fragen. Die wichtigsten Informationen sollten in irgendeiner dokumentierten Form vorliegen, beispielsweise in einem Wiki. Damit ist gewöhnlich jedoch nur ein Bruchteil der Fragen beantwortet.

Jedes Projekt entwickelt seine eigene Kultur, eigene Umgangsformen sowie Konventionen und kreiert ungeschriebene Regeln und Gesetze.

Nach einer Weile mögen Neue manchmal nicht mehr fragen, weil sie glauben, andere damit zu stören. Manche Mitarbeiter sind auch schüchtern oder möchten alles alleine herausbekommen.

In solchen Fällen ist es hilfreich, dem Neuen einen Mentor zuzuordnen, der ihm hilft. Zum einen ist damit eine klare Ansprechpartnerrolle definiert, der Mentor ist genau dafür da, alle Fragen immer und immer wieder zu beantworten. Zum anderen wird der Mentor aber auch proaktiv tätig, d.h., er nimmt von sich aus regelmäßig Kontakt zum Neuen auf und klärt, welche Unterstützung er gerade gebrauchen kann.

Der Mentor nimmt normalerweise dem Neuen jedoch keine Verantwortung ab und übernimmt nicht dessen Arbeit.

9.8.5 Prozessverantwortliche(r)

Kurzbeschreibung

Der Prozessverantwortliche verantwortet komponenten- und serviceübergreifende Abläufe und Prozesse und koordiniert die darin involvierten Teams oder Teilprojekte.

Stichworte und verwandte Themen

Projektorganisation

Indikationen

- Prozessorientierte Anforderungen (z.B. Anwendungsfälle) bei ansonsten komponentenorientierter Projektorganisation.

Beschreibung

Mittlere und große Projekten sind gewöhnlich in Teilprojekte und Teams organisiert. Die Abgrenzung erfolgt dabei meistens unter anderem entlang von Komponenten- oder Subsystemgrenzen. Diese Untergliederung ist, sofern die Teams hinreichend unabhängig voneinander arbeiten können, auch sinnvoll.

Auftraggeber und Kunden denken weniger in Subsystemen als in Prozessen und Abläufen. Auch Anforderungen, beispielsweise in Form von Anwendungsfällen, sind oftmals entlang von Abläufen untergliedert. Diese Abläufe benutzen Funktionalitäten aus vielen verschiedenen Komponenten. Anwendungsfälle und Prozesse stehen somit orthogonal (im rechten Winkel) zur Teamstruktur.

Selbst wenn jedes Team seine Services, die für die Prozesse benötigt werden, gut implementiert hat, bedarf es noch einer Instanz, eines Prozessverantwortlichen, der die Prozesse insgesamt im Auge hat.

Richten Sie also zusätzlich zu Ihren Komponententeams ein oder mehrere Teams ein (oder in kleinen Projekten einen einzelnen Mitarbeiter), die sich übergreifend um die Prozesse kümmern.

Die Aufgaben des Prozessverantwortlichen bestehen in der Koordination der einzelnen Teams im Hinblick auf bestimmte Prozesse. Er achtet darauf, dass die Prozessanforderungen erfolgreich umgesetzt werden und dass entsprechende Tests entstehen.

Zusätzlich sorgt er auch dafür, dass gemeinsame oder ähnliche Sachverhalte bzw. Anforderungen von den verschiedenen Teams auch einheitlich gelöst werden beziehungsweise gegebenenfalls gemeinsame, wiederverwendbare Lösungen entstehen.

9.9 Kommunikationsmanagement

9.9.1 PMBoK-Rahmenwerk

Kommunikation ist eine Schlüsselfähigkeit guter Projektmanager. Ohne sie ist die Integration der vielfältigen Bestandteile eine Projektes nicht möglich, ohne sie gibt es keine Motivation, und wegen schlechter Kommunikation werden Liefergegenstände an den Anforderungen und Bedürfnissen von Kunden, Benutzern und anderen Stakeholdern vorbei erzeugt.

Tatsächlich sind Missverständnisse neben schlechter Planung und überforderten Teams einer der häufigsten Gründe für Projektkrisen, verbunden mit Mehrkosten und Terminplanüberschreitungen und mit Unzufriedenheit bei einer Vielzahl von Stakeholdern.

Prozesse des Kommunikationsmanagements sind:

- **Kommunikationsplanung** – Erstellung eines Kommunikationsmanagementplans, der die Informationsbedürfnisse der Stakeholder berücksichtigt und Regeln zum Kommunikations- und Dokumentationswesen beinhaltet.
- **Informationsverteilung** – Dieser Prozess beinhaltet die zeitgerechte Verfügbarmachung von Informationen gemäß den Regeln des Kommunikationsmanagementplans, aber auch bei unvorhergesehenen Informationsanforderungen.
- **Leistungsberichtswesen**[21] – Sammlung von Baseline-Daten und Daten zum laufenden Projektfortschritt werden zusammengetragen und daraus Soll-Ist-Vergleiche erstellt. Aus vorhandenen Informationen werden dann Prognosen abgeleitet.
- **Stakeholder-Management** – Konflikte mit nicht identifizierten oder vernachlässigten Stakeholdern gehören zu den Hauptursachen für Projektkrisen. Im Stakeholder-Management werden die Kommunikationsbedürfnisse und weitere Anforderungen der Stakeholder ermittelt und Probleme identifiziert. Mit diesem Wissen wird versucht, Betroffene zu Beteiligten zu machen, Beteiligte als Unterstützer zu gewinnen und Widerstände nachhaltig zu reduzieren.

---

[21] In der deutschen Übersetzung des PMBoK Guide mit „Fortschrittsberichtswesen“ bezeichnet. Der englische Ausdruck *Performance reporting* ist aber umfassender und dem Inhalt des Prozesses angemessener, weswegen wir die obige Übersetzung bevorzugen.

9.9.2 5-mal-Warum-Fragetechnik

Kurzbeschreibung

Bei einem Problem, nur (einmal) nach dem „Warum" zu fragen, reicht nicht aus. Fragen Sie mehrfach immer wieder: „Warum?"

Stichworte und verwandte Themen

Qualitätsmanagement

Indikationen

- Sie möchten die Ursache oder den wahren Grund eines Problems finden.

Beschreibung

Diese Fragetechnik geht davon aus, dass es nicht reicht, einmal nach dem Warum zu fragen, sondern dass dies ca. 5 – 7-mal nacheinander geschehen muss. Dabei wird unterstellt, dass die ersten Antworten nur Symptome und Phänomene zutage fördern, aber noch nicht die Ursache darstellen. Falls dann für eine vermeintliche Ursache Maßnahmen und Lösungsideen entwickelt werden, werden diese sehr wahrscheinlich auch nur an den Symptomen herumdoktern, aber keine nachhaltige Lösung bringen.

Beispiel	Lösungsebene
Problem? Die Analyse wird längern dauern als geplant.	Termin verschieben
Warum? Die Fachabteilung hat keine Zeit für uns.	Bei der Fachabteilung Problembewusstsein schaffen
Warum? Die Fachabteilung hat andere Prioritäten.	Druck auf Fachabteilung erhöhen
Warum? Die Fachabteilungsleitung sieht keine Notwendigkeit, Druck auf ihre Mitarbeiter auszuüben.	Motivation der Fachabteilung hinterfragen
Warum? Es wurden keine definierten Reaktionszeiten mit dem Auftraggeber vereinbart.	Vereinbarungen und Verträge verbessern
Warum? Daran hat niemand gedacht und in unseren Standardverträgen sind hierzu keine Klauseln vorgesehen.	Zukünftige Verträge verbessern
Warum? Weil wir nicht wissen, wer dafür zuständig ist.	Interne Verantwortung festlegen

Wie oft genau die Warumfrage zu wiederholen ist, ist je nach Sachverhalt unterschiedlich. Im Zweifelsfall einfach einmal zu oft fragen und prüfen, ob dies noch eine neue Erkenntnis gebracht hat.

Weiterführendes

http://de.wikipedia.org/wiki/Taiichi_Ohno

[Ohno-2005]
T. Ohno: *Das Toyota-Produktionssystem*, Campus, 2005.

9.9.3 Aktives Zuhören

Kurzbeschreibung

Die Methode des aktiven Zuhörens von Carl Rogers (1902 – 1987) zielt darauf ab, sich in den Gesprächspartner einzufühlen, beim Gespräch mitzudenken und den Ausführungen des Gesprächspartners aufmerksam und interessiert zu folgen. Die Methode ist ein geeignetes Werkzeug, um Kommunikationsverluste zu begrenzen und Missverständnisse zu vermeiden.

Stichworte und verwandte Themen

Ich-Botschaften, Feedback-Regeln, Soft Skills

Indikationen

- Kommunikationsprobleme
- Missverständnisse
- Personen fühlen sich missverstanden.

Beschreibung

Warum ist aktives Zuhören so wichtig?

- Wir nehmen Realität subjektiv wahr.
- Wir speichern die empfangene Information im Gehirn.
- Wir transformieren unsere gespeicherte Information in Sprache.
- Unsere Sprache wird vom Empfänger subjektiv wahrgenommen.

Mit jedem dieser Schritte geht Information verloren, sie wird ausgefiltert (ein Filter lässt nur bestimmte Dinge durch und blockiert bzw. reduziert andere). Kommunikation ist ein Filterprozess. Durch aktives Zuhören reduzieren wir den Filtereffekt in der Kommunikation.

Aktives Zuhören bedeutet,

- zu versuchen, sich in den Gesprächspartner einzufühlen,
- beim Gespräch mitzudenken, dem Gesprächspartner Aufmerksamkeit
- und Interesse entgegenzubringen.

Wie funktioniert aktives Zuhören? Aktives Zuhören ist ein Wechselspiel aus Aussage und Wiederholung der Aussage mit eigenen Worten.

- Empfänger fordert nach einigen Sätzen des Senders eine kleine Pause.
- Empfänger wiederholt nun mit eigenen Worten das vorher Gehörte.
- Der Sender vergleicht die Inhalte und korrigiert gegebenenfalls seine Aussagen.

Aktives Zuhören bietet zwei Vorteile:

- Der Sender einer Nachricht kann kontrollieren, was beim Empfänger angekommen ist, und vermeidet so Missverständnisse.
- Durch die Wiederholung verfestigen sich Aussagen beim Empfänger besser.

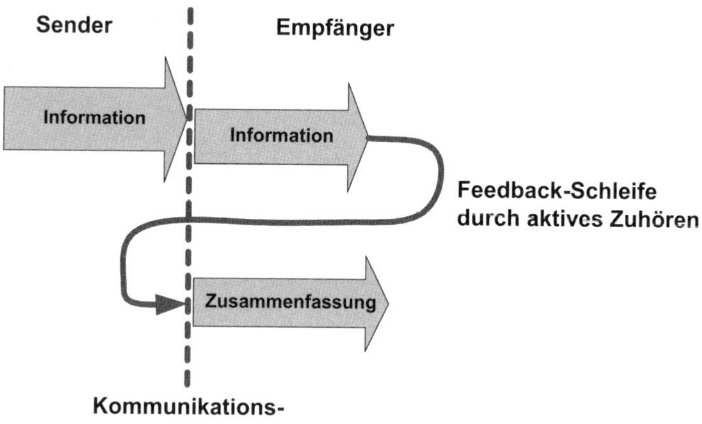

Abb. 9.9-1: Kommunikation als Filterprozess und aktives Zuhören als Feedback-Schleife

Die Methode des aktiven Zuhörens ist kein Trick, kein mechanisches Werkzeug. Ohne eine echte annehmende Einstellung, die den Gesprächspartner als selbstständige Person mit eigenen Problemen und dem Recht, selbst Erfahrungen zu machen, akzeptiert, werden Personen, die das aktive Zuhören benutzen, keine längerfristigen Erfolge haben. Das erfordert oftmals eigene Veränderungen, was sehr schwer fällt und Zeit braucht.

Folgende Dinge sind beim aktiven Zuhören zu beachten:

- Ungeduld: Der Empfänger darf nicht immer sofort Lösungen anbieten und so zur Abhängigkeit erziehen (Langzeitwirkung).
- Missbrauch: Aktives Zuhören kann benutzt werden, um zu manipulieren.
- Enttäuschen: Der Empfänger schafft durch aktives Zuhören eine vertrauensvolle Atmosphäre, um die offenen Mitteilungen dann gegen den Gesprächspartner zu verwenden.

Weiterführendes

http://www.rhetorik.ch/Hoeren/Hoeren.html

http://de.wikipedia.org/wiki/Aktives_Zuhören

[Vigenschow-2007]
U. Vigenschow, B. Schneider: *Soft Skills für Softwareentwickler – Fragetechniken, Konfliktmanagement, Kommunikationstypen und -modelle*, dpunkt.verlag, 2007.

9.9.4 Freud'sches Eisbergmodell

Kurzbeschreibung

Das Freud'sche Eisbergmodell vertritt die Theorie, dass Kommunikation zwischen zwei oder mehr Kommunikationspartnern auf unterschiedlichen Ebenen stattfindet, wobei die größtenteils wichtigen Elemente der Kommunikation nicht offen ausgesprochen werden.

Stichworte und verwandte Themen

Kommunikationsmodelle, Vierseitenmodell

Indikationen

- Das Eisbergmodell schafft ein Verständnis dafür wann und warum Probleme auftreten, die von unterschiedlichen Kommunikationsebenen ausgehen.
- An sich plausible Lösungen scheitern ohne klaren Grund wiederholt.

Beschreibung

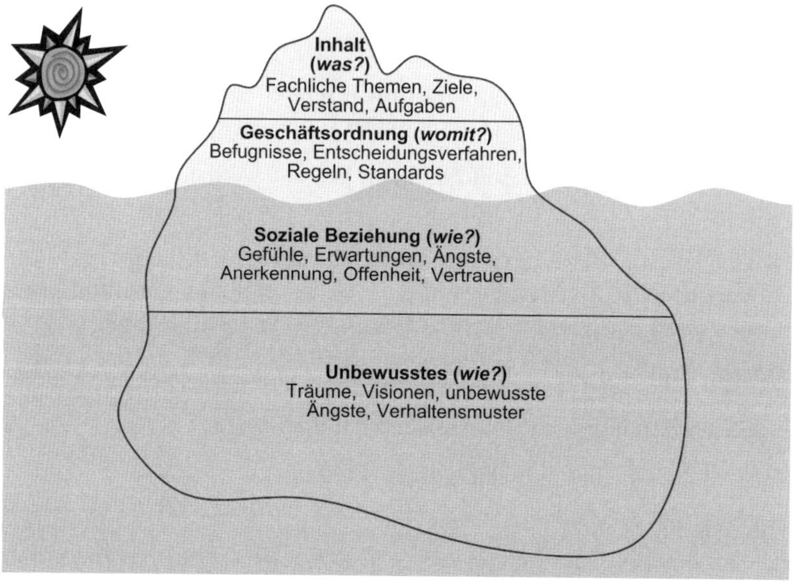

Abb. 9.9-2: Das Eisbergmodell der Kommunikationsebenen

Das Eisbergmodell stellt 4 Ebenen der Kommunikation vor:

- **Inhaltliche Ebene:** Aufgaben, Ziele, Verstand, fachliche Themen
- **Geschäftsordnungsebene:** Befugnisse, Entscheidungsverfahren, Regeln, Standards
- **Soziale Ebene**: Gefühle, Erwartungen, Ängste, Anerkennung, Offenheit, Vertrauen
- **Unbewusste Ebene:** Träume, Visionen, unbewusste Ängste, Verhaltensmuster

Ausgehend von dieser Abstufung, die als Metapher den Eisberg verwendet, postulierte Sigmund Freud, dass Probleme der Kommunikation auf einer Ebene oftmals nur auf einer darunterliegenden Ebene gelöst werden können.

Die Metapher des Eisbergs eignet sich insofern sehr gut zum Verständnis dieser Theorie, da damit ausgedrückt wird, dass auch den Handelnden ein großer Teil der Kommunikationsebenen verborgen bleibt. So findet nur 10 – 20 Prozent der Kommunikation auf der inhaltlichen Ebene statt.

Ein wichtiger Punkt des Modells ist, dass sich Menschen nur überzeugen lassen, wenn die sachliche und emotionale Ebene gleichermaßen angesprochen werden. Überzeugung ist zu verstehen als eine gewollte Verhaltensänderung, mit der sich der Handelnde identifizieren kann. Im Gegensatz zum Überzeugen stehen Möglichkeiten der Verhaltensänderung, die man oft mit Überreden, Erpressen, Einschüchtern oder Verführen bezeichnet. Typisch für diese Lösungen ist, dass sie in der Regel instabil sind und vom Machtausübenden stets größere Mittel der Machtausübung verlangen, um wieder ähnliche Resultate zu erlangen.

Weiterführendes

[Vigenschow-2007]
U. Vigenschow, B. Schneider: *Soft Skills für Softwareentwickler – Fragetechniken, Konfliktmanagement, Kommunikationstypen und -modelle*, dpunkt.verlag, 2007.

9.9.5 Feedback

Kurzbeschreibung

Feedback zu geben und zu nehmen ist schwierig. Deshalb geben wir Ihnen hier einige Regeln, die beim Feedbackgeben und Feedbacknehmen helfen.

Stichworte und verwandte Themen

Autor-Kritiker-Treffen

Indikationen

Hilfreich ist Feedback in Situationen,

- in denen Konflikte auftreten,
- ein Abschluss gestaltet werden soll, um die Zufriedenheit zu überprüfen,
- in denen der Wissensstand abzufragen ist, und
- in Situationen des alltäglichen Umgangs miteinander, bei Problemen oder Missverständnissen.

Beschreibung

In der Zusammenarbeit von (Projekt-)Teams kommt es immer wieder zu Missverständnissen zwischen den Personen. Viele dieser Missverständnisse betreffen nicht die Sachebene, sondern subjektive Empfindungen in Bezug auf Verhaltensweisen, Eigenschaften oder auch bestimmte Ereignisse.

Für die Zusammenarbeit ist es hilfreich, eine Rückmeldung zum Verhalten und der Wirkung auf andere Menschen zu erhalten und auch zu geben. So wird es möglich, sich über das Bild, das eine Person von sich selbst hat (Selbstbild), mit dem Bild auszutauschen, das andere von der Person haben (Fremdbild). Das eigene Verhalten kann durch eine explizite Rückmeldung überprüft und gegebenenfalls verändert werden.

Feedback ist eine bewusste Rückmeldung, in der ein Feedback-Geber versucht, dem Feedback-Nehmer zu verdeutlichen, wie er die Verhaltensweisen der anderen Person wahrnimmt.

Beim Feedback handelt es sich um eine Zweiersituation, auch wenn mehrere Personen anwesend sind. Es ist ein freiwilliger Austausch zwischen zwei gleichberechtigten Personen. Feedback ermöglicht eine kritische Auseinandersetzung mit sich selbst und sensibilisiert für die Bedürfnisse, Erwartungen und auch Wünsche der anderen.

Regeln / Vorgehensweise

Regeln für das Feedbackgeben:

- Das eigene Erleben beschreiben
- Wertschätzend sein
- Möglichst konkret formulieren
- Feedback nur zu Dingen, die veränderbar sind

Regeln für das Feedbacknehmen:

- Ruhig zuhören
- Nicht rechtfertigen
- Die Fremdwahrnehmung darf vom Selbstbild abweichen
- Feedback ist kein Aufruf zur Veränderung

Feedback ist ein Geschenk! – Nicht diskutieren, nicht rechtfertigen! Feedback hat mit dem Nehmer genauso viel zu tun wie mit dem Geber!

Mögliche Fragen für das Feedback:

- Welche Fähigkeiten schätze ich an Ihnen?
- Welche Fähigkeiten vermisse ich (ab und zu) an Ihnen?
- Was gefällt mir an unserer Zusammenarbeit gut?
- Was gefällt mir an unserer Zusammenarbeit nicht?
- Welches Verhalten wünsche ich mir für unsere künftige Zusammenarbeit von Ihnen?

Weiterführendes

Dieser Text wurde uns freundlicherweise überlassen von Daniela Mayrshofer, Consensa, Hamburg, http://www.consensa.de.

9.9.6 Fishbowl

Kurzbeschreibung

Eine Fishbowl ist eine Diskussionsform, bei der die diskutierenden Teilnehmer aus zwei Kreisen bestehen, dem äußeren Zuhörerkreis und dem inneren Kreis der Diskutierenden, wobei die Zuhörer jedoch nach einem bestimmten Verfahren die Möglichkeit haben, in den Kreis der Diskutierenden zu wechseln.

Stichworte und verwandte Themen

Diskussion, Podiumsdiskussion, Großgruppendiskussion

Indikationen

- Der Gesamtkreis der Teilnehmer ist so groß, dass eine Diskussion mit allen ineffizient wäre.
- Ein Thema soll von ausgewählten Experten diskutiert werden, jedoch sollen alle übrigen Teilnehmer ebenfalls die Möglichkeit erhalten mitzureden.

Beschreibung und Vorgehensweise

- Die Stühle werden vor Beginn der Diskussion so aufgestellt, dass deutlich sichtbar wird, welche Stühle für die Diskutierenden und welche für die Zuhörer vorgesehen sind.
- Vor Beginn der Diskussion werden die Personen ausgewählt, die mit der Diskussion beginnen sollen. Hierzu gehören normalerweise der Moderator/Initiator sowie Themenexperten. Im Kreis der Diskutierenden bleibt ein Stuhl frei (welcher ist egal).
- Der Moderator begrüßt alle Anwesenden und stellt das Diskussionsthema vor. Außerdem erläutert er die Fishbowl-Regeln, d.h., wie Zuhörer in den Kreis der Diskutierenden gelangen können. Normalerweise eröffnet der Moderator die Diskussion dann mit einer offenen Frage oder provokativen Aussage.
- Jede Person aus dem Kreis der Diskutierenden kann mitdiskutieren und sprechen. Es gelten die üblichen Diskussionsregeln, beispielsweise den Mitdiskutierenden Respekt entgegenzubringen und ihnen

nicht das Wort abzuschneiden. Die Zuhörer dürfen nichts sagen, außer, wenn sie etwas inhaltlich oder akustisch nicht verstanden haben.

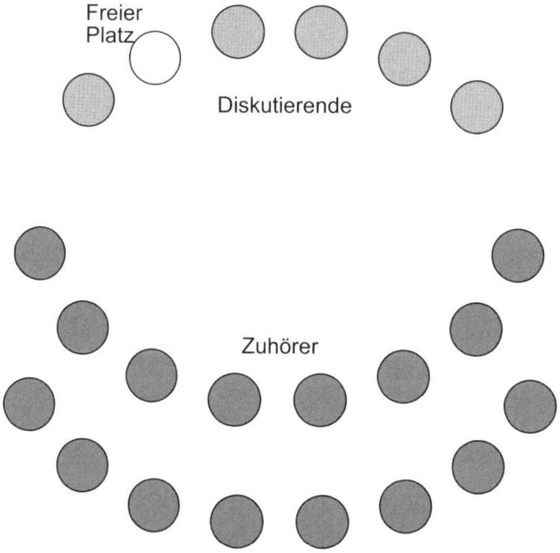

Abb. 9.9-3: Typische Sitzordnung für eine Fishbowl

- Wenn ein Zuhörer auch etwas zur Diskussion beitragen möchte, steht er auf und setzt sich auf den freien Stuhl im Diskussionskreis. Der Diskutierende, der dabei gerade spricht, darf seinen Satz noch zu Ende sprechen, danach ist die Diskussion jedoch so lange unterbrochen, bis im Kreis der Diskutierenden wieder ein Stuhl frei geworden ist. Das heißt, einer aus dem Kreis der Diskutierenden muss aufstehen und zu den Zuhörern wechseln.
- Sobald wieder ein Stuhl frei ist, geht die Diskussion weiter, meistens durch eine Äußerung des neuen Diskussionsteilnehmers. Jeder Person aus dem Kreis der Diskutierenden steht es frei, zu schweigen oder die Zuhörer aufzufordern, ihn abzulösen.
- Das Ende der Diskussion ergibt sich entweder durch Ablauf einer vorgegebenen Zeit oder durch eine entsprechende Intervention des Moderators. Der Moderator bedankt sich bei allen Anwesenden und schließt damit die Diskussion.

Es sind verschiedene Varianten und Spezialisierungen möglich:

- Die Anwesenden sitzen sich in Halbkreisen gegenüber, wie in Abb. 9.9-3 dargestellt oder in einem inneren und mehreren äußeren Kreisen. Die gegenübersitzende Form aus Abb. 9.9-3 ermöglicht besseren Blickkontakt zu den Diskutierenden und ist auch für Schwerhörige hilfreich.

- Es ist möglich, einer oder mehreren Personen aus dem Kreis der Diskutierenden einen festen Platz zuzugestehen, sodass diese Personen niemals in den Kreis der Zuhörer wechseln müssen oder dürfen.
- Die Redezeiten pro Beitrag können begrenzt werden, beispielsweise zwei Minuten pro Beitrag, danach muss/darf ein anderer Diskutierender reden.
- Der Zuhörer, der in den Diskussionskreis wechselt, darf bestimmen, welcher andere in den Zuhörerkreis zurück soll.

Weiterführendes

Siehe auch auch http://c2.com/cgi/wiki?FishBowl.

9.9.7 Jung'sches Typenmodell

Kurzbeschreibung

Das Jung'sche Typenmodell ist eine simplifizierte Kategorisierung von Menschen und beschreibt deren typisches Kommunikationsverhalten. Das Typenmodell hilft dabei, in Kommunikationssituationen auf Einwände angemessen zu reagieren.

Stichworte und verwandte Themen

Kommunikationsmodelle, Eisbergmodell

Indikationen

- Diskussionen verlaufen fruchtlos oder unproduktiv.
- Teilnehmer von Vorträgen stören durch als unangenehm empfundene Fragen.

Beschreibung

Das vom Psychoanalytiker Carl Gustav Jung entwickelte Modell der Typen geht davon aus, dass Kommunikationsstörungen auftreten, wenn die Reaktion auf einen Einwand unangemessen ist. Um diese zu vermeiden, ist es wichtig, angemessen auf Einwände zu reagieren. Dafür müssen die Einwände eingeordnet werden, um geeignete Strategien zur Beantwortung der Einwände abzuleiten.

Jung erstellte ein Quandrantenmodell mit 4 verschiedenen Typen:

Abb. 9.9-4: Das Quadrantenmodell

Jeder dieser Typen lässt sich anhand spezifischer Frage- bzw. Einwandmerkmale identifizieren:

Typ	Orientierung	Merkmal	Entgegnung	
			Do's	Don'ts
Warum	Sinn Bedeutung für mich	Wozu das alles? Das ergibt für mich keinen Sinn!	Bestätigung Kopfnicken Ich verstehe, und ...	Lächerlich machen Nicht würdigen Bewerten Ja, aber ...
Was	Alles 120% Wissen	Das ist ein Problem Was ist wenn?	Sachlich Nüchtern Detailliert Fakten, Zahlen Beweise	Kurze Ausführung Oberflächlich Behauptung Unstrukturiert Übertreibung
Wie	80% Wissen Tat, Handlung	Das ist doch ganz einfach! Wozu lange reden?	Kurze Handlungssprache, prägnant Entscheidungsfreudig	Ausschweifen Probleme erörtern
Wohin noch	Vision	Da könnte man ja auch ... Ich sehe da noch etwas anderes ...	Begeisterung teilen Mitfliegen Wenn ... können ...	Problematisieren Ja, aber ... Das geht nicht, weil ...

Weiterführendes

[Vigenschow-2007]
U. Vigenschow, B. Schneider: *Soft Skills für Softwareentwickler – Fragetechniken, Konfliktmanagement, Kommunikationstypen und -modelle*, dpunkt.verlag, 2007.

9.9.8 Stehung

Kurzbeschreibung

Eine Stehung ist eine Besprechung (Treffen, Meeting), die im Gegensatz zur klassischen Sitzung im Stehen abgehalten wird, um die Dauer der Besprechung kurz zu halten.

Abb. 9.9-5: Beispiel einer Stehung in einem normalen Besprechungsraum mit Tischen

Stichworte und verwandte Themen

Sitzung, Meeting, Besprechung

Indikationen

- Eine regelmäßig stattfindende Besprechung dauert gewöhnlich länger als nötig.
- Eine einmalige Besprechung soll möglichst kurz und informell stattfinden.

Beschreibung

Regelmäßig stattfindende Besprechungen verbrauchen oftmals viel Zeit durch bestimmte Gewohnheiten und Rituale: Jeder sucht sich einen Sitzplatz, ordnet sein Material auf dem Besprechungstisch und bedient sich an der Besprechungsbewirtung (Getränke, Kekse). Eine Bewirtung ist gewöhnlich nur bei langen Besprechungen notwendig, wird aber oftmals standardmäßig bereitgestellt. Bequeme Sitzmöglichkeiten erlauben ebenfalls längere Besprechungen.

Um Besprechungen kurz zu halten, können diese im Stehen und ohne Bewirtung abgehalten werden. Alle Teilnehmer stellen sich in einem Kreis auf. Der Raum sollte keine Stühle, Tische oder andere Sitzgelegenheiten haben. Falls doch, achtet die Besprechungsleitung darauf, dass diese nicht benutzt werden. Außerdem sollten keine Getränke mitgebracht und in den Händen gehalten werden.

Flipcharts, Pinnwände, Tafeln und Moderationsmaterial und andere Instrumente und Materialien, die im Stehen benutzt werden können, sind erlaubt. Ausnahmen für behinderte oder erkrankte Teilnehmer sind selbstverständlich möglich.

Im einfachsten Fall ist alles genauso wie bei einer klassischen Sitzung, nur dass alle Teilnehmer um den Tisch herum vor ihren Stühlen stehen. Das Werkzeug der Stehung eignet sich für Meetings, die bewusst kurz gehalten werden sollen und auch in der entsprechenden Kürze Ergebnisse erzielen können. Es kann sinnvoll sein, bei längeren Sitzungen für bestimmte Tagungspunkte in den Modus der Stehung zu wechseln.

Vorgehensweise

- Weisen Sie bei der Einladung darauf hin, dass es eine Stehung ist, damit sich die Teilnehmer darauf einstellen können.
- Stellen Sie kurz vor Beginn sicher, dass eine ausreichend große Stehfläche vorhanden ist.
- Falls Inhalte visualisiert oder protokolliert werden sollen, sorgen Sie für ein Flipchart, eine Tafel oder eine Pinnwand .

Weiterführendes

[Beck-2001]
K. Beck, M. Fowler: Extreme Programming planen, Addison Wesley, 2001.

9.9.9 Ampelstatus

Kurzbeschreibung

Ein Ampelstatus ist ein auf die drei Stufen *Grün*, *Gelb* und *Rot* reduzierter Statusbericht.

Stichworte und verwandte Themen

Statusbericht, Läufer

Indikationen, Ziele

- Unkomplizierte, vereinfachte Statusabfragen
- Einfache Projektfortschrittskontrollen
- Klärung der Bedürfnisse nach Intervention
- Absicherung wichtiger Entscheidungen
- Qualitätssicherung, Qualitätsverbesserung
- Wissensverbreitung
- Eigenbildkorrektur bei Mitarbeitern

Beschreibung

Ein Statusbericht beschreibt den aktuellen Zustand einer in Entwicklung befindlichen Sache, beispielsweise was erreicht wurde, was offen ist, welche Probleme vorliegen und wie es weitergeht. ⇨185

Ein Ampelstatus reduziert die Statusaussage auf die drei möglichen Aussagen:

- **Rot**
  Die Entwicklung ist ungenügend, wesentliche Teile wurden nicht erreicht. Der Plan kann nicht mehr eingehalten werden.
- **Gelb**
  Einige Punkte laufen nicht so wie geplant. Der aktuelle Zustand ist unbefriedigend.
- **Grün**
  Alles läuft im Wesentlichen wie geplant. Der aktuelle Zustand ist befriedigend oder besser.

9.9.10 Eisenhower-Prinzip

Kurzbeschreibung

Priorisieren Sie Ihre Aktivitäten nach den Aspekten Wichtigkeit und Dringlichkeit, um zu erkennen, wie (mit welchen Standardverfahren) Sie diese Aktivitäten behandeln sollten.

Stichworte und verwandte Themen

Zeitmanagement, Priorisierung, Aussitzen

Indikationen

- Das Eisenhower-Prinzip verschafft Freiräume für die Erledigung langfristig wichtiger Aufgaben (strategische Ziele).
- Auf Grundlage des Prinzips können Delegationsmechanismen erarbeitet werden.

Beschreibung

Jede Aufgabe bzw. Aktivität wird nach den beiden Bewertungsskalen Wichtigkeit und Dringlichkeit in ein Koordinatensystem platziert (Abb. 9.9-6).

Abb. 9.9-6: Wichtigkeit, Dringlichkeit und Standardhandlungen

Für jeden Quadranten finden wir eine eigene Art von Aufgaben mit einer zugeordneten Handlungsanweisung.

Der besondere Nutzen dieses Prinzips liegt darin, durch Delegation bzw. Weglassen der Aufgaben in den beiden linken Quadranten Freiräume für die strategischen Ziele zu gewinnen.

Weiterführendes

[Seiwert-2003]
L. Seiwert: *Das neue 1x1 des Zeitmanagements*, Gräfe und Unzer, 2003.

Aussitzen ⇨374

9.9.11 Der Läufer

Kurzbeschreibung

Der Läufer ist ein Mediator zwischen Entwicklungsteam und Projektmanagement, der in regelmäßigen Abständen den Statusbericht von den Entwicklern erfragt und diesen samt berichteten Problemen der Projektleitung vorträgt.

Stichworte und verwandte Themen

Ampelstatus, Statusbericht, Project-Velocity, Arbeitsauftrag, Projektmanagement-Jour fixe

Indikationen, Ziele

- Vertrauen schaffen
- Negatives Feedback ermöglichen
- Projektmanager entlasten (erhält zusammengefassten Status)

Beschreibung

Auf Rotationsbasis wird im Projekt wöchentlich ein Läufer bestimmt, der alle Teammitglieder an ihren Arbeitsplätzen besucht und den Status ihrer Arbeitsaufträge abfragt.

Die Teammitglieder geben eine kurze Rückmeldung, zum Beispiel mithilfe des Ampelstatus (vgl. ⇨347). Da sie nicht direkt mit dem Projektmanagement kommunizieren, fällt es leichter, auch nicht technische Probleme anzusprechen, beispielsweise zur Stimmung, Motivation und allgemein zu sozialen Aspekten. Der Läufer agiert daher als Mediator, der Stimmungen aufgreift und die explizite Aufgabe hat, diese an das Projektmanagement weiterzuleiten.

Es hat sich bewährt, den Läufer einmal wöchentlich, beispielsweise montags vormittags, herumzuschicken und im Anschluss daran, beispielsweise montags nach dem Mittagessen, den Bericht in einem Projektmanagement-Jour fixe entgegenzunehmen. Der Zyklus kann aber auch kürzer, länger oder zu anderen Zeiten sein. Es sollte jedoch ein einfacher, leicht einprägsamer wiederkehrender Termin sein.

Statt im Rotationsverfahren alle Mitarbeiter einmal zum Läufer zu machen, kann auch ein fester Läufer definiert werden. Das Rotationsverfahren ermöglicht jedoch jedem Mitarbeiter einmal, die Gesamtheit des Projektes wahrzunehmen.

Hindernisbericht

In Megaprojekten und in räumlich verteilten Projekten sind gegebenenfalls mehrere lokale Läufer einzusetzen. Eine weitere Variante wäre die ausschließliche Fokussierung auf Hindernisse mit dem Ergebnis, einmal wöchentlich einen Hindernisbericht zu erstellen.

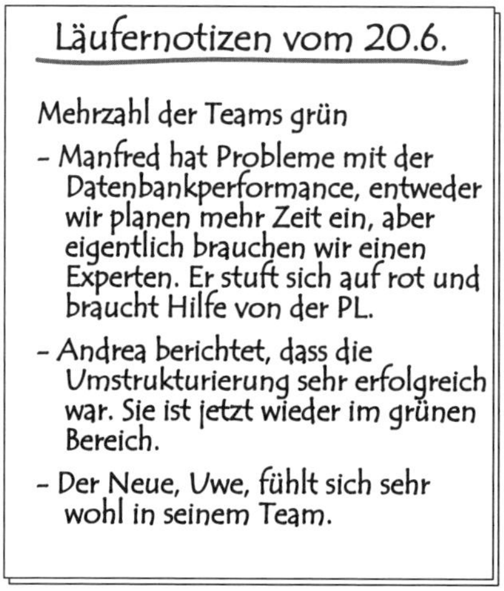

Abb. 9.9-7: Läufernotizen (Beispiel)

Weiterführendes

http://c2.com/cgi/wiki?TrackerRole (engl. Tracker).

9.9.12 Mit dem Kunden essen / Bier trinken gehen

Kurzbeschreibung

Ein informelles Treffen mit bestimmten Stakeholdern bietet die Möglichkeit, Informationen auszutauschen oder beginnende Konflikte zu klären.

Stichworte und verwandte Themen

Vertragsmanagement, Kommunikationsplan

Indikationen

- Vertrauen schaffen
- Konflikte lösen oder sehr frühzeitig klären

- Handlungsoptionen bei Konflikten klären

Beschreibung

Zwei wichtige Motivationen gibt es für informelle Treffen:

- Durch regelmäßige Treffen wird Vertrauen aufgebaut. Subjektive Sichtweisen und versteckte, nicht öffentliche Interessen werden ausgetauscht oder vermittelt. Dadurch gewinnt man Verständnis füreinander, um dann auch im Konfliktfall über eine belastbare vertrauensvolle Beziehung zu verfügen.
- Im Vorwege von Entscheidungen werden mögliche Entscheidungs- und Handlungsoptionen und ihre Konsequenzen geprüft.

Regelmäßigkeit, Ort und Art des Treffens und Teilnehmer sind abhängig von den Umständen und Zielen und nicht generalisierbar. Vieraugengespräche beim Bier in einer Kneipe, ein Restaurantbesuch in großer Runde oder eine gemeinsame Auto- oder Bahnfahrt können geeignet sein.

Dieses Kapitel klingt trivial, ist aber wichtig und wird manchmal vernachlässigt. Treffen dieser Art können Teil des Kommunikationsplans sein.

Kommunikationsplan

9.9.13 Projektleitungs-Jour fixe, wöchentliches

Kurzbeschreibung

Ein Projektleitungs-Jour fixe ist ein regelmäßiges Treffen der Projektleitung zu einem fest vereinbarten wiederkehrenden Zeitpunkt, um die aktuelle Situation, Aufgaben etc. zu besprechen.

Stichworte und verwandte Themen

Planung, Koordination

Indikationen

- Systematische Abstimmung und Planung in größeren Projekten

Beschreibung

Sofern die Projektleitung aus mehreren Personen besteht, beispielsweise aus Gesamtprojektleitung, fachlicher und technischer Projektleitung, ChefarchitektIn, Teilprojekt- oder Teamleitungen, also ein eigenes kleines Team innerhalb des Projektes bildet, ist es zweckmäßig, ein regelmäßiges Treffen zu institutionalisieren.

Dieses Team hat permanent Sachverhalte zu klären und abzustimmen. Anstatt dies bedarfsweise und fallbezogen zu tun, ist es gewöhnlich einfacher, ein regelmäßiges Treffen zu vereinbaren, bei dem jeweils alle Sachverhalte besprochen werden, die gerade aktuell sind.

Je nach Umfang des Besprechungsbedarfs kann das Treffen täglich, jeden zweiten Tag, wöchentlich, zweiwöchentlich oder monatlich stattfinden. Gewöhnlich wird ein fester wiederkehrender Termin vereinbart, beispielsweise jeden Montag um 13.30 Uhr oder jeden zweiten Freitag um 9.00 Uhr.

Agenda

Der Ablauf der Treffen sollte ebenfalls eine feste Form haben. Beispielsweise stellen reihum alle Teilnehmer ihre Themenpunkte vor oder zu Beginn der Sitzung wird kurz eine Agenda aufgestellt, indem jeder Teilnehmer zunächst kurz seine Themen nennt. Sehr effektiv kann es sein, wenn vor Beginn des Treffens jeder Teilnehmer seine Punkte auf die gemeinsame Agenda setzt, die zum Beispiel in einem gemeinsamen Wiki liegen kann.

9.9.14 Projektmarketing

Kurzbeschreibung

Unter Projektmarketing sind alle kommunikativen Bemühungen zusammengefasst, die Bedürfnisse und Interessen der Projekt-Stakeholder einbeziehen, um dadurch die gesetzten Projektziele besser zu erreichen.

Stichworte und verwandte Themen

Ziele, Zielerreichung, Kommunikation

Indikationen

- Das Projekt hat einen schlechten Ruf nach außen.
- Die Kommunikation von außen ist durch Misstrauen geprägt.

Beschreibung

Wann ist ein Projekt erfolgreich?

Der Erfolg eines Projektes, vor allem größerer Projekte, hängt weniger davon ab, ob die gesetzten Ziele objektiv erreicht wurden, sondern davon, ob entscheidende Stakeholder zu der Überzeugung gelangen, das Projekt sei ein Erfolg gewesen.

Wir kennen aus der Praxis Projekte, die ihre gesetzten Ziele gut erreicht haben, die Termine und Budget eingehalten haben und auch inhaltlich alles umgesetzt haben. Trotzdem wurden diese im Nachhinein von vielen Personen nicht als erfolgreich angesehen. Die Ursachen dafür lagen gewöhnlich darin, dass den Beurteilenden die Ziele gar nicht oder nicht mehr klar waren oder wichtige Informationen über die erreichten Ergebnisse und Leistungen unbekannt waren. Umgekehrt kennen wir viele Projekte, die genau genommen sehr lausige Ergebnisse lieferten, Termine und Budget völlig überzogen hatten und keine wirklich nützlichen Ergebnisse hervorgebracht haben, die aber gemeinhin als erfolgreich angesehen wurden.

Party für eine Hello-World-Anwendung

Wir kennen einen Fall, wo das Erreichen eines Release-Meilensteines mit einer großen Party begangen wurde. Es war ein sehr großes Projekt mit fast hundert Projektmitarbeitern. Eigentlich wusste jeder, der in dem Projekt tätig war oder mit ihm in Kontakt stand, also auch die Fachabteilung, dass das Release lachhaft war und eher an eine überdimensionierte Hello-World-Anwendung erinnerte, als dass es wertschöpfungsrelevante Features enthalten hätte. Der Gesamtprojektleiter hat eine tolle Rede gehalten, der DV-Vorstand war dabei, die Fachabteilungsleiter waren dabei, ein großes Buffet wurde aufgefahren, eine Band war engagiert und ein Kunstwerk wurde bei der Gelegenheit eingeweiht. Wenn ein so großer Aufwand getrieben wird, dann muss doch etwas Wesentliches passiert sein, oder? Am Ende glaubten deshalb auch die deprimiertesten Entwickler beinahe an den Erfolg.

Wir möchten Sie hier nicht ermuntern, Projekterfolge nur durch Marketingmaßnahmen und viel heiße Luft zu kreieren. Jedoch sollte die Bedeutung guten Projektmarketings auch nicht unterschätzt werden.

Projektmarketing ist vielfältig

Es gibt viele verschiedene Marketingmöglichkeiten, angefangen bei regelmäßigen Informationsveranstaltungen, gegebenenfalls auch zielgruppenspezifisch, bis hin zu richtigen Roadshows. Sie können eine eigene Webseite mit aktuellen und Hintergrundinformationen betreiben. Der Projektname ist wichtig. Sie können Informationsbroschüren drucken, Telefonmarketing betreiben, also wichtige Stakeholder regelmäßig telefonisch über Besonderheiten, neue Entwicklungen und Ergebnisse auf dem Laufenden halten, in der Unternehmens- oder Kundenzeitschrift einen Artikel veröffentlichen, zu jedem Meilenstein eine große Party organisieren etc.

Gerade wenn Sie bei diesen Maßnahmen inhaltlich ehrlich und bodenständig bleiben, werden Sie einen wichtigen Beitrag zum Projekterfolg erzielen.

9.9.15 Projektparty

Kurzbeschreibung

Sich kennenlernen und Erfolge feiern

Mit einer Party für alle Projektmitglieder und alle wichtigen Stakeholder des Projektes werden bestimmte Erfolge deutlich gemacht und allen Beteiligten ein persönliches Kennenlernen und damit zukünftig gegebenenfalls bessere Kommunikation ermöglicht.

Stichworte und verwandte Themen

Prosecco-Event, Projektmarketing

Indikationen

- Kommunikation fördern
- Erfolge darstellen
- Motivation

Beschreibung

Prosecco-Event

Die Projektparty ist die Steigerung des Prosecco-Events mit weitergehender Funktion: Menschen lernen sich zwanglos und persönlich kennen. Dies kann Vertrauen fördern und aufbauen und die weitere Kommunikation im Projekt und mit Projektaußenstehenden vereinfachen. Ängste werden abgebaut.

Nicht nur Projektmitglieder, sondern auch alle übrigen am Projekt Beteiligten oder vom Projekt Betroffenen sollten eingeladen werden.

Sofern Konflikte bestehen, kann eine Projektparty eine Möglichkeit darstellen, durch das persönliche Kennenlernen eine gegenseitige Wertschätzung jenseits sachlicher Differenzen zu entwickeln.

Inszenierungen

Partys können extrem unterschiedlichen Charakter haben, von lockeren und sehr privaten Veranstaltungen mit wenig Rahmenbedingungen bis hin zu inszenierten und absolut durchdachten Choreografien. Der Veranstalter sollte sich daher vorher die Ziele und damit die geeigneten Mittel und Rahmenbedingungen bewusst überlegen und diese dann gegebenenfalls vorgeben.

9.9.16 Prosecco-Event

Kurzbeschreibung

Ein kleines und häufig spontan organisiertes Treffen in lockerer Atmosphäre, um ein kleines, aber wichtiges Ereignis zu feiern.

Stichworte und verwandte Themen

Kick-off, Ziele, Projektparty

Indikationen

- Die Beteiligten eines Projektes kennen sich nicht alle persönlich. Dies kann z.B. innerhalb neuer Entwicklungsteams der Fall sein oder mit neuen Auftraggebern oder Fachbereichen.
- Die Zielorientierung der beteiligten Personen ist uneinheitlich bzw. unklar oder soll jedenfalls gestärkt werden. Dies kann sowohl innerhalb der Entwicklung wie auch zwischen Entwicklung, Auftraggebern, Fachbereichen usw. vorkommen.
- Die Iterationen werden nicht als gemeinsamer Takt wahrgenommen.

Beschreibung

Es gibt zwei wesentliche Ziele eines Prosecco-Events: Teambildung und gemeinsame Zielausrichtung. Es sind zwei Varianten mit unterschiedlichen Teilnehmergruppen möglich, je nachdem ob nur das Entwicklungsteam adressiert werden soll oder auch Auftraggeber, Fachbereiche, Zulieferer, externe Berater usw.

Prosecco-Events sind auch ein geeigneter Rahmen oder eine Ergänzung für den Auftakt zu einer neuen Iteration (siehe Kapitel *6.1 Iterationsauftakt* ⇨177).

Zur Auflockerung der Atmosphäre und als bewusst wahrnehmbares Zeichen wird nach einer kurzen Ansprache zur gemeinsamen Zielausrichtung ein Glas Prosecco oder Ähnliches gereicht und auf die erfolgreiche gemeinsame Arbeit aller Beteiligten angestoßen. Danach wird noch etwas Freiraum gegeben, damit sich alle Beteiligten (besser) kennenlernen können.

Die Dauer eines Prosecco-Events hängt von der Teilnehmeranzahl ab und liegt meist zwischen 15 und 30 Minuten. Die Zielansprache sollte dabei mit maximal fünf Minuten nur einen kleinen Teil der Zeit einnehmen.

Je nach Teilnehmergruppen wird zwischen einem kleinen und großen Prosecco-Event unterschieden.

Kleines Prosecco-Event: An diesem nehmen nur die beteiligten Entwickler teil. Das kleine Prosecco-Event kann mit minimaler Vorbereitung auch sehr kurzfristig einberufen werden. Es kann daher auch kurzfristig zum Setzen eines Zeichens als Orientierungspunkt für die aktuelle Arbeit genutzt werden.

Großes Prosecco-Event: Hieran nehmen alle oder weite Teile der am Projekt beteiligten Gruppen teil, also auch Mitarbeiter des Auftraggebers, der Fachbereiche oder von Zulieferern. Die Vorbereitung und Abstimmung ist daher aufwendiger und muss rechtzeitig erfolgen. Es kann dazu dienen, Barrieren zwischen den Gruppen zu verringern und den direkten Kontakt der Beteiligten zu fördern.

Abb. 9.9-8: Beispiel eines kleinen Prosecco-Events innerhalb des Entwicklungsteams

9.9.17 Projektmitarbeiter-Steckbriefe

Kurzbeschreibung

In mittleren und großen Projekten kommen gewöhnlich viele Menschen zusammen, die sich bis dahin nur flüchtig oder gar nicht kannten, wodurch die Personen gegenseitig ihre Namen, Aufgaben etc. nicht kennen und gegebenenfalls sehr unsicher im Umgang miteinander sind.

Jeder Projektmitarbeiter fertigt am Anfang des Projektes bzw. bei Eintritt in das Projekt eine etwa DIN-A4-Seite große Selbstdarstellung mit an. Alle Selbstdarstellungen werden an einem zentralen, häufig benutzten Ort (z.B. Flur, Teeküche, Projektraum) aufgehängt.

Stichworte und verwandte Themen

Gruppendynamik

Indikationen

- Start des Projektes
- Mitarbeiter kennen sich zu wenig

Beschreibung

Ein Steckbrief sollte enthalten:

- Name
- Foto
- Wohnort / Herkunft
- Aus welcher Organisationseinheit kommt der Mitarbeiter (Firma, Abteilung etc.), welche Aufgabe bzw. Position hat er dort?
- Welche Ausbildung bzw. gelernten Beruf hat der Mitarbeiter?
- optional: Welche Hobbys hat er? Hat er Familie, Kinder etc.?
- optional: Welche besonderen Fähigkeiten, Eigenschaften etc. schreibt sich der Mitarbeiter selbst zu?
- Seit wann im Projekt dabei?

Zusätzlich zu den Projektmitarbeitern sollten auch alle wichtigen externen Ansprechpartner gebeten werden, einen Steckbrief zu erstellen, bspw. Ansprechpartner des Auftraggebers, der Fachabteilung, Sekretariate etc.

Mitarbeiterselbstdarstellungen können auch elektronisch, beispielsweise als HTML-Seiten, im Wiki oder ähnlich bereitgestellt werden. Dies sollte jedoch nicht als Alternative, sondern als Zusatzinfo angesehen werden.

Wenn ein Mitarbeiter aus dem Projekt ausscheidet, kann der Steckbrief noch eine Weile hängen bleiben und deutlich mit dem Zusatz „ausgeschieden“ gekennzeichnet werden.

Die Angaben von Hobbys, Familienstand und anderen persönlichen Informationen sind selbstverständlich freiwillig. Jeder entscheidet selbst, was und wie viel er von sich preisgeben möchte. Diese Angaben sind jedoch wichtig und hilfreich, weil die Menschen darüber einfacher in Kontakt treten können, beispielsweise wenn sie feststellen, dass sie aus dem gleichen Ort kommen, die gleichen Hobbys haben etc.

Schablone

Name	
Foto	
Teilprojekt, Team	
Alter	
Wohnort	
Firma Aufgabe, Rolle, Position	
Ausbildung, gelernter Beruf	
Hobbys, Familie besondere Fähigkeiten, Eigenschaften Sonstiges	

9.9.18 Salamitaktik

Kurzbeschreibung

Salamitaktik ist eine Verhaltensweise, bei der andere schrittweise zu Zugeständnissen, Zusicherungen oder widerwillig erbrachten Leistungen bewegt werden.

Stichworte und verwandte Themen

Verhandlungstechniken

Indikationen

- Ungenügende Unterstützung durch bestimmte Parteien

Beschreibung

Sofern Sie auf Unterstützungen, Leistungen, Zusagen o.Ä. von anderen angewiesen sind, diese aber nicht erzwingen können, teilen Sie die Gesamtforderung in viele kleine einzelne Schritte, die jeder für sich klein genug sind, dass man Ihnen die Unterstützung dieses einen Schrittes nicht verweigern kann.

Die Einzelschritte müssen klein genug sein, dass eine Ablehnung auch von unbeteiligten Dritten als unverhältnismäßiges Verhalten angesehen würde, sodass der Verhandlungspartner unter sozialen Druck gerät.

Sobald Sie einen Schritt erreicht haben, gehen Sie den nächsten Schritt an.

Eine mögliche Gegenstrategie: *Aussitzen* (⇨374)

9.9.19 Stakeholder-Analyse

Kurzbeschreibung

Stakeholder sind Personen, die ein Interesse an dem Projekt haben. Um alle (berechtigten) Interessen an dem Projekt angemessen berücksichtigen zu können, ist eine systematische Stakeholder-Analyse ein erster grundlegender Schritt.

Stichworte und verwandte Themen

Viewpoint Resolution

Beschreibung

Wenn Sie nicht alle Stakeholder eines Systems ermitteln können, steigt die Wahrscheinlichkeit, dass Sie auch eine Reihe von Anforderungen an das System nicht oder nicht rechtzeitig erkennen. Viele Fehler und Mängel, die unmittelbar nach der produktiven Einführung eines Systems auftreten, lassen sich auf unbeachtete Stakeholder zurückführen. Nach Einführung des Systems erhalten diese Stakeholder in irgendeiner Weise direkten oder indirekten Kontakt mit dem System und merken, dass ihre Anforderungen oder Interessen nicht oder nur unbefriedigend berücksichtigt wurden.

Noch bevor die Anforderungen an das Projekt ermittelt werden, gilt es beispielsweise, zunächst einmal herauszufinden, wer denn überhaupt (berechtigte und relevante) Anforderungen stellen könnte.

Hierzu wird versucht, alle beteiligten Parteien herauszufinden, die von dem Projekt direkt oder indirekt betroffen sind oder von denen das Projekt betroffen ist. Denn dies sind die Personen oder Organisationseinheiten, die möglicherweise bestimmte Erwartungen, Interessen und Anforderungen formulieren. Mit den indirekt Betroffenen sind solche Personen gemeint, die zwar keinen direkten Kontakt zum Projekt haben, aber im Umfeld oder in den Rahmenbedingungen des Projektes relevant sind.

Im amerikanischen Sprachraum gibt es hierfür das Wort *Stakeholder*, das aus der Goldgräberzeit stammt, als man mithilfe von Pfählen (stakes) einen beanspruchten Bereich abgrenzte. Mögliche Übersetzungen sind *Projektbetroffene*, *Systembetroffene* oder *Anforderungsbeitragende* oder ganz allgemein *Interessenhalter*.

Stakeholder sind beispielsweise:

- Anwender des Systems
- Fachabteilung
- Revisionsabteilung
- Auftraggeber, Geldgeber, Management, Vorstand, Geschäftsführung
- Gesetzgeber, Standards, Normen
- (End-)Kunden
- Systemadministratoren, Servicepersonal, Schulungspersonal, Hotline, Support
- Systementwickler, Systemwartung/Systemweiterentwickler
- Käufer des Systems
- Marketing, Vertrieb
- Projektgegner und -befürworter

Einige der Interessenhalter sind wahrscheinlich von vornherein bekannt, da sie offensichtlich sind oder als Ansprechpartner für das Projekt benannt wurden, häufig beispielsweise der Auftraggeber und Vertreter der Fachabteilung. Die übrigen Interessenhalter findet man durch Gespräche und Interviews mit den bereits bekannten Anforderungsbeitragenden heraus. Allgemeinwissen, gesunder Menschenverstand und etwas Branchenkenntnis führen ebenfalls schnell zu den wichtigsten Anforderungsbeitragenden.

Möglicherweise ist es sinnvoll, die Stakeholder dahingehend zu unterscheiden, ob es sich um unerfahrene AnwenderInnen, erfahrene AnwenderInnen, AnwendungsbereichsexpertInnen (DomänenexpertInnen) oder verantwortliche Führungskräfte handelt und welche Entscheidungsbefugnisse sie bei der Abstimmung und Abnahme der Anforderungen haben. So können Ansprechpartner beispielsweise unterschieden werden in:

- **Fachexperten**, also solche Personen, die Experten des Anwendungsgebietes sind, die Ihnen helfen können, das Anwendungsgebiet zu verstehen und fachliche Fragen qualifiziert zu beantworten. Die Fachexperten sind häufig, aber nicht immer auch Anwender des späteren Systems.
- **Anforderungsverantwortliche**, also solche Personen, die befugt sind, die Anforderungen an das neue System festzulegen bzw. mit Ihnen abzustimmen. Die offiziellen Verantwortlichen sind häufig keine Fachexperten, sondern verlassen sich in ihren Entscheidungen oft auf die Meinung von Fachexperten und Systembetroffenen.
- **Systembetroffene**, also solche Personen, die von dem fertiggestellten System direkt betroffen sein werden, also beispielsweise die späteren Anwender.

Die Gespräche mit Fachexperten und Systembetroffenen können unabhängig voneinander geführt werden – dies eröffnet die Gelegenheit, die dargestellten und erkannten Sachverhalte zu vergleichen. Bei Abweichungen muss nachgefasst werden. Gegebenenfalls ist mit allen Beteiligten gemeinsam darüber zu sprechen und ein Konsens zu erzielen bzw. Widersprüche zu klären.

Schablone

Stakeholder	
Interessenvertreter	Callcenteragent
Ansprechpartner	Ralf Redselig
Erreichbarkeit	Arbeitet nur vormittags
Rolle	Fachexperte
Priorität	B
Interessen + Ziele	Möglichst komfortable Anwendung, um den Kunden gut zu beraten

Weiterführendes

Stakeholder-Priorisierung, Stakeholder-Diagramm, Stakeholder-Profil

9.9.20 Stakeholder-Diagramm

Kurzbeschreibung

Ein Stakeholder-Diagramm zeigt, welche Stakeholder Unterstützer oder Gegner eines Projektes sind und welche Einflüsse die Stakeholder aufeinander haben.

Stichworte und verwandte Themen

Risikomanagement, Stakeholder-Analyse, Stakeholder-Profile

Indikationen

- Interessenpolitisch brisante Projekte
- Groß- und Megaprojekte

Beschreibung

Die durch die Stakeholder-Analyse gefundenen Stakeholder werden hinsichtlich ihrer Unterstützung des Projektes in Unterstützer, Gegner, Neutrale und Unentschlosse klassifiziert.

Falls das Diagramm auf einer Pinnwand entwickelt wird, bieten sich hierfür verschiedene Farben für die Karten an (z.B. Unterstützer grün, Gegner rot, Neutral blau, Unentschlossen gelb).

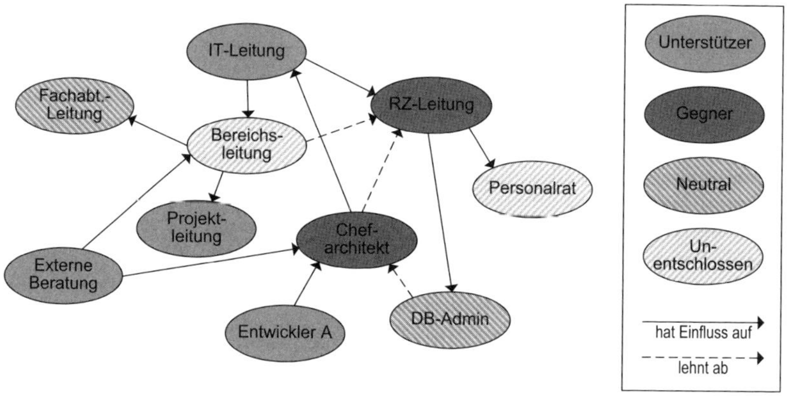

Abb. 9.9-9: Beispiel eines Stakeholder-Diagramms

Anschließend werden in Form eines Diagramms zwischen den Stakeholdern Pfeile gezeichnet, die ausdrücken, ob ein Stakeholder Einfluss auf einen anderen Stakeholder hat. Gegebenenfalls können auch noch weitere Beziehungsarten, z.B. Ablehnung oder Feindschaften, eingetragen werden.

9.9.21 Stakeholder-Priorisierung

Kurzbeschreibung

Wenn die ideale Berücksichtigung aller Stakeholder aus Zeit- und Termingründen nicht möglich ist und um eine zweckmäßige Reihenfolge der Stakeholder-Berücksichtigung zu ermitteln, werden diese mithilfe einer Kosten-Nutzen-Abwägung priorisiert.

Stichworte und verwandte Themen

Priorisierung, Risikomanagement, Stakeholder-Diagramm, Stakeholder-Profile

Indikationen

- Effizientes Arbeiten
- Kosten und Zeit sparen
- Risiko- und wertschöpfungsgetriebe Priorisierung

Beschreibung

Zwar ist die Kommunikation mit den Stakeholdern wichtig, da aber in Projekten Zeit und Budget gewöhnlich limitiert sind, haben wir in der Praxis nur begrenzte Möglichkeiten hierzu. Um die oben genannten möglichen resultierenden Fehler und Mängel nicht dem Zufall zu überlassen, ist es sinnvoll, jeden einzelnen identifizierten Interessenhalter zu bewerten:

- Wie groß ist das **Risiko**, wenn dieser Stakeholder nicht berücksichtigt wird? Eine 6-stufige Skala reicht aus (Risiko: 1=kein, 2=gering, 3=mittel, 4=hoch, 5=sehr hoch, 6=fatal). Alternativ kann statt Risiko auch der **geschäftliche Nutzen** verwendet werden.
- Wie groß ist der **Aufwand**, diesen Stakeholder zu berücksichtigen? Hier reicht ebenfalls eine 6-stufige Skala (Aufwand: 1=extrem, 2=sehr hoch, 3=hoch, 4=mittel, 5=gering, 6=vernachlässigbar).

Die Bewertung kann beispielsweise in Form einer Tabellenkalkulation erfolgen, wie in *Kosten-Nutzen-Priorisierungsmatrix* (⇨309, mit der Formel $Priorität = \sqrt{Risiko^2 + Aufwand^2}$). Bei einer 6-stufigen Skala beider Dimensionen wäre der höchste Prioritätswert 8,5. Alternativ kann die Priorisierung auch gemeinsam an einer Pinnwand vorgenommen werden, wie in Abb. 9.9-10 dargestellt.

Für jeden Stakeholder ist außerdem zu klären, in welcher Art und Weise er einbezogen werden kann, also beispielsweise ob Einzel- oder Gruppeninterviews geführt werden können, Fragebogen möglich sind, Fragen spontan telefonisch geklärt werden können, regelmäßige Abstimmrunden stattfinden sollten, welche Formalien und Dienstwege einzuhalten sind, eine aktive Mitarbeit eines Interessenhalters möglich ist, in welcher Frequenz und mit welcher Zeit die Ansprechpartner zur Verfügung stehen usw.

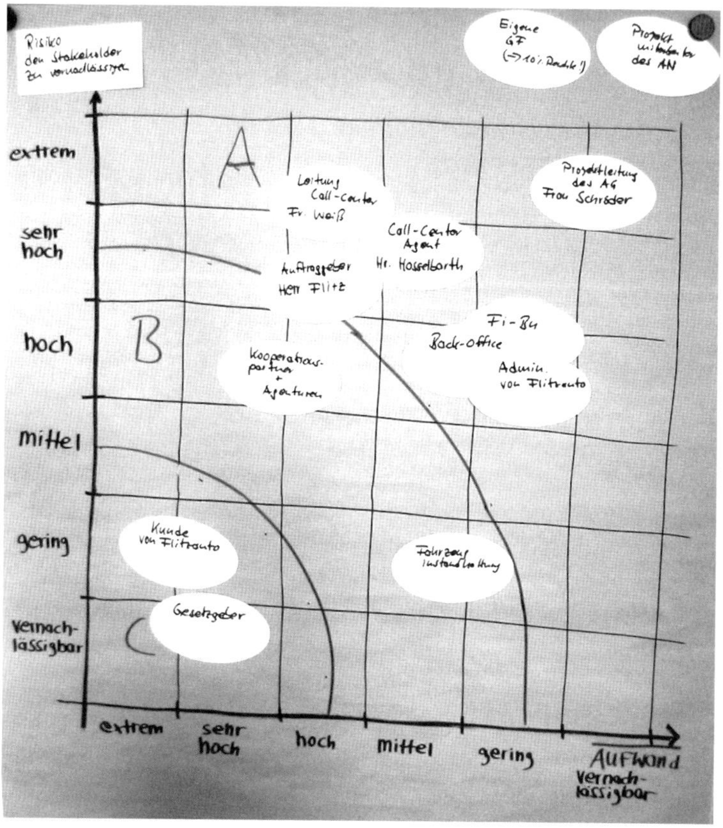

Abb. 9.9-10: Interessenhalter grafisch an Pinnwand priorisieren
(Priorität steigt mit Entfernung vom Achsennullpunkt)

Je nach Art des Projektes können die beiden Dimensionen Risiko und Aufwand unter Umständen unterschiedlich skaliert werden. Ist beispielsweise der Aufwand zu minimieren, könnte die Skala hier nach oben verschoben werden und Werte von 2,0 – 7,0 umfassen. Ist es in dem Projekt jedoch wichtiger, die Risiken zu minimieren, sollte stattdessen diese Skala höher gewichtet werden.

Der Einfachheit halber können nun die Interessenhalter in drei Prioritätsgruppen unterteilt werden:

A **Muss:** Unbedingt zu berücksichtigende Interessenhalter mit einem Prioritätswert zwischen 5,0 – 8,4. Wenn Interessenhalter aus diesen Gruppen nicht angemessen berücksichtigt werden können, sollten die Rahmenbedingungen des Projektes (Termin, Budget, Personalausstattung etc.) hinterfragt werden, da das Projekt elementare Aufgaben nicht leisten kann.

B **Sollte**: Nach Möglichkeit zu berücksichtigende Interessenhalter mit einem Prioritätswert zwischen 3,4 – 4,9. Soweit Interessenhalter aus dieser Gruppen nicht angemessen berücksichtigt werden können, ist dies wahrscheinlich akzeptabel.

C **Könnte:** Interessenhalter mit einem Prioritätswert zwischen 1,0 – 3,3 können am ehesten vernachlässigt werden.

9.9.22 Stakeholder-Profile

Kurzbeschreibung

Ein Stakeholder-Profil ist eine kurze Zusammenfassung von Eigenschaften und Faktoren, die bezüglich der Interessen des Stakeholders an einem Projekt oder Vorhaben besonders relevant sind.

Stichworte und verwandte Themen

Stakeholder-Analyse, Risikomanagement, Stakeholder-Diagramm

Indikationen

- Interessenpolitisch brisante Projekte
- Groß- und Megaprojekte

Beschreibung

Systemische Ordnung

Unabhängig von der formalen Position eines Stakeholders hat jeder Stakeholder auch eine informelle Position im Sinne einer systemischen Ordnung. Für diese sind Faktoren wie Dauer der Firmen- oder Projektzugehörigkeit, Dauer in der aktuellen Position, Wissen, Qualifikation, Reputation und erlangte Statussymbole, Freund- und Feindschaften, frühere Arbeitsbeziehungen u.Ä. bedeutsam.

Interessenpolitik

Jeder Stakeholder hat seine eigenen spezifischen Interessen in Bezug auf ein Entwicklungsprojekt. Diese können sich ergänzen oder widersprechen und müssen nicht immer offensichtlich sein. Gerade in Großprojekten und interessenpolitisch heiklen Projekten ist es wichtig, die tatsächlichen Interessen der verschiedenen Stakeholder richtig einzuschätzen.

Dies schützt zum einen davor, aus Unwissenheit oder Naivität für fremde Interessen benutzt zu werden, und gibt zum anderen Hinweise darauf, wie die Durchsetzung eigener Interessen scheitern oder behindert werden kann.

In jeder sozialen Organisation existiert eine systemische (Ursprungs-) Ordnung, die sich aus der Dauer der Zugehörigkeit ergibt, d.h. aus der Frage, wie lange die Person zum Unternehmen bzw. zu der Organisationseinheit dazugehört.

Welche Macht, welchen Einfluss, welche Loyalität und Anerkennung jemand in einer Organisation hat und wie weit er sich mit dieser identifiziert, hängt unter anderem von dieser systemischen Position ab.

Vertreter einer Fachabteilung, deren Arbeitsplatz mit dem zu erstellenden System möglicherweise wegrationalisiert werden, haben vielleicht das nachvollziehbare Interesse, die Erstellung des neuen Systems zu sabotieren. Andere haben möglicherweise das Bedürfnis, ein optimal angepasstes System zu erhalten, um ihre überhöhte Arbeitsbelastung zu normalisieren oder von lästigen Routinetätigkeiten befreit zu werden.

Dabei ist zu unterscheiden zwischen den tatsächlichen, gegebenenfalls verschwiegenen individuellen Interessen der einzelnen Personen, den individuellen Interessen ihrer Organisationseinheit und den offiziell und vordergründig geäußerten Interessen.

In einem Stakeholder-Profil beschreiben Sie die Interessen und Ziele eines Stakeholders, soweit Ihnen diese bekannt sind. Viele im Stakeholder-Profil enthaltenen Informationen sind offen zugänglich. Für andere Informationen sind die Interessenhalter selbst danach zu befragen.

Trotzdem können die so zusammengestellten Informationen heikel sein oder auch mit Ihren persönlichen Wertvorstellungen oder denen Ihrer Organisation im Widerspruch stehen. Deshalb kann cs ratsam sein, die Profile sehr vertraulich zu behandeln.

In Groß- und Megaprojekten gehören Stakeholder-Profile (und Stakeholder-Diagramme) zum Standardinstrumentarium, da Projekte dieser Größenordnung aufgrund der verwirrenden Vielzahl der (widersprüchlichsten) Interessen, die sie zu berücksichtigen haben, geradezu gezwungen werden, die relevanten Interessen systematisch zu analysieren und bearbeiten.

Unabhängig davon können sie allerdings auch Basis ethisch und moralisch verwerflichen Handelns sein. Gerade in der Praxis millionenschwerer Megaprojekte sind die handelnden Akteure auf der Auftragnehmerseite, also die großen Software- und Beratungshäuser, wenig zimperlich mit der einseitigen machtpolitischen Anwendung zum eigenen Vorteil. Ein Grund mehr, diese Instrumente zumindest zu kennen und sich ihrer Zweischneidigkeit bewusst zu sein.

Schablone

Stakeholder-Profil	
Name	
Alter	Jahre:
Unternehmenszugehörigkeit	Dauer (Jahre):
Abteilungszugehörigkeit	Dauer (Jahre):
Position	Bezeichnung: Dauer (Jahre):
Besondere Befugnisse, Kompetenzen und Verantwortungen	
Realer Einfluss auf Vorgesetzte und höhere Positionen	
Realer Einfluss auf niedrigere Positionen	
Besondere Freundschaften mit	
Besondere Feindschaften mit	
Besondere Qualifikationen, Anerkennungen, erlangte Statussymbole	
Besondere versagte Anerkennungen und Statussymbole	
Loyalität mit Unternehmen	auf Skala 1 (niedrig) – 10 (hoch):
Identifikation mit Unternehmen	auf Skala 1 (niedrig) – 10 (hoch):
Unterstützung des Projektes	auf Skala 1 (niedrig) – 10 (hoch):
Besondere Bedürfnisse	
Persönliche Ziele	

Abb. 9.9-11: Vorlage für ein Stakeholder-Profil

9.9.23 Moderations- und Sitzungstechniken

Kurzbeschreibung

Die professionelle Beherrschung von Moderationstechniken und Besprechungen inklusive Vor- und Nachbereitung gehört zum Handwerkzeug nicht nur jeder Projektleitung oder Führungsperson innerhalb eines Projektes, sondern jeder Person, die nennenswerten Abstimm- und Klärungsbedarf mit anderen Beteiligten hat (z.B. auch Analytiker).

Wir wollen die verschiedenen Techniken und Grundlagen hier nicht wiedergeben, sondern exemplarisch auf hilfreiche Literatur zum Thema verweisen:

[Derby-2006]
E. Derby, D. Larsen: *Agile Retrospektives, Making Good Teams Great*, Pragmatic Bookshelf, 2006.

[Fisher-2004]
R. Fisher, W. Ury, B. Patton: *Das Harvard-Konzept – der Klassiker der Verhandlungstechnik*, 22. Auflage, Campus, 2004.

[Kellner-1995]
H. Kellner: *Konferenzen, Sitzungen, Workshops effizient gestalten – Nicht nur zusammensitzen*, Hanser, 1995.

[Kellner-1999]
H. Kellner: *Konflikte verstehen, verhindern, lösen – Konfliktmanagement für Führungskräfte*, Hanser, 1999.

[Kerth-2001]
N. L. Kerth, *Project Retrospectives, A Handbook for Team Reviews*, Dorset House, 2001.

[Lipp-1996]
U. Lipp, H. Will: *Das große Workshop-Buch, Konzeption, Inszenierung und Moderation von Klausuren, Besprechungen und Seminaren*, Beltz, 1996.

[Maro-2002]
F. Maro: *Mitreißende Meetings und gelungene Events*, Metropolitan-Verlag, 2002.

[Seifert-2001]
J. Seifert: *Visualisieren, Präsentieren, Moderieren.* 21. Auflage, Gabal, 2001.

9.9.24 Systemmodell

Kurzbeschreibung

Das Systemmodell von Mayrshofer und Kröger beschreibt die verschiedenen Aspekte einer Organisation und wie diese aufeinander wirken und zueinander stehen.

Stichworte und verwandte Themen

Retrospektive, Reflektion, Verbesserungsprozesse, Veränderungsprozesse.

Indikationen

- Wunsch nach systematischeren und differenzierten Retrospektiven.

Beschreibung

Zunächst wird die Innen- und Außenwelt des Organisationssystems, z.B. eines Projektes, unterschieden. Innerhalb der Organisation stehen die verfügbaren

- **Menschen** mit ihren spezifischen Bedürfnissen, Fähigkeiten, Wünschen, Ängsten etc.,
- **Ressourcen**, d.h. Geld, Zeit, Know-how, Technik, Räume etc., sowie
- Prozesse bzw. die **Aufbau- und Ablauforganisation.**

Intern zusammengehalten wird das System durch ihre Kultur und Führung. Nach außen hin

- liefert die Entwicklungsorganisation ein **Produkt** (Releases, umgesetzte Features und Anforderungen) sowie Dienstleistungen (wie Einführung, Planung etc.)
- an einen **Kunden** (Auftraggeber, Fachabteilung) oder allgemein an den Markt
- und erzielt dafür einen **Ertrag** (Umsatz, finanziellen oder ideellen Gewinn).

Diese äußeren Aspekte wiederum stehen im Zusammenhang mit dem Zweck oder der Mission des Projektes (bzw. der Organisation). Ganz allgemein existieren als Kontext außerdem Standards, Gesetze, Mitbewerber etc.

Anwendung

Das Kontextmodell ist ein gutes Hilfsmitteln beim Reflektieren darüber, was in einer Organisation (Unternehmen, Projekt, Team) gut läuft und was verbessert werden kann. Wir empfehlen daher die Anwendung des Systemmodells innerhalb von Retrospektivenworkshops.

Zum einen liefert das Systemmodell verschiedene zu berücksichtigende Aspekte, die eine differenzierte Reflektion ermöglichen (z.B. *„Wie können wir unsere Raum-Ressourcen besser nutzen?"* oder *„Welche Bedürfnisse unserer Projektmitarbeiter können wir gut befriedigen?"*).

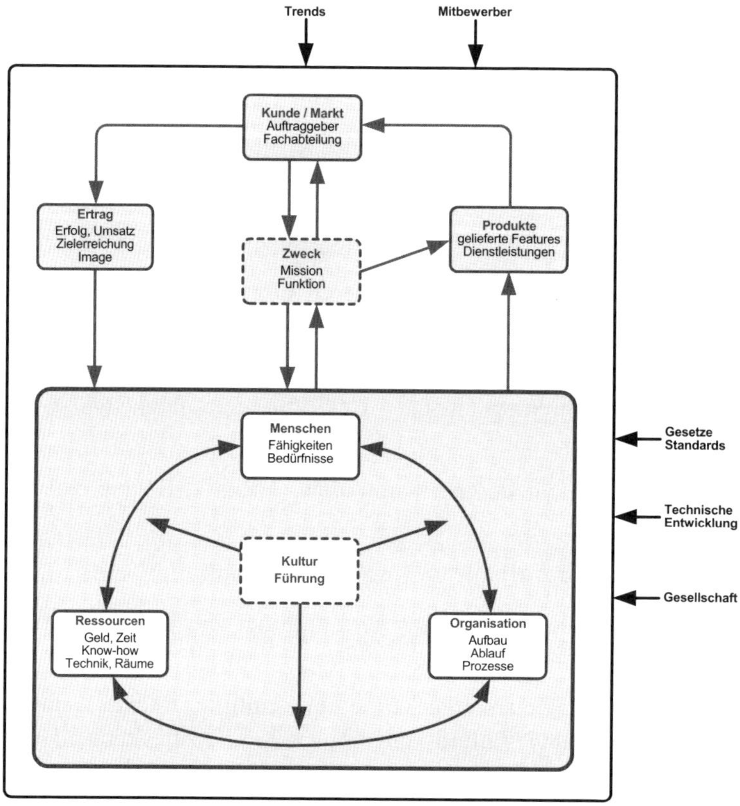

Abb. 9.9-12: Von oose auf die Situation eines Softwareprojektes adaptiertes Systemmodell (nach [Mayrshofer-2006])

Zum anderen zeigt das Systemmodell auch Abhängigkeiten und Zusammenhänge der einzelnen Aspekte auf, die beim Nachdenken und Diskutieren über Veränderungsoptionen hilfreich sind (z.B. *„Welche Auswirkungen haben schlechtere finanzielle Ressourcen auf unsere Aufbauorganisation?"*).

Weiterführendes

[Mayrshofer-2006]
D. Mayrshofer, H. Kröger: *Prozesskompetenz in der Projektarbeit*, 3. Auflage, Windmühle, 2006.

9.10 Risikomanagement

9.10.1 PMBoK-Rahmenwerk

Ungewöhnlich ist, dass im Verständnis des PMBoK Guide Risiken jede Art von Unsicherheit sein können, also Bedrohungen wie auch Chancen.

Für Projektrisikomanagement wird im Wesentlichen eine als *Risikoregister* bezeichnete Datenbank verwendet, in der Risiken aufgelistet werden. In das Risikoregister werden auch die Ergebnisse einer qualitativen und quantitativen Beurteilung jedes Risikos aufgenommen sowie die Maßnahmen zu ihrer Behandlung. Ein Überwachungs- und Steuerungsprozess schließt Kreisläufe, er ruft bei Bedarf die vorigen Risikomanagementprozesse wieder auf, sodass geprüft wird, ob deren bisherige Ergebnisse noch angemessen sind:

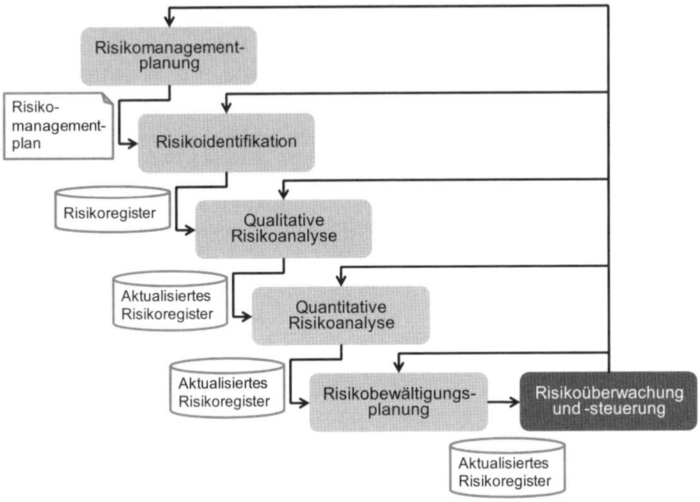

Abb. 9.10-1: Prozesse des Projektrisikomanagements

Alle Prozesse des Projektrisikomanagements sind Teamprozesse, die für gewöhnlich in kleinen Gruppen zu drei bis fünf Personen durchgeführt werden.

Prozesse des Risikomanagements sind:

- **Risikomanagementplanung** – Erstellung eines Risikomanagementplans, in dem die Vorgehensweise zum Risikomanagement beschrieben ist. Diese kann beinhalten: Verantwortlichkeiten, Prozesse, eingesetzte Methoden, Zeitplanung für Risikomanagement, Dokumentation etc.

- **Risikoidentifikation** – Identifikation der Projektrisiken, im Wesentlichen anhand der Planungsdokumente. Bedeutung für diesen Prozess können auch Checklisten, *Lessons Learned* und Erfahrungen aus früheren Projekten haben.
- **Qualitative Risikoanalyse** – Die identifizierten Risiken werden grob nach Eintrittswahrscheinlichkeit und Auswirkung im Fall des Eintritts klassifiziert und sortiert. Nicht alle Risiken werden den weiteren Prozessen unterzogen.
- **Quantitative Risikoanalyse** – Die laut quantitativer Analyse als am wichtigsten bewerteten Risiken werden einer detaillierten Überprüfung auf Eintrittswahrscheinlichkeit und Auswirkungen hinsichtlich Zeit, Kosten und anderen messbaren Größen unterzogen. Werkzeuge hierfür können unter anderem Monte-Carlo-Simulation und Entscheidungsbaum-Analyse sein.
- **Risikobewältigungsplanung** – Basierend auf den Ergebnissen der Analyseprozesse werden Maßnahmen beschlossen. Diese können für Bedrohungen andere sein, zum Beispiel Vermeidung, Minderung oder Übertragung, als für Chancen, wo Nutzung, Verbesserung oder Teilung angemessen sein können. Für beide Arten von Risiken kann auch Akzeptanz richtig sein, eventuell bei gleichzeitiger Erzeugung von Rückstellungen.
- **Risikoüberwachung** und -steuerung – Die Risikosituation des Projektes wird kritisch geprüft und je nach Bedarf werden die vorigen Prozesse wieder aufgerufen, um den Risikomanagementplan und das Risikoregister an die neuen Bedingungen im Projekt anzupassen.

9.10.2 Projektstart-Checkliste

Projektstart-Checkliste		
Nr.	**Frage**	**Antwort**
1	Wie lautet der Name des Auftraggebers?	
2	Gibt es einen schriftlichen Projektauftrag?	
3	Welches Datum trägt der Projektauftrag?	
4	Hat der Auftraggeber (Frage 1) den Projektauftrag unterschrieben?	

5	Sind die Projektziele schriftlich formuliert?	
6	Hat der Auftraggeber (Frage 1) die Projektziele unterschrieben?	
7	Sind die Projektziele aus Ihrer Sicht realistisch erreichbar?	
8	Sind die Projektziele aus Ihrer Sicht widerspruchsfrei?	
9	Haben Sie für *alle* Projektmitarbeiter schriftliche Vereinbarungen über Dauer (Start, Ende) und Umfang (Stunden/Woche) der Abstellung ins Projekt?	
10	Haben Sie schriftliche Vereinbarungen darüber, wie die Vereinbarung (Frage 9) nachträglich geändert werden kann?	
11	Sind generelle Urlaubsansprüche, alle bereits zugesagten Urlaube und andere geplante oder mögliche Verfügbarkeitseinschränkungen schriftlich festgehalten und jeweils von dem Mitarbeiter und seinem Vorgesetzten schriftlich bestätigt?	
12	Sind alle zugeteilten Mitarbeiter aus Ihrer Sicht für das Projekt brauchbar und sinnvoll einsetzbar?	
13	Sind Sie der Projektleiter?	
14	Sind Sie der offizielle Projektleiter, d.h., wurde Ihre Rolle offiziell bekannt gegeben?	
15	Wann, wo und wem wurde Ihre Rolle als Projektleiter offiziell bekannt gegeben?	
16	Sind Sie vom Auftraggeber und vom Lenkungskreis zum Projektleiter ernannt worden bzw. entsprechend bestätigt worden?	
17	Falls es noch weitere Projektleiter für Ihr Projekt gibt, ist schriftlich geregelt, dass Sie der Gesamtprojektleiter sind?	

Solange Sie eine Frage nicht eindeutig oder nur mit „Nein" beantworten können, sollten Sie das Projekt nicht starten! Bestehen Sie unbedingt darauf. Wenn dem Auftraggeber das Projekt wichtig ist, dann stellt er die abgefragten Rahmenbedingungen her. Anderenfalls sollten Sie davon ausgehen, dass der Auftraggeber (noch) nicht wirklich hinter dem Projekt steht. Die Chance zu scheitern ist dadurch groß. Wenn Sie sich hiermit schon nicht durchsetzen, wie sollten Sie es denn später bei inhaltlichen Konflikten? Sie starten nur ordentliche Projekte mit einer gesunden Basis und erwarten ein professionelles Umfeld.

9.10.3 Aussitzen

Aussitzen ist das Lösen eines Problems durch Nichtstun, da manche Aufgaben und Probleme sich im Laufe der Zeit von alleine erledigen.

Verwandte Themen

Risikobeschreibung, Risikomanagement, Eisenhower-Prinzip

Kurzbeschreibung

Manche Aufgaben und Probleme lösen sich im Laufe der Zeit von alleine.

Indikationen

- Sie haben zu viele andere wichtigere Aufgaben und Probleme, denen Sie Ihre Aufmerksamkeit widmen müssen.
- Es stehen für die Gesamtheit der aktuellen Aufgaben nicht genügend Ressourcen zur Verfügung.
- Sie vermuten, dass der Aufwand zur Lösung in keinem angemessenen Verhältnis zum Nutzen der Lösung steht.

Beschreibung

Die Lösung eines Problems oder der erfolgreiche Abschluss einer Arbeit bringt Fortschritt und fühlt sich gut an. Es existiert bei vielen Menschen ein Reflex, dass es notwendig sei, ein Problem zu lösen, d.h., aktiv an seiner Auflösung zu arbeiten.

Alternativ hierzu kann man die Auflösung aber auch bewusst verweigern. Den dadurch möglicherweise entstehenden Schaden muss man tragen und aushalten können.

Wird ein Problem nicht gelöst, werden sich die meisten Betroffenen damit arrangieren, sich daran gewöhnen oder entwickeln für sich eigene Strategien zum Umgang damit. Die Dringlichkeit und Wichtigkeit eines Problems ist selten konstant, sondern verändert sich über die Zeit. Solche Probleme und Aufgaben, deren Bedeutung im Laufe der Zeit abnehmen, eignen sich sehr gut zum Aussitzen.

Diejenige Person, von der andere die Lösung des Problems erwarten, müssen beharrlich bleiben und Druck aushalten können. Sie trägt aber auch die Verantwortung für das Aussitzen.

Vorgehensweise

Erstellen Sie kurz (10 – 15 Minuten) eine einfache Risikobeschreibung:

- Geben Sie dem Problem oder der Aufgabe einen Namen.

- Identifizieren und bewerten Sie den möglichen Schaden, der entsteht, wenn das Problem ausgesessen wird.
- Identifizieren Sie, welche offensichtlichen Lösungsmöglichkeiten bestehen und bewerten Sie deren Erfolgswahrscheinlichkeit und Aufwände bzw. Kosten.
- Bewerten Sie die Vorteile und Einsparungen, die entstehen, wenn das Problem ausgesessen wird.

Entscheiden Sie schließlich, ob Sie das Problem aussitzen möchten.

Falls ja, entscheiden Sie zusätzlich, ob Sie das Problem stillschweigend aussitzen möchten bzw. welcher Personenkreis von der Entscheidung erfahren soll. Im Zweifelsfall sollten Sie die Entscheidung möglichst umfassend bekannt geben, damit die betroffenen Personen nicht unnötig Energie und Aufmerksamkeit auf das auszusitzende Problem verwenden.

Weiterführendes

[Kohl-2000]
H. Kohl: *Mein Tagebuch 1998 – 2000*, Droemer Knaur, 2000.

Eisenhower-Prinzip ⇨348

9.10.4 Erfolgsfaktorworkshop

Kurzbeschreibung

Ein Erfolgsfaktorworkshop ist ein Workshop, in dem systematisch ermittelt wird, welches die wichtigsten Faktoren für einen Projekterfolg sind. Er ähnelt einem Risikoworkshop, nur dass hier die Aufmerksamkeit auf Erfolgsfaktoren statt auf Risikofaktoren gelenkt wird.

Stichworte und verwandte Themen

Risikomanagement, Risikoworkshop

Beschreibung

Oftmals ist es vorteilhafter, die eigenen Stärken zu optimieren, als die Defizite zu beheben.

Siehe *9.10.10 Risikoworkshop* (⇨383), der sowohl Risikofaktoren als auch Erfolgsfaktoren berücksichtigt.

9.10.5 Frühe Eskalationsprobe

Kurzbeschreibung

Wenn Sie sich bezüglich einer fairen und zuverlässigen Zusammenarbeit mit Ihren Vertragspartnern nicht wirklich sicher sind, nutzen Sie bewusst die erstbeste *Möglichkeit*, die Problemeskalation zu proben. Sie zeigen damit deutlich Ihre Erwartungen an die Professionalität Ihrer Partner. Sie erfahren, was im Falle einer wirklich notwendigen Eskalation passiert. Und Sie können sich dann immer noch versöhnlich zeigen und die Eskalation in diesem Fall beenden, um die Zusammenarbeit weiterhin vertrauensvoll fortzusetzen.

Die Betonung liegt hier darauf, so früh wie möglich und nicht zum letztmöglichen Termin zu eskalieren. Und darauf, die Eskalation nur zu proben, das heißt nur so weit zu gehen, dass die beabsichtigten Wirkungen und Erkenntnisse eingetreten sind.

Stichworte und verwandte Themen

Präventives Risikomanagement

Indikationen

- Sie haben keine Erfahrungswerte über die Zuverlässigkeit und Professionalität eines Stakeholders.
- Sie mussten bereits erfahren, dass ein Stakeholder sich in der Zusammenarbeit nicht an die vereinbarten Regeln hält oder sich Ihnen gegenüber inakzeptabel oder unprofessionell verhält.

Beschreibung

Stellen Sie sich vor, Ihr Auftraggeber, die Fachabteilung oder ein Zulieferer hält sich nicht an Abmachungen, entscheidet zu spät, liefert inhaltlich mangelhafte Ergebnisse oder stellt vertraglich nicht vorgesehene Forderungen an Sie. Im Hinblick auf eine gute Zusammenarbeit werden Sie wahrscheinlich nicht gleich mit dem Vertrag winken oder drohen. Vor allem dann nicht, wenn es das erste Mal ist, dass Ihre Nerven strapaziert werden.

Wenn Sie aufgrund früherer Zusammenarbeit gute Erfahrungen mit dem Partner gemacht haben und das Verhalten als Ausnahme anzusehen ist, haben Sie wahrscheinlich keinen besonderen Handlungsbedarf.

Wenn Sie sich aber des Ausnahmecharakters nicht sicher sein können oder Sie möglicherweise bereits gegenteilige Signale wahrgenommen haben, dann kann eine frühzeitige Eskalationsprobe, ein kleines erfrischendes Gewitter in der Zusammenarbeit, hilfreich sein.

Besonders tückisch sind Situationen, in denen Ihr direkter Ansprechpartner (beispielsweise in der Fachabteilung) nicht der Verursacher ist, sondern nur der Überbringer der Informationen, dem es möglicherweise selbst leid tut, sich so verhalten zu müssen. Beispielsweise verlangt Ihr Ansprechpartner ständig neue Termine, weil dessen beteiligte Kollegen sich nicht einig werden, sein Unternehmen gerade restrukturiert wird oder sein Chef im Urlaub ist. Manchmal machen die Partner aber vielleicht auch einfach einen schlechten Job, sind unprofessionell, gleichgültig oder arbeiten nicht gewissenhaft genug.

Wie auch immer – wenn Sie sich nicht wirklich sicher sind, dass es sich um eine Ausnahme handelt, dann eskalieren Sie frühzeitig. Je öfter Sie unzumutbares Verhalten akzeptieren und je größer die Zumutung für Sie wird, desto mehr geraten Sie in die Defensive. Irgendwann werden Sie damit möglicherweise sogar konfrontiert: *„Wieso, die letzten 5 Terminverschiebungen haben Sie doch auch gut akzeptieren können, warum denn jetzt auf einmal nicht?“, „Das haben Sie doch bestimmt schon eingeplant, dass wir immer doppelt so lange brauchen oder?“*

Gerade, wenn Sie hart kalkulieren mussten, weit herunter gehandelt wurden, dann benötigen Sie die Ihnen zugesicherten Rahmenbedingungen wirklich. Sie haben als Projektleiter in diesem Fall eine besondere Verantwortung für Ihre eigene Organisation.

Frühe Eskalationsprobe heißt, eine ganz frühe, am besten die erstbeste Gelegenheit zum Ausprobieren der Eskalationswege zu nutzen. „Dann muss ich Ihnen leider den abgesagten Termin trotzdem in Rechnung stellen“, „Das übersteigt meinen Kompetenzbereich, wir müssen das vom Lenkungskreis entscheiden lassen“.

Manchmal reicht es schon, wenn Ihre Partner nun wissen, dass Sie mit Ihnen nicht beliebig herumspielen können, und sie verhalten sich fortan konstruktiver.

Möglicherweise entdecken Sie aber auch, dass Ihre eigene Organisation nicht gewillt oder fähig ist, Interessen zu vertreten, Ihnen Rückendeckung zu geben oder Konflikte konstruktiv auszutragen. Dann haben Sie auch einen neuen Punkt für die Risikoliste.

Vergessen Sie jedoch im Interesse Ihrer eigenen Professionalität nicht, mit welchem Ziel Sie die Eskalation verfolgen, damit Sie auch ein Ende finden und nicht zum Selbstzweck eskalieren.

Weiterführendes

Tauschobjekte sammeln (⇨312), *Risikoliste* (⇨382), *Projekttagebuch* (⇨379), *Kulanzrechnung* (⇨408)

9.10.6 Projektsponsortreffen

Kurzbeschreibung

Treffen Sie sich regelmäßig mit den Personen, die Ihr Projekt fördern und unterstützen, um wichtige Hinweise, Einwände, zusätzliche Meinungen, Ratschläge u.Ä. zu erfahren.

Stichworte und verwandte Themen

Projektmarketing, Risikomanagement

Indikationen

- Kritische Rahmenbedingungen
- Hohe Risiken
- Es gibt aktive Projektgegner.

Beschreibung

Treffen Sie sich regelmäßig mit den Personen, die Ihr Projekt fördern und unterstützen, geben Sie Ihnen aktuelle Informationen über das Projekt, stellen Sie auch die aktuellen Herausforderungen dar und wie Sie diese angehen möchten.

Zum einen können Sie hilfreiche und wichtige Ratschläge und Tipps erwarten. Sie erhalten Bestätigung oder Bedenken, werden auf Aspekte hingewiesen, an die Sie selbst noch nicht gedacht haben, und gewinnen so wichtige Informationen.

Da es sich bei den Personen aber um wohlwollende Unterstützer handelt, haben Sie nichts zu befürchten. Sofern Sie kritisiert werden, passiert dies in der Regel mit einer konstruktiven Absicht.

Sie können sich regelmäßig mit einzelnen Sponsoren verabreden oder spontan mit diesen sprechen oder zu kurzen Treffen mit mehreren Sponsoren einladen. Bei größeren Treffen sollten Sie darauf achten, dass der Teilnehmerkreis nicht starr ist, sondern wechselt oder unregelmäßig ist. Ein Unterstützer kann mal seine Haltung ändern. Wenn sich immer der gleiche Kreis trifft, werden solche Veränderungen auch für alle anderen Beteiligten deutlich, was im Extremfall einen Dominoeffekt auslösen kann, sodass Ihnen weitere Sponsoren verloren gehen könnten.

In Ausnahmefällen können Sie Unterstützer auch um aktive Unterstützung oder gezielte Interventionen bitten.

9.10.7 Projekttagebuch

Kurzbeschreibung

Persönliches Notizbuch des Projektleiters zur zeitlich gegliederten Dokumentation des Projektverlaufes.

Stichworte und verwandte Themen

Risikomanagement

Indikationen

- Viele Risiken mit hohem Fremdeinfluss
- Besondere Abhängigkeiten von Zulieferleistungen
- Sozial oder machtpolitisch angespanntes Umfeld
- Schwierige oder unbefriedigende Rahmenbedingungen
- Unzuverlässige oder feindlich gesonnene Stakeholder

Beschreibung

Das Projekttagebuch ist ein beliebiges Notizbuch, in dem die Projektleitung regelmäßig in relativ kurzen Abständen erinnerungswürdige Ereignisse, Sachverhalte und Entscheidungen notiert, die das Projekt und sein Umfeld berühren.

Gewöhnlich ist das Projekttagebuch kein offizielles, sondern ein privates Dokument.

Das Tagebuch dient der Projektleitung als Erinnerungshilfe, um Argumente, Interventionen und Einflussnahmen zu unterstützen oder abzuwehren.

Abb. 9.10-2: Projekttagebuch

Aufgezeichnet werden sollte beispielsweise, wer wann welche Entscheidungen initiiert, unterstützt oder nicht unterstützt hat, mit welchen Begründungen, Versprechungen, Erwartungen etc.

Hat Ihnen beispielsweise ein bestimmter Stakeholder im Tausch gegen Ihre Unterstützung etwas versprochen und möchte sich nun nicht mehr daran erinnern, verhilft Ihnen das Projekttagebuch durch die Präzision Ihrer Erinnerung zu größerer Kraft in der Verfolgung Ihrer Interessen: *„Herr Meyer, vor drei Wochen, am 7.6. in dem Meeting bei Schulze haben Sie wörtlich zugesagt, dass [...]. Stehen Sie noch zu Ihrem Wort?“*

In kurz laufenden Projekten sowie in Projekten mit einem verbindlichen und vertrauensvollen Umfeld ohne Machtspiele etc. ist ein Projekttagebuch entbehrlich. Leider weiß man zu Anfang nicht, ob man sich dessen sicher sein kann.

9.10.8 Realisierungswettbewerb

Kurzbeschreibung

Wenn schnell eine brauchbare Lösung für eine sehr schwierige Aufgabe benötigt wird und der geplante Lösungsansatz unsicher ist oder zu scheitern droht, werden mehrere parallele Teams konkurrierend auf die Lösung angesetzt.

Stichworte und verwandte Themen

Risikomanagement

Indikationen

- Riskante Lösung
- Wiederholtes oder zu erwartendes Scheitern einer Umsetzung
- Ausprobieren neuartiger oder innovativer Lösungsansätze

Beschreibung

Es werden gleichzeitig zwei bis fünf Teams gebildet, die im Wettbewerb zueinander eine Lösung für eine gegebene Aufgabenstellung entwickeln sollen. Sobald eine Lösung vorgelegt wird, die alle Anforderungen hinreichend erfüllt, wird der Wettbewerb abgebrochen, d.h. die Entwicklung in den anderen Teams gestoppt.

Die Vorgehensweise sieht folgendermaßen aus:

- *Aufgabenstellung*

Die Aufgabenstellung wird gegenüber allen potenziellen Entwicklern detailliert geschildert. Dazu gehört die Beschreibung der erwarteten Schwierigkeiten oder der bisher erfolglosen Realisierungsversuche. Die Anforderungen und vor allem sämtliche Erfolgskriterien werden geschildert und auch schriftlich vorgelegt. Die Erfolgskriterien sind möglichst objektiv bewertbar zu formulieren. Es wird außerdem gesagt, wer die Erfolgsbewertung durchführen wird (Jury).

- *Lösungsansätze entwickeln*

  Alle Entwickler erhalten 1 – 3 Stunden Zeit, eine eigene Idee für einen Lösungsansatz zu entwickeln. Anschließend werden alle Lösungsansätze vorgestellt.

- *Teambildung*

  Die Projektleitung bzw. die Jury wählt zwei bis fünf möglichst unterschiedliche Lösungsansätze aus. Der jeweilige Ideengeber kann sich weitere Entwickler suchen, die ihn bei der Entwicklung unterstützen möchten. Dies können auch solche Entwickler sein, deren Lösungsansatz nicht angenommen wurde. Auf diese Weise werden Entwicklungsteams gebildet. Der jeweilige Ideengeber übernimmt die Teamleitung und Ergebnisverantwortung.

- *Entwicklungsstart*

  Allen Entwicklungsteams werden die Spielregeln erläutert. Anschließend beginnen die Teams mit der Entwicklung.

Die Spielregeln können wie folgt sein:

- Jedes Team kann jederzeit bei der Jury eine Lösung einreichen, die nach Meinung des Teams alle gestellten Anforderungen erfüllt.
- Die Jury bewertet die Lösung anhand der beschriebenen Abnahmekriterien. Erfüllt die eingereichte Lösung nicht alle Kriterien, erhält das Team einen Maluspunkt.
- Mit dem vierten Maluspunkt scheidet das Team aus dem Wettbewerb aus.
- Jedes Team gibt alle zwei Tage einen Statusbericht bei der Jury ab. Die Jury behandelt diese Information vertraulich, d.h., sie gibt sie nicht weiter an andere Teams.
- Teams, die Lösungen Dritter übernehmen, Ideen klauen o.Ä., werden nicht vom Wettbewerb ausgeschlossen. Nur der Erfolg zählt.
- Allen Teams werden prinzipiell die gleichen Bedingungen gewährt. Dies gilt vor allem für den Zugriff auf notwendige Ressourcen.

Mögliche Varianten:

- Die zwei erfolgversprechendsten Ansätze dürfen bis zur kompletten Reife fertiggestellt werden. Nach sehr eingehender Untersuchung und detailliertem Vergleich wird dann eine Lösung ausgewählt.
- Sobald ein Team fertig ist, erhalten alle übrigen Teams, die kurz vor einer Lösung stehen, noch eine kurze Karenzzeit, um auch noch eine Lösung vorlegen zu können.

9.10.9 Risikoliste

Kurzbeschreibung

Die Risikoliste enthält die wichtigsten Projektrisiken, meistens in Form einer Top-10-Liste.

Stichworte und verwandte Themen

Risikoworkshop

Indikationen

- Konzentriert bleiben, Prioritäten setzen

Beschreibung

Eine lange Liste mit allen oder sehr vielen Risiken führt tendenziell zu einer Risikoverwaltung, also einer defensiven bürokratischen Handhabung der gefundenen Risiken. Die Risiken verschwinden damit aus dem Aufmerksamkeitsbereich der meisten Projektmitglieder.

Deswegen ist es hilfreicher, Risiken zu priorisieren und darauf aufbauend eine Liste mit den 5, 7 oder 10 wichtigsten Risiken zu erstellen. Diese Liste sollte dann aber projektweite Aufmerksamkeit erhalten, d.h., die Liste gehört neben dem Projekt- und Releaseplan, in dem sich die Projektziele widerspiegeln, zu den wenigen Dokumenten, die alle Projektmitglieder kennen sollten.

Projekt- und Releaseplan

Die Liste ist ähnlich wie der Projekt- und Releaseplan regelmäßig zu aktualisieren. Immer wenn eine neue Version publiziert wird, kann die Aufmerksamkeit darauf verstärkt werden, indem die Unterschiede zur vorigen Version oder bestimmte Entwicklungstendenzen mitgeteilt werden. So bekommen alle Projektmitglieder mit, welche Risiken gerade neu dazugekommen sind und welche möglicherweise an Relevanz eingebüßt haben oder gar erledigt sind.

Auch gegenüber dem Lenkungskreis werden vollständige Risikolisten allenfalls als Anhang zur Sitzungsvorlage geliefert, während die Topliste jedes Mal erneut erläutert werden sollte. Lenkungskreis

Unter Umständen können für verschiedene Zielgruppen (Lenkungskreis, Fachabteilungen, projektintern) spezifische Listen verwendet werden, in denen jeweils nur die für die jeweilige Zielgruppe relevantesten Risiken enthalten sind. Zielgruppen

Weiterführendes

Risikoworkshop

9.10.10 Risikoworkshop

Kurzbeschreibung

Ein (eintägiger) Workshop wird mit den wichtigsten Projektbeteiligten abgehalten. Darin werden mögliche Risiken und Erfolgsfaktoren untersucht und dokumentiert. Im weiteren Projektverlauf werden die Ergebnisse regelmäßig aktualisiert und gegebenenfalls erweitert.

Stichworte und verwandte Themen

Risikomanagement

Indikationen

- Regelmäßig, beispielsweise einmal pro Iteration durchführen

Beschreibung

Der Workshop zu den Risiken und Erfolgsfaktoren wird innerhalb eines Tages durchgeführt. Zuerst werden Erfolgsfaktoren gesammelt, diskutiert und bewertet. Zu jedem Erfolgsfaktor werden messbare Kriterien ermittelt, die sein Eintreten nachweisen können. Anschließend werden die möglichen Risiken gesammelt, diskutiert und bewertet. Zu jedem Risiko müssen Eintrittskriterien, Maßnahmen zur Minimierung des Eintretens und reaktive Maßnahmen bei seinem Eintritt definiert werden. Aus der Risikoliste wird eine Top-10-Liste der größten Risiken abgeleitet. Außerdem können Sie bei der Gelegenheit einen (unbegrenzt großen) Katalog der bekannten offenen Probleme eröffnen.

Erfolgskriterien. Die Erfolgskriterien werden in einer Liste nach ihrer Wichtigkeit geordnet und mit einer kurzen Erläuterung aufgeführt. Soweit diskutiert bzw. bekannt ist, werden auch mögliche unterstützende Maßnahmen sowie deren Status kurz beschrieben.

Projektrisiken. Ein Risiko ist ein mögliches Problem, das eine Eintrittswahrscheinlichkeit hat und bei dessen Eintreten ein Schaden entsteht. Ein Risiko wird durch folgende Angaben beschrieben:

- Beschreibung, so konkret wie möglich bis zu 50 Zeilen
- Aktuell geschätzte Eintrittswahrscheinlichkeit
- Schadenshöhe bei Eintritt
- Maßnahmen zur Reduktion der Eintrittswahrscheinlichkeit
- Schadensbegrenzung beim Eintritt

Die Projektrisiken werden nach der Schadenswahrscheinlichkeit sortiert. Diese ergibt sich aus der Multiplikation von Eintrittswahrscheinlichkeit und Schadenshöhe.

Projektrisiko-Top-10-Liste. Die ersten 10 Risiken aus den gewichteten Projektrisiken bilden die Projektrisiko-Top-10-Liste. In dieser Liste stehen also die Risiken, deren Eintrittswahrscheinlichkeit und/oder Schadenshöhe zuerst minimiert werden sollte. Da sich die Schadenswahrscheinlichkeit durch eingeleitete Maßnahmen und den weiteren Projektverlauf schnell ändern wird, sollte die Top-10-Liste zyklisch aktualisiert werden. Je höher die Risiken und die Wichtigkeit des Projektes ist, desto öfter finden solche Bewertungen und Aktualisierungen der Top-10-Liste statt. Ein monatlicher Zyklus sollte dabei nicht überschritten werden, für kritischere Projekte bietet sich ein wöchentlicher Rhythmus an. In Krisensituationen kann die Risikobetrachtung im Rahmen des Krisenmanagements sogar täglich erfolgen.

Katalog offener Probleme. Alle offenen Probleme werden in einer Liste gesammelt. Jedem Problem ist ein Verantwortlicher für die Klärung zuzuteilen. Der Status der offenen Probleme ist zu pflegen. Es bietet sich an, dies im Rahmen der Aktualisierung der Top-10-Liste mit abzuarbeiten.

Durchführung. Die Durchführung des Workshops gliedert sich entsprechend der Ergebnisse in vier Teile:

- Erfolgskriterien bestimmen
  - Erfolgskriterien finden
  - Messbare Nachweiskriterien für deren Eintritt ermitteln
- Projektrisiken ermitteln und bewerten
  - Projektrisiko benennen
  - Eintrittswahrscheinlichkeit und Schadenshöhe schätzen
  - Maßnahmen zur Reduzierung der Eintrittswahrscheinlichkeit und zur Schadensminimierung festlegen

    - Risiko nach Eintrittswahrscheinlichkeit und Schadenshöhe bewerten
- Projektrisiken in Liste sammeln
    - Top-10-Liste der Projektrisiken ableiten bzw. aktualisieren
- Katalog der offenen Probleme aufstellen bzw. aktualisieren.

Der Workshop wird vom Gesamtprojektleiter moderiert. Die einzelnen Aktivitäten in der Durchführung werden in vorher festgelegten Timeboxen geleistet. Der Moderator ist für die Vorgehensweise und die zielführende Moderation verantwortlich.

Weiterführendes

Die Priorität eines Risikos wird durch das Produkt aus Eintrittswahrscheinlichkeit und Schadenshöhe ermittelt. Es ist oft ausreichend, die Eintrittswahrscheinlichkeit und die Schadenshöhe nicht konkret anzugeben, sondern drei bis fünf Stufen zuzuordnen. Den Stufen werden entsprechende Zahlenwerte zwischen 0 und 1 zugewiesen, sodass sich die Priorität berechnen lässt. Um große Risiken besonders zu gewichten, kann die Zuordnung von Zahlenwerten an die Risikoauswirkungen nicht linear erfolgen. Die einzelnen Kategorien können dazu über Aussagen zu Terminverzug oder Kosten (Abb. 9.10-3) konkretisiert werden, was die Handhabbarkeit deutlich erhöht.

Auswirkung	Sehr gering 0,05	Niedrig 0,1	Mittel 0,2	Hoch 0,4	Sehr hoch 0,8
Kostensteigerung	Unbedeutend	< 5 %	5 – 10 %	10 – 20 %	> 20 %
Terminverzögerung	Unbedeutend	< 5 %	5 – 10 %	10 – 20 %	> 20 %
Reduktion in Inhalt und Umfang	Kaum wahrnehmbar	Kleinere Bereiche sind betroffen	Kernbereiche sind betroffen	Für Kunden inakzeptabel	Ergebnis ist effektiv nicht zu gebrauchen
Qualitätsminderung	Kaum wahrnehmbar	Nur sehr spezielle Teile sind betroffen	Erfordert Zustimmung des Kunden	Für Kunden inakzeptabel	Ergebnis ist effektiv nicht zu gebrauchen

Abb. 9.10-3: Beispiel für die nicht lineare Definition von Risikoauswirkungen nach PMI [PMBoK-2004]. Dadurch werden große Risiken stärker betont.

Daraus ergibt sich eine Wahrscheinlichkeits-Auswirkungs-Matrix, über die wir z.B. drei Risikokategorien bestimmen können. Im Beispiel aus Abb. 9.10-4 erfolgte eine nicht lineare Festlegung der Schwellenwerte, um große Risiken zu betonen.

	Auswirkung				
Wahrscheinlichkeit	**0,05**	**0,1**	**0,2**	**0,4**	**0,8**
0,9	0,05	0,09	0,18	0,36	0,72
0,7	0,04	0,07	0,14	0,28	0,56
0,5	0,03	0,05	0,10	0,20	0,40
0,3	0,02	0,03	0,06	0,12	0,24
0,1	0,01	0,01	0,02	0,04	0,08

Abb. 9.10-4: Wahrscheinlichkeits-Auswirkungs-Matrix. Durch die nicht lineare Gewichtung werden große Risiken betont.

Für die Risikobewältigung gibt es vier Möglichkeiten:

- **Vermeidung**: Der Projektplan wird so geändert, dass das Risiko oder die Bedingungen dazu ausgeschlossen werden können.
- **Abgeben**: Es wird versucht, die Folgen eines Risikos zusammen mit der Verantwortung für die Risikobewältigung an Dritte zu übertragen. Aber Achtung: Das Risiko ist damit nicht beseitigt!
- **Minderung**: Wir versuchen, die Eintrittswahrscheinlichkeit oder die Auswirkungen auf einen akzeptablen Wert zu reduzieren. Meist ist es besser, frühzeitig Maßnahmen zur Reduktion der Eintrittswahrscheinlichkeit durchzuführen, als die Auswirkungen zu reduzieren. Dabei sind die Kosten für die Minderung im Verhältnis zu den Auswirkungen zu beachten.

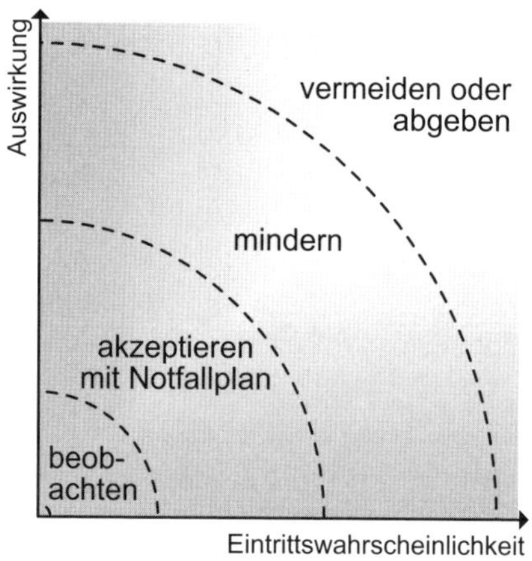

Abb. 9.10-5: Aus der Risikobewertung können (angelehnt an [PMBoK-2004]) prinzipielle Maßnahmen abgeleitet werden.

- **Akzeptanz**: Wir gehen ein Risiko bewusst ein und planen dafür einen Risikozuschlag bzw. eine Reserve ein. Bei den Maßnahmen gibt es zwei Varianten:
  - Aktive Akzeptanz: Entwicklung eines Notfallplans
  - Passive Akzeptanz: Vertrauen auf eine Problemlösung durch das Projektteam bei Eintritt. Das Risiko wird lediglich beobachtet.

In Abhängigkeit von der Risikobewertung können die resultierenden Maßnahmen zugeordnet werden (Abb. 9.10-5).

9.10.11 T-Stich-Prototyp (vertikales Prototyping)

Kurzbeschreibung

Der T-Stich-Prototyp minimiert technische Risiken und überprüft technische Lösungen. Er kann bereits sehr früh im Projektverlauf eingesetzt werden, um architekturelle und designtechnische Fragen zu beantworten.

Stichworte und verwandte Themen

Vertikaler Prototyp, Dialogprototyp, Architektur, Design, Anwendungsfall, Spike, explorativer Prototyp

Indikationen

- Offene Fragen zur Festlegung der Architektur können nicht eindeutig beantwortet werden, weil das konkrete Wissen um mögliche Konsequenzen fehlt.
- Offene Fragen zum Zusammenspiel der einzelnen Architekturschichten oder zwischen technischen Komponenten können nicht konkret beantwortet werden.
- Eine technische Machbarkeitsüberprüfung soll erfolgen.
- Eine Performance- oder Lastanalyse soll frühzeitig erfolgen.

Beschreibung

Nachdem in der fachlichen Analyse die Anwendungsfälle gefunden, größtenteils essenziell beschrieben und fachlich priorisiert worden sind, kann für einen oder wenige ausgewählte Anwendungsfälle ein T-Stich-Prototyp erstellt werden. Dazu wird die notwendige Oberfläche ähnlich eines Teils des Dialogprototyps erstellt und für eine oder nur sehr wenige fachliche Aufgaben eine vollständige, prototypische Umsetzung durch alle Schichten der Architektur entwickelt (vgl. Abb. 9.10-6). Seinen Namen hat der T-Stich-Prototyp durch die visuelle Darstellung der zu realisierenden Teile innerhalb des Schichtmodells, das ähnlich einem **T** aussieht. Er wird auch als *vertikaler Prototyp* bezeichnet (im Gegensatz zum Dialogprototyp bzw. horizontalen Prototyp).

Mit einem T-Stich-Prototyp wird versucht, einen kleinen Teil der Anforderungen so komplett und vollständig wie möglich innerhalb der zugrunde liegenden Architektur umzusetzen. Der Sinn dieses Prototyps liegt in der konkreten Beantwortung architektureller und technischer Fragen, die ein hohes Risiko in sich bergen.

Die Bewertung des Risikos ergibt sich aus den bereits vorliegenden Analyseergebnissen. Um zur Beantwortung offener Fragen ein aussagekräftiges Beispiel auswählen zu können, sollten bereits eine große Anzahl der Anwendungsfälle zumindest essenziell beschrieben sein.

Seine Aussagekraft erhält der T-Stich-Prototyp dadurch, dass mit ihm ein vertikaler Stich durch alle Architekturschichten erfolgt, sodass das Zusammenspiel der Schichten ebenso wie die Realisierung innerhalb der Schichten ausprobiert werden kann. Um den Aufwand zur Realisierung eines T-Stich-Prototyps so gering wie möglich zu halten, kann auf jeder Ebene eine weitere Eingrenzung des Betrachtungshorizonts erfolgen. Zu beachten ist dabei, dass die Aussagen zur Beantwortung der technischen Fragen noch möglich sind. Diese Verjüngung ist in Abb. 9.10-6 angedeutet.

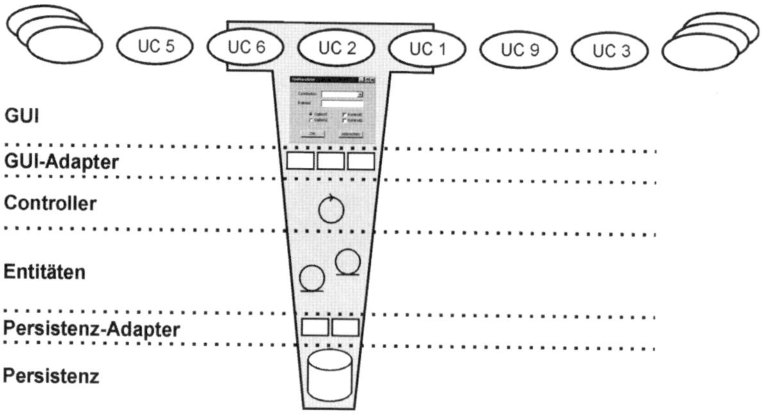

Abb. 9.10-6: Schema eines T-Stich-Prototyps

9.11 Vertrags- und Einkaufsmanagement[22]

9.11.1 PMBoK-Rahmenwerk

In manchen Projekten, zum Beispiel in kleineren IT-Projekten, kann es sein, dass überhaupt kein projektbezogener Einkauf stattfindet, während die Hauptaufgabe von Projektmanagern in anderen Umgebungen, z.B. in großen Anlagenbau- und Infrastrukturprojekten, darin bestehen kann, Unterauftragnehmer unter Vertrag zu nehmen und deren Leistungen im Sinne des Projektes zu steuern.

Tatsächlich sind viele klassische Methoden des Projektmanagements als Antwort entstanden auf Anforderungen in Projektumgebungen mit einem traditionell hohen Anteil an Zukauf, zum Beispiel der Werftindustrie, der Wehrtechnik und der Baubranche.

Der PMBoK Guide macht selten einen Unterschied zwischen Projekten für externe Kunden, also Projekten unter Vertrag und gegen Rechnung, und solchen, die als interne Projekte für die eigene Organisation durchgeführt werden. Fragen des Vertragswesens werden allerdings im Bereich Einkaufsmanagement ausführlich besprochen, auch wenn hier der Projektmanager sozusagen auf der anderen Seite des Verhandlungstischs sitzt.

Unterschiede zum angloamerikanischen Umfeld

Als Projektmanager aus dem deutschsprachigen Raum muss man sich allerdings dessen bewusst sein, dass viele Aspekte des Vertragswesens im angloamerikanischen Umfeld deutlich anders definiert werden als bei uns:[23]

Werkvertrag, Dienstvertrag
Time and Material

- Gemäß Bürgerlichem Gesetzbuch (BGB §§ 611, 631) wird bei uns im Wesentlichen zwischen Werkvertrag und Dienstvertrag unterschieden. Die Bestimmung des Vertragstyps erfolgt hierbei über die Art der Leistungserbringung des Auftragnehmers. Im angloamerikanischen Vertragsrecht wird der Vertragstyp dagegen durch die Leistungserbringung des Kunden definiert, zum Beispiel in Form eines Festpreis- oder Kostenerstattungsvertrags[24] oder eines Zeit- und Materialvertrags (*Time and Material Contract*).

---

[22] *Procurement* wird in der deutschen Übersetzung des PMBoK Guide mit *Beschaffung* übersetzt. Da diese Managementdisziplin in Deutschland aber überwiegend als *Einkauf* bezeichnet wird, während *Beschaffung* meist eine im Vergleich niederrangige Funktion beschreibt, ziehen wir diese Übersetzung vor.

[23] Das Folgende ist nicht als Rechtsberatung zu verstehen. Bei Fragen zu internationalem Vertragsrecht sollte immer ein Jurist hinzugezogen werden.

[24] Die deutsche Übersetzung des PMBoK Guide spricht vom *Vertrag auf Selbstkostenbasis*.

Vertragsstrafe, Konventionalstrafe, Schadenersatz

- In unserem bürgerlichen Recht ist die Vertragsstrafe ein wesentliches Werkzeug der Vertragsgestaltung. Im angloamerikanischen Recht sind Konventionalstrafen vor Gericht generell nicht durchsetzbar. Stattdessen werden im voraus bezifferte Schadenersatzforderungen (*Liquidated Damages*) oder Leistungsanreize (*Incentives*) verwendet. Da auch vertragliche Schadenersatzforderungen ein Risiko beinhalten, verwendet der PMBoK Guide nur Leistungsanreize.
- Angloamerikanische Gerichte haben deutlich mehr Machtbefugnisse im Streitfall als deutsche. Der PMBoK Guide weist deshalb wiederholt darauf hin, welche Risiken einem Projektteam durch Nachlässigkeit im Umgang mit Lieferantenkorrespondenz im Streitfall drohen können.

Caveat emptor

Sorgfaltspflicht

- Während es in Deutschland eine Reihe von Rechtsvorschriften zur vertraglichen Gewährleistung gibt, gilt im angloamerikanischen Vertragsrecht noch zu einem großen Teil das Prinzip *Caveat emptor*[25], das dem Käufer eine erhöhte Sorgfaltspflicht bei der Wahl des Auftragnehmers auferlegt.
- Dispute zu mündlichen Verträgen mit einem Wert ab 500 $ werden von US-Gerichten grundsätzlich nicht angenommen. Die Verträge sind zwar uneingeschränkt gültig, können aber nicht eingeklagt werden. Daraus hat sich – stärker als bei uns – eine Kultur der schriftlichen Niederlegung aller vertraglichen Regelungen ergeben.

Generell kann man sagen, dass das angloamerikanische Vertragsrecht ein höheres Maß an Sorgfalt fordert als das deutsche. Da ein großer Teil der internationalen Projektverträge sich ohnehin aber eher daran ausrichtet, ist es kein Fehler, wenn sich Projektmanager auf diese Anforderungen einstellen, auch wenn unsere Vertragspraxis und Rechtsprechung davon teilweise stark abweichen.

Auch ist zu beachten, dass in vielen Projektumgebungen der Einkauf nicht vom Projektmanager durchgeführt wird. Stattdessen werden oft Einheiten der Linie wie zum Beispiel Einkaufsabteilungen damit beauftragt oder doch zumindest der Einkauf in Abstimmung mit ihnen durchgeführt. Auch kann eine Rechtsabteilung der ausführenden Organisation eine wesentliche Rolle in den Einkaufsprozessen spielen.

Prozesse des Einkaufsmanagements sind:

- **Planen der Einkäufe und Beschaffungen** – Für das Projekt wird entschieden, welche Gegenstände zugekauft werden sollen und welche nicht. Außerdem werden in einem Einkaufsmanagementplan die anzuwendenden Prozesse, Verantwortlichkeiten etc. festgelegt.

---

[25] Lateinisch, wörtlich: *Der Käufer sei auf der Hut.*

- **Planen des Vertragswesens** – Der zweite Planungsschritt betrifft die einzelnen Einkaufsgegenstände. Dazu werden *Lastenhefte*[26] – Beschreibungen zu den zu liefernden Gütern und Leistungen – und weitere Einkaufsdokumente erstellt. Außerdem werden Bewertungskriterien für die spätere Lieferantenauswahl definiert.
- **Lieferantenanfragen** – Potenzielle Lieferanten werden um Angebotserstellung ersucht.

Angebote von Lieferanten können verschiedene Formen annehmen:

Preisangebot (*Bid*): Im Rahmen eines wettbewerbsgetriebenen Invitation-for-Bid-Prozesses werden inhaltlich weitgehend gleiche Angebote angefordert, die Entscheidung wird im Wesentlichen durch Preisvergleich getroffen.

Vorschlag (*Proposal*): Im Rahmen eines wettbewerbsgetriebenen Request-for-Proposal-Prozesses werden Angebote eingeholt, die unterschiedliche Möglichkeiten aufzeigen, wie Lieferanten Probleme des Kunden lösen oder seine Wünsche umsetzen wollen. Die Entscheidung wird von der Qualität der Lösung und vom Preis bestimmt.

Angebot (*Quotation*): Hierbei kann es sich um jede Art von Angebot handeln, der Prozess muss nicht von Wettbewerb getrieben sein.

- **Lieferantenauswahl** – Im vorletzten Prozess *Planen des Vertragswesens* sind Auswahlkriterien festgelegt worden, die nun angewandt werden, um den geeignetsten Vertragspartner auszuwählen. Am Ende dieses Prozesses steht der Vertrag mit dem Auftragnehmer.
- **Vertragsabwicklung** – Die wesentlichen Inhalte dieses Prozesses befassen sich mit der Administration des Vertrags einschließlich der Überprüfung der erbrachten Leistung, ob diese den vertraglichen Anforderungen entspricht, und der Anweisung von dafür zu erbringenden Zahlungen.

Vertragsänderungen

Eine weitere Aufgabe im Rahmen dieses Prozesses ist die Durchführung von Vertragsänderungen. Da im PMBoK Guide die Änderung als der Normalfall im Projekt verstanden wird, ist ein gut vorbereitetes vertragliches Änderungssystem mit klar festgelegten Prozessen und Verantwortlichkeiten ein wesentlicher Bestandteil eines für Projekte angemessenen Vertragswesens.

- **Vertragsbeendigung** – Die Gültigkeit von Verträgen mit Auftragnehmern ist zu Projektende ebenfalls zu beenden. Die Verfahren da-

[26] Der PMBoK Guide spricht von *Statement of Work*, was in der deutschen Ausgabe mit *Leistungsbeschreibung* übersetzt wurde. In Übereinstimmung mit DIN 69905 erscheint uns die Übersetzung *Lastenheft* angemessen.

für sind im Vertrag beschrieben. Die Vertragsbeendigung erfolgt schriftlich.

9.11.2 Projektauftrag

Kurzbeschreibung

Ein Projektauftrag regelt die Zusammenarbeit von Auftraggeber, Auftragnehmer und gegebenenfalls weiteren Beteiligten und legt Inhalte, Verfahrensweisen und Rahmenbedingungen für ein Projekt fest.

Für eine erfolgreiche Zusammenarbeit und Projektdurchführung sind bestimmte Mindeststandards für den Projektauftrag zu beachten.

Stichworte und verwandte Themen

Meilenstein, Allgemeine Projekt-Geschäftsbedingungen (APGs)

Beschreibung

Folgende Informationen sollten im Projektauftrag enthalten sein:

- Name des Projektes
- Auftraggeber
- Ggf. Auftragnehmer
- Auftraggeberseitiger Projektleiter
- Sofern vorhanden, auftragnehmerseitiger Projektleiter oder Verantwortlicher
- Inhaltlicher Umfang des Projektes (siehe *9.4.2 Produktkarton* ⇨238)
- Inhaltlicher Ausschluss vom Projekt (Was gehört nicht zum Projektumfang?)
- Motivation (Warum gibt es das Projekt?)
- Aufwands- und Terminvorstellungen oder -vorgaben des Auftraggebers (geplantes bzw. vorgegebenes Budget, Start-, Endtermin, vorgegebene Meilensteine)
- Projektziele (Was soll mit dem Projekt erreicht werden? Worin besteht der Projekterfolg?)
- Vorgesehene Projektgremien und ihre Teilnehmer (z.B. Lenkungskreis)

- Allgemeine Projekt-Geschäftsbedingungen (APGs) beschreiben Rechte, Möglichkeiten und Pflichten der verschiedenen Beteiligten, allgemeine Regeln zur Zusammenarbeit, Eskalationsmöglichkeiten und Ähnliches.
- Besonderheiten, Anmerkungen etc.

Ein Projektauftrag kann Angebotscharakter haben, d.h., ein möglicher Auftragnehmer bietet dem Auftraggeber die Durchführung eines Projektes an und definiert damit gleichzeitig die Projektrahmenbedingungen. In diesem Fall sollte der Projektauftrag Angebot genannt werden und wird vom Auftragnehmer gegebenenfalls unter Angabe einer Bindefrist unterschrieben.

Normalerweise ist ein Projektauftrag jedoch die Aufforderung eines Auftraggebers an einen Auftragnehmer, ein Projekt durchzuführen. In diesem Fall ist der Auftrag vom Auftraggeber unterschrieben.

Eine mündliche Beauftragung sollte vermieden werden und ist suspekt (vielleicht abgesehen von trivialen kleinen Aufträgen). Wenn der Auftraggeber den Projektauftrag nicht unterschreibt, scheint der Auftrag entweder nicht wichtig oder nicht gewollt zu sein, oder der Auftraggeber hat noch grundsätzliche Schwierigkeiten mit dem Inhalt des Auftrages. Unter diesen Umständen würde der Auftragnehmer den Auftrag auf eigenes Risiko übernehmen.

Der Projektauftrag kann wahlweise vom Auftragnehmer oder Auftraggeber erstellt oder vorgelegt oder von beiden gemeinsam erarbeitet werden. Er kann in verschiedenen Versionen abgestimmt und weiterentwickelt werden und sollte in diesem Fall eine Änderungshistorie enthalten (Wer hat wann was geändert?).

Der Projektauftrag sollte möglichst nur stabile Inhalte enthalten. Alle Gegebenheiten, die sich während der Projektlaufzeit ändern können, sollten entsprechend gekennzeichnet werden bzw. in einem Anhang spezifiziert werden. Der Projektauftrag sollte eine Vereinbarung enthalten, wie die instabilen Gegebenheiten einvernehmlich angepasst, verändert oder weiterentwickelt werden können bzw. wie diese Änderungen gehandhabt werden sollen.

Weiterführendes

Im OEP (oose Engineering Process, www.oose.de/oep) und ähnlichen Vorgehensmodellen gibt es Muster und Beispiele für Projektaufträge.

9.11.3 Allgemeine Projekt-Geschäftsbedingungen (APGs)

Kurzbeschreibung

In den allgemeinen Projekt-Geschäftsbedingungen werden wichtige Regeln und Bedingungen zur Projektzusammenarbeit von Auftraggeber und Auftragnehmer festgelegt.

Motivation

Dass Termine und Budgets in Softwareprojekten häufig nicht eingehalten werden können, hat gewöhnlich weniger damit zu tun, dass die ursprüngliche Aufwandschätzung oder Projektplanung mangelhaft war, sondern dass Anforderungen sich unkontrolliert ändern und die Zusammenarbeit mit dem Auftraggeber, den Fachabteilungen und anderen Projektexternen viel zeitaufwendiger verläuft als geplant.

Daher ist es wichtig, dass alle betroffenen Parteien sich auf klare Regeln einigen, die eine effiziente und effektive Projektdurchführung unterstützen und jeder Partei für ihre spezifischen Interessen wirksame Verfahren, Durchsetzungs- und Eskalationsmöglichkeiten bieten.

Diese Regeln müssen, damit sie belastbar sind, schriftlich vorliegen und offizieller Vertragsbestandteil sein. Sie müssen auch zeitlich zusammen mit dem Vertrag festgelegt werden, also beim Start des Projektes, weil nur zu diesem Zeitpunkt eine unbelastete und offene Diskussion und Verhandlung über solche Regeln möglich ist.

Beschreibung

Die folgenden Formulierungen können auch als Grundlage für Vertragstexte verwendet werden. In einigen Formulierungen sind konkrete Werte eingesetzt, die lediglich Vorschläge darstellen. Diese Werte sind in eckigen Klammern angegeben, um darauf hinzuweisen, dass hier gegebenenfalls eigene Werte eingesetzt werden sollten. Außerdem sind Erläuterungen und Anmerkungen zu den Texten in eckigen Klammern hinzugefügt. Bitte beachten Sie, dass die Autoren dieses Buches keinerlei Gewähr, beispielsweise für die juristische Brauchbarkeit und Sicherheit dieser Musterformulierungen, übernehmen.

- **Ressourcen des Auftragnehmers**

  Der Auftragnehmer bestimmt, wie viele und welche Mitarbeiter er wann im Projekt einsetzt.

- **Bereitstellung von Mitwirkungsleistungen durch den Auftraggeber**

  Feste Besprechungszeiten und -kontingente

  Der Auftragnehmer benötigt zur Abstimmung und Entscheidung von Anforderungen und Vorgehensweisen entsprechende Ansprechpartner, Unterstützung, Informationen und Entscheidungen seitens des Auftraggebers. Hierzu werden für die verschiedenen Zielgruppen bzw. Abteilungen Ansprechpartner benannt oder Arbeitskreise eingerichtet. Beide Parteien sichern für jede Zielgruppe ein Kontingent für Besprechungszeiten von [zweimal wöchentlich jeweils 2,5 Stunden] zu. Beide Parteien können dieses Kontingent mit einer Einladungsfrist (Vorlauf) von 24 Stunden unter Angabe der zu besprechenden Themen (Agenda) beanspruchen. Jedes Nicht-Einhalten seitens des Auftraggebers bedeutet eine entsprechende Verlängerung der Projektdauer. Bis zu 1 Tag Verzögerung pro Monat trägt der Auftragnehmer und ist von diesem einzukalkulieren.

  [Bestimmen Sie eine Dauer und einen Zyklus, die für beide Parteien und die individuelle Projektsituation sinnvoll und realistisch erscheint. Wir empfehlen mindestens einen Termin pro Woche.]

- **Schnelle Entscheidungen**

  Protokolle

  In allen entscheidungsrelevanten Besprechungen werden die Ergebnisse unmittelbar protokolliert, gegebenenfalls mit Schriftprotokoll oder mit Fotoprotokoll von Tafel- oder Flipchart-Bildern. Am Ende einer Besprechung existiert also stets ein Ergebnisprotokoll. Alle Teilnehmer sind verpflichtet, noch vor Ende der Besprechung Widersprüche, Änderungen und Ergänzungen zu Protokoll zu geben. Widersprüche, die hinterher geltend gemacht werden, können vom Auftragnehmer als Änderungswunsch (Change Request) behandelt werden. Dadurch entstehende Mehraufwände des Auftragnehmers kann dieser gegenüber dem Auftraggeber geltend machen.

  Einspruchsfrist

  [Alternativ können Sie auch eine Einspruchsfrist von beispielsweise 24 Stunden vereinbaren.]

- **Gebot für stabile nicht funktionale Anforderungen**

  Auftraggeber und Auftragnehmer sind sich darüber einig, dass nicht funktionale Anforderungen wie beispielsweise die Systemverfügbarkeit bei ansonsten gleichen funktionalen Anforderungen ganz erheblichen Einfluss auf die Herstellungskosten der Software haben können. Nachträgliche Änderungen an nicht funktionalen Anforderungen muss der Auftragnehmer dementsprechend nur dann akzeptieren, wenn sich Auftragnehmer und Auftraggeber auf eine neue Kalkulation und damit gegebenenfalls vertragliche Grundlage einigen können.

- **Kalkulatorische Berücksichtigung von neuen und geänderten funktionalen Anforderungen**

Puffer für unbekannte Anforderungen

Auftraggeber und Auftragnehmer sind sich darüber einig, dass die funktionalen Anforderungen vor Start des Projektes nicht endgültig, vollständig und stabil festgelegt werden können, sondern sich vielmehr im Projektverlauf Erkenntnisse über weitere notwendige oder sinnvolle Anforderungen und Änderungen ergeben werden. Auch können sich externe Rahmenbedingungen ändern. Es wird deswegen pauschal eine Menge von [20] Prozent unbekannter Anforderungen einkalkuliert, wobei davon nur die tatsächlich realisierten Anforderungen und Änderungen abgerechnet werden können.

- **Kostenneutrale Anforderungsänderungen**

Agiler Festpreis ⇨400

Der Auftraggeber hat das Recht, noch nicht realisierte bzw. begonnene Anforderungen zu ändern oder auszutauschen, sofern dies den Gesamtaufwand unverändert lässt. Kosten und Zeitaufwand für neue Anforderungen und Änderungen sind vom Auftragnehmer nach dem gleichen Verfahren zu kalkulieren und zu bemessen wie in der Angebotskalkulation. [Optional: Die Kosten einer neuen Anforderung oder einer Änderung werden ebenso wie die der auszutauschenden Anforderung vom Auftragnehmer geschätzt. Der Auftraggeber kann den Änderungswunsch zurücknehmen, wenn ihm die Ergebnisse dieser Schätzungen nicht gefallen. Sofern die Kosten für neue und herauszunehmende Anforderungen ungleich sind, wird ein Kosten- oder Aufwandskonto geführt, das bis zum Projektende ausgeglichen sein soll.]

- **Priorisierung der Anforderungen**

[Vgl. agiler Festpreis ⇨400]

Jede Anforderung ist gemeinsam von Auftraggeber und Auftragnehmer zu priorisieren. Dies gilt sowohl für neue Anforderungen wie auch für Anforderungsänderungen. Bestehende nicht realisierte und begonnene Anforderungen können jederzeit einvernehmlich neu priorisiert werden. Die Priorisierung soll die Sichtweisen beider Parteien gleichberechtigt berücksichtigen, d.h. sowohl den geschäftlichen und fachlichen Nutzen als auch technische und projektorganisatorische Aspekte. Eine Kennzeichnung von Pflichtanforderungen ist möglich. Zur Priorisierung gehört stets eine Aufwandschätzung des Auftragnehmers.

Auftraggeber und Auftragnehmer stimmen darin überein, dass eine ordentliche Priorisierung der Anforderungen eine wichtige Voraussetzung für eine ebenso flexible wie risikoorientierte Vorgehensweise ist und dass eine Priorisierung nur dann funktioniert, wenn nicht alle Anforderungen die gleiche Priorität erhalten. Der Anteil der Pflichtanforderungen sollte daher maximal [20] Prozent betragen.

Um jederzeit einen schnellen und zügigen Projektablauf zu gewährleisten, hat der Auftragnehmer die Eskalationsmöglichkeit, Priorisierungen vorzuschlagen bzw. zu ändern und diese dem Auftraggeber mitzuteilen. Widerspricht der Auftraggeber dem nicht innerhalb einer Frist von [4 Werktagen], gilt dies als Einvernehmen.

- **Transparente, objektivierbare Schätz- und Messmethoden für die Produktgröße**

  Der funktionale Umfang (Größe) der zu erstellenden Software wird vom Auftragnehmer mit einem gängigen objektivierbaren Verfahren quantifiziert, beispielsweise auf der Basis von Function Points, Widget Points, Essential Use Case Steps oder Use Case Points. Das Verfahren muss in jedem Fall geeignet sein, den Wert vor dem Projekt zu schätzen und nach dem Projekt das reale Ergebnis objektiv zu messen. Das Verfahren und die kalkulierten Werte werden dem Auftraggeber offengelegt.

  [Die Festlegung einer Schätz- und Messmethode ist nicht zwingend, kann aber hilfreich sein. Vor allem für die weiter oben beschriebene kalkulatorische Berücksichtigung von neuen und geänderten funktionalen Anforderungen ist ein definiertes Verfahren wichtig. Optional kann statt einer Auswahl von Verfahren auch ein konkretes vorgegeben werden.]

- **Risikomanagementstrategie und Releaseplanung**

  Der Auftragnehmer sichert zu, iterativ vorzugehen und in kurzen Zyklen von [2 – 8] Wochen neue weiterentwickelte Builds oder Releases vorzulegen. Der Auftragnehmer wird spätestens [am Ende der zweiten Iteration] auf Basis der vom Auftraggeber priorisierten Anforderungen einen Releaseplan vorlegen und mit dem Auftraggeber abstimmen. Soweit der Auftraggeber die Anforderungen nicht bis zum Ende der ersten Iteration priorisiert hat, kann der Auftragnehmer ersatzweise Annahmen über die Priorisierung treffen. Releaseplan

  Spätestens am Ende einer jeden Iteration legt der Auftraggeber ein neues erweitertes Build vor. Zusätzlich werden durchschnittlich ca. alle 1 – 3 Iterationen neue Releases entstehen.

  [Statt „2 – 8 Wochen" sollten hier eine konkretere Vorgabe stehen, beispielsweise „ca. 5 Wochen".]

- **Regelmäßige Teilabnahmen (Zwischenabnahmen)**

  Im Sinne eines iterativen Vorgehens, bei dem nicht erst zum Ende des Projektes die Abnahme erfolgt, legt der Auftragnehmer bereits zu Beginn des Projektes einen Abnahmeplan für regelmäßige Teilabnahmen vor und aktualisiert diesen in bestimmten Abständen. Inhalt der Teilabnahmen sind bereits realisierte und abnahmefähige

Anforderungen. Teilabnahmen sollen in einem Zyklus stattfinden, der ca. der [1,5 – 3-fachen Dauer einer Iteration] entspricht.

Abnahmeplan

Aus dem Abnahmeplan hat hervorzugehen, welche Anforderungen abgenommen werden sollen und mit welchen Testfällen dies erfolgen soll. Es ist ebenfalls vorweg für jeden Testfall festzulegen, wie ein Fehlschlagen der Tests zu bewerten ist: als *einführungsverhindernd*, *abnahmeverhindernd*, zu *behebender Mangel* oder *abzugsfähiger Mangel*.

Soweit die Abnahme als Build noch nicht in der geplanten Zielumgebung stattfindet, gilt die Abnahme vorbehaltlich der Reproduzierbarkeit in der Zielumgebung, die zu einem späteren Zeitpunkt ebenfalls als Teilabnahme durch den Auftragnehmer angefordert werden kann.

Die Ergebnisse der Abnahmen sind zu dokumentieren und müssen die geprüften Anforderungen und ihr Abnahmeergebnis im Einzelnen auflisten.

Bei jeder Teilabnahme sollten die Testfälle der vorigen Abnahmen wiederholt werden. Sollte bei einer Abnahme deutlich werden, dass bereits abgenommene Anforderungen wieder verloren wurden, sind die davon betroffenen Teilabnahmen explizit zu wiederholen. Können abgeschlossene Teilabnahmen auf diesem Weg nicht reproduziert werden, kann der Auftraggeber dem Auftragnehmer diese Teilabnahmen wieder entziehen.

[Beim Zyklus der Teilabnahmen ist zu beachten, dass Abnahmen stets mit einem besonderen, hohen Aufwand für beide Parteien verbunden sind. Es sollten einerseits möglichst viele Teilabnahmen in kurzen Abständen erfolgen, andererseits müssen diese von den Parteien auch gut leistbar sein. Das 1,5 – 3-Fache einer Iteration ist ein guter Erfahrungswert.]

- **Endabnahme und Projektende**

  Alle Pflichtanforderungen müssen zur endgültigen Abnahme erfüllt sein. Das Projekt ist erfolgreich, wenn außerdem mindestens [70] Prozent (bezogen auf den geschätzten Aufwand) aller übrigen Anforderungen erfüllt sind.

Das Projekt sollte folgende Projektgremien besitzen:

- **Lenkungskreis.** Etwa 1 – 2 Wochen nach Ende einer Iteration findet jeweils ein Treffen des Lenkungskreises (LK) statt. Der Lenkungskreis trifft Entscheidungen, die über die Kompetenzen des Projektes und seiner sonstigen Gremien hinaus reichen. Teilnehmer des LK sind mindestens:

- Vertreter des Auftragebers (Bevollmächtigter, Prokurist oder Geschäftsführer)
- Vertreter des Auftragnehmers (Bevollmächtigter, Prokurist oder Geschäftsführer)
- Auftraggeberseitige Projektleitung
- Auftragnehmerseitige Projektleitung

Der LK ist beschlussfähig, wenn diese Mindestteilnehmer anwesend sind oder vertreten werden. Weitere Personen können regelmäßig oder im Einzelfall einvernehmlich eingeladen werden. Der LK-Termin fällt aus, wenn 30 Minuten nach Sitzungsbeginn noch keine Beschlussfähigkeit vorliegt. Zu den Sitzungen lädt jeweils der Auftragnehmer mit einer Frist von 10 Werktagen ein.

Beide Parteien können mit einer Frist von 10 Werktagen zu außerordentlichen LK-Sitzungen einladen.

- **Wöchentliches Auftraggeber-Auftragnehmer-Jour fixe.** Einmal wöchentlich zu einem festen Termin, beispielsweise jeden Dienstag um 9 Uhr, treffen sich die auftraggeber- und auftragnehmerseitige Projektleitung zu einem Jour fixe. Dieses Treffen dient zum laufenden Austausch von wichtigen Informationen sowie zur Vorbereitung und Abstimmung von Entscheidungen. Alle übrigen Projektbeteiligten haben die Möglichkeit, diesem Gremium Informationen oder Entscheidungen vorzulegen bzw. Entscheidungen anzufordern.

- **Iterations-Statusbericht.** Nach Ablauf einer Iteration erstellt der Auftragnehmer für den Auftraggeber einen ausführlichen Bericht über den Projektfortschritt. Dieser Bericht ist dem Auftraggeber spätestens 3 Werktage vor einer LK-Sitzung zuzustellen. Der Iterations-Statusbericht enthält neben einer Zusammenfassung der Ergebnisse und des Status auch die komplette Liste aller ursprünglich geplanten Iterationsfeatures (vgl. *Featurebasiertes Planen* ⇨249) und je Feature eine Kurzbeschreibung der tatsächlich erreichten Ergebnisse, der offenen Ergebnisse und der Aufwandschätzung für die offengebliebenen Punkte.

- **Iterations-Risikoliste.** Nach Ablauf einer Iteration erstellt der Auftragnehmer für den Auftraggeber einen aktualisierten Risikobericht mit den wichtigsten aktuellen Risiken des Projektes, einer Kurzbeschreibung der Ursachen und möglichen Folgen, der hierzu vorhandenen Maßnahmen zur Risikovermeidung und Risikominimierung und die wichtigsten Veränderungen gegenüber dem letzten Risikobericht.

9.11.4 Agiler Festpreis

Kurzbeschreibung

Der agile Festpreis ist ein Vertragsmodell, bei dem auf Basis gegebener Anforderungen ein fester Preis vereinbart wird und zusätzlich Regeln verabredet werden, um noch nicht realisierte Anforderungen während der Projektlaufzeit wieder ändern zu können.

Stichworte und verwandte Themen

Aufwandspreis, Festpreis, Vertragsgestaltung, Änderungsantrag (Change Request)

Indikationen

- Budgetobergrenze notwendig
- Inhaltliche Planungsunsicherheiten
- Instabile Anforderungen

Beschreibung

Bei diesem Festpreis mit inhaltlichem Spielraum wird für eine gegebene Menge von Anforderungen ein verbindlicher Gesamtpreis vereinbart. Zusätzlich wird (wie beim Anforderungseinheitspreis) ein für den Auftraggeber transparentes Verfahren definiert, wie der Preis einer realisierten Anforderung geschätzt und bemessen werden kann. Der Auftraggeber bekommt insgesamt Anforderungen im Wert des Festpreises und kann noch nicht realisierte Anforderungen jederzeit durch andere gleich teure Anforderungen ersetzen.

Vorteile:

- Der Auftraggeber hat absolute Budgetsicherheit.
- Der Auftraggeber kann Anforderungen inhaltlich flexibel ändern.
- Bekannte Anforderungen können wahlweise inhaltlich vollumfänglich Vertragsbestandteil werden oder ganz oder teilweise offengelassen werden.
- Der Auftragnehmer hat eine Chance auf einen höheren Gewinn, wenn er die Anforderungen günstiger realisieren kann als vereinbart.
- Der Auftragnehmer hat Sicherheit bezüglich des Gesamtumsatzes.

Nachteile:

- Bei der Änderung von Anforderungen ist Einvernehmen oder Vertrauen in den Auftragnehmer bezüglich der Schätzung der alten und der neuen Anforderung notwendig oder alternativ wie beim Anforderungseinheitspreis ein objektivierbares Kalkulations- und Bemessungsverfahren einzusetzen.

In der Praxis hat dieses Preismodell kaum Nachteile. Ein aufwendiges Kalkulations- und Bemessungsverfahren für auszutauschende Anforderungen ist nicht zwingend notwendig. Stattdessen baut sich während des Projektes ein zunehmendes Vertrauensverhältnis zwischen Parteien auf. Da alle Änderungen nur einvernehmlich möglich sind, kann jede Partei ihr Sicherheitsbedürfnis absolut befriedigen. Sollten sich im Extremfall die Parteien in den Einzelfällen nicht einigen können, führt dies faktisch zu einem konventionellen Festpreis.

Alternativ kann die mögliche Variabilität auf einen absoluten oder prozentualen Anteil des Gesamtpreises begrenzt werden.

Da sich im Gegensatz zum konventionellen Festpreis bei Änderungen der Gesamtpreis nicht ändert, sondern nur Anforderungen gegen gleich teure getauscht werden, sind keine nachträglichen Budgetnachträge und damit auch keine aufwendigen Vertragsänderungen notwendig.

Da nicht immer zu einem Zeitpunkt eine Anforderung durch eine andere exakt gleich teure ersetzt werden kann, sollten Zu- und Abflüsse über ein Konto laufend saldiert werden, wobei optional der Maximalsaldo absolut oder prozentual begrenzt werden kann.

Feature Creep

Da bei Änderungen nur Anforderungen getauscht, d.h. andere Anforderungen gestrichen werden, kommt es in der Praxis zu dem positiven Effekt, dass der Auftraggeber die Anforderungen priorisieren muss. Dies wirkt dem verbreiteten Risiko ausufernder Anforderungen (engl. Feature Creep) entgegen und bewirkt eine Konzentration aufs Wesentliche.

Ausschreibungen, öffentliche Aufträge

Dieses Vertragsmodell funktioniert auch für Ausschreibungssituationen und öffentliche Aufträge, bedingt allerdings eine iterativ-inkrementelle Vorgehensweise innerhalb des Projektes (vgl. [Zockoll-2005]).

Hier ein Formulierungsbeispiel, wie ein agiler Festpreis vertraglich vereinbart werden kann: Der Auftraggeber hat das Recht, noch nicht realisierte bzw. begonnene Anforderungen zu ändern oder auszutauschen, sofern dies den Gesamtaufwand unverändert lässt. Kosten und Zeitaufwand für neue Anforderungen und Änderungen sind vom Auftragnehmer nach dem gleichen Verfahren zu kalkulieren und zu bemessen wie in der Angebotskalkulation.

Unterschiede zu Change Requests

Unterschiede zu einem normalen Änderungsantragsverfahren (Change-Request-Verfahren):

- Ein Änderungsantrag hat eher einen Ausnahmecharakter und beschreibt nicht das grundsätzliche Prinzip inhaltlicher Variabilität.

- Ein Änderungsantrag ist nicht auf noch nicht realisierte Anforderungen begrenzt, sondern ein grundsätzliches Verfahren. Es kann daher (für bereits realisierte Anforderungen) mit dem agilen Festpreis kombiniert werden.
- Ein Änderungsantrag setzt im Prinzip keinen Austausch von (gleich teuren) Anforderungen voraus.

Weiterführendes

[Zockoll-2005]
G. Zockoll, L. Gummels, H. Krasemann: *Iterativ-inkrementelle Entwicklung im Projekt HALIS - Seehafen Kiel*, Vortrag, OOP-Konferenz, München, 2005.

Preis- und Vertragsmodelle (⇨81), *Allgemeine Projekt-Geschäftsbedingungen (APGs)* (⇨394), *Projektauftrag* (⇨392)

9.11.5 Anforderungseinheitspreis

Kurzbeschreibung

Dieses Preis- und Vertragsmodell beinhaltet ein transparentes Verfahren zur Bemessung der Kosten pro Anforderungseinheit.

Stichworte und verwandte Themen

Agiler Festpreis, Festpreis

Indikationen

- Anforderungen müssen flexibel während der Projektlaufzeit geändert werden können.

Beschreibung

Es wird ein Gesamtpreis vereinbart und ein objektives für den Auftraggeber transparentes Verfahren definiert, wie der Preis einer Anforderung geschätzt und bemessen werden kann. Das Gesamtvolumen des Auftrages kann sich wie beim Aufwandspreis während der Laufzeit ändern. Anders als beim Aufwandspreis wird nicht nach dem geleisteten Aufwand abgerechnet, sondern nach einem Festpreis pro Anforderungseinheit.

Vorteile:

- Der Auftraggeber hat absolute Budgetsicherheit, solange die Anforderungen stabil bleiben.

- Der Auftraggeber kann Anforderungen im Projekt inhaltlich flexibel ändern.
- Der Auftragnehmer hat eine Chance auf einen höheren Gewinn, wenn er die Anforderungen günstiger realisieren kann als vereinbart.

Nachteile:

- Auftraggeber und Auftragnehmer müssen sich vor Vertragsschluss auf ein objektivierbares Kalkulations- und Bemessungsverfahren einigen (z.B. Use Case Points, Essential Use Case Steps, Widget Points, Function Points o.Ä., vgl. [Vigenschow-2003] und [Krasemann-2005]).
- Der Auftragnehmer muss die prinzipielle Möglichkeit einer Auftragsreduktion berücksichtigen.

Weiterführendes

Preis- und Vertragsmodelle (⇨81), *Allgemeine Projekt-Geschäftsbedingungen (APGs)* (⇨394), *Projektauftrag* (⇨392)

9.11.6 Aufwandspreis

Kurzbeschreibung

Die Leistung wird nach angefallenem Aufwand bezahlt, wobei für die Aufwände zuvor feste Tarife vereinbart werden.

Stichworte und verwandte Themen

Phasenfestpreis, Festpreis, agiler Festpreis, Vertragsgestaltung

Indikationen

- Anforderungen sind noch nicht hinreichend bekannt.
- Große Schätzunsicherheit verhindert Kalkulation eines Festpreises.
- Vertrauensbasis der Vertragspartner ermöglicht Ersatz restriktiver Vertragsgebilde.

Beschreibung

Gegenüber dem Festpreismodell hat der Aufwandspreis aus Sicht des Auftraggebers den Nachteil, dass er bei Projektbeginn noch nicht abschätzen kann, welche finanziellen Belastungen auf ihn zukommen. Dennoch kann es vorteilhaft sein, einen Aufwandspreis zu vereinbaren, da der Auftragnehmer eher motiviert ist, höhere Qualität zu liefern, weil ihm der Aufwand dafür bezahlt wird. Die Gewinnmarge des Auftragnehmers ist in jedem Fall konstant, sodass es sich nicht lohnt, nur das Minimum an Vertragserfüllung zu bieten. Andererseits hat der Auftragnehmer auch eine erhöhte Planungsunsicherheit, da er nicht abschätzen kann, wie sich der Auftraggeber in der Zukunft verhält. So kann der Auftraggeber flexibel jederzeit Anforderungen streichen oder hinzunehmen oder das Projekt kurzfristig aussetzen oder beenden.

Der Nachteil der fehlenden Budgetsicherheit für den Auftraggeber wird in einigen Varianten des Aufwandspreises durch ein Obergrenze ausgeglichen. Der Auftraggeber hat so die Möglichkeit, gegebenenfalls Kosten zu sparen. Andererseits besteht das Risiko verdeckter Qualitätsmängel, da der Auftragnehmer möglicherweise verhindern möchte, dass er „draufzahlt“.

Weiterführendes

Preis- und Vertragsmodelle (⇨81), *Allgemeine Projekt-Geschäftsbedingungen (APGs)* (⇨394), *Projektauftrag* (⇨392)

9.11.7 Aufwandspreis mit Obergrenze

Kurzbeschreibung

Dieses Preis- und Vertragsmodell kombiniert die Vorteile der Preismodelle Aufwandspreis und Festpreis zum einseitigen Vorteil des Auftraggebers.

Stichworte und verwandte Themen

Aufwandspreis, Festpreis

Indikationen

- Der Auftraggeber wünscht Budgetsicherheit und möchte eine Chance auf weitere Kostenersparnis.

Beschreibung

Hierbei handelt es sich um einen modifizierten Festpreis, ohne die Chance auf einen höheren Gewinn für den Auftragnehmer. Die Parteien vereinbaren einen verbindlichen Maximalpreis. Wird mehr Aufwand benötigt als dafür kalkuliert, zahlt der Auftragnehmer drauf. Kommt der Auftragnehmer mit weniger aus, hat der Auftraggeber Kosten gespart.

Vorteile:

- Der Auftraggeber hat absolute Budgetsicherheit und die Chance auf weitere Kostenersparnis.

- Bei entsprechender Vertragsgestaltung und -vorgehensweise kann der Auftraggeber trotzdem Anforderungen und Volumen flexibel ändern.

Nachteile:

- Der Auftraggeber trägt das große Risiko versteckter qualitativer oder funktionaler Mängel im Ergebnis, da der Auftragnehmer wenig Anreize zu einer für ordentliche Qualität notwendigen aufwendigen Arbeitsweise hat.
- Der Auftragnehmer trägt ein erhebliches wirtschaftliches Risiko, ohne dass dem eine angemessene, dieses Risiko rechtfertigende Chance gegenüber steht.

Weiterführendes

Preis- und Vertragsmodelle (⇨81), *Allgemeine Projekt-Geschäftsbedingungen (APGs)* (⇨394), *Projektauftrag* (⇨392)

9.11.8 Festpreis

Kurzbeschreibung

Für den gesamten Lieferumfang eines Projektes wird ein fester Preis vereinbart.

Stichworte und verwandte Themen

Aufwandspreis, Phasenfestpreis, Vertragsgestaltung, agiler Festpreis

Indikationen

- Der Auftragnehmer braucht unbedingte Budgetsicherheit.
- Anforderungen sind stabil und sicher.

Beschreibung

Auf der Auftragnehmerseite hat ein vereinbarter Festpreis den Vorteil, dass sich damit höhere Gewinne realisieren lassen, wenn der Aufwand zunächst überschätzt worden ist. Der Auftraggeber zahlt nach wie vor den vereinbarten Festpreis, unabhängig vom entstandenen Aufwand. In der Praxis dürfte dieser Vorteil eher selten zum Tragen kommen, da immer noch viele Projekte ihr Budget deutlich überschreiten.

Auf Auftraggeberseite ist als Vorteil zu nennen, dass dort Budgetsicherheit herrscht. Es ist möglich, (vertraglich) jederzeit damit zu kalkulieren, wie viel Geld für die Leistung zu zahlen ist.

Projekte, die nach Festpreis abgewickelt werden, benötigen realistisch betrachtet ein ausgefeiltes System, Anforderungsänderungen zu protokollieren und vertraglich festzuhalten. In Konfliktfällen sind die meist starren Verträge, die die Festpreisleistung bestimmen, oftmals ein Grund dafür, warum Projekte scheitern, da sie die notwendige Flexibilität der Vertragsparteien entscheidend einschränken können.

Weiterführendes

Preis- und Vertragsmodelle (⇨81), *Allgemeine Projekt-Geschäftsbedingungen (APGs)* (⇨394), *Projektauftrag* (⇨392)

9.11.9 Mehrstufiger Festpreis

Kurzbeschreibung

Bei dieser Variation des Preis- und Vertragsmodells Festpreis wird anstelle eines Gesamtfestpreises für verschiedene Ausbaustufen jeweils ein Festpreis vereinbart.

Stichworte und verwandte Themen

Festpreis, agiler Festpreis

Indikationen

- Unsicherheit über Gesamtumfang oder Rahmenbedingungen

Beschreibung

Das Gesamtprojekt wird in mehrere Phasen oder Stufen unterteilt. Es wird jeweils nur für eine Phase ein Festpreis vereinbart. Alle gängigen Vorgehensmodelle wie das Wasserfallmodell, der Unified Process, der OEP, das Spiralmodell oder das V-Modell XT bieten entsprechende Phasen bzw. zeitliche Gliederungen. Alternativ können aber auch Meilensteine oder Releases als Unterteilungskriterium herangezogen werden.

Vorteile:

- Der Auftraggeber hat schrittweise Budgetsicherheit.
- Der Auftraggeber kann Anforderungen in den Folgestufen beliebig ändern und an den aktuellen Bedürfnis- und Erkenntnisstand anpassen.
- Der Auftraggeber kann jede Phase neu ausschreiben, d.h. neuen Wettbewerb starten.
- Der Auftragnehmer hat Chance auf höheren Gewinn.

- Es gibt weniger Puffer und Risikoaufschläge als beim (einstufigen) Festpreis.

Nachteile:

- Es entsteht höherer Wettbewerbsdruck für den Auftragnehmer auch nach der Beauftragung.
- Der Vergabeaufwand für den Auftraggeber ist höher.

Dieses Preismodell wird manchmal notgedrungen vom Auftraggeber in einer zweiten Angebotsrunde angestrebt, wenn alle zuvor angeforderten Angebote ganz erheblich über dem vom Auftraggeber verfügbaren Kostenrahmen lagen, das Projekt aber unbedingt weiter verfolgt werden soll.

Generell bietet sich dieses Modell an, wenn zwar einerseits eine besondere Budgetsicherheit gewünscht, andererseits aber die Gesamtkosten kaum oder nicht in akzeptabler Weise geschätzt werden können.

In diesem Fall können in einer ersten bereits bezahlten Stufe die Aufgabenstellungen näher untersucht und abgestimmt werden sowie kostenintensive Risiken analysiert und reduziert werden, sodass letztendlich Schätzsicherheit und Preis in einen annehmbaren Bereich kommen. Wenn dies bereits mit einer genaueren Anforderungsanalyse und -abstimmung erreicht werden kann, ist das Wasserfallvorgehen praktizierbar. Müssen zusätzlich ausgewählte, beispielsweise risikoträchtige Teile entworfen, realisiert oder getestet werden, ist ein agiles Vorgehen notwendig.

Weiterführendes

Preis- und Vertragsmodelle (⇨81), *Allgemeine Projekt-Geschäftsbedingungen (APGs)* (⇨394), *Projektauftrag* (⇨392)

9.11.10 Phasenfestpreis

Kurzbeschreibung

Für jede Phase des Projektes wird ein neuer Festpreis vereinbart.

Stichworte und verwandte Themen

Aufwandspreis, Festpreis, Vertragsgestaltung

Indikationen

- Verschiedene Auftragnehmer realisieren die Phasen.
- Planungsunsicherheiten vermindern Planungshorizont.

Beschreibung

Projekte mit hohem Komplexitätsgrad, Risiko und Projektdauer lassen sich oftmals schwer beurteilen und schätzen. Auftragnehmer, die Gebote auf solche Ausschreibungen aufgeben, benutzen Risikopuffer und -aufschläge, um ihre eigenen Risiken zu verringern. Diese Kosten zahlt letztendlich der Auftraggeber.

Gelingt es, die Projektunsicherheit zu verringern, verringern sich ebenso die Projektkosten. Das Phasenfestpreismodell geht davon aus, dass sich das Projekt in unabhängige Phasen zerlegen lässt, für die jeweils eigenständige Verträge mit Festpreis ausgehandelt werden. Der Auftraggeber gewinnt dadurch an erheblicher Flexibilität, da er nicht gezwungen ist, alle seine Anforderungen von vornherein klar zu benennen. Dies kann das erforderliche Änderungsmanagement erheblich entlasten. Weiterhin entledigt sich der Auftraggeber des Risikos, dass der Auftragnehmer dem Projekt nicht gewachsen ist. Zumindest theoretisch lassen sich die einzelnen Phasen auch von unterschiedlichen Auftragnehmern (mit unterschiedlicher Qualifikation und Expertise) realisieren.

Weiterführendes

Preis- und Vertragsmodelle (⇨81), *Allgemeine Projekt-Geschäftsbedingungen (APGs)* (⇨394), *Projektauftrag* (⇨392)

9.11.11 Kulanzrechnung

Kurzbeschreibung

Eine Kulanzrechnung ist eine Rechnung (oder eine Rechnungsposition) über einen Nullbetrag, die dem Empfänger signalisiert, dass eine Leistung erbracht, aber bewusst nicht berechnet wurde.

Stichworte und verwandte Themen

Preis- und Vertragsmodelle, Leistungsverrechnung

Indikationen

- Vertragliche Grenzen werden aufgezeigt, ohne formal zu sehr zu eskalieren.

Beschreibung

Nicht alle notwendigen und sinnvollen Leistungen und Vergütungen im Rahmen eines Softwareentwicklungsprojektes lassen sich vorhersehen oder im Voraus vertraglich regeln. Dies führt regelmäßig dazu, dass eine der beiden Vertragsparteien einen Nachteil erleidet. Im Rahmen einer vertrauensvollen Zusammenarbeit tolerieren die Parteien dies gewöhnlich, weil sie langfristig von einem gerechten Ausgleich ausgehen, ein gewisses Kontingent einkalkuliert haben oder die ansonsten gute Zusammenarbeit nicht durch formale Interventionen gefährden möchten.

Sofern eine Partei eine (möglicherweise verständliche) Leistung ohne Gegenleistung fordert oder erwartet, kann die dadurch leidende Partei eine Kulanzrechnung stellen, die aufgrund des Nullbetrages zwar keine formalen Auswirkungen haben wird, die Leistung jedoch nachvollziehbar dokumentiert und der Gegenseite deutlich macht, dass der Vorgang oder das Verhalten sehr aufmerksam registriert wird, in der Hoffnung, dass künftig größere Rücksicht geübt wird.

Eine Steigerungsform ist die Aufteilung in eine normale Rechnung (oder Rechnungsposition), die den Wert der Leistung ausweist, und einer („ausnahmsweisen“) Gutschrift in gleicher Höhe.

Weiterführendes

Preis- und Vertragsmodelle (⇨81), *Allgemeine Projekt-Geschäftsbedingungen (APGs)* (⇨394), *Projektauftrag* (⇨392)

9.11.12 Lebenszyklus-Kostenfalle

Kurzbeschreibung

Bei diesem Kalkulationsprinzip wird die Projektdurchführung zu einem niedrigen, gegebenenfalls sogar nicht kostendeckenden Preis angeboten unter der Annahme, dass mit der nachfolgenden Wartung bzw. Weiterentwicklung das eigentliche Geld verdient werden kann.

Stichworte und verwandte Themen

Preis- und Vertragsmodelle, Preisgarantie

Indikationen

- Bewusste Ausnutzung der üblichen Unterschiede zwischen Projektkosten und Lebenszykluskosten

Beschreibung

Bestimmte nicht funktionale Anforderungen, vor allem die Anforderungen zur Wartbarkeit und Erweiterbarkeit (teilweise auch zur Robustheit) des entwickelten Systems, lassen sich bis zum Abschluss des Projektes nicht oder nicht in geeigneter Weise nachweisen oder falsifizieren. Diesen Umstand kann sich ein Anbieter mehr oder weniger bewusst oder absichtsvoll zunutze machen, Aufwände für diese Anforderungen zu sparen, um somit seinen eigenen Profit zu erhöhen.

Die Konsequenz dieses Verhaltens ist typischerweise, dass die Kosten für spätere Änderungen und Erweiterungen deutlich höher sind oder deutlich schneller steigen, als wenn beispielsweise in eine gut erweiterbare Softwarearchitektur investiert worden wäre.

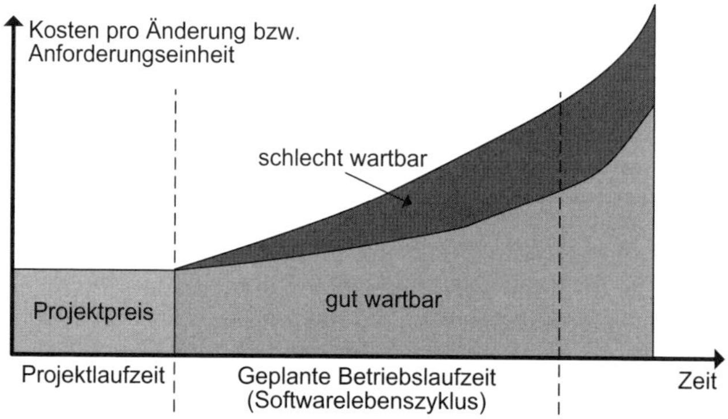

Abb. 9.11-1: Entwicklung der Wartungskosten über den gesamten Softwarelebenszyklus einer gut wartbaren im Vergleich zu einer schlecht wartbaren Lösung.

Die Kosten für Änderungen und Erweiterungen an bestehender Software steigen typischerweise im Verlauf der Zeit an, sodass die Kosten für die Software über den gesamten Lebenszyklus in Abhängigkeit von der Steigerungsrate erheblich variieren können.

Die meisten Projektaufträge im Rahmen einer externen Beauftragung legen alleine die Projektkosten fest und treffen keine Aussagen zu den Gesamtkosten im geplanten Lebenszyklus. Sofern die Wartung und Weiterentwicklung der Software weiterhin durch externe Auftragnehmer durchgeführt werden soll, hat der ursprüngliche Auftragnehmer erhebliche Vorteile gegenüber Dritten, die sich erst in die Software einarbeiten müssten. Diesen Vorteil kann der Auftragnehmer zu seinem Vorteil nutzen, indem er für die Wartungsphase überhöhte Preise einplant.

Soll die Wartung und Weiterentwicklung für ein extern realisiertes Projekt intern durchgeführt werden, kann der externe Projektauftragnehmer seine Kosten zulasten der (ihn nicht betreffenden) Wartungskosten minimieren.

Gerade bei großen Aufträgen im Rahmen öffentlicher Ausschreibungen, bei denen der billigste generell infrage kommende Anbieter beauftragt wird, kalkulieren viele Anbieter diesen Effekt bewusst ein.

Alternativen

Ein Auftraggeber, der eine Kostensicherheit über den gesamte Lebenszyklus haben möchte oder aus anderen Gründen nicht in die Lebenszyklus-Kostenfalle geraten möchte, hat zwei grundsätzlich Ansatzpunkte:

- Die nicht funktionalen Anforderungen an die Wartbarkeit, Erweiterbarkeit, Robustheit etc. sind deutlicher, explizit und nach Möglichkeit objektiv beurteilbar vertraglich festzuschreiben. Das ist einfacher gesagt als getan. Hierzu müssen gegebenenfalls vor Beauftragung die anzuwendenden Architekturmuster, Designprinzipien und Designmetriken abgesprochen werden. Unter Umständen sind außerdem während der Entwicklungszeit sowie im Rahmen der Abnahme externe Audits oder Gutachten Dritter notwendig oder hilfreich.
- Ein beliebiges Vertrags- und Preismodell wird mit einem objektivierbaren Kalkulationsmodell derart kombiniert, dass der Auftragnehmer die Wartung und Weiterentwicklung zu gleichen Preisen übernehmen muss. Das Kalkulationsmodell wird gewöhnlich auf objektiv messbaren Kennzahlen wie Function Points, Widget Points oder halbwegs standardisierbaren Verfahren wie Use Case Points aufsetzen und hierfür Festpreise vereinbaren (vgl. *Anforderungseinheitspreis* (⇨402)). Damit würden solche Anbieter Vorteile erlangen, die nachhaltigere Lösungen entwickeln können.

Weiterführendes

Weitere herstellerneutrale Informationen und Ideen hierzu finden sich u.a. bei Jürgen Ahting [http://www.is-rating.de/] (oder auch gerne bei oose).

9.11.13 Lenkungskreis

Kurzbeschreibung

Der Lenkungskreis ist ein regelmäßig tagendes Managementgremium, dem vom Projekt berichtet wird und das die oberste Entscheidungsinstanz für das Projekt darstellt. Neben der Projektleitung gehören normalerweise Vertreter des Auftraggebers, des Auftragnehmers und der projektrelevanten Fachabteilungen dazu.

Stichworte und verwandte Themen

- Lenkungsausschuss, Steuerungskreis, Steering Committee, Controlboard
- *Produktkarton* ⇨238, Projektauftrag, Systemvision
- Projekt- und Releaseplan, Softwareentwicklungsplan

Indikationen

- Stets sinnvoll

Beschreibung

Aufgabe des Lenkungskreises ist es, den Projektverlauf zu kontrollieren und zu steuern und Entscheidungen zu treffen, die den Kompetenzbereich der Projektleitung übersteigen. Der Lenkungskreis wird über Status und Fortschritt des Projektes informiert sowie über mögliche und vorhandene Probleme.

Der Lenkungskreis bildet die Brücke von der Projekt- zur Linienorganisation.

Der Lenkungskreis kann Rahmenbedingungen, Projektziele u.Ä. korrigieren.

Die wichtigsten Aufgaben des Lenkungskreises:

- Projektauftrag formulieren oder bestätigen
- Festlegung der Ziele und Rahmenbedingungen
- Projektleitung ernennen
- Ressourcen zuteilen
- Projekt stoppen oder unterbrechen
- Budget zuweisen
- Meilensteine als erreicht anerkennen
- Entscheidungen treffen, die außerhalb der Kompetenz der Projektleitung liegen oder von der Projektleitung angefragt werden
- Prioritäten setzen
- Unterstützung des Projektes und der Projektleitung, vor allem gegenüber projektexternen Stakeholdern, Zulieferern, Fachbereichen etc.
- Übergeordnete Unternehmensinteressen durchsetzen

Nach Möglichkeit sollten die Termine für die Lenkungskreissitzungen zu den Iterationsterminen passen und mit diesen abgestimmt werden. Am besten finden die Sitzungen kurz nach Beginn einer neuen Iteration statt, weil dann die Ergebnisse und frisch gewonnenen Erkenntnisse der vorigen und gerade abgeschlossenen Iteration präsentiert werden können.

Wenn es für die Lenkungskreissitzungen vorgegebene Termine oder Intervalle gibt und die geplante Iterationsdauer in einer ähnlichen Größenordnung liegt, wäre zu prüfen, ob die Iterationsdauer nicht an den Lenkungskreiszyklus angepasst werden kann. Häufig finden Lenkungskreise monatlich statt, sodass eine Iteration dann beispielsweise ebenfalls einen Monat (oder bei einem Großprojekt zwei Monate) dauert. Besser wäre es aber, wenn sich die Lenkungskreistermine an den Iterationen orientieren und nicht umgekehrt.

Übliche Teilnehmer des Lenkungskreises:

- Auftraggeber
- Auftragnehmer
- Projektleitung (gegebenenfalls ohne Stimmrecht)
- Fachbereichsleitung (nur projektrelevante Fachbereiche)
- DV-Leitung
- Hauptpersonalrat, zentrales Controlling und gegebenenfalls weitere zentrale Instanzen

Die Zuordnung zum Kapitel Einkaufsmanagement ist nicht ganz passend, aber die anderen Kategorien trafen auch nicht besser zu.

Weiterführendes

[OEP-2007]
B. Oestereich, C. Schröder, M. Klink, G. Zockoll: OEP – oose Engineering Process, Vorgehensleitfaden für agile Softwareprojekte, dpunkt.verlag, 2006.

10 Anhang

10.1 Glossar

Das Glossar wurde freundlicherweise von der Firma oose Innovative Informatik GmbH zur Verfügung gestellt und befindet sich in aktueller Version unter http://www.oose.de/glossar. Unter Angabe der Quelle *oose Innovative Informatik GmbH* und der URL *http://www.oose.de/glossar* darf dieses Glossar vollständig oder ausschnittsweise jederzeit kostenlos weitergegeben werden, solange die einzelnen Definitionen unverändert bleiben.

Abhängigkeitsmanagement
Teildisziplin der Softwarearchitektur, die das Ziel verfolgt, störende Abhängigkeiten zwischen den Einzelteilen einer Software zu optimieren. Hierzu werden Abhängigkeiten mit Metriken bzgl. ihres Störungspotenzials bewertet und mithilfe verschiedener Entwurfsmuster aufgelöst oder reduziert.

Ablauforganisation
Ablauforganisation ist die zeitliche und räumliche Ordnung betrieblicher Prozesse innerhalb des durch die Aufbauorganisation geschaffenen Rahmens.

Abnahme ⇨Vorabnahme, ⇨Teilabnahme, ⇨Abnahmetest
Verbindliche und vertragsrelevante Bestätigung des Auftraggebers über die Erfüllung von Anforderungen.

Abnahmetest
Test gegen die expliziten Anforderungen des Auftraggebers/Anwenders, wie sie in einem Anforderungsdokument (z.B. Pflichtenheft oder Fachkonzept) für beide Seiten verbindlich festgelegt sind, sowie gegen die implizierten Erwartungen des Auftraggebers, die dem allgemeinen Stand der Technik entsprechen. (Auch Systemtest aus Sicht des Auftraggebers.)

Abstraktion
Abstraktion ist eine Methode, bei der unter einem bestimmten Gesichtspunkt die wesentlichen Merkmale eines Gegenstandes oder Begriffes hervorgestellt werden.

Akzeptanztest
Im Allgemeinen ein Abnahmetest aus Sicht des Benutzers. Unter Umständen auch die Teilmenge aller vorhandenen Testfälle, um eine bestimmte Teststufe zu bestehen.

Alpha-Test ⇨Beta-Test
Test oder Erprobung einer vorläufigen Softwareversion durch repräsentative Kunden oder Anwender in einer Testumgebung des Herstellers.

Analyse
Die systematische Untersuchung eines Sachverhaltes oder Gegenstandes hinsichtlich bestimmter Aspekte, Faktoren oder Eigenschaften, die ihn bestimmen.

Anforderung
Eine Anforderung beschreibt eine oder mehrere Eigenschaften oder Verhaltensweisen, die stets erfüllt sein sollen.

Anwendungsfall ⇨Geschäftsanwendungsfall, ⇨Systemanwendungsfall
Ein Anwendungsfall beschreibt einen zusammenhängenden Arbeitsablauf aus der Sicht seiner Akteure. Ein Anwendungsfall wird stets durch einen Akteur bzw. Ereignis initiiert und führt zu einem für die Akteure wahrnehmbaren Ergebnis. Ein Anwendungsfall beschreibt das gewünschte externe Systemverhalten aus der Sicht und in der Sprache der Anwender (d.h. in natürlicher Sprache) und somit Anforderungen, die das System zu erfüllen hat. Beschrieben wird, was es leisten muss, aber nicht, wie es dies leisten soll. Es werden verschiedene Arten von Anwendungsfällen unterschie-

den: Geschäftsanwendungsfall, Systemanwendungsfall.

Anwendungsfall-Feature-Matrix ⇨Anwendungsfall, ⇨Feature
Die Anwendungsfall-Feature-Matrix ist eine Tabelle, in der Anwendungsfälle (Zeilen) und Iterationsfeatures (Spalten) einander zugeordnet werden, sodass daraus deutlich wird, in welche Iterationsfeatures ein Anwendungsfall zerlegt wird bzw. welche Anwendungsfälle ein Iterationsfeature umfasst.

Arbeitsauftrag
Ein Arbeitsauftrag ist eine Vereinbarung von und für ein oder mehrere Projektmitglieder, ein Ergebnis zu erzielen. Er beschreibt Voraussetzungen, Rahmenbedingungen und erwartete Ergebnisse.

Architekturabhängigkeitsmanagement
⇨Abhängigkeitsmanagement

Audit
Eine systematische und unabhängige Untersuchung, um festzustellen, ob bestimmte (meistens qualitätsbezogene) Tätigkeiten und die damit zusammenhängenden Ergebnisse den geplanten Vorgaben und Zielen entsprechen.

Aufbauorganisation
Die Aufbauorganisation beschreibt die Zuständigkeiten für die arbeitsteilige Aufgabenerfüllung im Unternehmen. Sie legt Organisationseinheiten und deren hierarchische Beziehungen untereinander fest.

Aufgabe ⇨Arbeitsauftrag
Eine Aufgabe ist ein grober Arbeitsauftrag oder eine grobe Beschreibung einer Menge inhaltlich zusammenhängender Arbeitsaufträge.

Aufwandsfortschrittsindikator ⇨Fertigstellungsgrad
Kennzahl: Verbrauchter Aufwand * 100 / Geplanter Aufwand.

AW
Abkürzung für Aufwand. AW_i = Istaufwand, AW_p = Planaufwand.

Balanced Scorecard ⇨Strategiekarte
Die Balanced Scorecard ist ein Instrument der Unternehmensführung und ein systemischer Ansatz, der hilft, zielgerichtetes strategisches Denken und Handeln auf allen Ebenen im Unternehmen zu fördern. Die Grundidee nach [Kaplan2001] besteht darin, strategische Führungsziele durch die Messung von Kennzahlen in den vier Bereichen Finanzperspektive, Kundenperspektive, Interne Prozessperspektive sowie Lern- und Entwicklungsperspektive in operative Maßnahmen umzusetzen.

Baseline
Eine Baseline ist eine Ausgangsbasis für Entscheidungen. Man könnte sie als Kopie der zum Zeitpunkt der Entscheidungen gültigen Planung interpretieren, die sicher verwahrt wird. Später kann sie zu einem Soll-Ist-Vergleich der dann aktualisierten Planung und der tatsächlichen Projektleistung herangezogen werden. Die wichtigste der Baselines ist die Kostenbaseline, auf deren Basis die ⇨Earned-Value-Analyse durchgeführt wird, mit der Fortschrittsmessung für Arbeit und Kosten möglich wird.

Bearbeitungsgrad ⇨Fertigstellungsgrad

Benutzungskonzept
Das Benutzungskonzept beschreibt, nach welchen Prinzipien die Software benutzt werden kann. Dies betrifft zum einen die äußere Gestaltung (GUI-Styleguide), vor allem aber, über welche grundsätzlichen Funktionalitäten die Benutzungsoberfläche verfügen soll. Beispielsweise wie zwischen verschiedenen Eingabedialogen navigiert werden kann: Kann der Benutzer frei aus einem Menü auswählen? Oder wird er durch einen Assistenten streng geführt? Gibt es grafische und textliche Ein- und Ausgaben? Welche Metaphern werden eingesetzt (z.B. „Postkorb“)? Existiert eine explizite Workflow-Steuerung? Kann die Oberfläche personalisiert werden?

Beta-Test ⇨Alpha-Test
Test oder testweiser Betrieb einer vorläufigen Softwareversion durch repräsentative Kunden oder Anwender in der Einsatzumgebung des Kunden bzw. Anwenders.

Big Bang
Bezeichnet die komplette Einführung eines neuen Softwaresystems auf einen Schlag (im Gegensatz zu einer schrittweisen Einführung).

Broken-Window-Theorie
Bezeichnet die These, dass Verwahrlosung und Kriminalität erfolgreich präventiv reduziert werden können, wenn bereits sehr geringfügiges (sozial-)schädliches Verhalten bekämpft wird; ein 1982 erstmals publizierter Ansatz aus der Kriminalprävention [Wilson-1996], vgl. auch Nulltoleranzstrategie („Zero Tolerance"). Übertragene Bedeutung: Wenn erst einmal irgendwo etwas geringfügig im Argen liegt (eine Scheibe eingeschlagen wurde), gesellen sich schnell weitere Probleme dazu (weitere Scheiben werden eingeschlagen).

BT, Bearbeitertag ⇨PT
Alternative Bezeichnung für Personentag (PT).

Build
Ein Build ist eine gewöhnlich unvollständige und vorübergehende, aber ausführbare Version eines in Entwicklung befindlichen Systems, die sich in der Entwicklungsumgebung oder gegebenenfalls in einer entwicklungsnahen Testumgebung befindet.

CAPM ⇨Certified Associate in Project Management

Cashflow
Diese Kennzahl dient der Beurteilung des Innenfinanzierungspotenzials und der Ertragskraft des Unternehmens. Sie errechnet sich wie folgt: Cashflow = Jahresüberschuss bzw. -fehlbetrag - Erträge aus Verlustübernahme + abgeführte Gewinne + Abschreibungen und Wertberichtigungen auf Sachanlagen und immaterielle Anlagenwerte + Abschreibungen und Wertberichtigungen auf Finanzanlagen mit Ausnahme des Betrages, der in die Pauschalwertberichtigung zu Forderungen eingestellt ist, + Zuführung zu Pensionsrückstellungen.

Certified Associate in Project Management (CAPM)
Projektmanagementzertifkat des ⇨PMI.

Chance ⇨Risiko
Die Chance ist die Aussicht auf Erfolg. Eine Chance kann ausgedrückt werden durch die Wahrscheinlichkeit ihres Auftretens und eines Gewinns im Eintrittsfall.

CI ⇨Corporate Identity

CMMI
Das Capability Maturity Model Integration (CMMI) ist ein Prozessmodell zur Beurteilung und Verbesserung der Reife von Produktentwicklungsprozessen in Organisationen. Es wurde vom Software Engineering Institute (SEI) der Carnegie Mellon University des US-Verteidigungsministeriums entwickelt.

Continuous Integration ⇨Fortlaufende Integration

Controlboard ⇨Lenkungskreis

Conway´s Law
Bezeichnet das Prinzip, dass die Softwarearchitektur die verwendete Teamstruktur widerspiegelt.

Corporate Identity
Die Corporate Identity stellt die anzustrebende Einmaligkeit bzw. Persönlichkeit eines Unternehmens dar und hat den Zweck, das Unternehmen für seine relevanten Bezugsgruppen unverwechselbar zu machen. Sie wird explizit definiert und niedergeschrieben und trägt dadurch zu einem einheitlichen Auftreten, einheitlicher Haltung und gemeinsamen Werteverständnis bei. Mit den Mitteln der Corporate Communications, des Corporate Designs, der Corporate Culture sowie des Corporate Behaviours wird versucht, ein ganz bestimmtes Image betriebsintern und -extern aufzubauen.

Critical-Chain-Projektmanagement (CCPM) ⇨Kritische Kette
Managementkonzept der ⇨Theory of Constraints für Projektmanagement.

Crystal
Crystal ist eine Familie agiler Entwicklungsmethoden [Cockburn-2003], die in Abhängigkeit von der Projektgröße (Anzahl der Beteiligten) und Kritikalität (Ge-

fahr für Leben, Unternehmen, Geld, Komfort) variieren.

Domänenexperte ⇨Fachexperte

Earned Value (EV)
Fortschrittswert, Ertragswert. Kennzahl: Fertigstellungsgrad * Projektbudget.

Earned-Value-Analyse (EVA)
Bei der EVA werden die geplanten Kosten, die tatsächlichen Kosten und die tatsächlich erbrachte Leistung gegenübergestellt. Vgl. ⇨289.

EBIT
Abkürzung für Earnings before Interests and Taxes. Die Ertragskennzahl EBIT wird berechnet aus dem Jahresüberschuss vor Zinsergebnis, Steuern und außerordentlichem Ergebnis. Sie macht eine von der individuellen Kapitalstruktur unabhängige Aussage zur operativen Ertragskraft eines Unternehmens. EBIT wird auch als betriebliches Ergebnis bezeichnet.

Eclipse-Way
Name des Vorgehensmodells im Eclipse-Projekt.

effektiv ⇨effizient
Die Effektivität bezeichnet die Wirksamkeit im Hinblick darauf, ob man das Richtige getan hat. Etwas ist ineffektiv, wenn das Ergebnis wenig wirksam ist.

effizient ⇨effektiv
Die Effizienz bezeichnet die Wirksamkeit im Hinblick darauf, wie man etwas macht. Etwas ist ineffizient, wenn man das Richtige beispielsweise umständlich ausführt.

Endgame ⇨Stabilisierungsiteration
Begriff aus dem Eclipse-Way. Bezeichnet einen Zeitabschnitt vor einem Release, der vorwiegend oder ausschließlich der Robustheit, Fehlerbehebung und Restrukturierung dient und keine neuen Funktionalitäten hinzufügt.

Engpass
Person oder Ressource, die eine Arbeit ausführt, die auf der ⇨kritischen Kette liegt.

Entwurfsmuster
Entwurfsmuster sind generalisierte und bewährte Lösungsansätze zu immer wiederkehrenden Entwurfsproblemen. Sie sind keine fertig codierten Lösungen, sie beschreiben lediglich den Lösungsweg bzw. die Lösungsidee.

Ergebnis, betriebswirtschaftliches ⇨EBIT
Dieser Begriff wird meist synonym für eine Vielzahl von Ergebniskennzahlen verwendet. Je nach Erfolgsrechnung fällt das Ergebnis jedoch unterschiedlich aus und heißt auch anders. So wird das Ergebnis der Gewinn- und Verlustrechnung der Handelsbilanz Jahresüberschuss bzw. -fehlbetrag oder Bilanzgewinn bzw. -verlust genannt, bei der Steuerbilanz spricht man vom steuerlichen Gewinn bzw. Verlust, und bei einer Einnahmen-Ausgabenrechnung heißt das Ergebnis Einzahlungs- bzw. Auszahlungsüberschuss.

Erledigungsgrad ⇨Fertigstellungsgrad

Extreme Programming (XP)
Ist eine agile Softwareentwicklungsmethode die von Kent Beck initiiert wurde [Beck-1999, Wolf-2005].

Fachabteilung
Eine Fachabteilung ist eine aus Sicht der Softwareentwicklung, der Betriebsorganisation oder eines Projektes andere Organisationseinheit. Eine Fachabteilung kann ein möglicher Auftraggeber für Software- oder Organisationsprojekte sein.

Fachexperte ⇨Domänenexperte
Ein Experte in einem bestimmten Fachgebiet (einer Domäne).

FDD ⇨ Feature Driven Development

Feature ⇨Planungsrelevantes Feature, ⇨Iterationsfeature, ⇨Releasefeature
Ein Feature ist eine Sammlung von (häufig noch zu konkretisierenden) Anforderungen. Vgl. Abgrenzung ⇨Feature Driven Development.

Feature Driven Development (FDD)
Im allgemeinen Sinne eine Entwicklungsmethode, die allgemein ⇨Features in den Mittelpunkt der Entwicklung stellt. Im spezielleren Sinne eine von Jeff De-Luca entwickelte phasen- bzw. prozess-

orientierte Softwareentwicklungsmethode, die feingranulare Features als Mittel zur Anforderungsanalyse und Planung verwendet. Wir verwenden den Begriff Feature in diesem Buch *nicht* in diesem speziellen Sinne.

Fehlerklasse
Einteilung von Fehlern nach Schwere der Fehlerwirkung aus Sicht des Auftraggebers, wobei die Einteilung abnahme- und vertragsrelevant sein kann.

Feldtest
Erprobung einer vorläufigen Softwareversion durch einen ausgewählten Anwenderkreis mit dem Ziel, Einflüsse auch aus unzureichend bekannten oder spezifizierten Einsatzumgebungen zu erkennen oder um die Marktakzeptanz zu prüfen.

Fertigstellungsgrad ⇨Aufwandsfortschrittsindikator
Kennzahl: Verbrauchter Aufwand * 100 / (Verbrauchter Aufwand + Restaufwand).

Fertigstellungswertmethode ⇨Earned-Value-Analyse

Fortlaufende Integration
Entwicklungsprinzip, bei dem die Entwickler ihre Änderungen so schnell und so oft wie möglich zu einer gemeinsamen Lösung zusammenführen.

GAF ⇨Geschäftsanwendungsfall, ⇨Kern-Geschäftsanwendungsfall, ⇨Unterstützender Geschäftsanwendungsfall

Geschäftsanwendungsfall ⇨Systemanwendungsfall
Ein Geschäftsanwendungsfall beschreibt einen geschäftlichen Ablauf, wird von einem geschäftlichen Ereignis ausgelöst und endet mit einem Ergebnis, das für den Unternehmenszweck und die Gewinnerzielungsabsicht direkt oder indirekt einen geschäftlichen Wert darstellt.

Geschäftsprozess
Ein Geschäftsprozess ist eine Zusammenfassung einer Menge fachlich verwandter Geschäftsanwendungsfälle. Dadurch bildet ein Geschäftsprozess gewöhnlich eine Zusammenfassung von organisatorisch evtl. verteilten, fachlich jedoch zusammenhängenden Aktivitäten, die notwendig sind, um einen Geschäftsvorfall (z.B. einen konkreten Antrag) ergebnisorientiert zu bearbeiten. Die Aktivitäten eines Geschäftsprozesses stehen gewöhnlich in zeitlichen und logischen Abhängigkeiten zueinander.

Geschäftsprozessmodellierung
Bei der Geschäftsprozessmodellierung werden Geschäftsprozesse analysiert und in abstrakter Form zur Veranschaulichung bildhaft oder textuell dargestellt.

Gesellschaft für Projektmanagement
Die GPM Deutsche Gesellschaft für Projektmanagement e.V. ist der deutsche Fachverband für Projektmanagement. 1979 als gemeinnütziger Verein gegründet, besteht die satzungsgemäße Aufgabe in der Förderung des Projektmanagements, insbesondere der Aus- und Weiterbildung sowie der Forschung und Information auf diesem Gebiet. Die GPM ist der deutsche Vertreter in der IPMA.

Gewinnerzielungsabsicht
Womit beabsichtigt das Unternehmen bzw. die im Modellierungsfokus stehende Organisation Geld zu verdienen? Für gemeinnützige Organisationen ist die Gewinnerzielungsabsicht durch etwas Entsprechendes zu ersetzen, beispielsweise „Beitrag zum festgelegten Gemeinnutz“ o.Ä.

GP ⇨Geschäftsprozess

GPM ⇨Geschäftsprozessmodellierung

GPM ⇨Gesellschaft für Projektmanagement

Heuristik
Eine Heuristik ist eine wahrscheinlichkeitsbehaftete Regel, also eine sog. Daumenregeln, die nicht immer, aber in vielen oder den meisten Fällen zutrifft.

Idealer Tag
Ein idealer (Entwickler-)Tag ist eine Einheit zur Aufwands- und Terminschätzung, die auf der Annahme basiert, dass eine Person sich einen Arbeitstag lang (8 Stunden) ohne Unterbrechung der Aufgabe widmen kann.

identifizieren
Identifizieren bedeutet, dass etwas eindeutig und unverwechselbar benennbar

und von allen anderen gleichartigen Dingen unterschieden werden kann.

IF ⇨Iterationsfeature

Inkrement ⇨Iteration
Ein Inkrement bezeichnet die Funktionalität einer Software, die am Ende einer bestimmten Iteration fertiggestellt wurde. Beim featurebasierten Planen wird das Inkrement der Iteration i durch die Menge der Iterationsfeatures definiert, die am Iterationsende fertig sein soll oder ist. Für die Herstellung des Iterationsfeatures sollte stets genau ein Team bzw. eine Person verantwortlich sein.

Innenfinanzierungspotenzial ⇨Cashflow

Integration, Integrationsbuild
Verbinden von einzelnen Komponenten (Hardware oder Software) zu einem größeren Teilsystem oder zum Gesamtsystem.

Integrationstest
Test mit dem Ziel, Fehlerwirkung in Schnittstellen und im Zusammenspiel zwischen integrierten Komponenten zu finden.

International Project Management Association (IPMA)
Internationale Dachorganisation nationaler Projektmanagementorganisationen.

IPMA ⇨International Project Management Association

ISO
Die International Organization for Standardization (ISO) ist eine 1947 gegründete Vereinigung der einzelnen nationalen Standardisierungsinstanzen aus über 140 Ländern.

Iteration
Eine Iteration ist ein in ähnlicher Weise wiederholter Zeitabschnitt innerhalb eines Entwicklungsprozesses. Der Gesamtprozess wird in eine Vielzahl kürzerer Zeitabschnitte untergliedert, in denen prinzipiell die gleichen elementaren Entwicklungsaktivitäten stattfinden.

Iterationsfeature ⇨Feature
Ein Iterationsfeature repräsentiert eine geplante Ausbaustufe eines Produktfeatures. Die Zuordnung eines Iterationsfeatures zu genau einer Iteration i bedeutet, dass diese Ausbaustufe am Ende dieser Iteration abgeschlossen, d.h. dann vorzeigbar, sein soll.

Iterationskapazität
Als Iterationskapazität bezeichnet man die Anzahl an Personentagen (oder anderen Aufwandseinheiten), die innerhalb einer bestimmten Iteration vom Projekt netto geleistet werden kann. Hierzu rechnet man Nettokapazität eines Arbeitstages je Mitarbeiter * verfügbare Arbeitstage der betreffenden Iteration * Anzahl verfügbarer Mitarbeiter, z.B. 0,875 PT je Arbeitstag und Mitarbeiter * 20 Arbeitstage * 3,5 Mitarbeiter = 61,25 PT.

Iterationsplan
Der Iterationsplan ist eine Matrix mit Produkt- bzw. Releasefeatures (Zeilen) und Iterationen (Spalten), in deren Kreuzungspunkten Iterationsfeatures dargestellt sind. Dieser Plan dient als Gesamtübersicht über den geplanten Funktionalitätszuwachs eines Produktes (oder auch Teilen davon) und zeigt auf, welche Iterationsfeatures am Ende welcher Iteration abgeschlossen, d.h. vorzeigbar, sein sollen.

Kaizen
Kaizen (das; japanisch „Veränderung zum Besseren") ist ein von Taiichi Ohno entwickeltes Managementkonzept [Ohno-2005].

Kern-Geschäftsanwendungsfall
⇨Geschäftsanwendungsfall,
⇨Unterstützender Geschäftsanwendungsfall
Ein Kern-Geschäftsanwendungsfall beschreibt einen geschäftlichen Ablauf, der von einem aktiven Geschäftspartner ausgelöst wird, ein Ergebnis von geschäftlichem Wert für mindestens einen aktiven Geschäftspartner erzeugt und direkt mit dem Unternehmenszweck und einer Gewinnerzielungsabsicht (bei gemeinnützigen Organisationen mit dem beabsichtigten Gemeinnutz) zusammenhängt. Eine zeitliche Kohärenz des Ablaufes wie bei einem Systemanwendungsfall ist nicht gefordert. In Kontrast zu den Kern-Geschäftsanwendungsfällen sind die unterstützenden Geschäftsan-

wendungsfälle zu sehen. In einem Handelsunternehmen ist der Verkauf von Waren gewöhnlich ein Kern-Geschäftsanwendungsfall, während beispielsweise die Finanzbuchhaltung oder der Wareneinkauf einen unterstützenden Geschäftsanwendungsfall darstellt.

Konsolidierung (auch Konsolidation)
Festigung, Sicherung. Sichert bzw. festigt etwas Bestehendes. Schließt häufig auch eine abschließende Überarbeitung und Bereinigung von offenen Punkten ein.

Kommunikationsplan
Ein Kommunikationsplan (auch Kommunikationsmanagementplan genannt) beschreibt die Informationsbedürfnisse der Stakeholder, die Informationsabsichten gegenüber den Stakeholdern und Regeln und Standards zum Kommunikations- und Dokumentationswesen.

Kostenfortschrittsindikator (KFI)
⇨Aufwandsfortschrittsindikator
Kennzahl: Aktueller Kostenverbrauch * 100 / Geplante Kosten.

Kostenperformance (KP)
Kennzahl: Realisierungsgrad * 100 / Kostenfortschrittsindikator.

Kritische Kette
Die längste Abfolge inhaltlich oder personell (oder durch eine andere Ressource) voneinander abhängiger Arbeiten in einem Projekt. Die kritische Kette plus der Projektpuffer ergeben die Projektlaufzeit.

Kritischer Pfad ⇨ressourcennivellierter kritischer Pfad
Die längste Abfolge inhaltlich voneinander abhängiger Arbeiten in einem Projekt.

Läufer
Der Läufer ist ein Mediator zwischen Entwicklungsteam und Projektmanagement, der in regelmäßigen Abständen den Statusbericht von den Entwicklern erfragt und diesen samt berichteten Problemen der Projektleitung vorträgt. Mehr ⇨349.

Leitbild eines Unternehmens ⇨Leitziel
Mit dem Leitbild werden die Werte und Haltungen ausgedrückt, die das Unternehmen von anderen unterscheiden.

Leitziel eines Unternehmens ⇨Leitbild
Das Leitziel des Unternehmens beschreibt mit einem Satz die Vision des Unternehmens. Es ist das an erster Stelle stehende und markanteste Ziel, das das Unternehmen hat. Gewöhnlich ist es mit einer Kennzahl, d.h. einer messbaren Größe, verknüpft.

Lenkungskreis, Lenkungsausschuss
Der Lenkungsausschuss ist ein regelmäßiges tagendes Managementgremium, dem vom Projekt berichtet wird und das die oberste Entscheidungsinstanz für das Projekt darstellt. Neben der Projektleitung gehören normalerweise Vertreter des Auftraggebers, des Auftragnehmers und der projektrelevanten Fachabteilungen dazu.

Load-Faktor
Bezeichnet im Extreme Programming den Faktor, mit dem unproduktive Arbeitszeit zur produktiven Zeit hinzugerechnet wird, wobei produktiv sich im engeren Sinne nur auf die reine Programmiertätigkeit beschränkt.

LOC
Lines of Code

Makroschätzung ⇨Mikroschätzung
Schätzverfahren, bei dem ein Gegenstand als Ganzes in Relation zu einem anderen bekannten Gegenstand geschätzt wird („B ist 1,5-mal so teuer wie A").

Meilenstein
Ein Meilenstein definiert einen Termin, zu dem eine Menge von Ergebnissen in einer bestimmten Detaillierung und Vollständigkeit nachprüfbar und formal dokumentiert vorliegen muss. Liegen die Ergebnisse zum geplanten Termin nicht vor, wird der Meilensteintermin verschoben. Ein Meilenstein ist ein Hilfsmittel zur Planung und Überwachung eines Entwicklungsprozesses.

Methodik, Methode
Eine Methode ist eine Handlungsvorschrift, die beschreibt, wie ein Ziel bzw. Ergebnis unter gegebenen Bedingungen erreicht werden kann. Methode und Methodik sind synonym zu verwenden. Methodik klingt bedeutsamer.

Mikroschätzung ⇨Makroschätzung
Schätzverfahren, bei dem ein Gegenstand so lange weiter in Einzelteile zerlegt wird, bis diese unmittelbar zu schätzen sind. Erfordert Wissen über die Struktur des zu schätzenden Gegenstandes.

Mission ⇨Leitbild

MT, Manntag ⇨PT, ⇨BT
Unübliche Alternativbezeichnung für Personentag (PT).

Object Management Group (OMG)
Die Object Management Group ist ein Industriekonsortium u.a. zur Entwicklung, Vereinheitlichung und Standardisierung von Informationstechnologien. Siehe http://www.omg.org.

OEP ⇨oose Engineering Process

OMG ⇨Object Management Group

oose Engineering Process (OEP)
Der OEP ist ein Vorgehensmodell und Leitfaden zur agilen objektorientierten Softwareentwicklung, basierend auf UML und Unified Process und einer Abbildungskonvention auf das V-Modell XT. Siehe http://www.oose.de/oep.

Operativ, Operatives Ziel
Zur Erreichung operativer Ziele werden vorhandene Potenziale und Möglichkeiten ausgenutzt, um operative Kennzahlen wie Umsatz, Gewinn u.Ä. zu steigern. Operative Maßnahmen finanzieren sich aus vorhandenen Ressourcen und werden durchgeführt unter der Annahme, dass sich die Einnahme-Kosten-Relation verbessert.

Organigramm ⇨Organisationsplan

Organisation ⇨Organisationseinheit
Eine Organisation besteht aus Organisationseinheiten und strukturiert diese zielorientiert. Sie kann aufgabenbezogen als Ablauf- oder strukturbezogen als Aufbauorganisation in Form eines bildhaften Organisationsplanes dargestellt werden.

Organisationseinheit ⇨Organisation
Eine Organisationseinheit ist Teil einer Organisation oder einer anderen Organisationseinheit und erfüllt einen bestimmten Zweck. Sie definiert sich durch einen abgegrenzten Aufgabenbereich, der dem Zweck der Organisation dient. In der Regel wird ein Mitarbeiter einer Organisationseinheit zugeordnet.

Organisationsplan ⇨Organisation, ⇨Organigramm
Ein Organisationsplan ist die grafische Darstellung struktureller Beziehungen zwischen Organisationseinheiten eines betrachteten Unternehmens.

Pareto-Prinzip
Vilfredo Pareto (1848–1923) entdeckte bei einer Untersuchung des italienischen Volksvermögens, dass 20 Prozent der Familien 80 Prozent des Vermögens besitzen. Dahinter steht eine stetige Wahrscheinlichkeitsverteilung, die auch auf viele andere Sachverhalte übertragbar ist. Beispielsweise dass mit 20 Prozent des Aufwandes 80 Prozent der Ergebnisse entwickelt werden können. Auch bekannt als 80-20-Regel.

Parkinson´s Law
Bezeichnet die Beobachtung, dass jede Arbeit stets die dafür vorgesehene Zeit vollständig ausfüllt.

Personentag ⇨PT

PF ⇨Produktfeature

PgMP ⇨Program Management Professional

Planungsrelevantes Feature ⇨Feature
Ein planungsrelevantes Feature ist eine Eigenschaft, die a) beschreibt, was das zu planende Produkt (normalerweise die zu erstellende Software) leistet, b) üblicherweise eine Funktionalität beschreibt, die idealerweise automatisiert testbar ist (wenn nicht, beschreibt es zumindest eine nicht funktionale Anforderung, die nachweisbar ist), c) meist einen kaufentscheidenden Wert für den Auftraggeber hat (der im Zweifel darüber befinden darf), d) zusammengehörige Anforderungen zu einem sinnvollen Ganzen ag-

gregiert (z.B. eine Menge mehrerer Anwendungsfälle, die gemeinsam alle Lebenszyklen eines fachlichen Objektes abdecken) und e) planbar ist, d.h., es sind konkrete Aufgaben ableitbar.

PMI ⇨Project Management Institute

PMP ⇨Project Management Professional

PRINCE2
PRINCE (PRojects IN Controlled Environments) ist eine Projektmanagementmethode für Organisation, Management und Steuerung von Projekten. Sie wurde ursprünglich 1989 von der britischen Central Computer and Telecommunications Agency (CCTA) als Regierungsstandard für Projektmanagement im Bereich der Informationstechnik (IT) entwickelt, wurde jedoch bald regelmäßig auch außerhalb von reinen IT-Umgebungen angewendet. PRINCE2 wurde 1996 als allgemeine Projektmanagementmethode veröffentlicht. PRINCE2 ist zunehmend populärer geworden und ist nun der De-facto-Standard für Projektmanagement in Großbritannien. Seine Anwendung ist mittlerweile in mehr als 50 anderen Ländern verbreitet. Die aktuelle Version wurde 2005 vom Office of Government Commerce (OGC) veröffentlicht, das mittlerweile die CCTA abgelöst hat (aus Wikipedia).

Prinzip
Ein *axiomatisches Prinzip* ist eine Gesetzmäßigkeit, Regel oder Richtlinie, die anderen Gesetzen übergeordnet ist. Ein *systematisches Prinzip* ist die Beschreibung einer Konstellation spezifischer Faktoren, die einen bestimmte Effekt hervorrufen.

Privates Build ⇨Build
Build in der lokalen Entwicklungsumgebung eines Entwicklers, das noch nicht mit dem Code aller anderen Entwickler synchronisiert ist.

Produktfeature ⇨Feature
Ein Produktfeature repräsentiert ein Leistungsmerkmal eines zu erstellenden Produktes (z.B. einer Software) und beschreibt im Normalfall eine Funktionalität, die idealerweise automatisiert testbar ist. Dabei handelt es sich in der Regel um eine Gruppe mehrerer zusammengehöriger Anwendungsfälle bzw. anderer Anforderungen, die gemeinsam alle Lebenszyklen eines fachlichen Objektes abdeckt und für den Auftraggeber einen kaufentscheidenden Wert hat.

Produktivumgebung
Beim Anwender oder Betreiber im Einsatz befindliche Hard- und Softwareumgebung, auf der das entwickelte System betrieben wird.

Produktteam ⇨Releaseorientierte Projektorganisation
Organisationseinheit innerhalb eines Projektes, die speziell für die Entwicklung eines Releases eingerichtet wird.

Program Management Professional (PgMP)
Projektmanagementzertifikat des ⇨PMI.

Project Management Institute (PMI)
Größte internationale Projektmanagementorganisation.

Project Management Professional (PMP)
International am weitesten verbreiteter und anerkannter Befähigungsnachweis im Projektmanagement. Zertifizierung erfolgt durch PMI.

Projekt
Ein Projekt ist ein einmaliges Vorhaben, es ist zeitlich begrenzt, es verfügt über begrenzte finanzielle, personelle und sonstige Ressourcen, es hat klare Ziele, es ist ein komplexes Vorhaben, es macht die Zusammenarbeiten von Menschen verschiedener Fachgebiete notwendig, es hat neuartige und unbekannte Probleme zu lösen, es steht unter einem besonderen Risiko und erzeugt einen besonderen Druck auf die Beteiligten.

Projektakte
Aggregation verschiedener Planungs-, Steuerungs- und Controlling-Dokumente eines Projektes.

Projektpuffer
Ein Zeitpuffer am Ende des Projektes, der dafür sorgt, dass der versprochene Liefertermin des Projektes trotz Störungen und ungeplanter Ereignisse eingehalten werden kann.

Projektstrukturplan
Ein Projektstrukturplan strukturiert die Elemente eines Projektes durch hierarchische Gliederung. Er dient dazu, den Inhalt eines Projektes vom Groben ins Feine zu zerlegen, um für verschiedene Zielgruppen unterschiedlich granulare Überblicke über den Projektinhalt und die damit verbundenen Arbeitspakete zu schaffen.

Prozesskette ⇨Geschäftsprozess

PSP ⇨Projektstrukturplan

PT, Personentag ⇨BT, MT
Aufwandseinheit, die den Verbrauch von einem Arbeitstag (üblicherweise 8 Arbeitsstunden) angibt.

Qualität
Gesamtheit der Merkmale und Merkmalswerte eines Produktes oder einer Dienstleistung, die sich auf deren Eignung beziehen, festgelegte oder vorausgesetzte Erfordernisse zu erfüllen.

Qualitätsmerkmal
Satz von Eigenschaften eines Produktes, anhand dessen seine Qualität beschrieben und beurteilt wird.

Realisierungsgrad
Kennzahl: (Geplanter Aufwand - Restaufwand) / Geplanter Aufwand.

Redundanz
Lat. überreichlich, überflüssig. Bezeichnet gewöhnlich Dinge, die ohne Verlust entfallen können. Als redundanzfrei wird etwas bezeichnet, wenn jeder Sachverhalt (z.B. eine Anwendungsfallbeschreibung) nur genau einmal (im gesamten Anwendungsfallmodell) vorhanden ist.

Refactoring (Restrukturierung)
Bezeichnet das (verbessernde) Umstrukturieren und Ändern des Programmcodes unter Beibehaltung seiner Funktionalität, ohne dass in diesem Arbeitsgang neue Funktionalität hinzugefügt wird.

Regressionstest
Erneuter Test einer bereits getesteten, aber danach modifizierten Funktionalität mit dem Ziel nachzuweisen, dass durch die vorgenommenen Änderungen keine neuen Fehler auftreten.

Reichsbedenkenträger
Eine Person, die in allem Probleme sieht („das geht nicht") bzw. Bedenken hat („ich weiß nicht so recht") und dies auch ständig äußert. Der Reichsbedenkenträger hat erstaunliche Fähigkeiten und kann sehr gut neue Ideen torpedieren, indem er blitzschnell haufenweise phantasievoller Was-ist-wenn-Szenarien aufstellt und alle Beteiligten damit in tiefe Verunsicherung stürzt. Auf der anderen Seite ist er aber auch extrem gründlich und kann daher sehr gut eingesetzt werden, um z.B. Spezifikationslücken aufzuspüren, Qualität zu sichern, Tests durchzuführen, aber auch um Projektrisiken zu finden.

rekursiv
Selbstbezüglich, zurückgehend bis zu einem bekannten Punkt.

Release ⇨Build
Ein Release ist ein Build, das dahingehend weiterentwickelt wurde, dass es an den Kunden ausgeliefert werden bzw. in seiner Zielumgebung laufen *kann,* d.h., es sind die notwendigen Freigabeverfahren zu durchlaufen. Ein Release ist immer auch ein ⇨Meilenstein.

Releasefeature
Ein Releasefeature ist eine Ausbaustufe eines Produktfeatures für genau ein Release und umfasst alle Iterationsfeatures des Produktfeatures, die bis zum Releasetermin erstellt werden sollen.

Releaseorientierte Projektorganisation
Konsequente Zergliederung eines Projektes in einzelne organisatorisch voneinander vollständig unabhängige Teilprojekte (Produktteams), die fachlich und inhaltlich aufeinander aufbauend eine gemeinsame Software entwickeln, wobei jedes Produktteam genau ein Release entwickelt und nur für die Entwicklung dieses einen Release existiert.

Releaseplan
Der Releaseplan stellt die Dauer der Phasen, die Iterationen sowie die Meilensteine eines Projektes auf einer Zeitachse dar, sodass für das Gesamtprojekt und/oder für die einzelnen Releases eines Projektes erkennbar wird, welche

Phasen sich über welche Iterationen erstrecken und wann welche Meilensteine zu erreichen sind.

Releaseteam ⇨Produktteam
Temporäre Suborganisation innerhalb des Projektes, das eine Alpha- oder Beta-Version zu einem Release weiterentwickelt, das heißt die Version zur Inbetriebnahme in der Zielumgebung vorbereitet und bereitstellt.

Ressourcennivellierter kritischer Pfad ⇨Kritischer Pfad
Kritischer Pfad, der die verfügbaren Ressourcen (Personal) berücksichtigt, ohne den kritischen Pfad dadurch selbst zu verändern.

Restrukturierung ⇨Refactoring

Review
Manuelle Prüfmethode, mit der ein Prüfobjekt qualitativ oder quantitativ bewertet wird.

Risiko ⇨Chance
Ein Risiko ist ein möglicher Verlust. Ein Risiko kann ausgedrückt werden durch die Wahrscheinlichkeit seines Auftretens und einer Schadenhöhe im Eintrittsfall. Ein Risiko ist eine negative Chance.

Robustheit
Verhalten gegenüber Fehlbenutzung, Fehlprogrammierung, Hardwareausfall u.Ä. inkl. Fehlerbehandlung und Weiter- oder Wiederanlaufverhalten.

ROCE ⇨ROI
Gesamtkapitalrentabilität (Return on Capital Employed)

ROI ⇨ROCE
Abkürzung für Return on Investment. Der Return on Investment ist das, was aus dem Investment „zurückkehren" soll. Er drückt somit das Gewinnziel aus. Der Gewinn wird auf das investierte, betriebsnotwendige Vermögen bezogen.

Rolle
Wird hier als Allgemeinbegriff verwendet. Eine Rolle drückt eine Aufgabe oder Funktion aus, die von jemandem oder etwas übernommen wird.

SAF ⇨Systemanwendungsfall

Schätzmethode
Unter Schätzmethoden verstehen wir mathematisch bzw. statistisch abgesicherte Verfahren zur Abschätzung umfangreicher Projekte. Wir klassifizieren Schätzmethoden in Analogiemethoden, Relationsmethoden, Gewichtungsmethoden, Multiplikatormethoden, Prozentsatzmethoden und parametrische Schätzmethoden.

Scrum
Scrum ist eine agile Softwareentwicklungsmethode, die maßgeblich von Ken Schwaber initiiert wurde [Schwaber-2004].

Smoke-Build ⇨Smoke-Test
Build, das mit dem Ziel erstellt wird, einen Smoke-Test durchzuführen.

Smoke-Test
Normalerweise automatisierter Test, der möglichst alle Hauptfunktionen eines Testobjektes auslöst, ohne die Ausgaben des Testobjektes mit vorgegebenen Sollergebnissen zu vergleichen, mit dem Ziel, die grundsätzliche Testbarkeit und Robustheit (z.B. Absturzfreiheit) zu prüfen. Begriff kommt aus der Elektrotechnik und bezeichnet dort den ersten Test, bei dem eine elektrische Schaltung unter Strom gesetzt wird und dabei geguckt wird, ob irgendetwas anfängt zu rauchen.

SPICE (Software Process Improvement and Capability Determination)
SPICE oder ISO/IEC 15504 ist ein internationaler Standard zur Durchführung von Bewertungen (Assessments) von Unternehmensprozessen mit Schwerpunkt auf der Softwareentwicklung. Er wurde 1998 als Technischer Report (TR) in einer Vorversion verabschiedet und im März 2006 durch den aktuellen internationalen Standard (IS) ersetzt. Dieser besteht zurzeit (2007) aus fünf Teilen, von denen jedoch nur der 2. Teil normativen Charakter hat; die anderen Teile dienen lediglich als Beispiele, Erläuterung und Information (aus Wikipedia).

Spike
Ein Spike ist eine Art explorativer (Wegwerf-)Prototyp.

Sprint ⇨Iteration
Iteration in Scrum

Stab, Stabsfunktion
Element einer Projektorganisation, hat im Gegensatz zu anderen Funktionen keine oder allerhöchstens fachliche Weisungsbefugnis gegenüber anderen Personen oder Bereichen.

Stabilisierungsiteration ⇨Endgame
Bezeichnet einen Zeitabschnitt, der vorwiegend oder ausschließlich der Robustheit, Fehlerbehebung und Restrukturierung dient und keine neuen Funktionalitäten hinzufügt. Im Gegensatz zum Endgame wird die Stabilisierungsiteration als Pseudo-Iteration aufgefasst, die möglichst geplant (⇨Releaseplan) und selten eingesetzt werden soll, prinzipiell aber jederzeit zwischen den Iterationen stattfinden kann.

Staffelläuferprinzip
Arbeitsprinzip, bei dem die Arbeit so schnell wie möglich erledigt wird, sobald sie möglich ist, und bei dem der Durchführende sich vorbereitet und keine andere Arbeit macht, wenn die Arbeit noch nicht begonnen werden kann. Führt zu wartenden Leerlaufzeiten und steht somit im Gegensatz zum Prinzip lokaler Effizienz, bei dem jeder stets beschäftigt sein soll.

Stakeholder
Person, die in irgendeiner Form „teil hat" bzw. betroffen ist (engl. für Teilhaber). Mögliche deutsche Bezeichnungen: Interessenhalter, Anforderungsbeitragender oder Projektbetroffener. Mit Stakeholder werden also die verschiedenen an einem Unternehmen, einer Organisation oder einem Projekt interessierten Gruppen wie Mitarbeiter, Lieferanten, Kapitalgeber, Gesellschaft, Gesetzgeber bezeichnet.

Steering Committee ⇨Lenkungskreis

Steuerungsausschuss, Steuerungskreis
⇨Lenkungskreis

Strategiekarte ⇨Balanced Scorecard

Strategisch, Strategisches Ziel
Eine Strategie ist ein Vorgehensplan zur Erreichung eines Ziels, bei dem von vornherein versucht wird, diejenigen Faktoren einzukalkulieren, die in die geplanten Handlungen hineinspielen könnten. Ein strategisches Ziel besteht gewöhnlich im Erreichen einer zukünftig besseren Ausgangsposition. Es dient normalerweise nicht zur unmittelbaren Verbesserung bestimmter Kennzahlen, sondern mit ihm sollen die Möglichkeiten, Potenziale und allgemeinen Rahmenbedingungen verbessert werden. Aufgrund dieser verbesserten Möglichkeiten können dann später wiederum (noch besser) operative Ziele verfolgt werden. Strategische Ziele sind daher meistens mittel- oder langfristig ausgerichtet.

Stresstest
Prüfung des Systemverhaltens bei Überlastung.

Studentensyndrom
Arbeitsverhalten, bei dem der Beginn einer Arbeit so lange hinaus gezögert wird, bis alle zuvor eingeplanten Puffer verbraucht sind.

Synergie
Synergie ist der Effekt, dass bei optimaler Kombination von Einzelelementen die sich daraus ergebende Gesamtheit mehr ist als die Summe der Einzelteile. Insbesondere in der strategischen Planung ist die Diskussion von Synergien durch die optimale Kombination von Geschäftsfeldern von Bedeutung.

Systemakteur
Ein Systemakteur ist eine Person oder ein externes System, das mit einem technischen System (Hard- oder Software) interagiert. Dies können also die Benutzer oder andere externe Systeme, z.B. SAP, sein. Außerdem können auch Ereignisse, wie Zeitereignisse (z.B. Monatswechsel), als Systemakteure aufgefasst werden.

Systemanwendungsfall
Ein Systemanwendungsfall ist ein Anwendungsfall, der speziell das für die außen stehenden Akteure (Benutzer) wahrnehmbare Verhalten eines Systems beschreibt.

Teilabnahme ⇨Vorabnahme
Abnahme auf Basis eines Releases, das nur eine begrenzte Menge von Anforderungen oder Features umfasst. Beispielsweise wenn ein weiteres umfassenderes Release später geliefert wird.

Terminperformance (TP)
Kennzahl: Realisierungsgrad * 100 / Aufwandsfortschrittsindikator

Testautomatisierung
Einsatz von Softwarewerkzeugen und Programmierung von Testfällen mit dem Ziel, Testfälle rechnergestützt wiederholt ausführen und automatisch prüfen zu können.

Testgetriebenes Design
Testgetriebenes Design bedeutet, für eine Anforderung noch vor deren Realisierung die notwendigen Tests herzustellen. Da Tests stets gegen eine Schnittstelle gerichtet sind, sind also beim Herstellen der Tests bereits Annahmen über diese Schnittstelle zu treffen. Da eine Schnittstelle andererseits Teil des Designs ist, ist das Design sozusagen Abfallprodukt testgetriebenen Vorgehens und der daran anschließenden Restrukturierungen.

Timebox ⇨Meilenstein
Eine Timebox definiert einen unverückbaren Zeitrahmen, an dessen Ende eine Menge von Ergebnissen in einer bestimmten Detaillierung und Vollständigkeit nachprüfbar und formal dokumentiert vorliegen soll. Liegen die Ergebnisse nicht wie geplant vor, werden die offenen Teile in eine nachfolgende Timebox verschoben. Hierzu werden zum geplanten Endtermin die tatsächlich erreichten Ergebnisse bestimmt. Eine Timebox ist ein Hilfsmittel zur Planung und Überwachung eines Entwicklungsprozesses.

Theory of Constraints
Von Eliyahu M. Goldratt entwickelte Unternehmensphilosophie, die Logistik, Leistungskennzahlen und strenger Logik betreffend.

ToC ⇨Theory of Constraints

Transaktion
Eine Transaktion ist ein Vorgang, der entweder vollständig oder gar nicht vollzogen werden kann. Wenn der Vorgang mittendrin aufhört oder abgebrochen wird, ist dies im Ergebnis so, als hätte der Vorgang nie stattgefunden, der Zustand ist derselbe wie vorher. Eventuelle Zwischenergebnisse gehen im Falle eines vorzeitigen Abbruches verloren. Unter Umständen sind hierfür auch inverse Operationen notwendig, um den ursprünglichen Zustand wieder herzustellen.

Transition
Eine Transition ist innerhalb eines Zustandsdiagramms ein Zustandsübergang, häufig ausgelöst durch ein Ereignis. Der Begriff Transition wird auch als Übergang von einer Aktivität zur nächsten innerhalb von Aktivitätsdiagrammen verwendet.

Truck-Faktor
Der Truck-Faktor ist ein Synonym für das Risiko, dass ein Projektmitglied von einem Moment zum nächsten komplett ausfällt (so als wäre er vom Truck überfahren worden).

UC ⇨Anwendungsfall, ⇨Use Case

UML
UML ist die Abkürzung für Unified Modeling Language. Die UML ist eine von der Object Management Group (OMG) standardisierte Notation und Semantik zur Visualisierung, Konstruktion und Dokumentation von Modellen für die objektorientierte Softwareentwicklung.

Unified Modeling Language ⇨UML

Unified Process
Der Unified Process ist ein Vorgehensmodell zur objektorientierten Softwareentwicklung auf Basis der UML und wird in dem Buch *The Unified Software Development Process* beschrieben [Jacobson-1999].

Unternehmensidentität ⇨Corporate Identity

Unterstützender Geschäftsanwendungsfall
⇨Geschäftsanwendungsfall, ⇨Kern-Geschäftsanwendungsfall
Ein unterstützender Geschäftsanwendungsfall beschreibt einen geschäftlichen Ablauf, der für den Unternehmenszweck und die Gewinnerzielungsabsicht keinen

oder nur indirekt einen Wert darstellt. Im Kontrast hierzu sind die Kern-Geschäftsanwendungsfälle zu sehen. In einem Handelsunternehmen ist die Finanzbuchhaltung oder der Wareneinkauf gewöhnlich ein unterstützender Geschäftsanwendungsfall, während beispielsweise der Verkauf von Waren hier ein Kern-Geschäftsanwendungsfall wäre.

Use Case ⇨Anwendungsfall

Verantwortungsdiffusion
Bezeichnet das Prinzip, dass Menschen sich umso weniger verantwortlich fühlen, je größer die Gruppe ist, in der sie sich befinden.

Vorabnahme ⇨Teilabnahme
Abnahme auf Basis eines Builds (oder Releases), die nur eine begrenzte Menge von Anforderungen oder Features umfasst und die vorbehaltlich der späteren Reproduzierbarkeit im Rahmen einer Abnahme oder Teilabnahme gilt.

Vorbedingung ⇨Nachbedingung
Eine Vorbedingung beschreibt einen Zustand, der vor dem Ablauf einer Tätigkeit, Aktivität, Operation o.Ä. gegeben sein muss.

WBS ⇨Work Breakdown Structure, ⇨Projektstrukturplan

Wert
Mit dem Begriff Wert (wenn er nicht offensichtlich kaufmännisch gemeint ist) bezeichnen wir Werte im sozialwissenschaftlichen Sinne, d.h. Vorstellungen einer sozialen Gruppe oder einzelner Menschen über wichtige oder wünschenswerte Eigenschaften (oftmals Zustände) von Dingen, Ideen und Beziehungen. Einen Konsens über den Begriff des Wertes gibt es allerdings weder in der Philosophie, Psychologie noch in anderen Sozialwissenschaften.

Wiki
Ein Wiki ist eine von Ward Cunningham initiierte Open-Source-Technologie zum kooperativen Erstellen von Internet- und Intranetseiten, d.h., jeder Benutzer darf jederzeit alles lesen, ändern und neue Seiten hinzufügen. Die Benutzung ist extrem einfach. *Wiki-Wiki* kommt aus dem Hawaiianischen und heißt *schnell*. Auch die Taxis heißen dort so.

Work Breakdown Structure ⇨Projektstrukturplan

Workflow
Ein Workflow ist die computergestützte Automatisierung und Unterstützung eines Geschäftsprozesses oder eines Teils davon.

XP ⇨Extreme Programming

Zulieferkette, Zulieferleistung ⇨Kritische Kette
Aufgabe oder Folge von Aufgaben, die nicht Bestandteil der kritischen Kette sind, jedoch in diese einmünden.

Zulieferpuffer ⇨Zulieferleistung
Puffer, der eingeplant wird, damit er die Verzögerung einer Zulieferleistung gegenüber den nachfolgenden Aufgaben auf der kritischen Kette abfängt. Im Critical-Chain-Projektmanagement wird dafür 1/3 der Bearbeitungszeit der Zulieferleistung angesetzt.

10.2 Literatur

Die **fett** hervorgehobenen Titel empfehlen wir zur Vertiefung oder Ergänzung.

[Beck-1999]
K. Beck: *Extreme Programming explained*, Addison Wesley Longman, 1999.

[Beck-2001]
K. Beck, M. Fowler: *Extreme Programming planen*, Addison Wesley, 2001.

[Beck-2003]
K. Beck: *Extreme Programming, Das Manifest*, 2. Auflage, Addison Wesley Longman, 2003.

[Beedle-2002]
M. Beedle: *Agile Software Development with Scrum*, Prentice Hall, 2002.

[Berne-1970]
E. Berne: *Spiele der Erwachsenen – Psychologie der menschlichen Beziehungen*, Rowohlt Taschenbuch, 1970.

[Boehm-1981]
B. Boehm: *Software Engineering Economics*, Prentice Hall, 1981.

[Boehm-1985]
B. Boehm: *A Spiral Model of Software Development and Enhancement*. Proceedings International Workshop on Software Process and Software Environments. 3/1985.

[Boehm-2000]
B. W. Boehm, C. Abts, A. W. Brown: *Software Cost Estimation with Cocomo II*. Prentice Hall, 2000.

[Brooks-1995]
F. Brooks: *The Mythical Man-Month*, Addison-Wesley, 1995.

[Bundschuh-2004]
M. Bundschuh, A. Fabry: *Aufwandschätzung von IT-Projekten*, MITP-Verlag, 2004.

[Caroll-2005]
E. R. Caroll: *Estimating Software based on Use Case Points*, OOPSLA 2005

[Cockburn-2003]
A. Cockburn: *Agile Software-Entwicklung*, MITP-Verlag, 2003.

[Cockburn-2004]
A. Cockburn: *Crystal Clear*, Addison-Wesley, 2004.

[Cohn-2005]
M. Cohn: *Agile Estimating and Planning*, Prentice Hall, 2005.

[Darley-1968]
J. M. Darley, B. Latané: *Bystander intervention in emergencies: Diffusion of responsibility*. In: Journal of Personality and Social Psychology, 8, 377-383, 1968.

[DeMarco-1997]
T. DeMarco: *Warum ist Software so teuer?*, Hanser, 1997.

[DeMarco-1998]
T. DeMarco: *Der Termin, ein Roman über Projektmanagement*, Hanser, 1998.

[DeMarco-1999]
T. DeMarco: *Wien wartet auf Dich! Der Faktor Mensch im DV-Management*, 2. Auflage, Hanser, 1999.

[DeMarco-2001]
T. DeMarco: *Spielräume, Projektmanagement jenseits von Burn-out, Stress und Effizienzwahn*, Hanser, 2003.

[DeMarco-2003]
T. DeMarco: *Bärentango – mit Risikomanagement Projekte zum Erfolg führen*, Hanser, 2003.

[Derby-2006]
E. Derby, D. Larsen: *Agile Retrospektives, Making Good Teams Great*, Pragmatic Bookshelf, 2006.

[Eckstein-2004]
J. Eckstein: *Agile Softwareentwicklung im Großen*, dpunkt.verlag, 2006.

[Fisher-2004]
R. Fisher, W. Ury, B. Patton: *Das Harvard-Konzept – der Klassiker der Verhandlungstechnik*, 22. Auflage, Campus, 2004.

[Francis-1996]
D. Francis, D. Young: *Mehr Erfolg im Team*, Windmühle, 1996.

[Friedag-2002]
H. R. Friedag, W. Schmidt: *Balanced Scorecard*, Haufe, 2002.

[Frohnhoff-2006]
S. Frohnhoff et al.: *Use Case Points in der industriellen Praxis*, sd&m, 2006.

[Gamma-2007]
E. Gamma: *The Eclipse-Way*, Vortrag auf der Konferenz SE 2007, Hamburg, 2007.

[Goldratt-2001]
E. Goldratt, J. Cox: *Das Ziel – Ein Roman über Prozessoptimierung.* Campus, 2001.

[Goldratt-2002]
E. Goldratt: *Critical Chain, A Business Novel*; deutsch: *Die kritische Kette*, Campus, 2002.

[Harris-1975]
T. Harris: *Ich bin O.K., Du bist O.K. – Eine Einführung in die Transaktionsanalyse*, Rowohlt Taschenbuch, 1975.

[Highsmith-2004]
J. Highsmith: *Agile Project Management*, Addison-Wesley, 2004.

[Himmelreich-2006]
J. Himmelreich: *Agile Softwareentwicklung nach Winston Royce*, in: B. Oestereich (Hrsg.): *Agiles Projektmanagement, Beiträge zur Konferenz interPM*, dpunkt.verlag, 2006.

[Jacobson-1999]
I. Jacobson et al.: *The Unified Software Development Process*, Addison-Wesley, 1999.

[John-2004]
F. John, G. Peters-Kühlinger: *Mit Druck richtig umgehen*, Haufe, 2004.

[Jones-1996]
C. Jones: Assuring Productivity ans Quality *Applied Software Measurement*, McGraw-Hill, 1996.

[Jung-1990]
C. G. Jung: *Typologie*, dtv, 1990.

[Kaplan-2001]
R. Kaplan, D. Norton: *Die strategiefokussierte Organisation. Führen mit der Balanced Scorecard.* Schäffer-Poeschel Verlag, 2001.

[Kellner-1995]
H. Kellner: *Konferenzen, Sitzungen, Workshops effizient gestalten – Nicht nur zusammensitzen*, Hanser, 1995.

[Kellner-1999]
H. Kellner: *Konflikte verstehen, verhindern, lösen – Konfliktmanagement für Führungskräfte*, Hanser, 1999.

[Kerth-2001]
N. L. Kerth, *Project Retrospectives, A Handbook for Team Reviews*, Dorset House, 2001.

[Kohl-2000]
H. Kohl: *Mein Tagebuch 1998 – 2000*, Droemer Knaur, 2000.

[König-2002]
E. König, G. Vollmer: *Systemisches Coaching, Handbuch für Führungskräfte, Berater und Trainer*, Beltz, 2002.

[Krasemann-2001]
H. Krasemann: *Messen und Schätzen.* In: B. Oestereich (Hrsg.): Erfolgreich mit Objektorientierung, Oldenbourg, 2001.

[Krasemann-2005]
H. Krasemann: *Makro-Schätzen von Projekten*, Objekt-Spektrum 4/2005.

[Larman-2004a]
C. Larman: *Agile and iterative Development*, Addison-Wesley, 2004.

[Larman-2004b]
C. Larman: *The historical accident of waterfall validity*, in: Agile and iterative development, 2004.

[Lipp-1996]
U. Lipp, H. Will: *Das große Workshop-Buch – Konzeption, Inszenierung und Moderation von Klausuren, Besprechungen und Seminaren*, Beltz, 1996.

[Lippitt-1999]
G. Lippitt, R. Lippitt: *Beratung als Prozess*, Rosenberger Fachverlag, 1999.

[Lörz-2007]
H. Lörz, U. Techt: *Critical Chain, Beschleunigen Sie Ihr Projektmanagement,* Haufe, 2007.

[Madden-1984]
W. A. Madden, K. Y. Rone: *Design, Development, Integration: Space Shuttle Primary Flight Software System*, Communications of the ACM 27 (9), 914-925, 11/1984.

[Manns-2005]
M. L. Manns, L. Rising: *Fearless Change*, Addison-Weley, 2005.

[Maro-2002]
F. Maro: *Mitreißende Meetings und gelungene Events,* Metropolitan-Verlag, 2002.

[Mayrshofer-2006]
D. Mayrshofer, H. Kröger: *Prozesskompetenz in der Projektarbeit*, 3. Auflage, Windmühle, 2006.

[Mohaghegi-2005]
A. Mohaghegi et al.: *Effort Estimation of Use Cases for Incremental Large-Scale Software Development*, ICSE 2005.

[OEP-2007]
B. Oestereich, C. Schröder, M. Klink, G. Zockoll: *OEP – oose Engineering Process, Vorgehensleitfaden für agile Softwareprojekte*, dpunkt.verlag, 2006.

[Oestereich-2001]
B. Oestereich et al.: *Erfolgreich mit Objektorientierung – Vorgehensmodelle und Managementpraktiken für die objektorientierte Softwareentwicklung.* 2. Aufl., Oldenbourg Wissenschaftsverlag, 2001.

[Oestereich-2004]
B. Oestereich et al.: *Objektorientierte Geschäftsprozessmodellierung mit der UML*, 1. korr. Nachdruck, dpunkt.verlag, 2004.

[Oestereich-2005]
B. Oestereich: *Beweglich bleiben: Möglichkeiten und Grenzen des iterativen Vorgehens*, Objekt-Spektrum 1/2005.

[Oestereich-2006]
B. Oestereich: *Analyse und Design mit der UML 2*, 8. Auflage, Oldenbourg Wissenschaftsverlag, 2006.

[Ohno-2005]
T. Ohno: *Das Toyota-Produktionssystem*, Campus, 2005.

[PMBoK-2004]
Project Management Institute (PMI): *A Guide to the Project Management Body of Knowledge*, 3. Auflage, 2004.

[Putnam]
Putnam, D.: *How many software can be developed in a year?*, www.qsm.com

[Rieman-2003]
F. Riemann: *Grundformen der Angst*, Band 36, Reinhardt, 2003.

[Royce-1970]
W. Royce: *Managing the devolopment of large software systems*, Proceedings of IEEE Westcon, 1970.

[Schulz von Thun-2002]
F. Schulz von Thun*: Miteinander Reden 3 – Das innere Team und situationsgerechte Kommunikation,* 9. Auflage, Rowohlt, 2002.

[Schulz von Thun-2003]
F. Schulz von Thun*: Miteinander Reden 1 – Störungen und Klärungen*, 38. Auflage, Rowohlt, 2003.

[Schulz von Thun-2004]
F. Schulz von Thun, W. Stegemann (Hrsg.)*: Das innere Team in Aktion – Praktische Arbeit mit dem Modell,* Rowohlt, 2004.

[Schulz von Thun-2005]
F. Schulz von Thun, J. Ruppel, R. Stratmann*: Miteinander Reden – Kommunikationspsychologie für Führungskräfte*. Rowohlt, 2005.

[Schwaber-2004]
K. Schwaber: *Agile Project Management with Scrum*, Microsoft Press, 2004.

[Schwaber-2007]
K. Schwaber: *The Enterprise and Scrum*, Microsoft Press, 2007.

[Seifert-2001]
J. Seifert: *Visualisieren, Präsentieren, Moderieren*, 21. Auflage, Gabal, 2001.

[Seiwert-2003]
L. Seiwert: *Das neue 1x1 des Zeitmanagements*, Gräfe und Unzer, 2003.

[Sneed-2005]
H. Sneed: *Software-Projektkalkulation*, Hanser, 2005.

[Standish-Chaos]
The Standish Group International, Inc.: *The CHAOS Report, 1994 – 2006*, http://www.standishgroup.com.

[Varga-2000]
M. Varga von Kibéd, I. Sparrer: *Ganz im Gegenteil, Tetralemmaarbeit und andere Grundformen systemischer Strukturaufstellungen für Querdenker und solche, die es werden wollen*, Carl-Auer-Systeme Verlag, 2000.

[Vigenschow-2003]
U. Vigenschow, C. Weiss: *Das Essenzschritt-Verfahren: Aufwandschätzungen auf der Basis von Use Cases*, Objekt-Spektrum 2/2003.

[Vigenschow-2007]
U. Vigenschow, B. Schneider: *Soft Skills für Softwareentwickler – Fragetechniken, Konfliktmanagement, Kommunikationstypen und -modelle*, dpunkt.verlag, 2007.

[Will-2002]
F. Will: *Was bremst mein Team?*, Beltz, 2002.

[Wilson-1996]
J. Wilson, G. Kelling: *Broken Windows*, Kriminologisches Journal 1996, S. 121 ff.

[Wolf-2005]
H. Wolf, S. Roock, M. Lippert: *Extreme Programming*, 2. Auflage, dpunkt.verlag, 2005.

[Zahrnt-2005]
C. Zahrnt: *Richtiges Vorgehen bei Verträgen über IT-Leistungen*, 2. Auflage, dpunkt.verlag, 2005.

[Zockoll-2005]
G. Zockoll, L. Gummels, H. Krasemann: *Iterativ-inkrementelle Entwicklung mit UML 2 im Projekt HALIS - Seehafen Kiel*, Vortrag OOP-Konferenz München, 2005.

[Züllighoven-1998]
H. Züllighoven et al.: *Das objektorientierte Konstruktionshandbuch nach dem Werkzeug & Material-Ansatz*, dpunkt.verlag, 1998.

10.3 Index

Literaturhinweise

Abbildungen

Beratung • Coaching • Seminare
Erfahrung nutzen, Ziele erreichen.
■ Agile Managementtechniken
■ Veränderungsprozesse
■ Organisationsentwicklung
■ Teamentwicklung
■ Vorgehensmodelle
■ Projektreviews
■ Interimsmanagement
http://www.oose.de
Fon +49 40 / 41 42 50-0, office@oose.de
oose.
Innovative Informatik

Martin Lippert · Stefan Roock
Refactorings in großen Softwareprojekten
Komplexe Restrukturierungen erfolgreich durchführen
Mit Beiträgen von Walter Bischofberger und Henning Wolf
dpunkt.verlag